国家重点研发计划（项目批准号：2021YFE0106600）
国家自然科学基金项目（项目批准号：42077312）　资助
中央高校教育教学改革基金（本科教学工程）

现代水污染控制工程

鲍建国　李义连　主编

中国环境出版集团・北京

图书在版编目（CIP）数据

现代水污染控制工程/鲍建国，李义连主编. —北京：中国环境出版集团，2022.7

普通高等教育规划教材

ISBN 978-7-5111-5216-9

Ⅰ. ①现… Ⅱ. ①鲍…②李… Ⅲ. ①水污染—污染控制—高等学校—教材 Ⅳ. ①X520.6

中国版本图书馆 CIP 数据核字（2022）第 132621 号

出 版 人　武德凯
责任编辑　王宇洲
责任校对　薄军霞
封面设计　宋　瑞

出版发行　中国环境出版集团
（100062　北京市东城区广渠门内大街 16 号）
网　　址：http://www.cesp.com.cn
电子邮箱：bjgl@cesp.com.cn
联系电话：010-67112765（编辑管理部）
010-67112735（第一分社）
发行热线：010-67125803，010-67113405（传真）

印　　刷　北京建宏印刷有限公司
经　　销　各地新华书店
版　　次　2022 年 7 月第 1 版
印　　次　2022 年 7 月第 1 次印刷
开　　本　787×1092　1/16
印　　张　24.75
字　　数　660 千字
定　　价　62.00 元

本书编写委员会

主　编：鲍建国　李义连

副主编：程本爱　凌海波　张伟军　黄西菲　曾　杰

王　琪　易　川　李龙媛　陈西安　彭云龙

熊野涵　颜　诚　李立青　洪　军　崔艳萍

叶新金　杜江坤　罗朝晖　王国耀

编　委：王　振　周　余　王　阳　宋丹丹　赵自强

何　蕾　魏梦妍　郭　慧　黄璐怡　计　盟

杨佳蔚　席岩星　叶子依　朱敏敏　蒋书凝

熊闻达　马长龄　袁鸿飞　张子怡

前　言

水是人类生存和社会发展必不可缺的重要资源，我国自古就有“逐水而居”的说法。随着我国经济快速发展、城镇化和工业化进程不断推进，用水需求量快速增加，水污染日益严重，有效水资源的短缺状况已成为现实。解决水资源短缺及水污染问题已成为迫在眉睫却又任重道远的任务。

人类的生产生活，可能将净水变为污水，而水污染控制工程，则是将污水变为净水。就水污染控制工程领域而言，在长期的教学和实践活动中，编者深切感受到教学与实践的脱节、理论与实际的“分家”、传统知识落后于现实工程应用的问题一直存在，其影响是很多受过专业培训的毕业生在工作中面对实际问题依旧感到茫然，甚至无所适从。为了改变这一现状，编者试图集前人所编教材、文献、工程实际经验和理论知识之长，重新构建教材体系和章节框架，在传承理论知识基础上补充实践环节内容，以理论与实践相结合为宗旨形成本书编写的指导思想。本书侧重现代实际应用技术的介绍，使读者获得基础知识的同时，掌握实际应用的技术和方法。

本书以高等院校、高职高专、科研院所、相关行业管理人员及技术人员为目标人群，以现代水污染控制理论为基础，阐述相关污染控制最新技术的发展历史、最新进展、技术原理、工艺应用和优缺点，在理论分析和阐述的基础上，以实用性、新颖性、可靠性、经济性、环保性为主线，提高读者对现代水污染控制工程的认识水平，并在未来的环保领域工作中践行“真环保”理念。

本书共五个部分 22 章。第一部分概述水质的基本概念、测试方法、排放标准、受纳水体特性和水的自净及回用，从整体上帮助读者把握水污染基本内容；第二部分以点源污染为研究对象，详细介绍点源污染的处理技术及原理；第三部分将面源污染作为处理对象，系统地阐述了各种面源污染的特点、处理工艺技术及原理；第四部分从重要的污水受纳淡水水体的角度出发，探讨河流、湖泊的自净机制和生境修复技术，该部分内容也是点源和面源污染处理的结合；第五部分介绍污泥的理化性质和污泥的处理处置技术。各部分内容既相互联系又相互渗透，结构紧密，翔实丰富，系统地阐述了水污染控制技术体系。

本书在编写过程中，参考引用了大量相关教材、书籍、文献、相关网站的资料，大部分已列入参考文献，本书编者在此对列出和未列出相关文献的作者表示衷心的感谢，对你们的辛勤劳动成果致以崇高的敬意！如果有任何异议，请与本书编者联系并协商解决。

由于编者水平有限，书中的错误和疏漏之处在所难免，敬请专家、学者和广大读者批评指正。编者邮箱：bjianguo888@126.com。

编者

2022 年 7 月

目 录

第一部分 概 述

第二部分 点源污染控制技术

第三部分 面源污染控制技术

第四部分 河流与湖库污染控制技术

第五部分 剩余污泥的处理与处置

第一部分

概　述

第 1 章　污水处理基本概念

污水处理（wastewater treatment）是指为使污水达到排入某一水体或再次使用的水质要求，对其进行净化的过程。针对不同水质的污水，其处理工艺也要做出相应的调整。本章将从污染源类型和污水的种类及特征等基本概念进行介绍。

1.1　污染源类型

水体污染源按照污染物的排放方式分类，可以分为点污染源和面污染源。

1.1.1　点污染源

点污染源是指以点状形式排放而使水体造成污染的发生源。一般工业污染源和生活污染源产生的工业废水和城市生活污水，经城市污水处理厂或经管渠输送到水体排放口，作为重要点污染源向水体排放。这种点污染源含污染物多，成分复杂，具有季节性和随机性的特征。

1.1.2　面污染源

面污染源是指以面状形式分布排放污染物而造成水体污染的发生源。农村污染水和农田灌溉排放水是水体污染的主要面污染源。农田灌溉排放水中常含有农药和化肥，造成水体农药污染和富营养化，污水灌溉区内的河流、水库、地下水均会受到污染。面污染源主要受作物的分布和管理方式的影响。此外，由于地质溶解作用及降水对大气的淋洗，污染物进入水体，也是一种面污染源引起的污染。城市地面废渣堆放场和工业区由于天然降水形成的水体污染有时也属于面污染源引起的污染。

1.1.3　地下水污染源

地下水污染是指凡是在人类活动的影响下，地下水水质朝着恶化的方向发展的现象。地下水污染源是引起地下水污染的各种物质的来源，污染源的种类繁多，分类方法各异。

按地下水污染源的形成原因可以分为自然污染源和人为污染源（表 1-1）。

表 1-1 按地下水污染形成原因分类的地下水污染源

分类名称	主要原因
自然污染源	海水、咸水、含盐量高及水质差的其他含水层的地下水进入开采层，大气降水
人为污染源	城市液体废物：生活污水、工业废水、地表径流； 城市固体废物：生活垃圾，工业固体废物，污水处理厂、排水管道及地表水体的污泥； 农业活动：污水灌溉、施用农药、施用化肥及农家肥； 矿业活动：矿坑排水、尾矿淋滤液、矿石洗选

按产生污染源的行业（部门）或活动可划分为工业污染源、农业污染源、生活污染源及区域水体污染源。这种分类方法便于掌握地下水污染的特征。

按污染源的空间分布特征可分为点状污染源、带状污染源和面状污染源。这种分类方法便于评价、预测地下水污染的范围，以便采取相应的防治措施。

按污染源发生污染作用的时间动态特征可分为连续性污染源、间断性污染源和瞬时性（偶然性）污染源。这种分类方法对评价和预测污染物在地下水中的运移是必要的。

1.2 污水的种类及特征

污水的种类按其来源进行分类，可以分为地表水污染（包括城镇污水、农业废水）和地下水污染，其中城镇污水又可以分为生活污水、工业废水等。地下水污染包括海水倒灌入侵地下水、地表污水排放造成的污染、农耕造成的污染、石油和石油化工产品造成的污染、垃圾填埋场渗漏污染地下水等。

1.2.1 城镇污水

城镇污水包括生活污水、工业废水等。在合流制排水系统中包括雨水，在半分流制排水系统中包括初期雨水。城镇污水成分性质比较复杂，不仅各城镇间不同，同一城市中的不同区域也有差异，需要进行全面细致的调查研究，才能确定其水质成分及特点。影响城镇污水水质的因素较多，主要有所采用的排水体制，以及所在地区生活污水与工业废水的特点及比例等。

1．生活污水

生活污水主要来自家庭、企业、机关、学校、医院、城镇公共设施及工厂的厨房、卫生间、浴室、洗衣房，其主要成分为纤维素、淀粉、糖类、脂肪和蛋白质等有机物质，以及氮、磷、硫等无机盐类及泥沙等杂质，生活污水中还含有多种微生物及病原体。影响生活污水水质的主要因素有生活水平、生活习惯、卫生设备及气候条件等。

2．工业废水

工业废水主要是在工业生产过程中被生产原料、中间产品或成品等物料所污染的水，包括生产工艺废水、循环冷却水、冲洗废水等。工业废水种类繁多，污染物成分复杂，往往含有有毒有害、易燃易爆或腐蚀性强的污染物，与其他城镇污水污染相比，工业废水污染更为严重，因此工业废水需经局部处理达到要求后才能排入城镇排水系统。影响工业废水水质的主要因素有工业类型、生产工艺和生产管理水平等。

3．雨水

雨水是雨、雪降至地面形成的初期地表径流，将大气和地表中的污染物带入水中，形成面源污染。雨水的水质、水量随区域环境、季节和时间变化，成分比较复杂。个别地区甚至可能出现雨水污染物浓度超过生活污水的现象。某些工业废渣或城镇垃圾堆放场地经雨水冲淋后产生的污水更具危险性。影响雨水污染的主要因素有大气质量、气候条件、地面及建筑物环境质量等。

1.2.2　农业废水

农业废水包括农田排水、饲养场排水、农产品加工废水及其他农业废水。农业废水水量大，影响面广。据统计，1977 年美国因农业废水污染引起的 BOD_5 增多，要比城市污水、工业废水污染程度高 5～6 倍，影响水域面积占水域总面积的 68%。

1.2.3　污染的地下水

工业污染是造成地下水污染的主要污染源，特别是未经处理的污水和固体废物的淋滤液。除此之外，农业污染源如农药、化肥的施用和农田的灌溉，生活污染源以及区域性水体污染源也都是导致地下水污染的重要原因。

地下水污染主要具有以下三大特点：首先具有隐蔽性，污染物浓度低，无色无味，难以察觉；其次具有难以逆转性，由于含水层水交替缓慢，而且沙土对污染物具有吸附作用，因此污染的地下水难以自身净化恢复；最后具有延缓性，由于地下水是在空隙介质的串珠状微孔中进行缓慢渗透，加上污染物在土壤中的各种物理、化学及生物作用，会延缓污染物向地下潜水含水层的渗透速度，因此地下水污染向附近的运移和扩散速度相当缓慢。

参考文献

[1]　蒋展鹏. 环境工程学. 第 3 版[M]. 北京：高等教育出版社，2013.

[2]　王焰新. 地下水污染与防治[M]. 北京：高等教育出版社，2007.

[3]　张自杰. 排水工程．第 5 版．下册[M]. 北京：中国建筑工业出版社，2015.

第2章　污水常规污染指标及测试方法

2.1　污水常规污染指标及其定义

污水常规污染指标是用来衡量水在使用过程中被污染的程度，也称污水水质指标。污水所含的污染物质成分复杂，可通过分析检测方法对污染物质作出定性、定量的评价。污水常规污染指标一般可分为物理性指标、化学性指标和生物性指标三大类。

2.1.1　物理性指标

物理性指标包括温度、颜色、色度、嗅和味、浑浊度和透明度等感官性指标，还包括总固体、悬浮固体、电导率等其他物理性指标。

下面简单介绍几种常见的主要物理性指标。

1．颜色和色度

纯净的天然水是清澈、透明、无色的，水的色度受悬浮固体、胶体或溶解性物质影响。悬浮固体形成的色度称为表色，胶体或溶解性物质形成的色度称为真色。水的颜色用色度作为指标，具体测定方法见本章2.2节。

2．浑浊度和透明度

浑浊度是一种光学效应指标，透明度是表示水体透明程度的指标，均可用来表示光线透过水层时受到阻碍的程度。其大小不仅与不溶解物质的数量和浓度有关，还与这些不溶解物质的颗粒尺寸、形状和折射率等性质有关。

最早测定浊度的标准仪器是杰克逊烛光浊度计，测得的浑浊度称为杰克逊浊度单位（JTU）。用散射浊度仪（光电浊度仪）测出的浑浊度称为散射浊度单位（NTU）。国际上采用甲臜聚合物配制成的标准液和散射浊度计测定浊度的，以甲臜浊度单位（FTU）表示。

3．固体物质

固体物质按存在形态的不同分为悬浮固体、胶体和溶解性固体三种，按性质的不同可分为有机物、无机物与微生物三种。水中所有残渣的总和称为总固体（total solids，TS），是指水样在105～110℃烘干至恒重所得的固体物质质量。

水样用滤纸过滤后，滤渣在105～110℃烘干至恒重，所得的固体称为悬浮固体（又称悬浮物，suspended solids，SS）；滤液通过蒸干所得的固体物质称为溶解性固体（又称溶解性物质，dissolved solids，DS），溶解性固体主要包括胶体和溶解性固体。

将总固体在马弗炉中灼烧（600℃），挥发掉的质量即是挥发性固体（volatile solids，VS）的质量，又称灼烧减量；灼烧残渣则是固定性固体（fixed solids，FS），又称灰分。因而，存在以下关系式：

$$TS=SS+DS=VS+FS \tag{2-1}$$

溶解性固体的量表示盐类的量，水体含盐量多将影响生物细胞的渗透压和生物的正常生长。悬浮固体的量表示水中不溶解的固态物质的量，挥发性固体的量反映固体中有机成分的量，挥发性固体是水体有机污染的重要来源。

2.1.2 化学性指标

污水中的污染物质，按照化学性质可分为无机物与有机物，按照形态可分为悬浮状态和溶解状态。

无机物化学指标包括pH、碱度、硬度、植物营养元素、非金属无机有毒物质（氰化物和砷）、重金属离子等，有机物化学指标包括氧平衡指标（化学需氧量、生化需氧量、总有机碳、总需氧量）和各种有机污染物指标等。

下面简单介绍几种常见的主要化学性指标。

1．碱度

碱度是指水吸收质子的能力，通常用水中所含能与强酸定量作用的物质总量来标定。水中碱度的形成主要是由于重碳酸盐、碳酸盐及氢氧化物的存在，硼酸盐、磷酸盐和硅酸盐也会产生一些碱度。水中碱度的测定通常采用中和滴定法，如果采用酚酞作为指示剂，所得碱度称为酚酞碱度，酚酞碱度只是总碱度的一部分；如果采用甲基橙作为指示剂，所得碱度称为甲基橙碱度，即总碱度。

2．硬度

水的总硬度指水中钙离子、镁离子的总浓度，其中包括碳酸盐硬度（经加热能以碳酸盐形式沉淀下来的钙离子、镁离子，故又叫暂时硬度）和非碳酸盐硬度（加热后不能沉淀下来的那部分钙离子、镁离子，又称永久硬度）。硬度的表示方式主要分为两种，一种是将所测得的钙、镁折算成单位体积水样中CaO或者$CaCO_3$的质量，单位为mg/L；另一种以度计，1硬度单位表示每升水中含10 mg CaO。

3．植物营养元素

氮、磷是植物的重要营养元素，也是污水进行生物处理的必需营养物质，但是过多的氮、磷进入天然水体会导致水体富营养化。

（1）氮

污水中含氮化合物有四种：有机氮、氨氮、亚硝酸盐氮和硝酸盐氮，四种含氮化合物的总量称为总氮（TN）。有机氮很不稳定，容易在微生物作用下分解。在无氧条件下，有机氮分解为氨氮；在有氧条件下，先分解为氨氮，然后氧化成亚硝酸盐氮和硝酸盐氮。水体中的氨氮是游离态（NH_3）和离子态（NH_4^+）两者之和，凯氏氮（KN）是有机氮和氨氮之和。

（2）磷

污水中含磷化物可分为有机磷和无机磷。有机磷主要以葡萄糖-6-磷酸、2-磷酸-甘油酸以及磷肌酸等形式存在；无机磷都以磷酸盐形式存在，包括正磷酸盐（PO_4^{3-}）、偏磷酸盐（PO_3^-）、磷酸氢盐（HPO_4^{2-}）等。

4．氧平衡指标

城市污水中含有碳水化合物、蛋白质、脂肪等有机物质。有机物种类复杂，难以逐一定量。但上述有机物都有被氧化的共性，即在氧化分解中需要消耗大量的氧，所以可以用氧化过程消耗的氧量作为有机物的指标。因此，在实际工作中经常采用生化需氧量（BOD）、化学需氧量（COD）、总有机碳（TOC）、总需氧量（TOD）等指标来反映污水中有机物的含量。

（1）生化需氧量（BOD）

水中有机污染物被好氧微生物分解成无机物时所需的氧量称为生化需氧量（以 mg/L 为单位），间接反映了水中可生物降解的有机物量。

微生物分解水中有机成分一般分为两个阶段：第一阶段是有机物的碳化阶段，即有机物被微生物分解成二氧化碳、水和氨。第二阶段为硝化耗氧阶段，主要是氨被转化为亚硝酸盐和硝酸盐。污水的生化需氧量通常只指第一阶段有机物生物氧化所需的氧量。目前以 5 d 作为测定生化需氧量的标准时间，简称五日生化需氧量（用 BOD_5 表示）。据实验研究，BOD_5 占第一阶段生化需氧量的 70%～80%。

（2）化学需氧量（COD）

化学需氧量是用化学氧化剂氧化水中有机污染物时所消耗的氧化剂量（以 mg/L 为单位）。常用的氧化剂是重铬酸钾和高锰酸钾。以高锰酸钾作氧化剂时，测得的值称为 COD_{Mn}，或简称为 OC。以重铬酸钾作氧化剂时，测得的值称为 COD_{Cr}，或简称 COD。

在污水处理过程中，经常以 BOD_5/COD 的比值作为判别污水是否可以生化处理的标志。一般认为比值大于 0.3 的污水，基本能采用生化处理方法。

（3）总有机碳（TOC）与总需氧量（TOD）

总有机碳包括水样中所有有机污染物的含碳量，也是评价水样中有机污染物的一个综合参数。有机物中除含有碳外，还含有氢、氮、硫等元素。当有机物全都被氧化时，碳被氧化为二氧化碳，氢、氮及硫则被氧化为水、一氧化氮、二氧化硫等，此时需氧量称为总需氧量。

TOD 和 TOC 都是通过化学燃烧反应，测定原理相同，但有机物数量表示方法不同，TOC 是用含碳量表示，TOD 是用消耗的氧量表示。水质条件较稳定的污水，其测得的 BOD_5、COD、TOD 和 TOC 之间，数值上有下列关系：

$$TOD > COD > BOD_5 > TOC$$

四者之间有一定的相关关系。生活污水 BOD_5/COD 为 0.4～0.65，BOD_5/TOC 为 1.0～1.6。工业废水的这两个比值取决于工业废水的性质。

2.1.3 生物性指标

1．细菌总数

水中细菌总数反映了水体受细菌污染的程度，可作为评价水质清洁程度的指标，一般细菌总数越多，表示病原菌存在的可能性越大。但细菌总数不能说明污染的来源，必须结合大肠菌群数来判断水的污染来源和安全程度。

2．大肠菌群

水是传播肠道疾病的一种重要媒介，而大肠菌群被视为最基本的粪便污染指示菌群。大肠菌群的值可表明水被粪便污染的程度，间接表明肠道病菌（伤寒、痢疾、霍乱等）存在的可能性。

3．病毒

由于肝炎、小儿麻痹症等多种病毒性疾病可通过水体传染，水体中的病毒已引起人们的高度重视。这些病毒也存在于人的肠道中，通过病人粪便污染水体。目前因缺乏完善的经常性检测技术，水质卫生标准对病毒还没有明确的规定。

2.2 常用测试方法

1．色度的检测方法

（1）铂钴标准比色法

铂钴标准比色法是用氯铂酸钾与氯化钴配成标准色列，与水样进行目视比色。每升水中含有 1 mg 铂和 0.5 mg 钴时所具有的颜色，称为 1 度，作为标准色度单位。适用于比较清洁或受轻度污染的地表水、地下水或略带黄色调的水等。

若水样浑浊，则静置澄清，也可用离心法或用孔径为 0.45 μm 滤膜过滤以去除悬浮物。但不能用滤纸过滤，因为滤纸会吸附部分溶解于水的显色物质。

（2）稀释倍数法

稀释倍数法适用于污染较严重的地面水和工业废水。将样品用无色水稀释到刚好看不见颜色时，记录稀释倍数，以此表示该水样的色度，单位为“倍”。同时目视观察样品颜色的深浅（无色、浅色或深色）、色调（红、橙、黄、绿、蓝、紫等）及透明度（透明、浑浊或者不透明）等。

2．BOD_5的测定方法

BOD_5目前主要以稀释法和接种法广泛应用于水质监测、比对实验、仲裁分析中，以微生物传感器法作为快速测定法应用于快速测定分析中。此外还有测压法、活性污泥曝气降解法、检压库仑法等应用于特定环境或研究分析中。

（1）标准稀释法

简单地说，就是测定在 20℃下培养 5 d 前后溶液中的溶解氧的差值，即BOD_5。本方法适用于测定BOD_5大于 2 mg/L，不超过 6 000 mg/L 的水样。缺点是操作复杂，耗时耗力，重现性差。

（2）生物传感器法

BOD 生物传感器的基本原理是：将生物传感器置于不含 BOD 物质的缓冲溶液中，由于溶液保持恒温并被氧饱和，传感器输出稳态电流；当加入样品时，有机物向生物传感器的生物膜中扩散，因微生物对有机物质的代谢作用而耗氧，从而导致传感器输出电流降低；在适宜的 BOD 物质浓度范围内，电流降低值与样品溶液的 BOD 浓度呈线性关系，而 BOD 物质浓度又和 BOD 值之间有定量关系，从而可测定样品的 BOD 值。

（3）活性污泥曝气降解法

控制温度为 30～35℃，利用活性污泥强制曝气降解样品 2 h，经重铬酸钾消解生物降解前后的样品，测定生物降解前后的化学需氧量，其差值即为 BOD。根据与标准方法的对比实验结果，可换算为BOD_5值。

（4）测压法

在密闭的培养瓶中，水样中的溶解氧被微生物呼吸作用消耗，从而产生与耗氧量相当的CO_2，当CO_2被吸收剂吸收后使密闭系统的压力降低，根据压力计测得的压降可推算出水样的 BOD 值。

除此之外，还有高温法、检压库仑法、坪台值法和相关估算法。

3．重铬酸钾法测定 COD 的方法

本方法适用于各种类型的含 COD 大于 30 mg/L 的水样，对未经稀释的水样的测定上限为 700 mg/L，不适用于含氯化物浓度大于 1 000 mg/L（稀释后）的含盐水。

（1）分光光度法

分光光度法因其简便、快速而在水质监测中被广泛应用。研究表明，该方法还具有取样量少、成本低的优点。其测定原理为在酸性条件下，试液中还原性物质与重铬酸钾反应，生成三价铬离子。由于三价铬离子对波长为 600 nm 的光有很大的吸收能力，且三价铬离子与试液中还原性物质的量有关，因而通过测定三价铬的吸光度可以间接测出试液中还原性物质的量。

（2）密封消解法

密封消解法和国标回流法一样，采用硫酸-重铬酸钾消解体系。在硫酸银的催化下，采用高能量的电磁波加热反应液。在高频微波的作用下，反应液的分子产生高速摩擦运动，使其温度迅速升高，且采用密封消解方式，使消解罐内部压力迅速提高，在高温高压下达到快速消解的目的。消解后过量的重铬酸钾以试亚铁灵为指示剂，用硫酸亚铁铵标准溶液回滴，根据硫酸亚铁铵的消耗量，计算得出。该方法的优点是试剂用量少、快速、简便，无须特殊仪器，易于普及。

（3）库仑法

库仑法是我国的试行方法，该方法的理论依据是法拉第定律。在酸性介质中以重铬酸钾作氧化剂，样品回流氧化后，用电解产生的亚铁离子作库仑滴定剂对余量的重铬酸钾进行库仑滴定，根据法拉第定律计算电解产生的亚铁离子所消耗的电量。研究表明，该方法不需用标准溶液，操作简单，速度快，氧化率高，测定范围宽，可基本实现分析半自动化。

4．TOC 的测定

测定原理是基于不同形式的有机碳（OC）通过氧化转化为易定量测定的 CO_2，利用 CO_2 与 TOC 间碳含量的对应关系，从而对水溶液中 TOC 进行定量测定。TOC 的测定一般采用燃烧法，此法能将水样中有机物全部氧化，可以很直接地用来表示有机物的总量。按工作原理不同，可分为燃烧氧化-非分散红外吸收法、电导法、气相色谱法、臭氧氧化法等。燃烧氧化-非分散红外吸收法只需一次性转化，流程简单、重现性好、灵敏度高，因此这种 TOC 分析仪广为国内外采用。

5．TOD 的测定

TOD 值能反映几乎全部有机物质燃烧所需要的氧量。它比 BOD、COD 和高锰酸盐指数更接近理论需氧量值，TOD 和 TOC 的比例关系可粗略判断有机物的种类。对于含碳化合物，因为一个碳原子消耗两个氧原子，即 $O_2/C=2.67$，因此从理论上说，TOD＝2.67 TOC。若某水样的 TOD/TOC 为 2.67 左右，可认为主要是含碳有机物；若 TOD/TOC＞4.0，则应考虑水中有含 S、P 的有机物存在，因为它们只显示 TOD 值而不显示 TOC 值；若 TOD/TOC＜2.67，就应考虑水样中硝酸盐和亚硝酸盐含量较大，它们在高温和催化条件下分解放出氧，使 TOD 测定呈现负误差。

TOD 的测定方法常用 TOD 测定仪，其原理是，一定量水样注入装有铂催化剂的石英燃烧管中，通入已知氧浓度的载气（氮气）作为原料气，则水样中的还原性物质在 900℃下被瞬间燃烧氧化，测定燃烧前后原料气中氧浓度的减少量，便可求得水样的 TOD。

6. 矿物油的测定方法

矿物油的测定方法有重量法、非色散红外吸收法、紫外分光光度法、荧光法、比浊法等，下面主要介绍重量法和非色散红外吸收法。

（1）重量法

原理：用硫酸酸化水样，石油醚萃取矿物油，然后蒸发除去石油醚，称量残渣质量，计算矿物油含量。

特点：酸化样品可被石油醚萃取，且在试验过程中不挥发；操作方法最常用，但操作烦琐、灵敏度低，只适合测含油量较大的水样。

（2）非色散红外吸收法

原理：石油类物质的甲基、亚甲基在近红外区有特征吸收，作为测定水样中油含量的基础。

测定方法：硫酸酸化，加氯化钠破乳化，再用三氯三氟乙烷萃取，萃取液经无水硫酸钠层过滤、定容，注入红外分析仪测定含量。

标准油：可采用受污染地点水中石油醚萃取物。根据我国原油组分特点，也可采用混合石油烃作为标准油，其体积比为十六烷：异辛烷：苯=65：25：10。

7. 阴离子洗涤剂的测定

水中阴离子表面活性物质的测定可用亚甲蓝分光光度法。该方法的原理是阳离子染料亚甲蓝与阴离子表面活性剂作用，生成蓝色化合物，该显色物被三氯甲烷萃取，其色度与浓度成正比，并用分光光度计在波长 625 nm 处测量三氯甲烷层的吸光度。该法适用于测定饮用水、地面水、生活污水及工业废水中溶解态的低浓度亚甲蓝活性物质，即阴离子表面活性物质。

8. 水中总磷、总氮的测定

在酸性介质中，磷酸盐和亚磷酸盐与过硫酸铵在热的条件下，均转变为正磷酸，利用钼酸铵、酒石酸锑钾和磷酸反应生成锑磷钼酸络合物，以抗坏血酸还原成“锑磷钼蓝”，用吸光光度法测定总磷酸盐（PO_4^{3-}）的含量。

氨氮是指以游离态的氨或铵离子形式存在的氮。氨氮与纳氏试剂反应生成黄棕色的络合物，在 400~500 nm 波长范围内与光吸收成正比，可用分光光度法测定。

9. 水中重金属离子的测定

火焰原子吸收光度法是根据某元素的基态原子对该元素的特征谱线产生选择性吸收

来进行测定的分析方法，具有很高的灵敏度。将试样溶液喷入空气乙炔火焰中，被测的元素化合物在火焰中离解形成原子蒸气，由锐线光源（元素灯）发射的某元素的特征谱线光辐射通过原子蒸气层时，该元素的基态原子对特征谱线产生选择性吸收。在一定的条件下，特征谱线与被测元素的浓度成正比。通过测定基态原子对选定吸收线的吸光度，确定试样中元素的浓度。

10．砷的测定

（1）原子荧光法

以硼氢化钾作为还原剂，在酸性条件下使水中的砷生成砷化氢，通过载气（氩气）载入石英原子化器受热分解为原子态砷，在空心阴极灯光源的激发下，产生具有特征波长的原子荧光，根据一定浓度范围内荧光强度与砷含量成正比的特点，计算水中砷的含量，并比照相应标准得出砷含量是否超标。

（2）二乙基二硫代氨基甲酸银分光光度法

在碘化钾与氯化亚锡存在下五价砷还原成三价砷，锌与酸相互作用会产生新生态氢与三价砷从而生成砷化氢气体，三价砷则被初生态氢还原为砷化氢（胂），用二乙基二硫代氨基甲酸银-三乙醇胺的三氯甲烷溶液吸收砷，生成红色胶体银，在 515 nm 处测吸光度，并根据标准线法定量。

（3）电感耦合等离子体质谱法（ICP-MS）

水中的砷以气溶胶或气体的形式进入高频电场，在快速变化的电场作用下形成离子。待测水样品在设置的通道中蒸发、解离、原子化、电离等，通过样品锥接口和离子传输系统进入高真空 MS 部分（四极快速扫描质谱仪），通过高速顺序扫描分离测定所有离子，依据元素质谱峰强度测定水样中的砷含量。

11．硫化物的测定

硫化物测定可采用碘量法、对氨基二甲基苯胺分光光度法、电位滴定法、离子色谱法、极谱法、库仑滴定法、比浊法等。碘量法是环境监测中常用的一种氧化还原滴定法。碘量法是使硫化物在酸性条件下与过量的碘作用，再用硫代硫酸钠标准溶液滴定反应剩余的碘，直到按化学计量定量反应完全为止，根据硫代硫酸钠的浓度和用量，计量硫化物的含量。

12．氰化物的测定

经蒸馏得到的碱性馏出液，用硝酸银标准溶液滴定，氰离子与硝酸银作用形成可溶性的银氰络合离子［$Ag(CN)^{2-}$］，过量的银离子与试银灵指示剂反应，溶液由黄色变为橙红色，即为终点。

参考文献

[1] 高廷耀，顾国维. 水污染控制工程. 第4版. 下册[M]. 北京：高等教育出版社，2015.

[2] 张自杰. 环境工程手册.水污染防治卷[M]. 北京：高等教育出版社，1996.

[3] 蒋展鹏. 环境工程学. 第3版[M]. 北京：高等教育出版社，2013.

[4] 中国环境监测总站. 环境监测方法标准实用手册：水监测方法[M]. 北京：中国环境科学出版社，2013.

第 3 章 排放标准及受纳水体

天然水体是人类赖以生存的重要资源，也是污水处理后的归宿。为了保护天然水体不因污水排放而遭到破坏，需要制定一系列适用于受纳水体的排放标准。

3.1 水环境标准的法律依据

截至 2018 年，我国已制定《中华人民共和国环境保护法》（2014 年 4 月 24 日第十二届全国人民代表大会常务委员会第八次会议修订）、《中华人民共和国水污染防治法》（2017 年 6 月 27 日第十二届全国人民代表大会常务委员会第二十八次会议第二次修正）、《中华人民共和国水法》（2016 年 7 月 2 日第十二届全国人民代表大会常务委员会第二十一次会议修改）、《中华人民共和国环境影响评价法》（2018 年 12 月 29 日第十三届全国人民代表大会常务委员会第七次会议第二次修正）、《中华人民共和国环境保护税法》（2016 年 12 月 25 日通过）、《中华人民共和国海洋环境保护法》（2017 年 11 月 4 日第十二届全国人民代表大会常务委员会第三十次会议第三次修正，并于 2017 年 11 月 5 日起施行）等法律法规。这些法律法规是水环境标准的法律依据。

3.2 水环境标准和条例

3.2.1 环境标准

中国水环境标准体系包括国家水环境标准和地方水环境标准，可概括为“五类三级”，即水环境质量标准、水污染物排放标准、水环境基础标准、水监测分析方法标准和水环境标准样品标准五类及国家级标准（GB）、环境行业标准（HJ）和地方标准（DB）三级。其中，国家标准和行业标准又可分为强制性标准和非强制性标准。污染物排放标准和卫生标准是强制性环境标准，其他的环境标准为推荐性标准。

① 根据控制的主要对象不同，我国水环境质量标准见表 3-1。

表 3-1 水环境质量标准

标准名称	标准编号	实施时间
地表水环境质量标准	GB 3838—2002	2002-06-01
海水水质标准	GB 3097—1997	1998-07-01
地下水质量标准	GB/T 14848—2017	2018-05-01
农田灌溉水质标准	GB 5084—2021	2021-07-01
渔业水质标准	GB 11607—89	1990-03-01

② 在水污染物排放标准中，我国明确了综合排放标准在标准适用范围上与行业标准不交叉执行原则，造纸工业、船舶工业、海洋石油开发工业、纺织染整工业、肉类加工工业、合成氨工业、钢铁工业、航天推进剂使用、兵器工业、磷肥工业、烧碱、聚氯乙烯工业所排放的污水执行相同的国家及行业标准，其他一切排污单位一律执行《污水综合排放标准》（GB 8978—1996）。我国工业污水排放行业标准见表 3-2。

表 3-2 工业污水排放行业标准

标准名称	标准编号	标准名称	标准编号
船舶水污染物排放控制标准	GB 3552—2018	烧碱、聚氯乙烯工业污染物排放标准	GB 15581—2016
石油炼制工业污染物排放标准	GB 31570—2015	合成树脂工业污染物排放标准	GB 31572—2015
再生铜、铝、铅、锌工业污染物排放标准	GB 31574—2015	电池工业污染物排放标准	GB 30484—2013
无机化学工业污染物排放标准	GB 31573—2015	合成氨工业水污染物排放标准	GB 13458—2013
制革及毛皮加工工业水污染物排放标准	GB 30486—2013	麻纺工业水污染物排放标准	GB 28938—2012
柠檬酸工业水污染物排放标准	GB 19430—2013	缫丝工业水污染物排放标准	GB 28936—2012
毛纺工业水污染物排放标准	GB 28937—2012	炼焦化学工业污染物排放标准	GB 16171—2012
纺织染整工业水污染物排放标准	GB 4287—2012	钢铁工业水污染物排放标准	GB 13456—2012
铁合金工业污染物排放标准	GB 28666—2012	橡胶制品工业污染物排放标准	GB 27632—2011
铁矿采选工业污染物排放标准	GB 28661—2012	汽车维修业水污染物排放标准	GB 26877—2011
发酵酒精和白酒工业水污染物排放标准	GB 27631—2011	钒工业污染物排放标准	GB 26452—2011
弹药装药行业水污染物排放标准	GB 14470.3—2011	硫酸工业污染物排放标准	GB 26132—2010
磷肥工业水污染物排放标准	GB 15580—2011	硝酸工业污染物排放标准	GB 26131—2010
稀土工业污染物排放标准	GB 26451—2011	铜、镍、钴工业污染物排放标准	GB 25467—2010
镁、钛工业污染物排放标准	GB 25468—2010	铝工业污染物排放标准	GB 25465—2010
铅、锌工业污染物排放标准	GB 25466—2010	油墨工业水污染物排放标准	GB 25463—2010

标准名称	标准编号	标准名称	标准编号
陶瓷工业污染物排放标准	GB 25464—2010	淀粉工业水污染物排放标准	GB 25461—2010
酵母工业水污染物排放标准	GB 25462—2010	混装制剂类制药工业水污染物排放标准	GB 21908—2008
制糖工业水污染物排放标准	GB 21909—2008	中药类制药工业水污染物排放标准	GB 21906—2008
生物工程类制药工业水污染物排放标准	GB 21907—2008	化学合成类制药工业水污染物排放标准	GB 21904—2008
提取类制药工业水污染物排放标准	GB 21905—2008	合成革与人造革工业污染物排放标准	GB 21902—2008
发酵类制药工业水污染物排放标准	GB 21903—2008	羽绒工业水污染物排放标准	GB 21901—2008
电镀污染物排放标准	GB 21900—2008	杂环类农药工业水污染物排放标准	GB 21523—2008
制浆造纸工业水污染物排放标准	GB 3544—2008	皂素工业水污染物排放标准	GB 20425—2006
煤炭工业污染物排放标准	GB 20426—2006	啤酒工业污染物排放标准	GB 19821—2005
医疗机构水污染物排放标准	GB 18466—2005	兵器工业水污染物排放标准火工药剂	GB 14470.2—2002
味精工业污染物排放标准	GB 19431—2004	污水海洋处置工程污染控制标准	GB 18486—2001
兵器工业水污染物排放标准火炸药	GB 14470.1—2002	航天推进剂水污染物排放标准	GB 14374—93
畜禽养殖业污染物排放标准	GB 18596—2001	肉类加工工业水污染物排放标准	GB 13457—92

③ 监测分析方法标准在环保领域内以采样、分析、测定、实验、统计等方法为规范对象所制定统一技术规定。我国已发布的环境监测分析方法标准包括《地表水和污水监测技术规范》（HJ/T 91—2002）、《水污染物排放总量监测技术规范》（HJ/T 92—2002）等。

④ 环境基础标准是对环境标准工作中需要标准化的相关术语、词汇、指南、图式、原则、量纲单位、导则所作的统一技术规定，主要有管理标准（技术规范与导则等）、环保名词术语、环保图形符号、环保信息分类和编码标准等。例如，《制订地方水污染物排放标准的技术原则与方法》（GB 3839—1983）、《近岸海域环境功能区划分技术规范》（HJ/T 82—2001）等。

3.2.2　条例和重要文件

《水污染防治行动计划》（中央政治局常务委员会会议于 2015 年 2 月审议通过，4 月 2 日成文，4 月 16 日发布），也称“水十条”。其主要指标：到 2020 年，长江、黄河、珠江、松花江、淮河、海河、辽河七大重点流域水质优良（达到或优于Ⅲ类）比例总体达到 70%及以上，地级及以上城市建成区黑臭水体均控制在 10%以内，地级及以上城市集中式饮用水水源水质达到或优于Ⅲ类比例总体高于 93%，全国地下水质量极差的比例控制在 15%左右，近岸海域水质优良（一、二类）比例达到 70%左右。京津冀区域丧失使用功能（劣于Ⅴ类）的水体断面比例下降 15 个百分点左右，长三角、珠三角区域力争消除丧失使用功能的水体。到 2030 年，全国七大重点流域水质优良比例总体达到 75%及以上，城市建成区黑臭水体总体得到消除，城市集中式饮用水水源水质达到或优于Ⅲ类比例总体为 95%左右。

《关于全面推行河长制的意见》于 2016 年 12 月 11 日由中共中央办公厅、国务院办公厅印发。包括总体要求、主要任务和保障措施三个部分，共 14 条。主要内容包括“河长制”的组织形式、河长的职责、“河长制”工作的主要任务、“河长制”的监督考核。2017 年 6 月 27 日，第十二届全国人民代表大会常务委员会第二十八次会议修正《中华人民共和国水污染防治法》，修正后的水污染防治法首次将“河长制”写入其中，规定：省、市、县、乡建立河长制，分级分段组织领导本行政区域内江河、湖泊的水资源保护、水域岸线管理、水污染防治、水环境治理等工作。

3.3 水体功能区划、排放标准与功能区划之间的关系

3.3.1 地表水功能划分

《地表水环境质量标准》（GB 3838—2002）依据地表水水域环境功能和保护目标将水域按功能高低划分为五类，规定不同功能水域执行不同标准。同一水域兼有多类使用功能的，执行最高功能类别对应的标准值。

Ⅰ类：主要适用于源头水、国家自然保护区。

Ⅱ类：主要适用于集中式生活饮用水地表水源地一级保护区、珍稀水生生物栖息地、鱼虾类产卵场、仔稚幼鱼的索饵场等。

Ⅲ类：主要适用于集中式生活饮用水地表水源地二级保护区、鱼虾类越冬场、洄游通道、水产养殖区等渔业水域及游泳区。

Ⅳ类：主要适用于一般工业用水区及人体非直接接触的娱乐用水区。

Ⅴ类：主要适用于农业用水区及一般景观要求水域。

3.3.2 地下水水质划分

《地下水质量标准》（GB/T 14848—2017）依据地下水水质现状、人体健康基准值及

地下水质量保护目标，并参照生活饮用水、工业、农业用水水质要求，将地下水质量划分为五类。

Ⅰ类：地下水化学组分含量低，适用于各种用途。

Ⅱ类：地下水化学组分含量较低，适用于各种用途。

Ⅲ类：地下水化学组分含量中等，以 GB 5749—2006 为依据，主要适用于集中式生活饮用水水源及工农业用水。

Ⅳ类：地下水化学组分含量较高，以农业和工业用水质量要求以及一定水平的人体健康风险为依据，适用于农业和部分工业用水，适当处理后可作为生活饮用水。

Ⅴ类：地下水化学组分含量高，不宜作为生活饮用水水源，其他用水可根据使用目的选用。

3.3.3 海水水质划分

《海水水质标准》（GB 3097—1997）按照海域的不同使用功能和保护目标，将海水水质分为四类。

第一类适用于海洋渔业水域、海上自然保护区和珍稀濒危海洋生物保护区。

第二类适用于水产养殖区、海水浴场、人体直接接触海水的海上运动或娱乐区，以及与人类食用直接有关的工业用水区。

第三类适用于一般工业用水区、滨海风景旅游区。

第四类适用于海洋港口水域、海洋开发作业区。

3.3.4 污水排放等级划分

《污水综合排放标准》（GB 8978—1996）根据受纳水体的不同，将污水排放标准分为三个等级。

① 排入 GB 3838 中Ⅲ类水域（规定的保护区和游泳区除外）和排入 GB 3097 中二类海域的污水，执行一级标准。

② 排入 GB 3838 中Ⅳ、Ⅴ类水域和排入 GB 3097 中三类海域的污水，执行二级标准。

③ 排入设置二级污水处理厂的城镇排水系统的污水执行三级标准。

④ 排入未设置二级污水处理厂的城镇排水系统的污水，必须根据排水系统出水受纳水域的功能要求，分别执行①、②的规定。

⑤ GB 3838 中Ⅰ、Ⅱ类水域和Ⅲ类水域中划定的保护区，GB 3097 中一类海域，禁止新建排污口，现有排污口应按水体功能要求，实行污染物总量控制。

第 4 章　水体的自然净化原理与过程

污染物随污水排入水体后，经物理、化学和生物等多方面的作用，污染物浓度或总量减少，一段时间后受污染的水体恢复到受污染前的状态，这一过程称为水体的自然净化（以下简称水体的自净）。水体的自净能力是有限的，同时受多种因素影响，如水体的地形和水文条件、水中微生物的种类和数量、水温和复氧状况、污染物的性质和浓度等。

水体包括地表水、地下水、海洋水、大气水等，由于地表水是人们日常接触较为紧密的水体，也是水体污染的重灾区，因此本章主要对地表水进行阐述。

4.1　地表水体类型

地表水（surface water）是陆地表面上动态水和静态水的总称，也称“陆地水”，包括各种液态和固态的水，主要有河流、湖泊、沼泽、冰川、冰盖等。它是人类生活用水的重要来源之一，也是各国水资源的主要组成部分。

1．河流

河流由雨水、冰川或者地下水在地球引力等作用下汇集，从细小的水流逐渐发展成为汹涌的激流，奔流于蜿蜒的河床中。因此，河流包括河床与在河床中流动的水流两个部分。大小不同的河流形成的相互流通的水道系统称为河系或者水系，而供给地面和地下径流的集水区域称为流域。

河流是陆地水系的主体与纽带，它贯穿辽阔的内陆流域并最为广泛地参与水的社会循环，是内陆主要的水利资源，也是废水排放的主要受体。因此，河流是水体自净规律的主要研究对象。

2．湖库

湖泊是天然的水库，而水库是人工的湖泊，同是陆地上的主要贮水洼地。目前我国湖库占陆地水系流量的 22.9%，是地表水的重要组成部分。影响这类水体特征的主要因素是其水温、含盐量和水生生物。

水体的温度随不同季节、气象条件沿垂直方向可能出现不同的温度层化现象，使水的密度发生变化，引起局部水体的异重流，显著影响湖泊水库的自净作用。含盐量对这类水体的影响主要是：① 重金属盐和其他毒性化合物，可能毒害水生生物并造成富集，经食物链危及人类；② 氮、磷等营养性物质，带来富营养化，使水体出现水华污染，以致毒害其他水生生物和恶化水域环境；③ 含盐量增多可能造成盐湖化，使水体失去作为综合水体资源的价值。

湖泊水库中水生生物的正常生长，是水体生态平衡的质量指标，同时反映了水体的水质状况。一旦水体遭到严重污染和长期失控，生态平衡破坏，水生生物异常繁殖或绝迹，这时水体需要彻底治理，以恢复其原来的利用价值。

3．冰川

冰川水是地表上长期存在并能自行运动的天然冰体。由大气固态降水经多年积累而成，是地表重要的淡水资源，不同于冬季河湖冻结的冰。

冰川对水圈的水循环有着重要作用。冰川上方大气固态降水到达冰川后不存在最基本的蒸腾，而蒸发量和渗透量也非常小，所以，到达冰川的降水基本可以全部转化为地表径流。冰川的此项活动可以将长期处于固态的水转化为液态。这既可以为河流提供补给来源，也可以对河流进行调节。但是冰川对于河流的调节作用主要体现在高温干旱的年份，由于降水少，消融多，冰川自然而然可以为河流调节。另外，冰川的冰盖作为一种特殊的下垫面，冰盖也能增强地球的反射率，从而促使地球进一步变冷，并影响气团性质和环流性质。

4．其他地表水体

地表水除河流、湖库、冰川外，还有沼泽、池塘、沟渠等，它们在自然和人类社会中扮演着重要的角色。

沼泽水指积于沼泽表面或含于沼泽草根层和泥炭层中，以自由水和附着水两种形式存在的水体。沼泽是地表水和地下水之间的过渡类型，沼泽对水文具有调节作用。沼泽地形低洼，泥炭层和草根层似海绵状结构，孔隙度大，持水能力强，可储蓄大量水分，故有生物蓄水库之称。在洪水时期，沼泽能截留洪水，从而起到削减洪峰和均化洪水的作用；在贫水时期，由于沼泽底部有潜育层，透水性弱，常形成隔水层，有利于维持区域内地下水位平衡。

池塘是水产养殖、农田灌溉以及生活用水的重要水源。

沟渠是为灌溉或排水而挖的水道的统称。沟渠大略分成两种：一种是在路边的雨水下水道；另一种是以密闭管道的方式将污水输送到处理厂的污水下水道。

4.2 地下水类型

广义的地下水是指贮存于地面以下岩石空隙中的水，狭义的地下水是指地下水面以下饱和含水层中的水——重力水。根据埋藏条件可以将地下水分为包气带水、潜水和承压水，地下水水层分布见图 4-1。

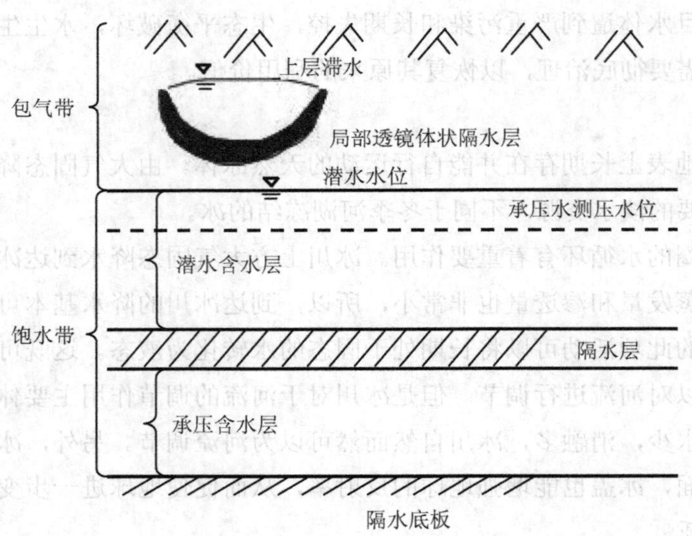

图 4-1 地下水水层分布

1．包气带水

地表以下一定深度上，岩石中的空隙为重力水所充满，形成地下水面。地下水面以上称为包气带；地下水面以下称为饱水带。包气带中以各种形式存在的水（结合水、毛细水、气态水），统称为包气带水。

包气带水主要来源于大气降水和地表水的下渗，它是饱水带与大气圈、地表水圈联系的必经通道。包气带水完全依靠大气降水或地表水流直接下渗补给，因而多位于距地表不深的地方，以蒸发或逐渐下渗的形式排泄；水量随季节变化，雨季出现，旱季消失，极不稳定。因此，包气带水的含水量及其水盐运动受气象因素影响极为显著，天然和人工植被对其影响很大。

2．潜水

潜水是指饱水带中第一个具有自由表面的含水层中的水。潜水的水面称为潜水面，潜水面至地表的距离称为潜水埋藏深度，潜水面上任一点的标高称为该点的潜水位，潜水面至隔水底板的距离称为含水层深度。

潜水的来源：大气降水、凝结水、地表水通过包气带渗入，直接补给潜水，也可以通过在重力作用下高水位地下水向低水位地方的径流补给潜水。它的排泄，除流入其他含水层外，还可以径流到低洼处，或通过地面蒸发和植物蒸腾作用排入大气。因此，潜水的水位、流量、化学成分及水质等，易受气候、地形、岩层条件的影响。

3．承压水

承压水是指充满于两个稳定隔水层之间的含水层中的水。承压水的水质取决于它的成因、埋藏条件及其与外界联系的程度，可以是淡水也可以是含盐量较高的卤水。一般情况下，承压水与外界联系越密切，参与水循环越积极，承压水的水质越接近大气降水与地表水，通常是含盐量低的淡水；反之，承压水的含盐量就越高。

地下水按照含水介质的不同，可以分为孔隙水、裂隙水和岩溶水。其中，孔隙水是指储存于松散层中的地下水，裂隙水是指储存于基岩裂隙中的地下水，岩溶水是指储存于可溶性岩石溶穴中的地下水。可以同时根据埋藏条件和含水介质的不同，将地下水分为九类组合（表 4-1）。

表 4-1　地下水介质-埋藏条件分类

	孔隙水	裂隙水	岩溶水
包气带	上层滞水	上层滞水	上层滞水
潜水	孔隙潜水	裂隙潜水	岩溶潜水
承压水	孔隙承压水	裂隙承压水	岩溶承压水

4.3　水圈循环

水的循环分为自然循环和社会循环，如图 4-2 所示。

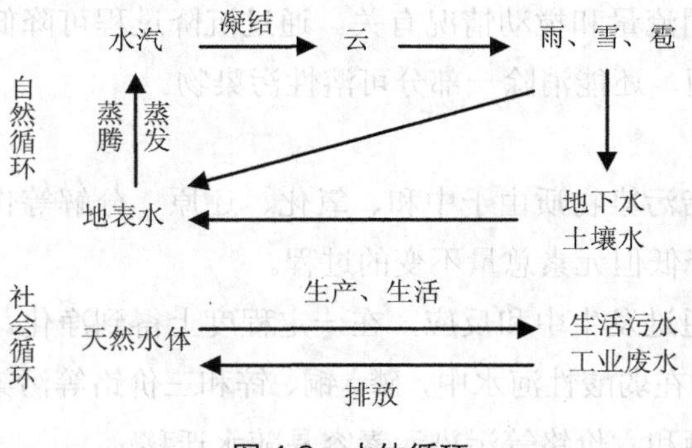

图 4-2　水体循环

1．水的自然循环

地球表面液态的水和固态的水，在阳光的照射下，受热蒸发为水汽，上升遇冷，凝结为云雾，飘浮并随大气环流迁移。在一定条件下，形成雨、雪等降水，回落地面。有的遇冷成冰，形成冰帽、冰盖或冰川；有的为植物或地物所截留，逐渐蒸发为水汽；有的渗入地下，成为土壤水和地下水；有的沿地面流向低处，成为地面径流。径流汇集至地面低洼处，形成泉、溪、沼泽、池塘、湖泊、河川等天然水体，最后流归海洋。这种不断发生相态转换和周而复始运动的过程称为水的自然循环。

2．水的社会循环

人类社会为了满足生活和生产需要，从各种天然水体中取用大量的水。生活用水和工业用水在使用后，就成为生活污水和工业废水，它们被排放后，最终又流入天然水体。水的这种在人类社会活动中构成的局部循环体系，称为水的社会循环。

4.4 水体自然净化

4.4.1 水体自净原理

从机理上看，水体自净作用可以分为三类，即物理净化、化学净化和生物净化。它们同时发生，相互影响，共同作用。

1．物理净化

物理净化作用指污染物质由于稀释、混合、沉淀等作用而使水体污染物质浓度降低的过程。

其中稀释作用是一项重要的物理净化过程。污染物浓度不同的水团互相混合，由于分子扩散作用能有效减少污染物的浓度。污水中污染物质的稀释还受扩散作用的影响，混合作用与温度、水团流量和搅动情况有关。通过沉降过程可降低水中不溶性悬浮物浓度，同时由于吸附作用，还能消除一部分可溶性污染物。

2．化学净化

化学净化作用是指污染物质由于中和、氧化、还原、分解等作用而使水体污染物质形态发生改变、浓度降低但元素总量不变的过程。

酸性水和碱性水通过发生中和反应，在一定程度上得到净化。但酸碱性条件的变化影响污染物的迁移。如在弱酸性河水中，磷、铜、锌和三价铬等污染元素容易随水迁移；在碱性河水中，砷、硒和六价铬等污染元素容易随水迁移。

当水体中存在多种变价元素时，它们彼此间因存在电位差而发生电子转移，进行氧化还原反应。氧化还原反应使水中污染物的化学性质，特别是溶解度、稳定度和扩散能力等发生很大变化，可能在一定程度上促进水体净化。

3．生物净化

生物净化作用是指由于水中生物活动，尤其是水中微生物对有机物的氧化分解作用而引起的污染物质形态发生变化、浓度降低、总量减少的过程。

当污染物数量有限时，有些微生物能够把其中的有机物转化为无机物，分解产生的氮、磷、钾等无机物是水生植物的营养源，使水生植物大量繁殖，而藻类等水生植物又再为水生动物所吞食。这一系列的水生生物活动，使一些污染物浓度降低，起到净化效果。另外，微生物也能催化化学反应、絮凝有机物质。

总之，水体净化是上述几种净化过程交织在一起的。其中生物净化是水体自净的主要原因。

4.4.2　水体自净过程

水体自净过程以河流的自净过程为例（氧垂曲线如图 4-3 所示），当含有大量有机物的废水流入河流后，首先会被混合和稀释，比水重的粒子逐渐沉降在河床上，易氧化的物质利用水中的溶解氧进行氧化。在废水排放口处，水中的有机物含量最高，大部分有机物由微生物氧化分解而变成无机物，消耗水中大量的溶解氧。此时，耗氧速率远低于复氧速率，河水中的溶解氧浓度呈下降趋势。由于有机物浓度越来越低，耗氧速率越来越小，但是大气对河水补充溶解氧的速率会随着河水的溶解氧降低而上升。当耗氧速率与复氧速率相等时，水中的溶解氧浓度达到最低点。此后，如果没有新鲜的污水补充，河水中有机物仍持续下降，复氧速率大于耗氧速率，水体中的溶解氧会逐渐恢复到正常水平。

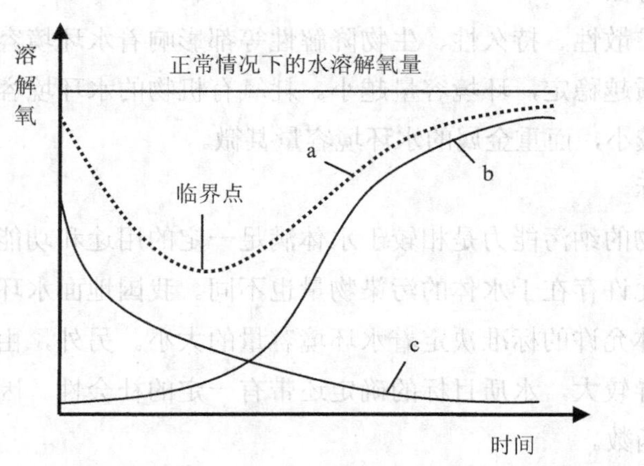

a—氧垂曲线；b—水体复氧曲线；c—有机物分解的耗氧曲线

图 4-3　水体的氧垂曲线

水体净化全过程的特征有：

① 进入水体中的污染物，在连续的自净过程中，总的趋势是浓度逐渐下降。

② 大多数有毒污染物经物理、化学和生物作用，转变为低毒或无毒化合物。

③ 重金属类污染物，从溶解状态被吸附或转变为不溶性化合物，沉淀后进入底泥。

④ 碳水化合物、脂肪、蛋白质等复杂有机物，在有氧或缺氧条件下，都能被微生物分解利用。先降解为简单有机物，再进一步分解为二氧化碳和水。

⑤ 不稳定的污染物在自净过程中转变为稳定的化合物。例如，氨转变为亚硝酸盐，再氧化为硝酸盐。

⑥ 自净过程初期，水中溶解氧数量急剧下降，到达最低点后又缓慢上升，逐渐恢复到正常水平。

⑦ 进入水体的有毒污染物会使水中生物种类和个体数量减少。但随着自净过程的进行，有毒物质浓度或数量下降，生物种类和个体数量最终会趋于正常的生物分布。进入水体的有机污染物也会随着自净过程的进行，分解形成无机营养成分，使藻类旺盛生长，鱼、贝类动物也会因食物充足随之繁殖起来。

4.4.3 水环境容量

一定水体在规定的环境目标下所能容纳污染物的最大负荷量称为水环境容量，又称水体负荷量或纳污能力。水环境容量的大小与下列因素有关：

（1）水体特征

包括水体的水文参数，如河宽、河深、流量、流速等；背景参数，如pH、碱度、硬度、污染物质的背景值等；自净参数和工程因素。

（2）污染物特征

如污染物的扩散性、持久性、生物降解性等都影响着水环境容量。一般来说，污染物的物理化学性质越稳定，环境容量越小。耗氧有机物的水环境容量最大，难降解有机物的水环境容量较小，而重金属的水环境容量甚微。

（3）水质目标

水体对污染物的纳污能力是相较于水体满足一定的用途和功能而言的。水的用途和功能要求不同，允许存在于水体的污染物量也不同。我国地面水环境质量标准将水体分为五类，每类水体允许的标准决定着水环境容量的大小。另外，由于各地自然条件和经济技术条件的差异较大，水质目标的确定还带有一定的社会性。因此，水环境容量还是社会效益参数的函数。

假如某种污染物排入某地面水体，此水体的水环境容量可用式（4-1）表示：

$$W = V(S - B) + C \tag{4-1}$$

式中，W——某地面水体的水环境容量；

V——该地面水体的体积；

S——地面水某污染物的环境标准；

B——地面水中某污染物的环境背景值；

C——地面水的自净能力。

可见，水环境容量既反映了满足特定功能条件下水体对污染物的承受能力，也反映了污染物在水环境中的迁移、转化、降解、消亡规律。当水质目标确定后，水环境容量的大小就取决于水体对污染物的自净能力。

4.4.4　自净容量

在满足水环境质量标准的条件下，水体通过正常生物循环能够同化有机污染物质的最大数量，称为水体的自净容量。影响水体自净容量的主要因素有受纳水体的地理、水文条件、微生物的种类与数量、水温、复氧能力以及水体和污染物的组成、污染物浓度等。

（1）水文要素

流速、流量直接影响到移流强度和紊动扩散强度。流速和流量大，水体中污染物浓度稀释扩散能力随之加强，气液界面上的气体交换速度也随之增大。河流的流速和流量有明显的季节性变化，洪水季节流速和流量大，有利于自净；枯水季节流速和流量小，给自净带来不利影响。

河流中含沙量的多少与水中某些污染物质浓度有一定的关系。例如，研究发现中国黄河含沙量与含砷量呈正相关。这是因为泥沙颗粒对砷有强烈的吸附作用，一旦河水澄清，含砷量就会大为减少。

水温不仅直接影响水体中污染物质化学转化的速度，而且能通过影响水体中微生物的活动对生物化学降解速度产生影响。随着水温的增加，BOD 的降低速度明显加快，但水温高却不利于水体复氧。

（2）太阳辐射

太阳辐射对水体自净作用有直接影响和间接影响两个方面。直接影响指太阳辐射能使水中污染物质产生光转化；间接影响指太阳辐射可以引起水温变化和促进浮游植物及水生植物的光合作用。相较于水深大的河流，太阳辐射对水深小的河流自净作用更为明显。

（3）底质

底质能富集某些污染物质，河水与河床基岩及沉积物也有一定的物质交换过程。这两个方面都可能对河流的自净作用产生影响。例如，汞易被吸附在泥沙上，随之沉淀进而在底泥中累积，虽较为稳定，但在水与底泥界面上释放过程十分缓慢，还会使汞重新回到河水中，形成二次污染。此外，底质不同，底栖生物的种类和数量不同，对水体自净作用的影响也不同。

（4）水生生物和水中微生物

水中微生物对污染物有生物降解作用，某些水生生物对污染物有富集作用，这两个方面都能降低水中污染物的浓度。因此，若水体中能分解污染物的微生物和能富集污染物的水生生物品种多、数量大，对水体自净过程较为有利。

（5）污染物的性质和浓度

易于化学降解、光转化和生物降解的污染物最容易得以自净。例如，酚和氰，由于它们易挥发和氧化分解，又能被泥沙和底泥吸附，因此在水体中较易净化。难化学降解、光转化和生物降解的污染物不易在水体中去除，如合成洗涤剂、有机农药等化学稳定性极高的合成有机化合物，在自然状态下逐渐蔓延，不断积累，需十年以上才能完全分解，成为全球性污染的代表性物质。

参考文献

[1] 高廷耀，顾国维. 水污染控制工程. 第 4 版. 下册[M]. 北京：高等教育出版社，2015.

[2] 王焰新. 地下水污染与防治[M]. 北京：高等教育出版社，2007.

[3] 张自杰. 环境工程手册. 水污染防治卷[M]. 北京：高等教育出版社，1996.

[4] 朱蓓丽. 环境工程概论. 第 2 版[M]. 北京：科学出版社，2006.

第 5 章　水的回收及其资源化

随着社会经济的发展和人口的急剧增长，人类对水的需求不断增加，加之人类不科学用水和水体的严重污染，可利用的水资源日趋锐减。为了解决城市缺水问题，应在治理城市水污染的同时，积极开展污水资源化的研究，提高污水回用率，从而有效地实现城市水资源的可持续利用。

5.1　污水处理后的回用

5.1.1　污水回收及再用意义

一般情况下，城镇供水经使用后，有 80%转化为污水，集中处理后，其中 70%可以再次循环使用。在现有供水量不变的情况下，污水处理回用可使城镇的可用水量增加 50%以上。污水再生回用不但能够减少城市优质饮用水资源的消耗，缓解供水压力，而且能减轻对受纳水体的污染，改善生态环境。

污水回用是环境保护、水污染防治的主要途径，污水回用有利于提高城市水资源利用的综合经济效益。例如，污水回用所需的投资及年运行管理费用低于长距离引水所需的相应投资和费用；除实行排污收费外，污水回用所收取的水费可以作为污水处理的财政支持；污水回用可以有效地保护水源，降低取自该水源的水处理费用。因此，污水回用的间接利益和长远利益十分可观。

5.1.2　污水回用的处理方法与工艺流程

1．回用水处理的基本方法及功能

操作单元即为按水处理流程划分的相对独立的水处理工序，它可以是一种或多种基本方法的组合运用。回用水处理的基本方法如表 5-1 所示。

表 5-1 回用水处理的基本方法

	方法分类	主要作用
物理方法	筛滤截留 重力分离 离心分离 高梯度磁分离	格栅：截留较大的漂浮物； 格网：截留细小的漂浮物； 微滤（微滤机及微孔过滤）：去除细小悬浮物； 重力沉降：分离悬浮物； 气浮：上浮分离不易沉降的悬浮物； 惯性分离悬浮物； 磁力分离被磁化颗粒
化学方法	化学沉淀 中和 氧化与还原 电解	以化学方法析出并沉淀分离水中的无机物； 中和处理酸性或碱性物质； 氧化分解或还原去除水中的污染物； 电解分离并氧化或还原水中污染物
物理化学方法	离子交换 萃取 汽提与吹脱 吸附处理 电渗析 扩散渗析 反渗透 超过滤	以交换剂中的离子交换法去除水中的有害离子； 用不溶于水的有机溶剂分离水中相应的溶解性物质； 去除水中的挥发性物质； 用吸附剂吸附水中的可溶性物质； 在直流电场中离子交换树脂有选择性地定向迁移、分离去除水中离子； 依靠半渗透膜两侧的渗透压分离溶液中的溶质； 在压力作用下通过半渗透膜反方向地使水与溶解物分离； 通过超滤膜使水溶液的大分子物质同水分离
生物法	活性污泥（好氧） 生物膜法（好氧） 生物氧化塘（好、厌、兼氧） 土地处理（好氧） 厌氧生物处理	以不同方式使水充氧，利用水中微生物分解其中的有机物； 利用生长在各种载体上的微生物分解水中的有机物； 利用池塘中的微生物、藻类、水生植物等通过好氧或厌氧分解降解水中的有机物； 利用土壤和其中的微生物以及植物根系综合处理（过滤、吸附、降解水中的污染物质）； 利用厌氧微生物分解水中的有机物，特别是高浓度有机物

2．回用水处理的工艺流程

废水回用一般需要经过不同程度的净化，达到不同的水质目标。其处理方法可根据不同水质状况选用。

（1）混凝澄清过滤法

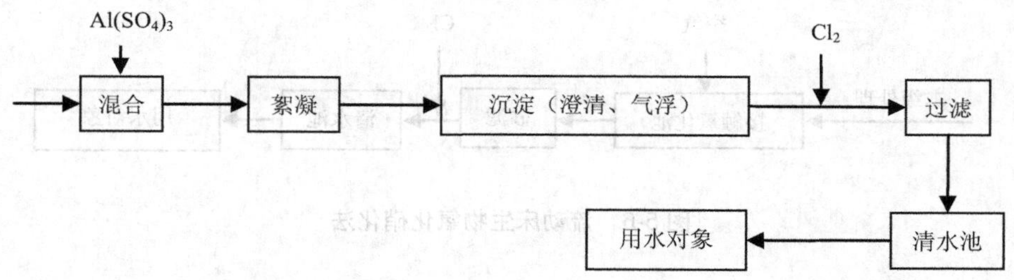

图 5-1　混凝澄清过滤法

（2）直接过滤法

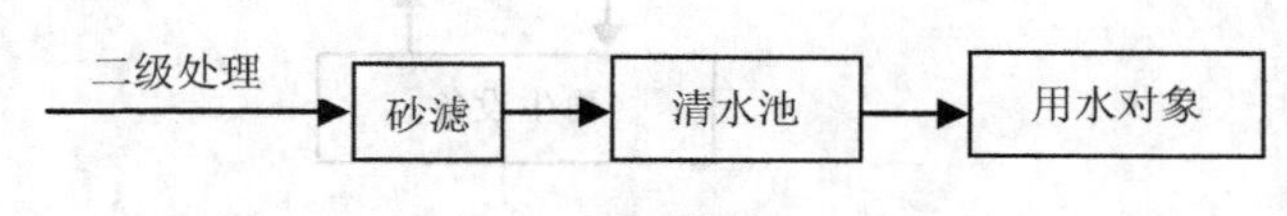

图 5-2　直接过滤法

（3）微絮凝过滤法

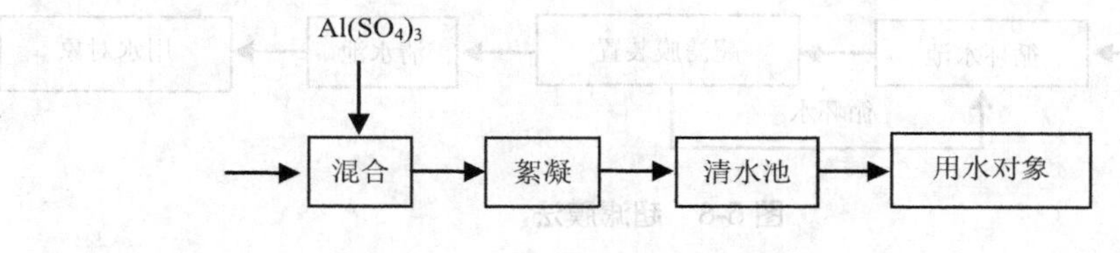

图 5-3　微絮凝过滤法

（4）接触氧化法

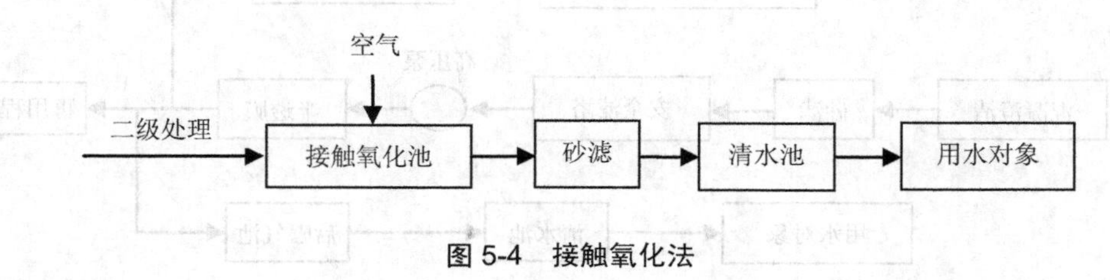

图 5-4　接触氧化法

（5）生物快滤池法

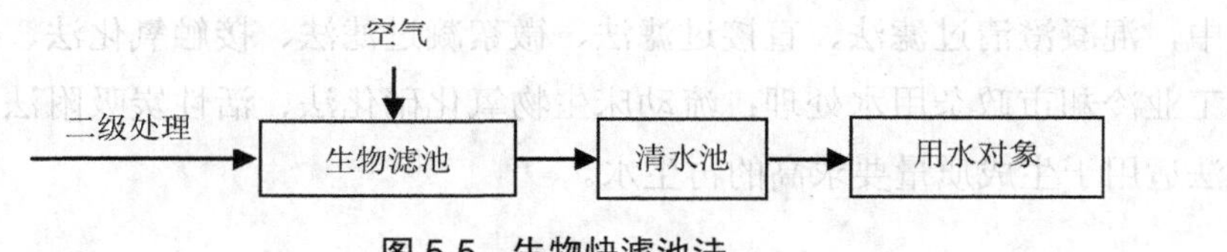

图 5-5　生物快滤池法

(6) 流动床生物氧化硝化法

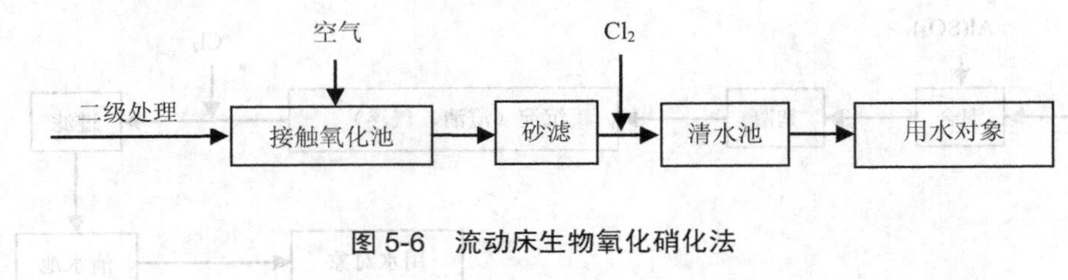

图 5-6 流动床生物氧化硝化法

(7) 活性炭吸附法

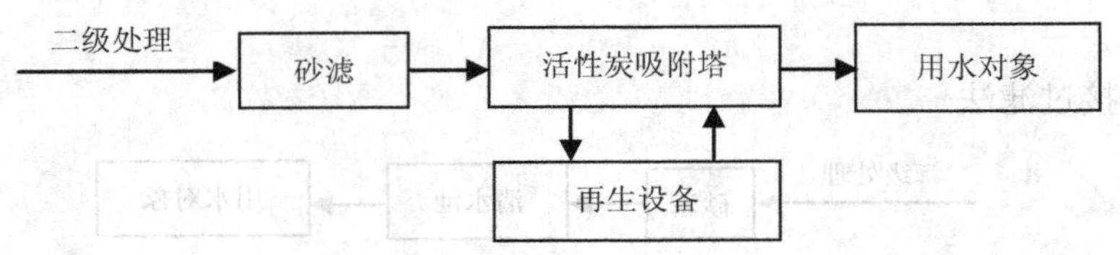

图 5-7 活性炭吸附法

(8) 超滤膜法

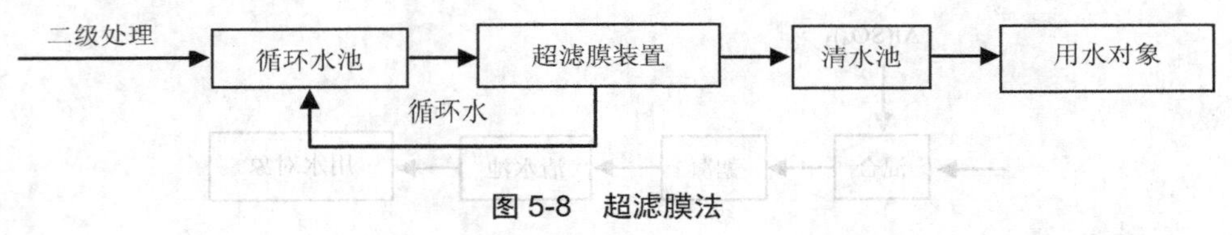

图 5-8 超滤膜法

(9) 半透膜法

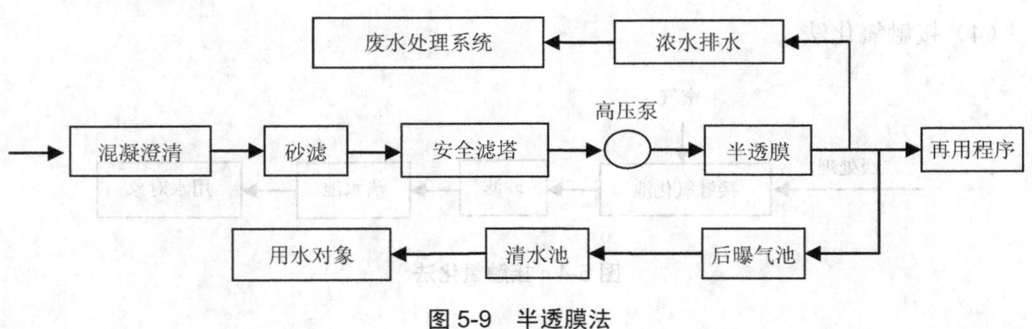

图 5-9 半透膜法

其中，混凝澄清过滤法、直接过滤法、微絮凝过滤法、接触氧化法、生物快滤池法适用于工业冷却市政杂用水处理；流动床生物氧化硝化法、活性炭吸附法、超滤膜法、半透膜法适用于生成质量要求高的再生水。

5.2　回用水途径及标准要求

5.2.1　回用途径

污水回用也称再生利用，是指污水经处理达到回用水水质要求后，回用于工业、农业、城市杂用、景观娱乐、补充地表水和地下水等。城市污水回用途径广泛，表 5-2 是《城市污水再生利用　分类》（GB/T 18919—2002）中提出的城市污水再生利用类别，其中，工业用水，农业、林、牧、渔业用水和城市杂用水是城市污水回用的主要对象。

表 5-2　城市污水再生利用类别

序号	分类	范围	示例
1	农、林、牧、渔业用水	农田灌溉	种籽与育种、粮食与饲料作物、经济作物
		造林育苗	种籽、苗木、苗圃、种植观赏植物
		畜牧养殖	从事畜牧、养殖家畜、养殖家禽
		水产养殖	淡水养殖
2	城市杂用水	城市绿化	公共绿地、住宅小区绿化
		冲厕	厕所便器冲洗
		道路清扫	城市道路的冲洗及喷洒
		车辆冲洗	各种车辆冲洗
		建筑施工	施工场地清扫、浇洒、灰尘抑制、混凝土制备与养护、施工中的混凝土构件建筑物冲洗
		消防	消火栓、消防水炮
3	工业用水	冷却用水	直流式、循环式
		洗涤用水	冲渣、冲灰、消烟除尘、清洗
		锅炉用水	中压、低压锅炉
		工艺用水	溶料、水浴、蒸煮、漂洗、水力开采、水力输送、增湿、稀释、搅拌、选矿、油田回注
		产品用水	浆料、化工制剂、涂料
4	环境用水	娱乐性景观环境用水	娱乐性景观河道、景观湖泊及水景
		观赏性景观环境用水	观赏性景观河道、景观湖泊及水景
		湿地环境用水	恢复自然湿地、营造人工湿地
5	补充水源水	补充地表水	河流、湖泊
		补充地下水	水源补给、防止海水入侵、防止地面沉降

资料来源：《城市污水再生利用　分类》（GB/T 18919—2002）。

将经过深度处理，达到回用要求的城市污水回用于工业、农业、市政杂用等需水对象，为直接水回用。其中，最具有潜力的是回用于工业冷却水、农田灌溉及市政杂用等。

城市污水按要求进行处理后排入水体，自净后供给各类用户使用，为间接水回用。将经过深度处理的城市污水回灌于地下水层，再抽取使用，属间接水回用。

5.2.2 回用水水质标准

回用水水质标准是确保回用安全可靠和回用工艺选用的基本依据。为引导污水回用健康发展，确保回用水的安全使用，我国制定了一系列回用水水质标准。

《污水再生利用工程设计规范》提出：当再生水同时用于多种用途时，其水质标准应按最高要求确定。对于向服务区域内多用户供水的城市再生水厂，可按用水量最大用户的水质标准确定；个别水质要求更高的用户，可自行补充处理，直至达到该水质标准。

1．工业用水

再生水用作工业用水水源时，基本控制项目及指标限值应满足《城市污水再生利用 工业用水水质》（GB/T 19923—2005）的规定。对于以城市污水为水源的再生水，除应满足表内各项指标外，其化学毒理学指标还应符合《城镇污水处理厂污染物排放标准》（GB 18918—2002）中“一类污染物”和“选择控制项目”各项指标限值的规定。

2．城市杂用水

城市杂用水的水质应符合《城市污水再生利用 城市杂用水水质》（GB/T 18920—2002）的规定，混凝土拌和用水还应符合《混凝土用水标准》（JGJ 63—2006）的有关规定。

3．景观环境用水

再生水作为景观环境用水时，其指标限值应满足《城市污水再生利用 景观环境用水水质》（GB/T 18921—2019）的规定。对于以城市污水为水源的再生水，其化学毒理学指标还应符合《城镇污水处理厂污染物排放标准》（GB 18918—2002）中控制项目最高允许排放浓度的相应要求。

4．地下水回灌

利用城市污水再生水进行地下水回灌时，应根据回灌区水温地质条件确定回灌方式。回灌时，其回灌区入水口的水质控制项目分为基本控制项目和选择性控制项目两类。基本控制项目和选择性控制项目应满足《城市污水再生利用 地下水回灌水水质》（GB/T 19772—2005）的规定。

5．农田灌溉用水

城市污水再生处理后用于农田灌溉，水质基本控制项目和选择性控制项目及其指标最大限度应分别符合《城市污水再生利用 农田灌溉用水水质》（GB 20922—2007）的规定。

5.3　雨水的收集与回收

5.3.1　雨水的收集

城市雨水收集应根据城市主体的生态环境用水和建筑物分布特点，因地制宜选择合适的收集方式，以充分利用城市雨水、提高城市雨水利用的能力和效率。城市雨水收集主要包括建造城市雨水贮留设施及雨水就地下渗。

1．建造城市雨水贮留设施

雨水贮留设施可分为地面蓄水和地下蓄水两种。城市路面、屋面、庭院、停车场及大型建筑等使城市的非渗透水地面密集最高达 90%，可将这些地方作为集水面，通过导流渠道将雨水收集输送到贮水设施。贮水设施可以是蓄水池、水库，也可以是塘坝。最直接、最经济的办法是将城市低洼地进行优化改造，并配以适当的引水设施，能很好地蓄存雨水径流。但当地面上土地紧缺时，就得考虑利用地下蓄水池，地下蓄水池种类多样，形状各异。可以根据需要结合雨水下渗而设计。

（1）屋面雨水集蓄利用系统

该系统又可分为单体建筑物分散式系统和建筑群集中式系统。由雨水汇集区、输水管系、截污装置、储存装置、净化装置和配水装置等几部分组成。有时还设渗透设施与贮水池溢流管相连，使超过储存容量的部分溢流雨水渗透。

（2）屋顶绿化雨水利用系统

屋顶绿化是一种削减径流量、减轻污染的新型生态技术，也可作为雨水集蓄利用和渗透的预处理措施。既可用于平屋顶，也可用于坡屋顶。植物应根据当地气候和自然条件，筛选本地生的耐旱植物，还应与土壤类型、厚度相适应。种植土壤应选择孔隙率高、密度小、耐冲刷且适宜植物生长的天然或人工材料。

（3）园区雨水集蓄利用系统

在公园或类似环境条件较好的城市园区，可将区内屋面、绿地和路面的雨水径流收集利用。修建一些简单的雨水收集和贮存工程，就可将降水产生的地面径流资源化，用于城市清洁、绿地灌溉、维持城市水体景观等。经简单处理的雨水可以用于生活洗涤用水、工业用水等。

2．雨水就地下渗

利用各种人工设施强化雨水渗透是城市雨水利用的重要途径。雨水就地下渗主要是通过透水地、渗透沟、渗透管、渗透槽、渗透池以及透水性铺装等多种渠道加大对雨水的就地下渗量。绿地是最好的渗透设施，不仅渗透能力强，而且植物根系能对雨水径流中的悬浮物、杂质等起到一定的净化作用。

（1）渗透地面

渗透地面可分为天然渗透地面和人工渗透地面两大类，前者在城区以绿地为主。绿地是一种天然的渗透设施，透水性好。城市中的绿地便于雨水的引入，对雨水中的一些污染物具有较强的截留和净化作用。但渗透流量受土壤性质的限制，雨水中含有较多的杂质和悬浮物时，会影响绿地的质量和渗透性能。

（2）渗透管沟

雨水通过埋设于地下的多孔管材向四周土壤层渗透，管材四周填充粒径 20～30 mm 的碎石或其他多孔材料，有较好的调储能力且占地面积小。但由于不能利用表层土壤的净化功能，对雨水水质有一定要求，应采取适当预处理，不含悬浮固体，一旦发生堵塞或渗透能力下降将很难清洗恢复。

（3）渗透井

渗透井包括深井和浅井两类，前者适用于水量大而集中、水质好的情况，如城市水库的泄洪利用。渗透井的主要优点是占地面积和所需地下空间小，便于集中控制管理。缺点是净化能力低，水质要求高，不能含过多的悬浮固体，需要预处理。适用于拥挤的城区或地面和地下可利用空间小、表层土壤渗透性差而下层土壤渗透性好等场合。

（4）渗透池

渗透池渗透面积大，能提供较大的渗水和储水容量且净化能力强，对水质和预处理要求低，管理方便，具有渗透、调节、净化、改善景观等多重功能。但其占地面积大，在拥挤的城区应用受到限制。设计管理不当会造成水质恶化，蚊蝇滋生和池底部的堵塞。适宜在城郊新开发区或新建生态小区应用。

5.3.2 雨水的利用

根据用途的不同，雨水利用可分为雨水的直接利用（回用）、雨水的间接利用（渗透）和雨水综合利用。

1. 雨水的直接利用

雨水收集处理后利用是城市雨水的直接利用过程。屋顶、路面均可不同程度地收集雨水，收集的雨水可汇集到雨水贮留池中。建筑物屋面雨水主要由水落管收集，路面和绿地雨水用雨水口收集。收集处理后的雨水主要用于城市的绿地浇灌、路面喷洒、景观补水等，可有效缓解城市供水压力。

2. 雨水的间接利用

将雨水渗透回灌，以补充地下水是城市雨水利用的间接过程。雨水渗透包括点源、线源和面源的渗透。人工渗透设施、人工湖等为点源入渗；河道、透水性道路等为线源入渗；减少城市硬铺盖、加大城市绿地草坪面积可增加面源入渗量。

3．雨水综合利用

雨水综合利用是指根据具体条件，将雨水直接利用和间接利用结合，在技术经济分析基础上最大限度地利用雨水。

5.4 微污染水体的收集与回用

受微量和痕量有毒有害有机物污染的水体通常称为微污染水体。传统水处理工艺对微量污染物去除效果并不理想。但随着人们对微污染的危害及“三致”（致癌、致畸、致突变）作用日益重视，如何控制水源水的微污染已经成为水处理研究领域的新热点。

5.4.1 微污染水源的特点

微污染水源是指水的物理、化学和微生物指标已不能达到《地表水环境质量标准》（GB 3838—2002）中作为生活饮用水水源的水质要求。水体中污染物单项指标，如浑浊度、色度、臭味、硫化物、氮氧化物、有害有毒的物质如重金属（汞、锰、铬、铅、砷等）、病原微生物等有超标现象，但多数情况下是受有机物微量污染的水源。水体微污染现象对饮用水处理工艺的选用造成了很大的困难。

近年来，我国微污染水源水质主要有以下特点：

① 综合指标 COD、BOD、TOC 等值升高，说明水源水中含有机物含量高。

② 氨氮（NH_3-N）浓度升高。

③ 嗅味明显。

④ 致突变性的 Ames 试验结果呈阳性，而水质良好的水源应呈阴性。

5.4.2 微污染水的主要危害

发达国家的微污染水处理的中心问题是去除可同化有机碳（AOC）和氨氮为主的微污染物，以获得饮用水的生物稳定性。我国的微污染水源，其污染物浓度比发达国家微污染物的浓度高得多。就我国近几年有关微污染水处理研究的水质来看，COD_{Mn} 浓度平均为 10 mg/L，氨氮浓度平均为 3.3 mg/L。微污染物的性质及危害归纳如下。

（1）有机物

微污染水中的有机物可分为天然有机物（NOM）和人工合成有机物（SOC）。有机物在水中的存在使颗粒稳定，增加混凝剂用量和活性炭吸附器的负荷。一些有毒有害的污染物不仅难以降解，而且具有生物富集性和“三致”（致癌、致畸、致突变）作用，危害公众健康。另外，水体中的可溶性有机物（DOM）容易与饮用水净化过程中的各种氧化剂和消毒剂反应，形成三卤甲烷（THMs）、卤代乙酸（HAAS）以及其他卤代消毒副产物，其中大部分卤代产物已被证明可以引起试验动物患癌症。

（2）氮

在水厂流程和配水系统中，氨氮浓度 0.25 mg/L 就足以使硝化菌生长，释放的有机物会造成嗅味问题。氨形成氯胺也要消耗大量的氯，降低消毒效率；而且可能生成氯化氰消毒副产物，影响水中有机物的氧化效率。氨氮在水中被氧化为亚硝酸盐及硝酸盐，亚硝酸盐的积累可代替血红细胞中氧的位置，导致生物窒息。高浓度的硝酸盐摄入还可引起动物中毒。

（3）嗅和味

嗅和味较重的饮用水，即使经水厂处理，口感仍很差。

（4）“三致”物质

饮用水经氯化处理后，有可能形成“三致”（致癌、致畸、致突变）物质，威胁人的健康。

（5）铁、锰

含铁、锰较高的饮用水呈红褐色并会出现沉淀物，会使被洗涤的衣服着色，有金属味；同时会使铁、锰细菌大量繁殖，堵塞或腐蚀管道。

（6）氟、砷

某些水源因地质条件或工业污染原因会含氟或砷，会引起人体病变。

（7）藻类及藻毒素

水温适当时某些富有氮、磷的营养水体，会引起藻类暴发生长。藻细胞分泌有毒的藻毒素使水质产生不良嗅味并引起恶感，严重时完全不能饮用或使用。

参考文献

[1] 董辅祥，董欣东. 节约用水原理及方法指南[M]. 北京：中国建筑工业出版社，1995.

[2] 付婉霞. 建筑节水技术与中水回用[M]. 北京：化学工业出版社，2004.

[3] 甘一萍，白宇. 污水处理厂深度处理与再生利用技术[M]. 北京：中国建筑工业出版社，2010.

[4] 何星海，马世豪. 再生水补充地下水水质指标及控制技术[J]. 环境科学，2004，25（5）：61-64.

[5] 聂梅生. 废水处理及再用[M]. 北京：中国建筑工业出版社，2002.

[6] 梅特卡，埃迪公司. 废水工程：处理及回用[M]. 北京：清华大学出版社，2003.

[7] 于尔捷，张杰. 给水排水工程快速设计手册[M]. 北京：中国建筑工业出版社，1996.

[8] 张林生. 水的深度处理与回用技术[M]. 北京：化学工业出版社，2004.

[9] 张忠祥，钱易. 城市可持续发展与水污染防治对策[M]. 北京：中国建筑工业出版社，1998.

[10] 赵庆良. 废水处理与资源化新工艺[M]. 北京：中国建筑工业出版社，2006.

第二部分

点源污染控制技术

第 6 章　常规处理技术工艺

现代水污染控制工程中的常规处理技术工艺包括物理处理工艺、化学处理工艺和生物处理工艺等。本章介绍的物理处理工艺有筛滤、沉淀、吸附等；化学处理工艺有中和、氧化还原、混凝和化学沉淀等；生物处理工艺有厌氧生物处理和好氧生物处理等。

6.1　基本理论概述

污水处理的基本方法，就是采用各种技术措施将污水中各种形态的污染物质分离出来回收利用，或将其分解、转化为稳定无害的物质，从而使污水得到净化。

针对不同污染物质的特征，采用各种不同的污水处理工艺，这些处理工艺可按其作用原理划分为三大类，即物理处理工艺、化学处理工艺和生物处理工艺。

6.2　物理处理工艺

6.2.1　筛滤

筛滤是去除废水中粗大的悬浮物和杂物，以保护后续处理设施正常运行的一种预处理方法。筛滤的构件包括平行的棒、条、金属网、格网或穿孔板。筛滤处理单元通常有格栅、筛网。

6.2.1.1　格栅

格栅通常是处理厂的第一个处理单元，倾斜安装在污水渠道、泵房集水井的进口处或污水处理构筑物的前端，其主要作用是截留污水中较粗大的漂浮物和悬浮物，如纤维、碎皮、毛发、果皮、塑料制品等，防止堵塞和缠绕水泵机组、曝气器、管道阀门、处理构筑物配水设施、进出水口，减少后续处理产生的浮渣，保证污水处理设施的正常运行。

格栅由数组平行的金属栅条、塑料钩齿或金属筛网及相关装置组成，栅条间形成间隙，截留效率取决于间隙宽度，格栅间隙与处理规模、污水的性质及后续处理设备的选择有关。多数情况下污水处理厂设置有两道格栅，第一道格栅间隙较粗，通常设置在提升泵前面，栅条间隙根据水泵要求确定，一般采用 16～40 mm。当水泵前的格栅间隙不大于 25 mm 时，处理系统前可不再设置格栅。第二道格栅间隙较细，一般设置在污水处理构筑物前，栅条间隙一般采用 1.5～10 mm。

格栅按其形状的不同，可以分为平面格栅和曲面格栅两种。平面格栅由栅条和框架组成，曲面格栅又可分为固定曲面格栅与旋转鼓筒式格栅两种。

按格栅栅条的净间隙大小，可分为粗格栅（50～100 mm）、中格栅（10～50 mm）和细格栅（3～10 mm）三种。

按清渣方式不同，可将格栅分为人工清渣和机械清渣两类。人工清渣格栅适用于小型污水处理厂，当栅渣量大于 0.2 m^3/d 时，为改善工人劳动与卫生条件，都应采用机械清渣格栅。图 6-1 为人工清渣格栅示意图。

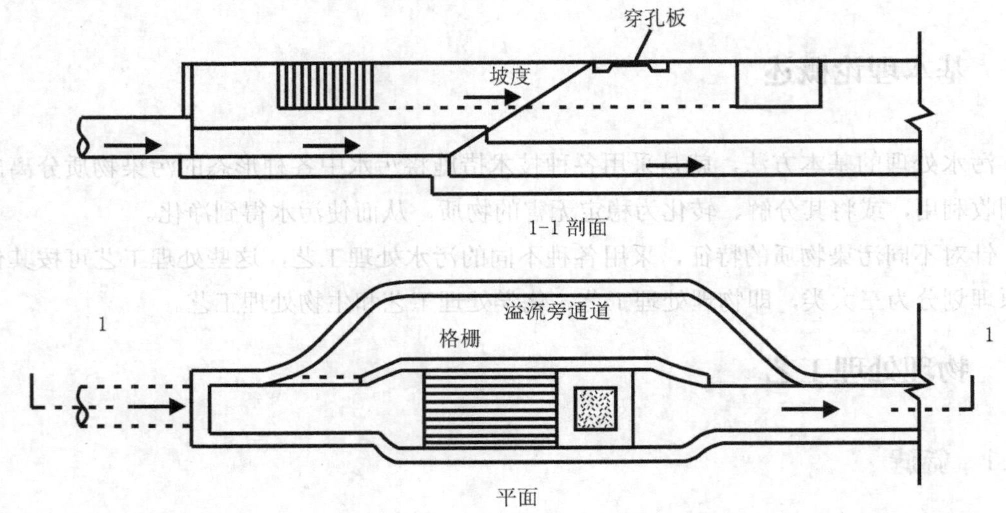

图 6-1 人工清渣格栅示意图

表 6-1 列出了常见的格栅除渣机的优缺点与适用范围。

表 6-1 常见格栅除渣机的优缺点与适用范围

类型	适用范围	优点	缺点
臂式格栅机	中等深度的宽大格栅	维护方便、寿命长	构造较复杂、耙齿与栅条对位较难
链式格栅机	深度不大的中小型格栅，主要清除长纤维、带状物	构造简单、占地面积小	杂物可能卡住链条和链轮
钢绳式格栅机	固定式适用于深度范围大的中小型格栅，移动式适用于宽大格栅	适用范围广、检修方便	防腐要求高
回转式格栅机	深度较小的中小型格栅	结构简单、动作可靠、检修容易、重量轻	制造要求高、占地较大

6.2.1.2 筛网

筛网是用金属丝或纤维丝编织而成，用于去除废水中的细小杂质如纤维类悬浮物、动植物残体、食品工业中的碎屑等，它们不能被格栅截留，也难以用沉淀法去除。筛网分离具有简单、高效、运行费用低廉等优点。一般用于规模较小的废水处理。筛网过滤装置有很多种，如振动筛网、水力筛网、转鼓式筛网、转盘式筛网等。

振动筛网由振动筛和固定筛组成。污水通过振动筛时，悬浮物等杂质被留在振动筛上，并通过振动卸到固定筛网上，以进一步脱水。

水力筛网由运动筛网和固定筛网组成。运动筛网水平放置，呈截顶圆锥形。进水端在运动筛网小端，废水在从小端到大端流动过程中，纤维等杂质被筛网截留，并沿倾斜面卸到固定筛以进一步脱水。水力筛网的动力来自进水水流的冲击力和重力作用，因此水力筛网的进水端要保持一定压力，且一般采用不透水的材料制成。

应用于小型污水处理系统回收短小纤维的筛网主要是振动筛网和水力筛网。

6.2.2 沉淀

沉淀是利用水中悬浮颗粒和水的密度差，在重力作用下产生下沉作用，以达到固液分离的目的。

6.2.2.1 沉淀的类型

（1）自由沉淀

自由沉淀发生在水中悬浮固体浓度不高时。在沉淀过程中，悬浮颗粒之间互不干扰，各自独立完成沉淀过程，其沉淀轨迹呈直线。沉砂池及沉淀池的前期沉淀过程属于自由沉淀类型。

（2）絮凝沉淀

絮凝沉淀在沉淀过程中，悬浮颗粒之间有相互絮凝作用，颗粒因相互聚集增大而加快沉降，沉淀的轨迹呈曲线。在水处理沉淀池、污水处理初沉池后期及二沉池的前期通常属于絮凝沉淀过程。

（3）成层沉淀（区域沉淀）

成层沉淀的悬浮颗粒浓度较高，通常在 5 000 mg/L 以上。在成层沉淀过程中，颗粒的沉降受到周围其他颗粒影响，颗粒间相对位置保持不变，形成网格状绒体共同下沉。二沉池下部及污泥重力浓缩池开始阶段均有成层沉淀发生。

（4）压缩沉淀

压缩沉淀由于悬浮颗粒浓度很高，沉淀过程中颗粒相互接触、相互支撑、相互支承，下层颗粒间的水在上层颗粒的重力作用下被挤出，使污泥得到浓缩。二沉池污泥斗中的污泥浓缩过程以及污泥重力浓缩池中均存在压缩沉淀。

活性污泥在二沉池及浓缩池的沉淀与压缩过程，实际顺序上存在以上四种类型的沉淀过程，只是产生各类沉淀的时间长短不同。活性污泥在沉淀池中的沉淀过程如图 6-2 所示的沉淀曲线。

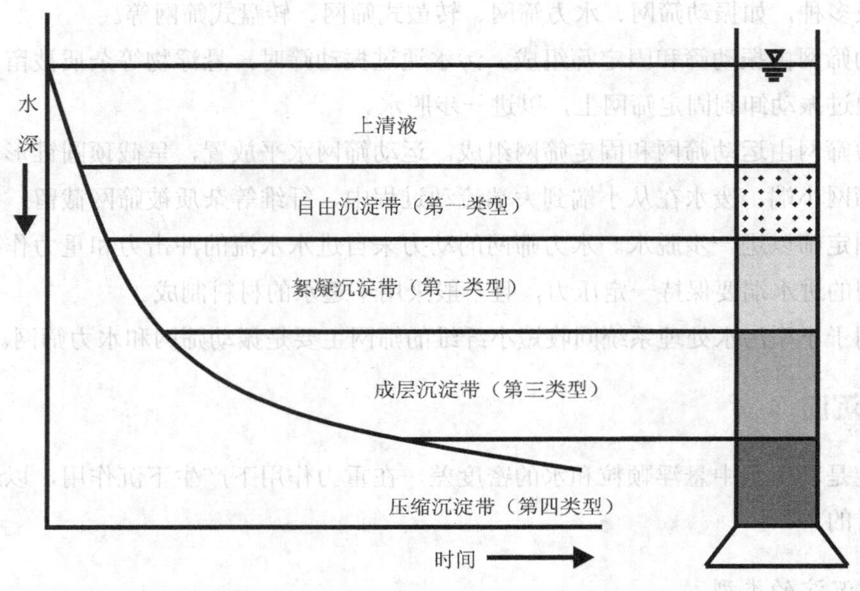

图 6-2　活性污泥在沉淀池中的沉淀过程

6.2.2.2　沉淀理论

1．自由沉淀

对于刚性的球形颗粒，在沉淀过程中不受其他颗粒和器壁的影响。颗粒在下沉过程中主要受到三种力的作用：颗粒的重力 F_1、颗粒的浮力 F_2、下沉过程中受到的摩擦阻力 F_3。用牛顿第二定律对颗粒的自由沉淀过程进行分析：

$$m\frac{\mathrm{d}u}{\mathrm{d}t}=F_1-F_2-F_3 \tag{6-1}$$

$$m\frac{\mathrm{d}u}{\mathrm{d}t}=(\rho_\mathrm{S}-\rho_\mathrm{L})g\frac{\pi d^3}{6}-\lambda\frac{\pi d^2}{4}\rho_\mathrm{L} \tag{6-2}$$

式中，m —— 颗粒质量，kg；

u —— 颗粒沉速，m/s；

t —— 沉淀时间，s；

F_1 —— 颗粒的重力，$F_1 = \frac{\pi d^3}{6}\rho_S g$；

F_2 —— 颗粒的浮力，$F_2 = \frac{\pi d^3}{6}\rho_L g$；

F_3 —— 颗粒沉淀过程中受到的摩擦阻力，$F_3 = \lambda A \rho_L \frac{u^2}{2}$；

A —— 自由沉淀颗粒在垂直面上的投影面积，$A = \pi d^2 / 4$；

ρ_S —— 颗粒密度，kg/m^3；

ρ_L —— 液体密度，kg/m^3；

g —— 重力加速度，m/s^2；

d —— 颗粒直径，m；

λ —— 阻力系数，当颗粒周围水流处于层流状态时，$\lambda=24/Re$；

Re —— 颗粒绕流雷诺数，与颗粒的直径、沉速、液体的黏度等有关，$Re = \frac{ud\rho_L}{\mu}$。

颗粒下沉后，沉速逐渐增大，阻力也逐渐增大，待沉速达到一定值时三种力达到平衡，颗粒等速下沉，$du/dt=0$，代入式（6-2），整理后可得

$$u_S = \frac{1}{18} \cdot \frac{\rho_S - \rho_L}{\mu} g d^2 \tag{6-3}$$

即为球状颗粒自由沉淀的沉速公式，也称斯托克斯公式。

2．理想沉淀池

为分析颗粒在沉淀池内的运动规律和沉淀效果，Hazen 和 Camp 提出了理想沉淀池这一概念。理想沉淀池划分为五个区域，即进口区、沉淀区、出口区、缓冲区及污泥区，并作下述假定：① 沉淀区过水断面上各点的水流速度均相同；② 悬浮物在沉降过程中等速下沉；③ 进口区水流中的悬浮颗粒均匀分布在整个过水断面；④ 颗粒物一经沉到池底即被认为去除。根据理想沉淀池的假设，颗粒自由沉淀的轨迹是向下倾斜的直线，如图 6-3 所示。

从 A 点入流到 D 点被去除的那种颗粒的沉降速度，我们将这个流速为 u_0 的颗粒称作临界颗粒或截留颗粒，将该颗粒的粒度称作临界粒度或截留粒度，则有沉降速度 $u_t \geq u_0$，可全部被除去；沉降速度 $u_t < u_0$ 的颗粒只能部分被除去，视该颗粒进入沉淀池的流入区位置距池底深度而定。

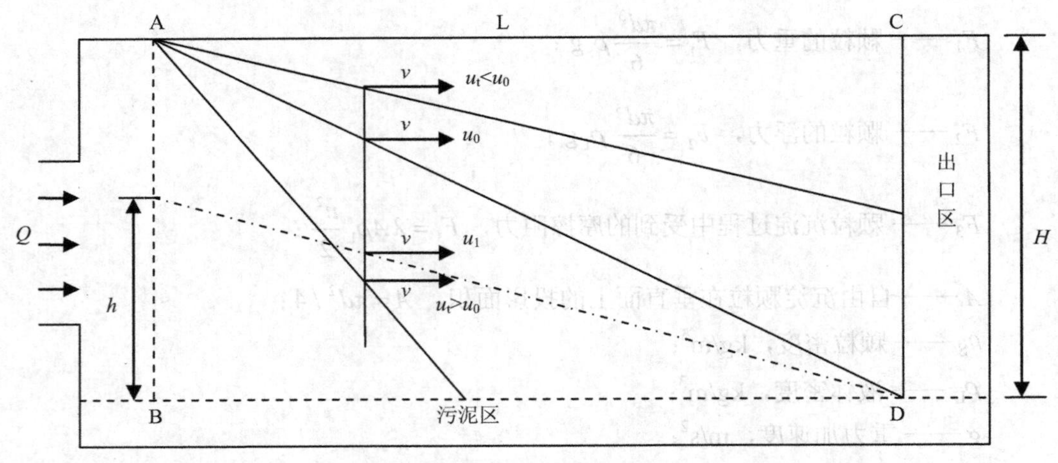

图 6-3 理想沉淀池

设沉速为 $u_1<u_0$ 的颗粒占全部颗粒的比例为 x_0，沉速 u_1（$u_1<u_0$）的颗粒能够被去除的比例则为 $x_0h/H=x_0u_1/u_0$。

理想沉淀池总去除量为

$$\eta=(1-x_0)+\frac{1}{u_0}\int_0^{x_0}u_1\mathrm{d}x \tag{6-4}$$

式中，x_0 —— 沉速小于 u_0 的颗粒占全部悬浮颗粒的比值（剩余量）；

$1-x_0$ —— 沉速大于等于 u_0 的颗粒去除百分比。

通过以上的分析，某一颗粒自 A 点进入沉淀区后一方面在重力作用下垂直下沉，其运动轨迹为水平流速 v 和沉降速度 u 的矢量和基于 Hazen 模型，颗粒水平分速度即为污水流速：

$$v=\frac{Q}{HB} \tag{6-5}$$

式中，v —— 污水的水平流速，即颗粒的水平分速，m/s；

Q —— 进水流量，$\mathrm{m^3/s}$；

H —— 沉淀区水深，m；

B —— 沉淀池宽度，m。

由图中三角形相似关系，可得

$$\frac{u_0}{v}=\frac{H}{L}$$

即

$$u_0 = \frac{Q}{BL} \tag{6-6}$$

设沉淀池的平面面积为 $A=LB$，则有

$$u_0 = \frac{Q}{A} = q \tag{6-7}$$

式中的 q 指的是表面负荷，也称溢流率。其物理意义是在单位时间内通过沉淀池单位表面积的流量。q 的量纲是 $m^3/(m^2 \cdot s)$ 或 $m^3/(m^2 \cdot h)$，也可简化为 m/s 或 m/h。表面负荷在数值上等于颗粒沉速 u_0。

在实际沉淀池中的情况要比理想沉淀池复杂得多，因此，理想沉淀池有以下不符合假设之处：

① 水流在池中过水面上的流速分布实质上是不均匀的，沉淀池的过水有效容积要小于其总容积。v 只是理论上的平均流速，故水在池中的实际停留时间要比理论停留时间短。

② 实际沉淀池中水流多呈紊流状态（$Re>500$），颗粒实际沉速比理想沉速要小。

③ 因进水悬浮物浓度高，密度比池中水高，故进入池中会出现分层，上层水几乎不流动。

④ 实际沉淀池中存在温差、密度差、风力影响、水流与池壁摩擦力等原因造成紊流。

因此，实际沉淀池的去除率要低于理想沉淀池，应用时要加以修正。

6.2.2.3　沉砂池

沉砂池的作用是从污水中去除砂和煤渣等比重较大的颗粒。

沉砂池的工作原理是以重力分离或离心分离为基础，即通过控制进入沉砂池的污水流速或旋流速度，使密度大的无机颗粒下沉，而有机悬浮颗粒随水流带走。

沉砂池按池内水流方向的不同可分为平流式沉砂池、曝气沉砂池、多尔沉砂池和钟式沉砂池等。常用的沉砂池形式为平流式沉砂池和曝气沉砂池。

1．平流式沉砂池

平流沉砂池（图 6-4）实际上是一个比入流渠道和出流渠道宽而深的渠道，当污水流过，由于过水断面增大，水流速度下降，污水中夹带的无机颗粒在重力的作用下下沉，从而达到分离无机颗粒的目的。

平流式沉砂池具有截留效果好、构造简单等优点，但也存在流速不易控制、沉砂中有机性颗粒含量较高，排砂常需要洗砂处理等缺点。

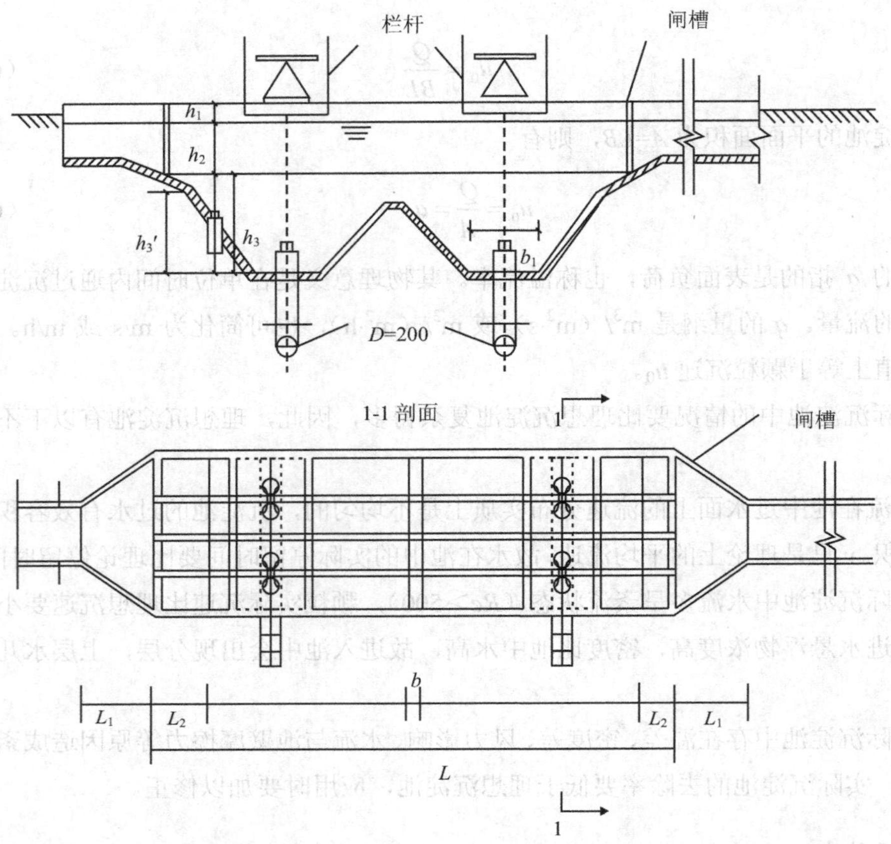

图 6-4　平流式沉砂池的一种类型

2. 曝气沉砂池

曝气沉砂池（图 6-5）采用矩形池形，池底没有沉砂斗或集砂槽，在沿池一侧，距池底一定高度处设置曝气管，通过曝气在池的过水断面上或集砂槽，定期用排沙机排除池外。污水在池中存在两种运动形式，水平流动（流速一般控制在 0.1 m/s，不得超过 0.3 m/s）和曝气产生的旋转运动，整个池内水流产生螺旋状前进的流动形式。在旋流中，颗粒处于旋流状态且相互摩擦，使黏附在表面的有机物得以去除。

曝气沉砂池具有以下优点：① 沉于池底的砂粒有机物含量只有 5%左右，底泥长期搁置也不至于腐化；② 通过调节曝气量，可以控制污水的旋流速度，使除砂效率稳定，受流量变化的影响较小；③ 池中的曝气设备可对污水预曝气、脱臭、除泡，改善水质；同时加速污水中油类和浮渣的分离。

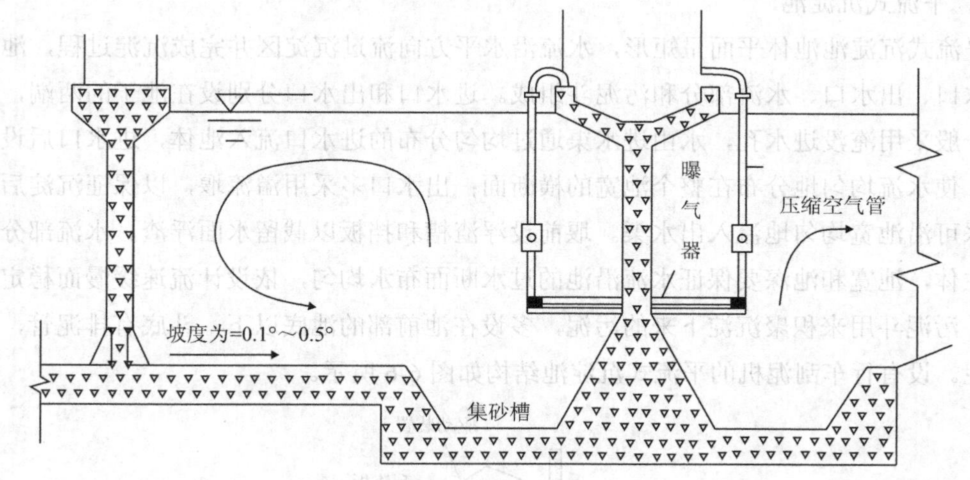

图 6-5　曝气沉砂池

6.2.2.4　沉淀池

沉淀池是分离悬浮固体和胶体的构筑物。根据沉淀池内水流方向的不同，可分为平流式、竖流式、辐流式、斜板（管）沉淀池四种。各种形式沉淀池的特点及适用条件见表 6-2。

表 6-2　各种沉淀池的特点及适用条件

池型	优点	缺点	适用条件
平流式	对冲击负荷和温度的变化适应能力较强；施工简单，造价低	采用多斗排泥时，每个泥斗需单独设排泥管；采用机械排泥时，机件设备浸于水中，易锈蚀	适用地下水位较高及地质较差的地区；适用于大、中、小型污水处理厂
竖流式	占地面积小；排泥方便，管理简单	池子深度大、施工困难；对冲击负荷及温度变化的适应能力较差；造价较高；池径不宜太大	适用于处理水量不大的小型污水处理厂
辐流式	采用机械排泥，运行较好，管理简单；排泥设备有定形产品	池中水流速度不稳定；机械排泥设备复杂	适用于地下水位较高的地区；适用于大、中型污水处理厂
斜板（管）	去除率高；停留时间短，占地面积较小	造价较高、排泥机械维修复杂；抗冲击负荷性能不佳	适用于已有的污水处理厂挖潜或扩大处理能力时使用；当受到占地面积限制时，作为初次沉淀池作用

1．平流式沉淀池

平流式沉淀池池体平面呈矩形，水流沿水平方向流过沉淀区并完成沉淀过程，池体由进水口、出水口、水流部分和污泥斗组成。进水口和出水口分别设在池子的两端，进水口一般采用淹没进水孔，水由进水渠通过均匀分布的进水口流入池体，进水口后设有挡板，使水流均匀地分布在整个池宽的横断面；出水口多采用溢流堰，以保证沉淀后的澄清水可沿池宽均匀地流入出水渠。堰前设浮渣槽和挡板以截留水面浮渣。水流部分是池的主体，池宽和池深要保证水流沿池的过水断面布水均匀，依设计流速缓慢而稳定地流过。污泥斗用来积聚沉淀下来的污泥，多设在池前部的池底以下，斗底有排泥管，定期排泥。设有行车刮泥机的平流式沉淀池结构如图 6-6 所示。

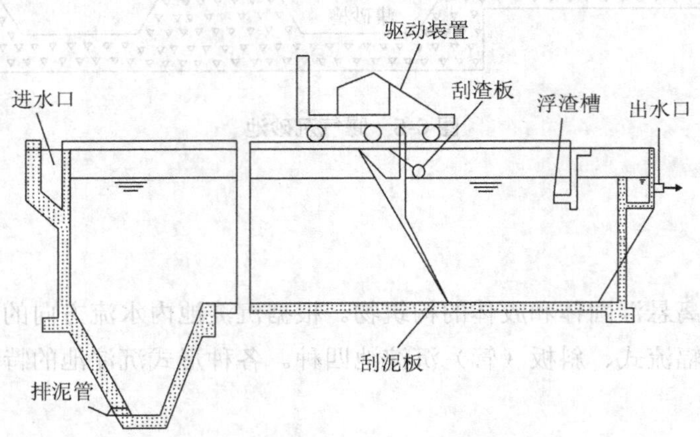

图 6-6　设有行车式刮泥机的平流式沉淀池

平流式沉淀池排泥可采用带刮泥机的单斗排泥或多斗排泥。多斗式平流式沉淀池（图 6-7）可不设置机械刮泥设备，每个贮泥斗单独设置排泥管，各自独立排泥，互不干扰，保证污泥的浓度。

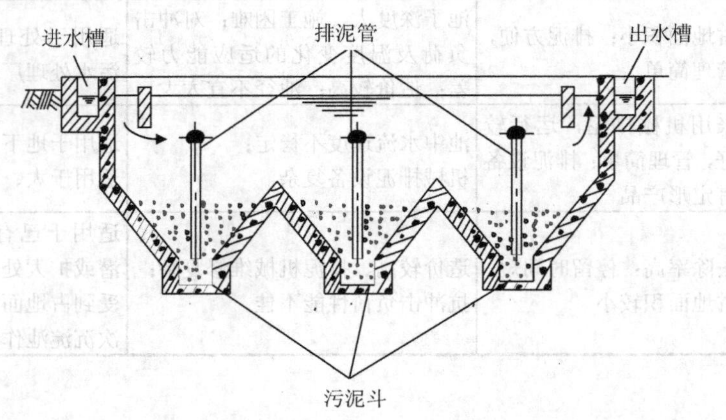

图 6-7　多斗式平流式沉淀池

平流式沉淀池的主要优点是有效沉淀区大，沉淀效果好，造价较低，对废水流量变化的适应性强。其缺点是占地面积大，排泥较困难。

2．竖流式沉淀池

竖流式沉淀池池面可以是圆形或正方形，沉淀区呈圆柱体，污泥斗为截头倒椎体。直径或边长为 4～7 m，一般不大于 10 m。图 6-8 为圆形竖流式沉淀池，污水从中心管自上而下流入，经反射板折向上升，澄清水由池四周的锯齿堰溢入出水槽。出水槽前设挡板，用来隔除浮渣。污泥斗倾角 45°～60°，污泥靠静水压力由排泥管排除。竖流式沉淀池的中心管内的流速口不宜大于 100 mm/s，末端设喇叭口及反射板，起消能及折水流向上的作用。污水从喇叭口与反射板之间的间隙流出的速度不应大于 40 mm/s。

竖流式沉淀池的优点是排泥容易，不必设置机械刮泥设备，占地面积小。其缺点是造价高、单池容量小，池深大，施工困难，一般适用于中小型污水处理厂。

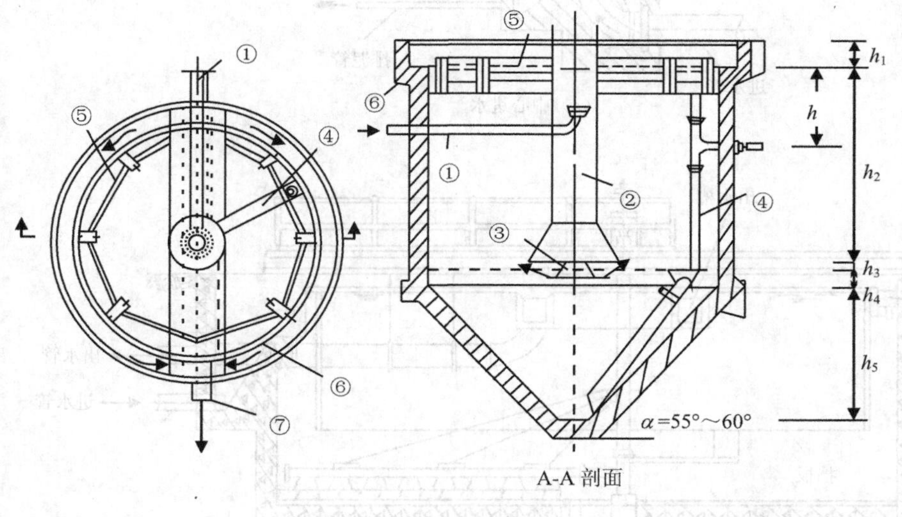

①—进水管；②—中心管；③—反射板；④—排泥管；⑤—挡板；⑥—流出槽；⑦—出水管

图 6-8　竖流式沉淀池

3．辐流式沉淀池

辐流式沉淀池（图 6-9）是呈圆形或正方形的一种大型沉淀池，可用作初次沉淀池或二次沉淀池，直径（或边长）为 6～60 m，最大可达 100 m。辐流式沉淀池有中心进水和周边进水两种形式。中心进水式辐流式沉淀池是中心进水，周边出水，中心传动排泥。周边进水辐流式沉淀池的入流区在构造上有两个特点：① 进水槽断面较大，而槽底的孔口较小，布水时的水头损失集中在孔口上，故布水比较均匀；② 进水挡板的下沿深入水面下约 2/3 深度处，距进水孔口有一段较长的距离，这有助于进一步把水流均匀地分布在整个入流区的过水断面上，而且废水进入沉淀区的流速要小得多，有利于悬浮颗粒的沉淀。但生产实践表明，这种形式的池子并没有取得预想的效果。

辐流式沉淀池的优点是建筑容量大，采用机械排泥，运行较好，管理简单。其缺点是池中水流流速不稳定，机械排泥设备复杂，造价高。这种池型适用于处理水量大的场合。

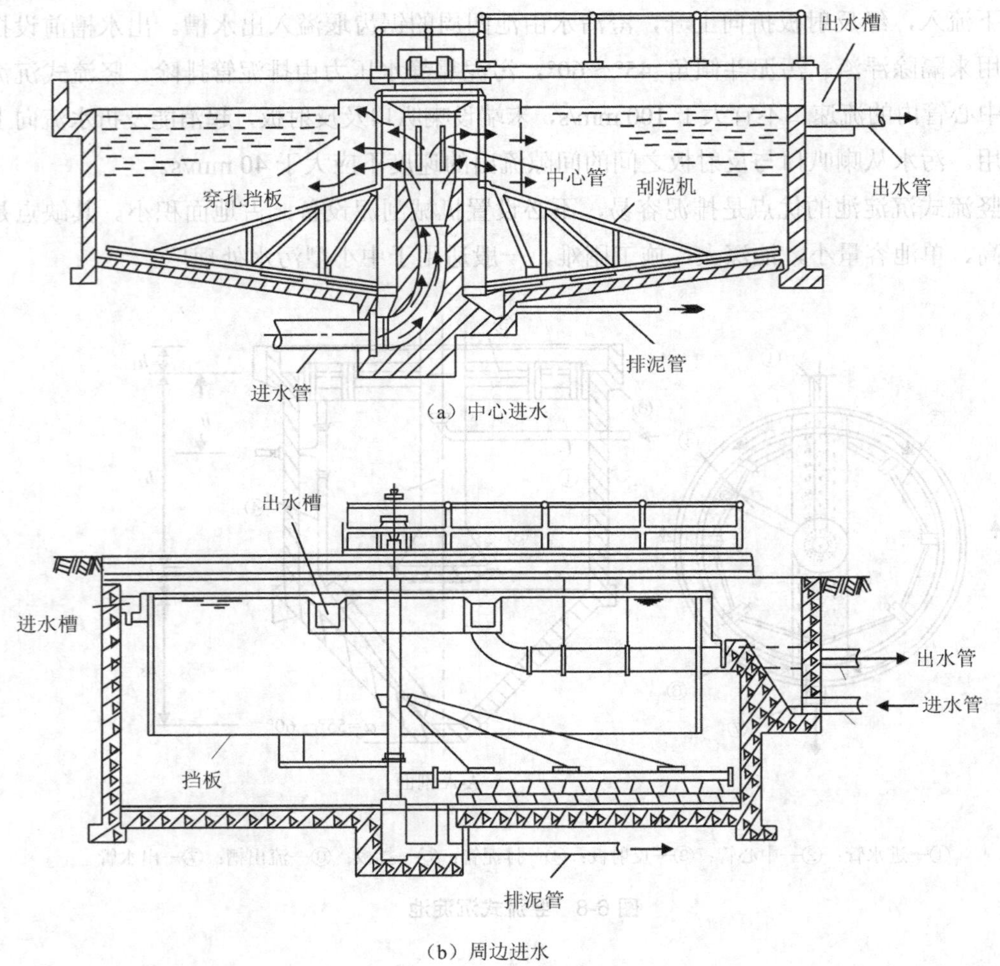

图 6-9 辐流式沉淀池

4. 斜板（管）沉淀池

斜板（管）式沉淀池是根据浅层沉降原理设计的新型沉淀池。斜板（管）式沉淀池就是通过在沉淀池中设置斜板(管)，达到浅层沉淀的目的。水从斜板之间或斜管内流过，沉淀在斜板（斜管）底面上的泥渣靠重力自动滑入泥斗。斜板倾角通常按污泥的滑动性及其滑动的方向与水流方向是否一致来考虑，一般取 30°～60°。

斜板（管）沉淀池由斜板（管）沉淀区、进水配水区、清水出水区、缓冲区和污泥区组成（图 6-10）。

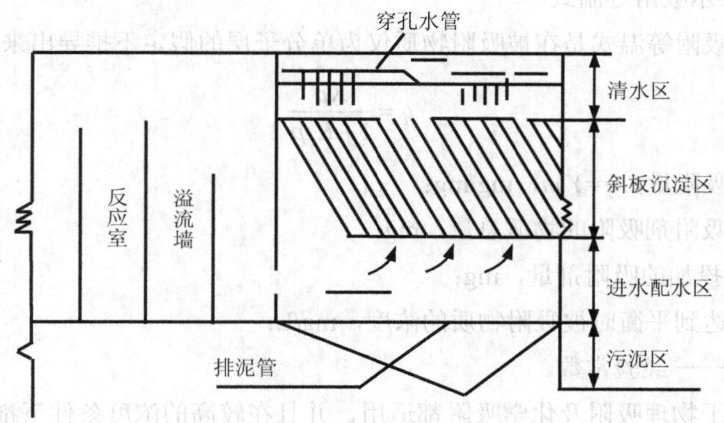

图 6-10　升流式斜板（管）沉淀池

按斜板或斜管间水流与污泥的相对运动方向来区分，有同向流和异向流两种。在污水处理中常采用升流式异向流斜板（管）沉淀池。

斜板（管）沉淀池具有沉淀效率高、停留时间短、占地少等优点，在选矿水和尾矿浆的浓缩、炼油厂含油废水的隔油、印染废水处理和城市污水处理中有广泛应用。

6.2.3　吸附

在相界面上，物质的浓度自动发生累计或浓积的现象称为吸附。吸附法的原理就是利用多孔性的固体物质，使污水中的一种或多种物质吸附在固体表面从而得以去除的方法。具有吸附能力的多孔性物质称为吸附剂，污水中被吸附的物质则称为吸附质。

6.2.3.1　吸附原理

根据固体表面吸附原理的不同，吸附可分为物理吸附和化学吸附。如果吸附剂与被吸附质之间是通过分子间引力（范德华力）而产生吸附，我们称其为物理吸附；如果吸附剂与被吸附质之间产生化学作用，生成化学键引起吸附，称为化学吸附。物理吸附没有电子转移，所需活化能小，吸附量较低，其吸附速率和解吸速率都很快。化学吸附的吸附热较物理吸附过程大，接近化学反应热，其吸附或解吸速率都比物理吸附慢，且吸附速率随温度的升高而增加。物理吸附与化学吸附没有严格的界限，往往随着条件的变化可以相伴发生。在污水处理中，多数情况下是几种吸附作用的综合结果。

一定的吸附剂所吸附物质的数量与此物质的性质、浓度、温度有关。在一定温度下，表明被吸附物质的量与浓度之间的关系式称为吸附等温式。目前常用的公式有三种：朗格缪尔（Langmuir）吸附等温式、弗兰德利希（Freundlich）吸附等温式和 BET 吸附等温式。

1. 朗格缪尔吸附等温式

朗格缪尔吸附等温式是在被吸附物质仅为单分子层的假定下推导出来的，其形式为

$$q=\frac{Kp}{1+K_1p} \tag{6-8}$$

式中，q —— 吸附量，$q=Y/m$，mg/mg；

Y —— 吸附剂吸附的物质总量，mg；

m —— 投加的吸附剂量，mg；

p —— 达到平衡时被吸附物质的浓度，mg/L；

K、K_1 —— 经验常数。

本公式对于物理吸附及化学吸附都适用，并且在较高的浓度条件下都与实际情况非常吻合，因而得到了较为广泛的运用。

将上式变形为

$$\frac{1}{q}=\frac{1}{pK}+\frac{K_1}{K} \tag{6-9}$$

$1/q$ 与 $1/p$ 呈线性关系，实际计算时应用较为方便。

2. 弗兰德利希吸附等温式

弗兰德利希公式是个经验公式，经证实得到。水处理中的污染物质浓度相对较低时常用该式。该公式与根据不均匀表面上的吸附理论而得到的吸附量和吸附热的关系相符。该公式形式为

$$q=Kp^{\frac{1}{n}} \tag{6-10}$$

将上式两边取对数，可得

$$\lg q=\lg K+\frac{1}{n\lg p} \tag{6-11}$$

$\lg q$ 与 $\lg p$ 呈直线形式，斜率为 $1/n$，截距为 $\lg K$。上式常用于检验实验资料的拟合性，并用以计算常数 K 和 n。本式对物理吸附和化学吸附也都适用，但在高浓度计算时偏差较大，因此，高浓度时不宜使用该式。

3. BET 吸附等温式

BET 吸附等温式与朗格缪尔吸附等温式的单分子模型不同，它假设分子在吸附剂表面上能够连续重叠、无线吸附，是一种多分子层吸附。

$$\frac{p}{q(p_m-p)}=\frac{1}{Kq_m}+\frac{p(K-1)}{Kq_m}\frac{p}{p_s} \tag{6-12}$$

$$q=\frac{Kq_m p}{(p_s-p)\left[1+(K-1)\dfrac{p}{p_s}\right]} \tag{6-13}$$

式中，q_m —— 最大吸附量，mg/mg；

p_s —— 饱和浓度，mg/L。

通常把式（6-13）称为 BET 公式。当 $p_s \gg p$ 时，如果设 $p/p_s=K_1$，式（6-13）即可整理成朗格缪尔吸附等温式。

6.2.3.2　吸附剂

广义来看，一切固体表面都有吸附作用，但实际上，只有具有较大比表面积的多孔物质或细微颗粒，才具有明显的吸附能力。在污水处理中常见的吸附剂有活性炭、磺化煤、活化煤、沸石、硅藻土、腐殖质酸、焦炭等。在污水处理中应用最广泛的是活性炭和腐殖质酸类吸附剂。

1．活性炭

活性炭是用含碳为主的物质（如木材、木炭、椰子壳等）作为原料，粉碎加黏合剂成型后，经加热脱水、炭化、活化制得的吸附剂。活性炭具有良好的吸附性能和稳定的化学性质，耐强酸、强碱、水浸、高温，可吸附解吸多次而实现反复使用。不过由于原料和制备方法的不同活性炭的性质相差很大。活性炭的吸附能力与其比表面积、活性炭表面的化学性质、活性炭内微孔结构、孔径及孔径分布等诸多因素都有关。

2．腐殖质酸类吸附剂

用作吸附剂的腐殖质酸类物质有天然的富含腐殖质酸的风化煤、泥煤、褐煤等，它们可以直接使用或经简单处理后使用；将富含腐殖质酸的物质用适当的黏合剂制备成为腐殖质酸系列树脂。

腐殖质酸是一组芳香结构的、性质与酸性物质相似的复杂混合物。它含有大量活性基团，能吸附工业废水中的许多金属离子包括汞、铬、锌、镉、铅、铜等。腐殖质酸类物质在吸附重金属离子后，可以用 H_2SO_4、HCl、NaCl 等进行解吸。目前，这方面的应用还处于试验、研究阶段，还存在吸附（交换）容量不高、适用的 pH 范围较窄、机械强度低等问题，需要进一步研究和解决。

6.2.3.3　影响吸附的因素

影响吸附的因素主要有吸附剂的性质、吸附质的性质和吸附过程的操作条件等。

1．吸附剂的性质

一般来说，吸附剂的比表面积越大，吸附能力就越强。吸附剂如果是极性分子，则易吸附极性的吸附质。此外，吸附剂的颗粒大小、细孔的构造、孔径分布情况以及其表面化学性质等对吸附均有不同程度的影响。

2．吸附质的性质

① 溶解度：吸附质在废水中的溶解度越低，越容易被吸附。吸附质在水中溶解度越大，吸附质对水的亲和力就越强，就不易转向吸附剂界面而被吸附。

② 表面自由能：能够使液体表面自由能降低越多的吸附质，也越容易被吸附。例如，活性炭在水溶液中吸附脂肪酸，由于含碳越多的脂肪酸分子可使其表面自由能降低得越多，所以吸附量也越大。

③ 极性：服从极性相容的理论，极性的吸附质易被极性的吸附剂吸附，非极性的吸附质易被非极易的吸附剂吸附。

④ 吸附质分子的大小和不饱和度：活性炭与合成沸石相比，前者易吸附分子直径较大的饱和化合物，而后者易吸附直径较小的不饱和化合物。

⑤ 吸附质的浓度：当吸附剂表面全部被吸附质占据时，吸附量就达到了极限状态，吸附量不再随吸附质浓度的提高而增加。

3．吸附过程的操作条件

① 污水（或废水）的 pH：水体 pH 可通过影响吸附质在水中存在的状态（分子、离子或结合物）及溶解度从而影响吸附效果。例如，对于活性炭来说，其在酸性溶液中的吸附率比在碱性溶液中高。

② 共存物质：当多种吸附质共存时，吸附剂对某种吸附质的吸附能力比含单一吸附质时的吸附能力差。

③ 温度：对于物理吸附，如果吸附过程中放出热量，温度升高，吸附量减少；反之，吸附量增多。温度对气相吸附影响比对液相吸附影响大。

④ 接触时间：在吸附过程中，应保证吸附质与吸附剂有一定的接触时间，使吸附接近平衡，充分利用吸附能力。

6.2.3.4 吸附工艺和设备

吸附的操作方式分为间歇式和连续式。

间歇式操作又称静态吸附操作，其工艺过程中污水不流动，把一定量的吸附剂投入其中，不断地进行搅拌，达到吸附平衡后，静置、沉淀，再将废水和吸附剂分离。若一次吸附后，出水的水质不达标，常采取多次静态吸附。由于间歇操作较为繁杂，因此主要用于少量废水的处理及实验研究，在实际生产中采用较少。

连续式吸附操作又称动态吸附操作，其工艺过程中污水处于流动状态，吸附操作是一个连续过程。

根据实际操作所选用的设备不同，吸附操作又分为固定床式、移动床式和流化床式。

固定床式连续吸附操作是废水处理中最常用的操作方式。吸附剂固定填放在吸附装置中，当污水连续通过床层时，水中的吸附质便被吸附剂吸附。吸附剂使用一段时间，当吸附能力降低到一定限度时，应停止通水，将吸附剂进行再生。固定床根据处理水量、原水的水质和处理要求，可以单床操作，也可以两床或多床串联或并联操作。

移动床式吸附操作中被处理的污水由塔下进入后和吸附剂呈逆流接触，再从塔的上部排出，吸附剂层达到饱和后间歇地从吸附塔塔底排出，再生的吸附剂从吸附塔塔顶加入。实际上吸附剂层也处于运动状态。这种设计方式能够充分利用吸附剂的吸附容量，运行中水头损失较小。但这种操作方式要求塔内吸附剂上、下层不能互相混合，操作管理要求高。

流化床式吸附操作是吸附剂在塔内处于膨胀状态或流化状态，被处理的废水与吸附剂呈逆流接触。由于吸附剂在水中处于膨胀状态，与水的接触面积大，因此用少量的吸附剂可处理较多的废水，基建费用低。流化床一般连续装、卸吸附剂，要求上下不混层，保持吸附剂层同向运动，对操作要求严格。

6.3 化学处理工艺

6.3.1 中和法

酸和碱是常用的工业原料，使用酸、碱的工厂往往有酸性废水和碱性废水排放。对废水进行中和处理的目的是中和废水中过量的酸或碱，以及调整废水的酸碱度，使中和后的废水呈中性或接近中性。常用的碱性中和剂有石灰、电石渣、石灰石、白云石、苏打和苛性钠等。常用的酸性中和剂有废酸、粗制酸和烟道气等。常用的中和处理方法有酸碱废水中和法、投加中和法、过滤中和法等。

1．酸碱废水中和法

在工厂中同时存在酸性和碱性废水的情况下，可以采用以废制废，相互中和。由于废水的水量和浓度均难以保持稳定，因此，应设置混合反应池（中和池）。

2．投加中和法

投加中和法分为湿投加法和干投加法。湿投加法是指将中和剂（如生石灰等）制成溶液或浆料再进行投加的方法，干投加法是指将经粉碎的中和剂用振荡设备直接投加入水中的方法。

中和剂的投加量，可按化学反应进行估算，通常是通过试验来确定。当酸性或碱性不足以中和时，还应补充中和剂。同时，当酸碱废水的流量与浓度变化较大时，一般应先分别设水质调节池进行均化，再将均化后的酸碱废水加入中和池。

3. 过滤中和法

该法的中和剂为粒料或块料，常用的中和剂有石灰石（$CaCO_3$）、白云石（$CaCO_3 \cdot MgCO_3$）。若废水含硫酸且浓度较高时，滤料将因表面形成硫酸钙外壳而失去中和作用。故以石灰石为滤料时，废水的硫酸浓度一般为 1～2 g/L。若硫酸浓度过高，可以回流出水，予以稀释。

采用升流式膨胀滤池，可以改善硫酸废水的中和过滤过程。当滤料的粒径较细（<3 mm）、废水上升滤速较高（50～70 m/h）时，滤床膨胀，滤料相互碰撞摩擦，有助于防止结壳。

滤池常采用大阻力配水系统，直径一般不大于 2.0 m。图 6-11 是升流式膨胀中和滤池的示意图。

用烟道气中和碱性废水时，常用塔式反应器，如喷淋塔（图 6-12）。烟道气含有 CO_2 和少量的 SO_2、H_2S，可用以中和碱性废水，碱性废水从塔顶布液器喷出，流向填料床，烟道气则自塔底进入填料床。水、气在填料床逆向接触过程中，废水和烟道气都得到了净化，废水得到中和，烟尘得以消除。

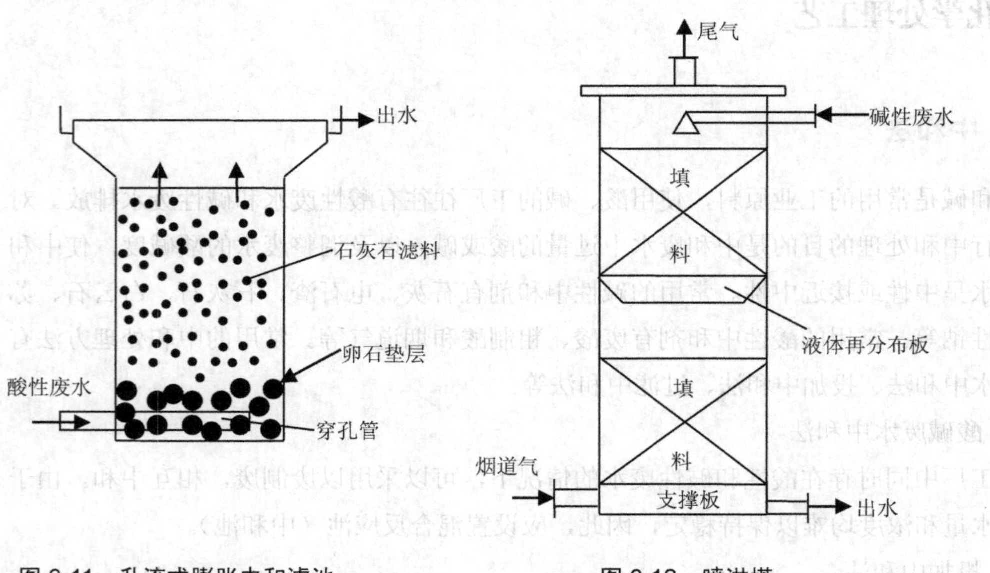

图 6-11 升流式膨胀中和滤池　　　　图 6-12 喷淋塔

6.3.2 化学混凝法

化学混凝法，是指通过某种方法使水中胶体颗粒和细微悬浮颗粒聚集的过程。化学混凝法的主要对象是水中的微小悬浮物和胶体杂质。由于胶体颗粒及细微悬浮颗粒的“稳定性”，水中呈分散悬浮状态微小粒径的悬浮物和胶体，即使静置数十小时也不会自然沉降。

6.3.2.1 混凝动力学

1. 胶体的稳定性

根据相关研究，胶体微粒都带有电荷。污水中的淀粉微粒和胶态蛋白质等以及天然水中的胶体微粒都带有负电荷（图 6-13）。胶体的结构由胶核、吸附层和扩散层三部分构成。胶核位于粒子的中心，同时会有一部分带有同号电荷的离子被选择性地吸附在其表面。这层离子也称为胶体微粒的电位离子，它决定了胶粒电荷的大小和符号。为了维持整体的电中性，电位离子层外吸附了与电位离子层等电量而相反电性的离子，称为反离子层。

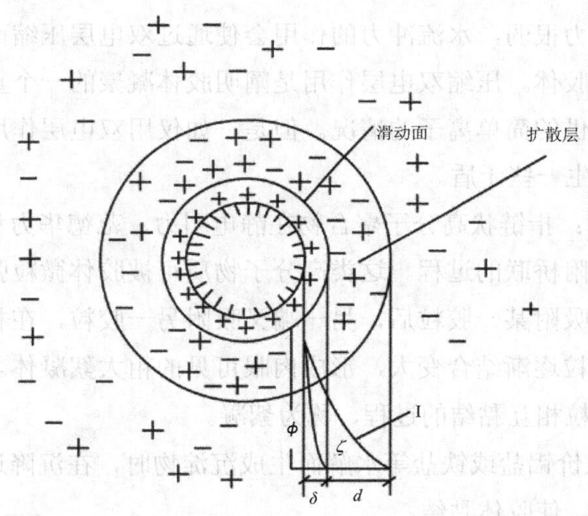

I：胶核电势/电位随距离的变化曲线（胶核到扩散层间）。

图 6-13 胶体结构和双电层

电位离子层和反离子层组成了胶体粒子的双电子层结构。反离子层的离子中紧靠电位离子的部分称为吸附层，其被胶核牢固地吸引着，当胶核运动时，它也随着一起运动，形成固定的离子层。而外层的离子，由于离电位离子较远，受到的引力较弱，不随胶核一起运动，并趋向于向溶液主体扩散，形成了扩散层。吸附层与扩散层之间的交界面称为滑动面。

滑动面以内的胶粒与扩散层之间，有一个电位差。此电位差称为胶体的电动电位，常称为ζ电位。而胶核表面的电位离子与溶液之间的电位差称为总电位或φ电位。胶粒在水中主要受静电斥力、布朗运动和范德华力的影响。电位的静电斥力（库仑力），会阻止胶粒的接近和碰撞，而布朗运动不足以将两颗胶粒推近到使范德华引力发挥作用的距离，从而导致胶粒不能聚集。除此之外，在胶体表面形成的水化膜同样会阻止胶粒间的相互接触作用。

2. 混凝机理

不同的化学药剂使胶体脱稳的方式可能有所不同，但归结起来，可以从下列三种脱稳机理进行解释。

① 压缩双电层作用：压缩双电层，是指在胶体分散系中投加能产生大量离子的混凝剂，水解生成的大量离子增大了离子强度。同时由于静电斥力部分离子挤入吸附层，使扩散层厚度减薄，ζ电位降低，胶粒间的静电斥力也减小。ζ电位降低至某一程度使胶粒间的排斥小于布朗运动时，胶粒就开始明显地凝聚，此ζ电位称为临界电位。胶粒因ζ电位降低或消除以致失去稳定性的过程，称为胶粒脱稳。脱稳的胶粒相互聚结，称为凝聚。但若颗粒间的化学键力很弱，水流冲力的作用会使通过双电层压缩而产生的胶体絮凝物很快分散开，又变成胶体。压缩双电层作用是阐明胶体凝聚的一个重要理论，特别适用于无机盐混凝剂所提供的简单离子的情况。但是，如仅用双电层作用原理来解释水中的混凝现象，仍然会产生一些矛盾。

② 吸附架桥作用：指链状高分子聚合物在静电引力、范德华力和氢键作用下通过活性部位与胶粒发生吸附桥联的过程。这类高分子物质可被胶体微粒强烈吸附，其线性长度较大，当它的一端吸附某一胶粒后，另一端又吸附另一胶粒，在相距较远的两胶粒间进行吸附架桥，使颗粒逐渐结合变大，形成肉眼可见的粗大絮凝体。这种由高分子物质吸附架桥作用而使微粒相互黏结的过程，称为絮凝。

③ 网捕作用：三价铝盐或铁盐等水解而生成沉淀物时，在沉降过程中，能集卷、网捕水中的胶体等微粒，使胶体黏结。

上述三种作用产生的微粒凝结现象——凝聚和絮凝总称为混凝。在水处理中往往是以上几种同时作用或交叉发挥作用，对于不同的混凝剂来说，其所起作用的程度也不同。

6.3.2.2 混凝剂和助凝剂

1. 混凝剂

水处理中的混凝剂应具有混凝效果较好、对生物健康无害、廉价易得、使用方便的特点。混凝剂的种类按化学组成可分为无机盐类混凝剂和高分子混凝剂。

（1）无机盐类混凝剂

无机盐类混凝剂品种较少，但在水处理中应用较普遍，主要是水溶性的二价或三价金属盐。目前应用最广泛的是铝盐和铁盐。铝盐中主要有明矾、硫酸铝等；铁盐主要有三氯化铁、硫酸亚铁和硫酸铁等。

（2）高分子混凝剂

高分子混凝剂有无机和有机两种。聚合氯化铝和聚合硫酸铁是目前国内外研制和使用比较广泛的无机高分子混凝剂。

有机高分子混凝剂由于分子上的链节与水中胶体微粒有极强的吸附作用，混凝效果优异。即使是阴离子型高聚物，对负电胶体也有很强的吸附作用，但对于未经脱稳的胶体，由于静电斥力有碍于吸附架桥作用，通常做助凝剂使用。阳离子型的吸附作用尤其强烈，且在吸附的同时，对负电胶体有电中和的脱稳作用。

有机高分子混凝剂虽然效果优异，但制造过程复杂，价格较贵。另外，由于聚丙烯酰胺的单体 —— 丙烯酰胺有一定的毒性，因此其应用还有待研究。

2．助凝剂

助凝剂通常与混凝剂一起使用，是一种用来促进混凝过程的辅助药剂。常用的助凝剂有氯、石灰、活化硅酸、骨胶和海藻酸钠、活性炭和各种黏土等。

助凝剂本身不起混凝作用，而是调节或改善混凝的条件；也有的助凝剂参与絮体的生成，用于改善絮凝体的结构，利用高分子助凝剂的强烈吸附、架桥作用，使细小松散的絮凝体变得粗大而紧密，如活化硅酸、骨胶、海藻酸钠、红花树等。

6.3.2.3 影响混凝效果的主要因素

影响混凝效果的因素复杂，主要有水温、pH、水质、水力条件及混凝剂的影响等。

1．水温

温度是影响混凝效果的重要因素。混凝剂水解多是吸热反应，水温低时，水解困难，且水的黏度较大，水中杂质颗粒的布朗运动减弱，颗粒间的碰撞机会减少，不利于脱稳胶粒相互絮凝，而且低水温会增强胶体颗粒间的水化作用，妨碍胶体凝聚。

2．pH

混凝剂在合适的 pH 范围内，混凝效果较好，因此，pH 对混凝的影响程度与混凝剂的品种有关。高分子混凝剂尤其是有机高分子混凝剂，由于其共聚合态在投入水中前就已经确定，故其混凝的效果受 pH 的影响较小。而对于无机盐类混凝剂的水解，其过程中不断产生 H^+从而使水的 pH 下降，要使 pH 保持在最佳的范围内，应投加石灰或碳酸氢钠等碱性物质与 H^+中和。

3．水质

水中杂质的成分、性质和浓度不一样，混凝的效果也不一样，适宜的混凝剂的种类和投加量都有不同。由于影响因素复杂，理论上只限作定性推断和估计，在生产和实际应用上，主要靠混凝试验来选择合适的混凝剂品种和最佳投量。

4．水力条件

整个混凝过程可以分为两个阶段：混合阶段和反应阶段。这两个阶段在水力条件上的配合非常重要。

混合阶段的要求是使混凝剂与废水迅速均匀地混合，以创造良好的水解和聚合条件，使胶体脱稳、凝聚。反应在很短的时间内完成，不宜进行剧烈的搅拌。

反应阶段既要创造足够的碰撞机会及良好的吸附条件，从而让絮体有足够的成长机会，又要防止生成的絮体被打碎，因此搅拌强度要逐渐减小，而反应时间要长。一般可以在烧杯内进行混凝模拟试验，来确定最佳的工艺条件。

5．混凝剂的影响

① 混凝剂种类：一般根据胶体和细微悬浮物的性质、浓度等具体情况来选择混凝剂种类。若水中主要污染物呈胶体状态，则应先投加无机混凝剂使其脱稳凝聚；如果絮体细小，还需投加高分子混凝剂或配合使用活性硅酸等助凝剂。

② 混凝剂投加量的影响：投加量不仅取决于水中微粒的成分、性质、浓度，还与混凝剂的种类、投加方式及介质条件相关。对任何废水的混凝处理，都存在最佳混凝剂和最佳投药量的问题，一般应通过试验来确定。

③ 混凝剂投加顺序的影响：在将无机与有机混凝剂并用时，一般先投加无机混凝剂，后投加有机混凝剂。可以通过试验来确定多种混凝剂的投加顺序，但对于胶粒在 50 μm 以上的废水，应先投加有机混凝剂吸附架桥，再投加无机混凝剂。

6.3.3 化学沉淀法

利用某种化学物质作为沉淀剂，使其与废水中的某些可溶性污染物发生化学反应，生成难溶化合物从废水中沉淀分离出来的水处理方法称为化学沉淀法。该法多用于处理废水中重金属离子、有毒物如含硫、氰、氟、砷等的化合物。

6.3.3.1 溶度积

水中的化合物能否产生沉淀并从水中分离出来，除取决于物质本身的结构性质外，还取决于难溶物的溶度积 K_{sp} 的大小。在温度一定时，对某一难溶电解质而言，K_{sp} 为一常数。如果某给定溶液中离子浓度的乘积（离子积）大于它的溶度积 K_{sp}，则会有沉淀产生。根据溶度积原理，在一定温度下，所有难溶盐 M_mN_n 的饱和溶液，都存在溶度积常

数 K_{sp}：

$$M_mN_n \rightleftharpoons mM^{n+}+nN^{m-}$$

$$K_{sp}=[M^{n+}]^m \cdot [N^{m-}]^n$$

式中，M^{n+} —— 金属阳离子；

N^{m-} —— 阴离子；

$[M^{n+}][N^{m-}]$ —— 离子摩尔浓度，mol/L；

K_{sp} —— 难溶盐的溶度积常数。

如果$[M^{n+}]^m \cdot [N^{m-}]^n > K_{sp}$，则溶液饱和，有沉淀析出；如果离子浓度尚未达到其溶度积，则难溶盐将继续溶解，直到满足溶度积为止。在实际应用中，考虑到化学沉淀受多种因素的影响，沉淀剂的实际投加量通常要比理论投加量高，一般不超过理论投加量的20%～50%，最好通过试验来确定投加量的适宜值。

如果水中同时存在几种盐，且它们具有相同的离子，则其中难溶盐的溶解度将比其单独存在时有所下降，这称为同离子效应。当溶液中有多种离子可与同一种离子生成多种难溶盐时，难溶盐将按先后顺序生成沉淀，这种现象称为分级沉淀。以溶度积为判定指标，哪种离子形成的难溶盐离子积大于溶度积，则该难溶盐便先产生沉淀。

6.3.3.2 化学沉淀法的类型

1．氢氧化物沉淀法

该方法也称中和沉淀法，是一种经济且有效的去除废水中重金属的方法。该法是向重金属废水中投加中和沉淀剂如 $Ca(OH)_2$，使水中的重金属离子生成氢氧化物沉淀。石灰是目前使用最广泛的中和剂，来源广泛，价格便宜，但产生污泥量大。该法与废水的 pH 有十分密切的关系。如果废水中的金属离子用 M^{n+}表示，则其氢氧化物溶解平衡为

$$M(OH)_n \rightleftharpoons M^{n+}+ nOH^-$$

$$L_{M(OH)_n}=[M^{n+}][OH^-]^n$$

同时，溶液中存在水的离解，水在 25℃时的离子积为

$$K_{H_2O} = [H^+][OH^-]= 1\times10^{-14}$$

两边取对数得

$$\begin{aligned}\lg[M^{n+}]&=\lg L_{M(OH)_n}-n\ (\lg K_{H_2O}-\lg[H^+])\\&=-pL_{M(OH)_n}+14\,n-n\text{pH}\end{aligned}$$

上式为一直线方程，即金属离子的对数与 pH 是线性关系，如图 6-14 所示，直线的斜率为$-n$。由此可知，对于同一价数的金属氢氧化物，它们的斜率相等，即为一组平行

直线。对于不同价数的金属氢氧化物，价数越高，直线越陡，其离子浓度随 pH 的变化差异越大。

在采用氢氧化物沉淀法去除废水中的金属离子时，pH 的控制是一个十分重要的操作条件。由于废水水质的复杂性，pH 与金属离子浓度间的关系可能与理论值有出入，因此实际控制条件一般参考理论值并通过试验来确定。

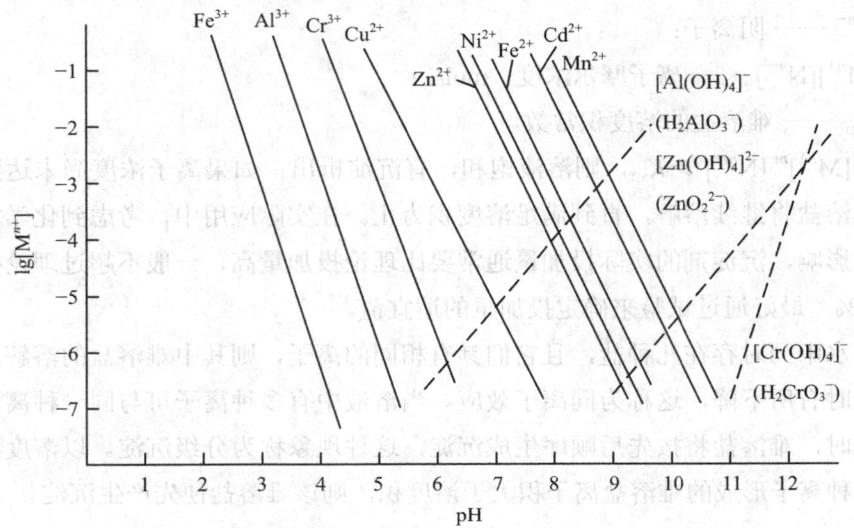

图 6-14 金属离子溶解度与 pH 关系

2．硫化物沉淀法

许多金属能形成硫化物沉淀，所以可向废水中投加某种硫化物使金属离子形成金属硫化物沉淀而被去除，这种方法称为硫化物沉淀法。这种方法能更有效地处理含金属的废水，特别是含汞、含镉的废水。

在金属硫化物的饱和溶液中有

$$MS \rightleftharpoons M^{2+}+S^{2-}$$

$$[M^{2+}]=\frac{L_{MS}}{[S^{2-}]} \tag{6-14}$$

硫化物沉淀法所用的沉淀剂通常有硫化氢、硫化钠、硫化钾等。以硫化氢为沉淀剂时，其在水中离解分两步：

$$H_2S \rightleftharpoons H^{+}+HS^{-}$$

$$HS^{-} \rightleftharpoons H^{+}+S^{2-}$$

离解常数分别为

$$K_1=\frac{[H^+][HS^-]}{[H_2S]}=9.1\times10^{-8}$$

$$K_2=\frac{[H^+][S^{2-}]}{[HS^-]}=1.2\times10^{-15}$$

所以

$$\frac{[H^+]^2[S^{2-}]}{[H_2S]}=1.1\times10^{-22}$$

$$[S^{2-}]=\frac{1.1\times10^{-22}[H_2S]}{[H^+]^2}$$

代入得

$$[M^{2+}]=\frac{L_{MS}}{\dfrac{1.1\times10^{-22}[H_2S]}{[H^+]^2}}=\frac{L_{MS}[H^+]^2}{1.1\times10^{-22}[H_2S]} \tag{6-15}$$

硫化氢在水中离解甚微，在压力为 1 MPa、温度为 25℃、pH≤6 的条件下，硫化氢在水中的饱和浓度约为 0.1 mol/L。因此将$[H_2S]=0.1$代入式（6-15）得

$$M^{2+}=\frac{L_{MS}\times[H^+]^2}{1.1\times10^{-23}} \tag{6-16}$$

从式（6-16）可以看出，用硫化物沉淀法处理含金属离子的废水时，废水中剩余重金属离子的浓度与 pH 有关，随着 pH 的增加而降低。

硫化物沉淀法去除重金属的效率高，沉淀物的体积小，便于处理和回收金属。金属硫化物的溶度积比金属氢氧化物的溶度积要小得多，可更多地去除金属离子。但它的费用较高，且硫化物不易沉淀，常常需投加混凝剂进行共沉，因此本方法应用并不广泛，有时只作为氢氧化物沉淀法的补充。

3．碳酸盐沉淀法

碱土金属（如 Ca、Mg 等）和重金属（如 Mn、Fe、Co、Ni、Cu、Zn、Ag、Cd、Pb、Hg、Bi 等）的碳酸盐都难溶于水，所以可用碳酸盐沉淀法将这些金属离子从废水中去除。

对于不同的处理对象，碳酸盐沉淀法有以下三种不同的应用方式：

① 利用沉淀转化原理，投加难溶碳酸盐（如 $CaCO_3$），使废水中重金属离子（如 Pb^{2+}、Cd^{2+}、Zn^{2+}、Ni^{2+}等）生成溶解度更小的碳酸盐沉淀析出。

② 投加可溶性碳酸盐（如 Na_2CO_3），使水中金属离子生成难溶碳酸盐沉淀析出。

③ 投加石灰，与造成水中碳酸盐硬度的 $Ca(HCO_3)_2$ 和 $Mg(HCO_3)_2$ 生成难溶的碳酸钙和氢氧化镁沉淀析出。

4．铁氧体共沉淀法

铁氧体共沉淀法是向废水中加入适量的 $FeSO_4$，加碱中和后再通入热空气，使金属离子形成铁氧体晶粒而沉淀析出的方法。铁氧体是由铁离子、氧离子及其他金属离子所组成的一种复合氧化物沉淀，铁氧体能同时与 7～10 种高浓度金属离子作用，吸附水中悬浮物、细菌等随沉淀一起去除。

废水中的 Pb^{2+}可置换铁氧体中的 Fe^{2+}，生成磁铅石铁氧体 $PbO \cdot 6Fe_2O_3$，铅进入铁氧体晶格之后，结合牢固，难以溶解，很容易从溶液中沉淀分离。

铁氧体沉淀法的主要特点是在形成铁氧体的过程中，废水中的重金属离子被结合进入铁氧体内而沉淀析出。铁氧体具有磁性，既不溶于水也不溶于酸、碱和盐的溶液，沉降速度快，易于分离，采用磁力分离器进行固液分离时效率更高。

6.3.4 氧化还原法

在化学反应里，如果发生电子的转移，反应物质所含的元素发生化合价的改变，称为氧化还原反应。在水处理中，可采用氧化或还原的方法改变水中某些有毒有害化合物中元素的化合价以及改变化合物分子的结构，使剧毒的化合物变为微毒或无毒的化合物，使难以生物降解的有机物转化为可以生物降解的无机物。

由标准氧化还原电位的大小可以判断氧化剂和还原剂的氧化还原能力。电极电位值越大，电对中氧化剂的氧化能力越强。

6.3.4.1 氧化法

向废水中投加氧化剂，氧化废水中的有毒有害物质，使其转变为无毒无害或毒性小的物质的方法称为氧化法。根据氧化剂的不同，氧化法可分为空气氧化法、氯氧化法、臭氧氧化法等。

1．空气氧化法

空气氧化法是利用空气中的氧气作为氧化剂来分解废水中的有毒有害物质的一种方法，是一种简单而经济的处理方法，常用于氧化脱硫、除铁、除锰、催化氧化和湿式氧化等。在高温、高压、催化剂、γ 射线辐射下可断开氧分子中的 O—O 键，使氧化反应的速度大大加快。

2．氯氧化法

氯氧化法目前主要用在对含酚废水、含氰废水、含硫废水方面的治理，同时常被自来水厂用来做消毒处理，用于杀死水中的细菌。氯氧化法常用的药剂有液氯、漂白粉、次氯酸钠、二氧化氯等。

3．臭氧氧化法

臭氧是一种强氧化剂，其氧化能力强于氧、氯及高锰酸钾等氧化剂。臭氧氧化应用前景广泛，尤其是臭氧与紫外光的结合，效果更为明显。臭氧在水中会分解成氧，它的主要特点是反应迅速、流程简单、无二次污染，对含酚、氰废水的处理效果较好，在环境保护和化工方面应用广泛。

6.3.4.2 还原法

废水中的一些毒性较大的污染物如 Cr^{6+}，可用还原的方法还原成毒性较小的 Cr^{3+}，再生成 $Cr(OH)_3$ 沉淀去除。又如一些难生物降解的有机化合物，如硝基苯，有较大的毒性并对微生物有抑制作用，难以被氧化，但在适当的条件下，其可被还原成另一种化合物苯胺，进而改善可生物降解性能和色度。下面举例说明。

1．含铬废水的处理

可以用投加 $FeSO_4$ 和石灰的方法进行处理。反应式为

$$Cr_2O_7^{2-} + 6Fe^{2+} + 14H^+ \longrightarrow 2Cr^{3+} + 6Fe^{3+} + 7H_2O$$

$$CrO_4^{2-} + 3Fe^{2+} + 8H^+ \longrightarrow Cr^{3+} + 3Fe^{3+} + 4H_2O$$

$$Cr^{3+} + 3OH^- \longrightarrow Cr(OH)_3$$

$$Fe^{3+} + 3OH^- \longrightarrow Fe(OH)_3$$

也可以用电解法处理。以铁板为电极，通以直流电时，在阳极铁溶于水中，成为 Fe^{2+}，CrO_4^{2-} 被 Fe^{2+} 还原成 Cr^{3+}：

$$Fe - 2e^- \longrightarrow Fe^{2+}$$

$$CrO_4^{2-} + 3Fe^{2+} + 8H^+ \longrightarrow Cr^{3+} + 3Fe^{3+} + 4H_2O$$

在阴极：

$$2H^+ + 2e^- \longrightarrow H_2$$

$$CrO_4^{2-} + 3Fe^{2+} + 8H^+ \longrightarrow Cr^{3+} + 3Fe^{3+} + 4H_2O$$

2．用金属铁还原法处理硝基苯类废水

金属铁还原法可以是铁粉法、铁屑法或铁碳法。其机理主要是原电池作用，因此又可称为内电解法。实际应用中的金属铁中都含有杂质碳，由于材料表面的不均匀性，有利于形成腐蚀电池。其电极反应为

阳极（Fe）：

$$Fe - 2e^- \longrightarrow Fe^{2+}$$

Fe^{2+} 还会与 OH^- 反应：

$$Fe^{2+} + OH^- - e^- \longrightarrow Fe(OH)_3\downarrow$$

$$Fe^{2+} + 2H_2O \longrightarrow Fe(OH)_2\downarrow + 2H^+$$

$$Fe^{2+} + 2\,OH^- \longrightarrow Fe(OH)_2\downarrow$$

阴极（铁中的杂质碳或是外加的碳）：

$$2H^+ + 2e^- \longrightarrow 2[H] \rightarrow H_2$$

$$O_2 + 4H^+ + 4e^- \longrightarrow 4H_2O \text{（酸性充氧时）}$$

在电极反应基础上，金属铁还原法降解水中污染物的机理可能包括以下几种：

（1）铁的还原作用

铁是活泼金属，在酸性条件下可使一些重金属离子和有机物还原为还原态。

（2）$Fe(OH)_2$ 的还原作用

电极反应过程中所产生的产物 $Fe(OH)_2$ 对硝基、亚硝基及偶氮化合物具有强烈的还原作用，可把硝基苯类污染物还原成可以生物降解的苯胺类化合物。

（3）氢的还原作用

电极反应中得到的新生态氢如果具有较大的活性功能，同时在水溶液中的铁等元素可以提供催化功能时，新生态氧能与废水中许多组分发生还原反应，破坏发色、助色基团的结构，使偶氮键断裂、硝基化合物还原为氨基化合物。

在工程实践中，也存在以下一些局限性，严重影响这一方法的推广应用：

① 铁粉的特点是粒度小，比表面积大，可以有较高的表面反应活性。但铁粉的成本较高、容易流失、循环再生的利用率低，且容易板结成块，影响使用。

② 在酸性条件下铁屑法和铁碳法处理废水的效率更高。pH 的调节要消耗酸、碱，提高了处理成本，增加了工艺流程的复杂性。

③ 铁屑法和铁碳法处理废水在酸性充氧条件下进行，铁屑处理装置运行一段时间后，形成大量铁泥，结块板结，产生腐蚀钝化，处理效果大幅下降，增大了铁的消耗和沉淀污泥的产生。

3．用 Cu/Fe 催化还原法处理难生物降解工业废水

为了克服金属铁还原法的局限性，近年来，同济大学等开发了新型的 Cu/Fe 催化还原法，成功地应用于多种难生物降解工业废水的处理。

Cu/Fe 催化还原法的机理也是基于原电池反应的电化学原理，在导电性溶液中形成原电池。由于铜的标准电极电势较高（+0.34 V），可促进宏观腐蚀电池的产生，增强铁的接触腐蚀，提高反应速率。同时铜的电催化性能使有机物在其表面直接还原，克服了传统铁屑法和铁碳法仅适用于处理 pH 较低的废水，以及需要曝气和铁屑容易结块板结等缺点。实践表明，该方法有以下特点：① 铁和铜均可利用比表面积较大、混合均匀的废料，其还原的效率远超过铁碳法；② 经连续运行两年以上，没有发生结块板结现象，而且铁的消耗量较低（约 40 mg/L），铜没有消耗也未出现钝化现象；③ pH 的适用范围较广（$pH \leqslant 10$ 时，都能取得较好的效果）。

6.4 生物处理工艺

生物处理法是利用微生物的新陈代谢作用，氧化分解废水中的有机物和某些无机毒物（如氰化物、硫化物等），使之转化为稳定无害物质的一种水处理方法。

根据微生物的呼吸类型，可将废水的生物处理分为好氧和厌氧两大类，分别利用好氧微生物和厌氧微生物分解有机物；按照微生物的生长状态，又可分为悬浮生长系统和附着生长系统两种。在悬浮生长系统中，微生物群体在处理设备内呈悬浮状态生长，污水通过与之接触得到净化，如活性污泥法、氧化塘等。在附着生长系统中，微生物附着在某些惰性介质上呈膜状生长，污水流经膜的表面得到净化，如生物滤池、生物转盘法、生物接触氧化法、生物流化床等。

6.4.1 废水处理中的微生物学基础

6.4.1.1 微生物的生长规律

掌握微生物的生长规律对废水的生化处理十分重要。如果把单细胞的微生物接种到体积一定的液体营养液中，在适宜的培养条件下进行培养，这些单细胞微生物就会不断增殖，细胞数目会不断增加，如果把这种增加情况绘制为对数曲线，就可呈现出一定的规律，叫作单细胞微生物生长曲线。

研究微生物的生长情况，大多是采用静态培养法，即在一个无进出水的密闭系统中，给微生物提供适宜的环境条件。在这样的条件下，大多数微生物的生长过程遵循图 6-15 所示的微生物生长曲线。按微生物的生长速率，其生长过程可分为四个时期，即延滞期、对数生长期、稳定期、衰亡期。

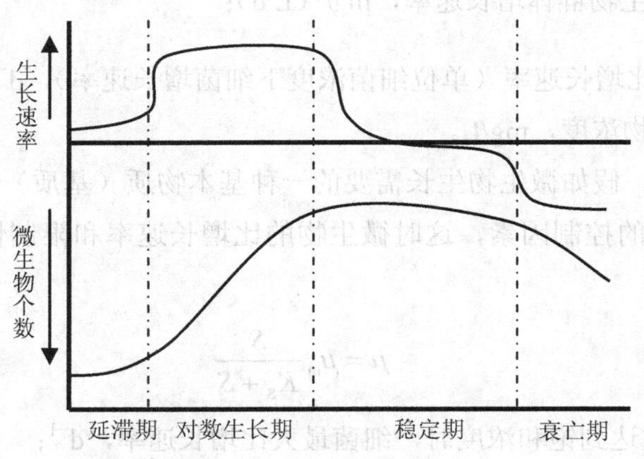

图 6-15　微生物生长曲线

（1）延滞期

微生物刚接种到培养基上，其代谢系统需要适应新的环境，同时合成后续过程需要的合成酶、辅酶等，所以该时期的细胞数目明显增加。延滞期微生物的生长速率几乎为零，菌体体积较大、代谢活力强，对不良环境的抵抗能力下降。

（2）对数生长期

培养液为此时期的微生物生长提供了足够的物质基础，微生物细胞经过延滞期的调整适应后，生长不受限制，生物呈对数增加。处于对数生长期的微生物生长速率最快、代谢旺盛、酶系活跃、活细菌数和总细菌数大致接近。

（3）稳定期

环境中营养的消耗使营养物比例失调、pH、Eh 值等理化条件不适宜，同时有害代谢产物积累。稳定期的活细菌数保持相对稳定、总细菌数达到最高水平、细胞代谢产物积累达到最高峰，是生产的收获期，芽孢杆菌开始形成芽孢。

（4）衰亡期（内源呼吸期）

外界环境对微生物继续生长越来越不利，细胞的分解代谢大于合成代谢，继而导致大量细菌死亡。衰亡期的细菌死亡速度大于新生成的速度，整个群体出现负增长，细胞开始畸形、死亡，出现自溶现象。

6.4.1.2 微生物的生长动力学

微生物群体增长以营养物质作为条件，当外部环境都具备时，微生物增长速率与微生物浓度呈相关性，即

$$\frac{\mathrm{d}X}{\mathrm{d}t}=\mu X \tag{6-17}$$

式中，$\frac{\mathrm{d}X}{\mathrm{d}t}$ —— 微生物群体增长速率，mg/（L·d）；

μ —— 细菌比增长速率（单位细菌浓度下细菌增长速率），d^{-1}；

X —— 微生物浓度，mg/L。

在对数生长期，假如微生物生长需要的一种基本物质（基质）供给量不足，该基质就成为微生物生长的控制因素，这时微生物的比增长速率和限制性基质浓度的关系用 Monod 公式表示：

$$\mu=\mu_{\mathrm{m}}\frac{S}{K_{\mathrm{S}}+S} \tag{6-18}$$

式中，μ_{m} —— 基质达到饱和浓度时，细菌最大比增长速率，d^{-1}；

S —— 残存于溶液中的基质浓度，mg/L；

K_S——半速率常数，也称饱和常数，即 $\mu=\frac{1}{2}\mu_m$ 时的基质浓度，mg/L。

按式（6-18），细菌的增殖速率可用式（6-19）表示：

$$\frac{dX}{dt}=\mu_m\left(\frac{S}{K_S+S}\right)X \tag{6-19}$$

式中，X——细菌浓度，mg/L。

从式（6-19）可知，细菌的增长速率取决于 K_S 和 S 的大小。

在基质非常充分的初期阶段，$S\gg K_S$，K_S 可以忽略不计，此时 $\mu=\mu_m=K_0$，式（6-19）可以简化为零级反应，$\frac{dX}{dt}=\mu_m X$。在低基质浓度时，$S\ll K_S$，S 可忽略不计，此时 $\mu=\mu_m\frac{S}{K_S}$，$\frac{dX}{dt}=\frac{1}{K_S}\mu_m XS$，细菌的增长速率遵循一级反应规律。

细菌利用基质时，只有一部分基质转化为新细胞，另一部分则氧化成为无机的和有机的最终产物。对于给定的基质，转化为新细胞的基质的比例是一定的。因此，基质降解的速率和细菌增长的速率之间有以下关系：

$$-\frac{dX}{dt}=Y\frac{dS}{dt} \tag{6-20}$$

式中，Y——降解单位质量基质产生的细菌数量，称为产率级数。

因此，基质降解速率与基质浓度间有以下关系：

$$\frac{dS}{dt}=-\frac{\mu_m XS}{Y(K_S+S)} \tag{6-21}$$

在实际废水处理系统中，并非所有细菌都处于对数生长期，总有部分细菌处于内源代谢过程中，内源代谢的速率一般与细菌浓度成正比。因此，若同时考虑生物合成和内源代谢，细菌的净增长速率为

$$\frac{dX}{dt}=\frac{\mu_m XS}{K_S+S}-K_d X=\frac{K_0 XS}{K_S+S}-K_d X \tag{6-22}$$

$$\frac{dX}{dt}=-Y\frac{dS}{dt}-K_d X \tag{6-23}$$

式中，K_d——内源衰减系数，d^{-1}。

6.4.2 好氧生物处理

6.4.2.1 好氧生物法的基本原理

废水的好氧生物处理是在向水中提供游离氧的条件下，以好氧微生物为主，使废水中的污染物（主要是有机物）降解，达到稳定无害化的处理。

好氧生物处理中，废水中存在的溶解或胶体状态的有机物被微生物摄取后作为微生物的营养物质，通过微生物的代谢活动，一方面经过分解代谢成为稳定的无机物，并提供微生物生命活动所需的能量；另一方面经合成代谢，被转化合成为新的细胞物质，即参与微生物自身生长繁殖。这一部分即废水生物处理中的活性污泥或生物膜的增长部分，通常称剩余污泥或腐殖污泥。废水好氧生物处理过程中有机物的代谢及微生物的合成，可用图 6-16 来说明。

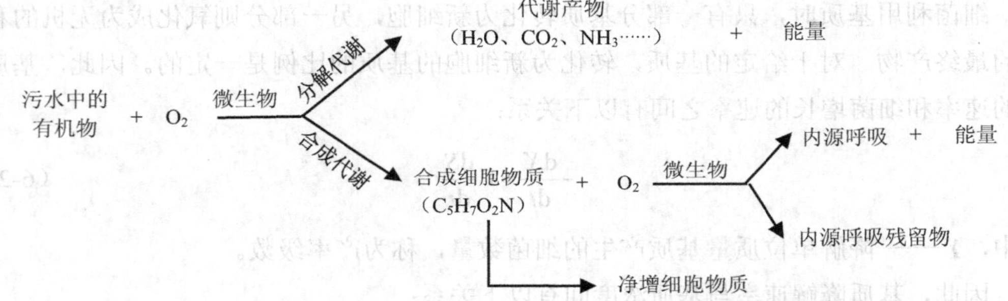

图 6-16 废水好氧生物处理过程

由于好氧生物处理的主体是好氧微生物，凡是影响好氧微生物生理活性的因素都可影响好氧生物处理，主要因素是营养物、温度、pH、水中的溶解氧、毒物和废水中有机物的性质等。

6.4.2.2 活性污泥法

1．活性污泥

向生活污水中不断地注入空气，维持水中有足够的溶解氧，经过一段时间后，污水中即生成一种絮凝体。该絮凝体是由大量微生物构成的，易于沉淀分离，使污水得到澄清，这就是“活性污泥”。

活性污泥的组成分为四个部分：有活性的微生物（Ma）；微生物自身氧化残留物（Me）；吸附在活性污泥上没有被微生物降解的有机物（Mi）；无机悬浮固体（Mii）。有活性的微生物主要由细菌、真菌组成，好氧菌是氧化分解有机物的主体，1 mL 曝气池混合液中细

菌总数约 1×10^8 个。原生动物以细菌为食饵，促进细菌的凝聚，去除游离细菌。真菌主要是丝状的霉菌，在正常的活性污泥中真菌不占优势，原生动物和细菌在污水净化中起主要作用。

2．活性污泥法的基本流程

活性污泥法就是以悬浮在水中的活性污泥为主体，在有利于微生物生长的环境条件下和污水充分接触，使污水净化的一种水处理方法。

传统的活性污泥法由初次沉淀池（初沉池）、曝气池、二次沉淀池（二沉池）、供氧装置以及回流污泥设备等组成，基本流程如图 6-17 所示。

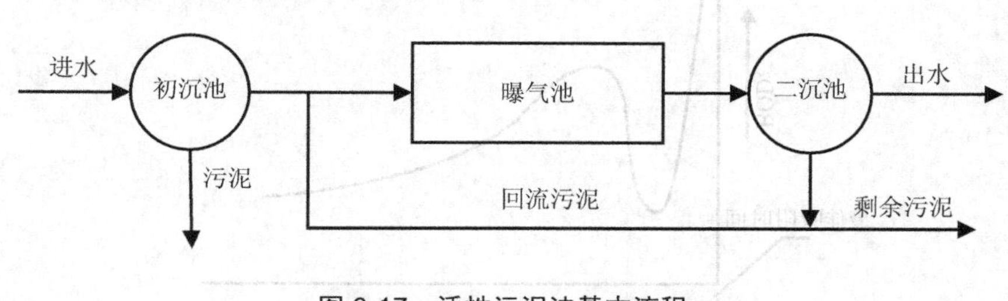

图 6-17　活性污泥法基本流程

废水首先进入初沉池，在此去除水中大部分悬浮物及少量有机物。经过初沉池后，废水与二沉池底部回流的污泥混合后进入曝气池，在曝气池充分曝气。从曝气池流出的混合液进入二沉池，并在二沉池内实现活性污泥与水分离，活性污泥初步浓缩，上清液即处理出水不断排出。活性污泥法的核心构筑物是曝气池，在曝气池内，废水中的有机物被活性污泥吸附、吸收和氧化分解，同时活性污泥得以增殖，使废水得到净化。

3．活性污泥降解废水中有机物的过程

活性污泥法在曝气过程中，对有机物的去除可分为两个阶段，即吸附阶段和稳定阶段。在第一阶段吸附阶段，主要是废水中的有机物转移到活性污泥上，这是由于活性污泥具有巨大的比表面积（2 000～10 000 m^2/m^3 混合液），且表面上含有多糖类黏性物质。在稳定阶段主要是转移到活性污泥上的有机物为微生物所利用。当废水中的有机物处于悬浮状态和胶态时，吸附阶段很短，一般在 10～30 min，而稳定阶段较长。

实验发现，取一定量含有机物的废水与处于内源呼吸状态的活性污泥混合后进行曝气，每隔一定时间取样，用离心机分离污水，测定废水中有机物的残余浓度 BOD_5，可得到如图 6-18 所示的关系曲线。

由图 6-18 可以看出，在泥水混合曝气 30 min 内，废水中 BOD_5 的去除率可达 70%，在其后有一个 BOD_5 的回升阶段，随着曝气时间的延长，BOD_5 再次逐渐降低。

这一实验现象可以用吸附稳定理论来解释。在吸附阶段处于内源呼吸状态的活性污泥，由于微生物对食料的需求和活性污泥巨大的比表面积，对废水中的有机物快速吸附，

使废水的 BOD_5 在短时间迅速下降。其后，吸附在活性污泥上的一些悬浮有机物和胶体有机物在细菌胞外酶的作用下，变成可溶性有机物而扩散到水中，致使废水中的 BOD_5 有一个回升。对于溶解性的有机废水，没有此扩散现象。

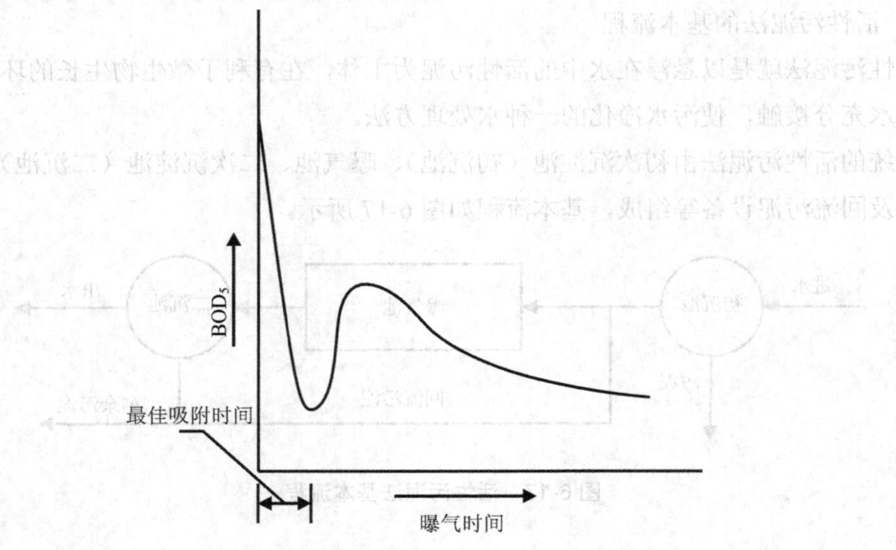

图 6-18 曝气后残余有机物 BOD_5 的变化动态

第二阶段为稳定阶段。吸附阶段基本结束后，微生物要对大量被吸附的有机物进行氧化分解，并利用有机物合成细胞自身物质，进行细胞的更新、增殖，同时也继续吸附废水中残余的有机物。此阶段持续时间较长，需数小时之久。

4. 活性污泥的评价指标

活性污泥的性能可用以下几项指标表示：

（1）混合液悬浮固体浓度（MLSS）

又称污泥浓度，即曝气池中单位体积混合液所含悬浮固体的质量，间接地反映混合液中所含微生物的量，单位为 g/L 或 mg/L。为保证曝气池的净化效率，必须维持一定量的污泥浓度。对普通活性污泥法来说，曝气池污泥浓度常控制在 2～3 g/L。

（2）混合液挥发性悬浮固体浓度（MLVSS）

表示活性污泥中有机固体物质的浓度，更能反映活性污泥的活性。在一定的废水和处理系统中，活性污泥中微生物所占悬浮固体量的比例是一定的，MLVSS/MLSS 值比较稳定，城市污水的活性污泥为 0.75～0.85。

（3）污泥沉降比（SV）

表示曝气池混合液在量筒内静置沉淀 30 min 后所形成沉淀污泥的体积占原有混合液体积的百分率。因活性污泥在沉淀 30 min 后一般可接近它的最大密度，故以 30 min

作为测定沉降比的标准时间。当活性污泥的凝聚、沉降性能良好时，污泥沉降比的大小可以反映曝气池正常运行时的污泥量。但有时污泥沉降比大是由于污泥的凝聚沉降性能差，长期不能下沉。

SV 能够相对地反映污泥浓度和污泥的絮凝、沉降性能，其测量方法可用以控制污泥的排放和早期膨胀，城市污水的活性污泥 SV 为 20%～30%。

（4）污泥体积指数（SVI）

又称污泥指数，指曝气池混合液经 30 min 沉淀后，每克干污泥所占的体积，单位为 mL/g，其计算公式为

$$\text{SVI（mL/g）}=\frac{\text{混合液30 min沉降比（\%）}\times 10}{\text{混合液污泥浓度（g/L）}} \tag{6-24}$$

SVI 能够更好地反映活性污泥的疏散程度和凝聚沉降性能。如果污泥指数过低，说明泥粒细小紧密，无机物多，缺乏活性和吸附能力；指数过高，表明沉降性不好，将要或已经发生污泥膨胀。对于一般城市污水的活性污泥，SVI 以 50～150 mL/g 为宜。

（5）污泥龄

又称细胞平均停留时间（MCRT）或污泥停留时间（SRT）。污泥龄是指每日新增长的活性污泥在曝气池的平均停留时间，也就是曝气池全部活性污泥平均更新一次所需的时间，或曝气池内活性污泥的总量与每日排放污泥量之比，单位为 d。

有污泥回流并在二沉池底部排泥的活性污泥系统如图 6-19 所示。

$$\theta_c=\frac{XV}{\Delta X}=\frac{XV}{X_rQ_w+(Q-Q_w)X_e} \tag{6-25}$$

在一般条件下，X_e 值极低，可忽略不计，则式（6-25）可写为

$$\theta_c=\frac{XV}{X_rQ_w} \tag{6-26}$$

式中，θ_c —— 污泥龄，d；

V —— 曝气池有效容积，m^3；

Q、Q_w —— 分别为进水和剩余污泥的流量，m^3/d；

X、X_e、X_r —— 分别为曝气池混合液悬浮固体浓度、出水悬浮固体浓度和回流污泥浓度，g/L。

$$\frac{X}{X_r}=\frac{R}{1+R} \tag{6-27}$$

$$Q_w=\frac{VR}{\theta_c(1+R)} \tag{6-28}$$

污泥龄是活性污泥系统设计与运行管理的重要参数，反映了活性污泥吸附有机物以后进行稳定氧化的时间长短。污泥龄越长，有机物氧化稳定越彻底，处理效果越好，剩余污泥量越少；反之亦然。但污泥龄也不能太长，否则污泥会老化，影响处理效果。污泥龄不能短于活性污泥中微生物的世代时间，否则曝气池中污泥会流失。普通活性污泥法的泥龄一般采用 5～15 d。

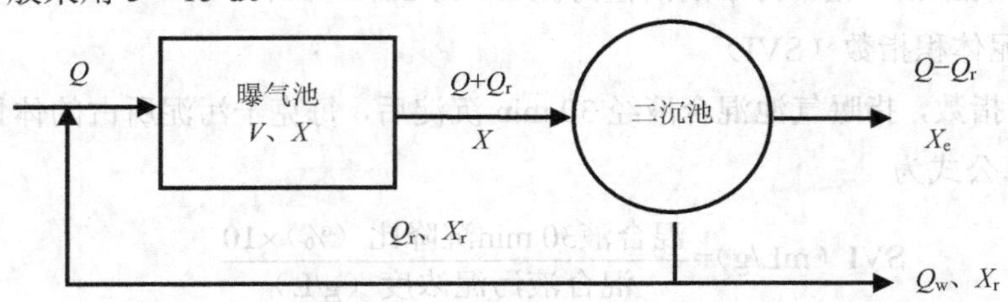

图 6-19 活性污泥系统污泥衡算

5. 活性污泥的增长规律

活性污泥的增长规律实质上就是活性污泥微生物的增殖规律。图 6-20 所示为活性污泥微生物模式增长曲线，曲线是底物一次投加，间歇培养所绘制的。

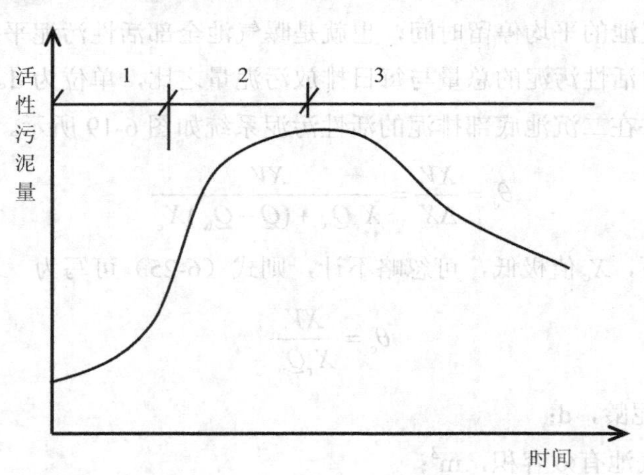

1—对数增长期；2—减数增长期；3—内源呼吸期

图 6-20 活性污泥微生物模式增长曲线

控制活性污泥增长的决定因素是废水中可降解的有机物量（F）和微生物量（M）两者之间的比值，即 F/M 值。活性污泥微生物的增长可分为对数增长期、减数增长期和内源呼吸期。

（1）对数增长期

出现本期的环境条件是有机底物异常丰富，*F*/*M* 值大于 2.2，微生物以最高速率增殖合成新细胞；同时微生物以最高速率对有机物进行摄取，去除有机物的能力很强。在对数增长期，营养物质丰富，活性污泥具有很高的能量水平，活性污泥微生物的活动能力很强，活性污泥质地松散。因此，活性污泥的絮凝、吸附及沉降性能较差。出水中的有机物和悬浮固体含量高。

（2）减数增长期

有机底物的浓度和 *F*/*M* 值不断下降，并逐渐成为微生物增长的控制因素，有机底物的降解速率下降，微生物的增殖速率与残存的有机底物浓度成正比。微生物的增殖速率逐渐下降，在后期，微生物的衰亡与增殖互相抵消，活性污泥不再增长。在减数增长期，营养物质不再丰富，能量水平低下，活性污泥絮凝体开始形成，凝聚、吸附及沉淀性能良好，易于泥水分离，废水中有机物已基本去除，出水水质较好。这是活性污泥法所采用的工作阶段。

（3）内源呼吸期

污水中有机底物的含量继续下降，*F*/*M* 值下降到最低位并保持一常数，微生物已不能从周围环境中获取足够能满足自身生理需要的营养，并开始分解代谢自身的营养物质以维持生命活动，微生物增殖进入内源呼吸期。在该阶段初期，微生物虽仍在增殖，但其速率远低于自我氧化，活性污泥量减少。在本阶段内，营养物质几乎消耗殆尽，能量水平极低，污泥沉淀性能良好，但絮凝性差，污泥量少，但无机化程度高，出水水质良好。

综上可知，活性污泥微生物的增殖期主要由 *F*/*M* 所控制。通过 *F*/*M* 的调整，能够使曝气池内的活性污泥，主要是在出口处的活性污泥处于所要求的增殖期。

在实际应用上，*F*/*M* 值是以污泥负荷 N_s 来表示的，即

$$\frac{F}{M}=N_{\mathrm{s}}=\frac{QL_{\mathrm{a}}}{VX} \tag{6-29}$$

式中，Q——污水流量，m^3/d；

L_a——曝气池进水中有机底物浓度，mg/L；

V——反应器容积，m^3；

X——曝气池混合液悬浮固体浓度，mg/L；

N_s——污泥负荷，kg BOD_5/（kg MLSS·d）。

6．曝气设备

如前所述，活性污泥系统的正常运行，除需要有良好的活性污泥外，还必须提供足够的氧气，通常氧气供给是通过空气中的氧被强制地溶解到曝气池的混合液而实现的。

曝气除供氧外，还对曝气池区有足够的搅拌混合作用，促进水的循环流动，使活性污泥在曝气池中保持悬浮状并与废水充分接触混合。

（1）曝气方法及其设备

曝气方法可分为鼓风曝气和机械曝气。

1）鼓风曝气

鼓风曝气就是用鼓风机（或空压机）向曝气池充入一定压力的空气（或氧气），鼓风曝气系统包括鼓风机（空压机）、风管和曝气装置。曝气装置即空气扩散设备。按气泡直径大小可分为微型（100 μm 左右）、小型（1.5 mm 以下）、中型（2～3 mm）、大型（15 mm 左右）四种气泡型；按曝气装置布置的水深，又可分为浅层曝气、中层曝气和深层曝气三种。

2）机械曝气

机械曝气大多依靠装在曝气池水面的叶轮快速转动，进行表面充氧。其供氧是通过下述三种途径来实现的：① 由于叶轮的提升和输水作用，曝气池内液体不断流动，更新气液接触面，不断从大气中吸氧；② 叶轮旋转时，在周边形成水跃，使液面剧烈搅动，从大气中将氧卷入水中；③ 叶轮旋转时，叶轮中心及叶片背水侧出现背压，通过小孔可以吸入空气。

（2）曝气池的结构

按混合液在曝气池中的流态可分为推流式、完全混合式和循环混合式；按曝气池与二沉池的关系可分为分建式和合建式两种。

1）推流式曝气池

推流式曝气池为长方廊道形池子，常采用鼓风机曝气，扩散装置排放在池子的一侧，如图 6-21 所示。这样布置可使水流在池中呈螺旋状前进，延长气泡和水接触时间。为了帮助水流旋转，池侧面两墙的墙顶和墙脚一般都外凸呈斜面。为了节约空气管道，相邻廊道的扩散装置常沿公共隔墙布置。

2）完全混合式曝气池

完全混合式曝气池如图 6-22 所示，这是采用较多的一种表面叶轮曝气的完全混合式曝气沉淀池，由曝气区、导流区、沉淀区和回流区四部分组成。池子是圆形或方形，入口在中心，出口在池周。在曝气筒内污水和回流污泥同混合液得到充分而迅速的混合，然后经导流区流入沉淀区，澄清水经出流堰排出，沉淀下来的污泥则沿曝气筒底部四周的回流缝回流到曝气池。

导流区的作用是使污泥凝聚并使气水分离，为沉淀创造条件。在导流区中常设径向障板（整流板），以阻止在惯性作用下从窗孔流入导流区和沉淀区的液流绕池子轴线旋转，有利于气水和泥水的分离。

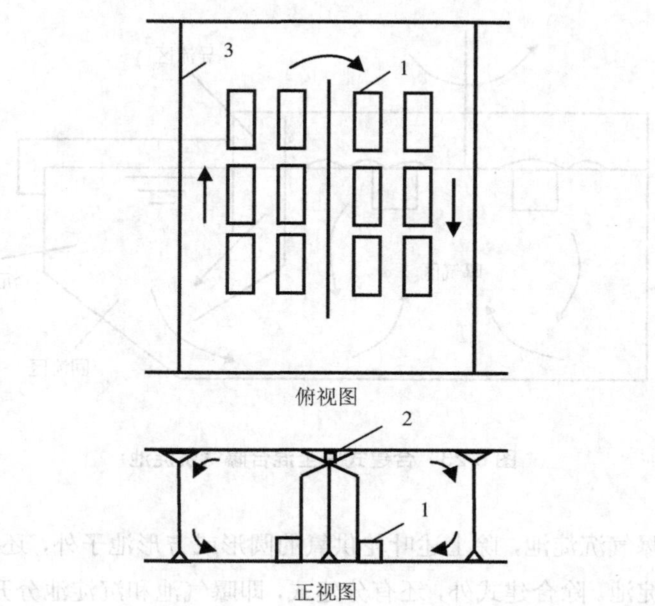

1—曝气装置；2—曝气总管；3—曝气池壁

图 6-21 推流式曝气池

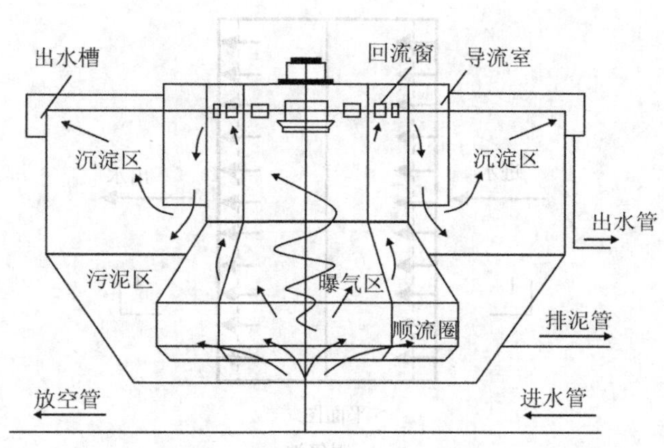

图 6-22 完全混合式曝气池

由于曝气和沉淀两部分合建在一起，这类池子称“合建式完全混合曝气池”或“曝气沉淀池”。它布置紧凑，流程短，有利于新鲜污泥及时回流，并省去一套污泥回流设备，因此在小型污水处理厂得到广泛应用。图 6-23 是一种合建式完全混合曝气沉淀池。

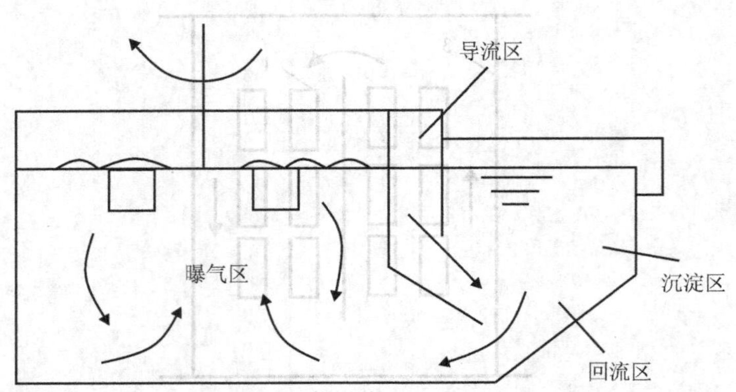

图 6-23 合建式完全混合曝气沉淀池

完全混合式曝气沉淀池，除上述叶轮供氧的圆形或方形池子外，还有如图 6-24 所示的长方形曝气沉淀池。除合建式外，还有分建式，即曝气池和沉淀池分开修建，如图 6-25 所示。

为了达到完全混合的目的，污水和回流污泥沿曝气池均匀引入，并均匀地排出混合液。

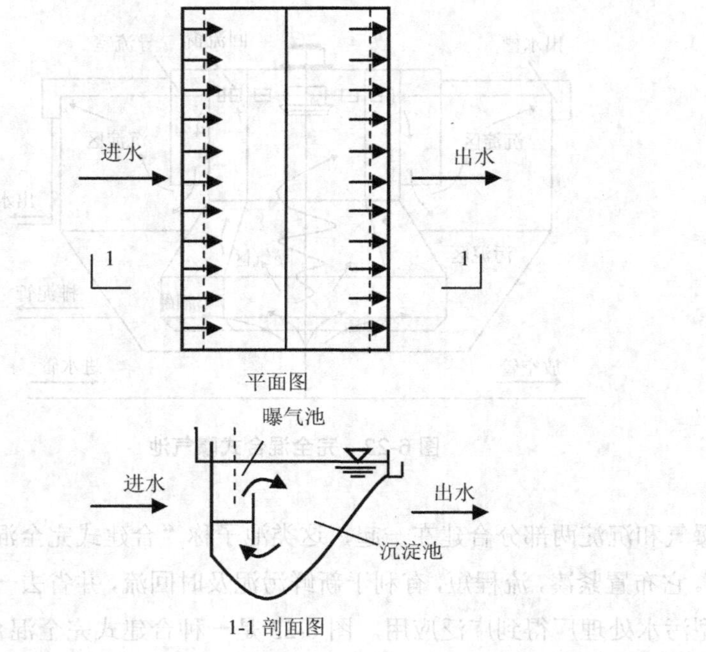

图 6-24 长方形曝气沉淀池

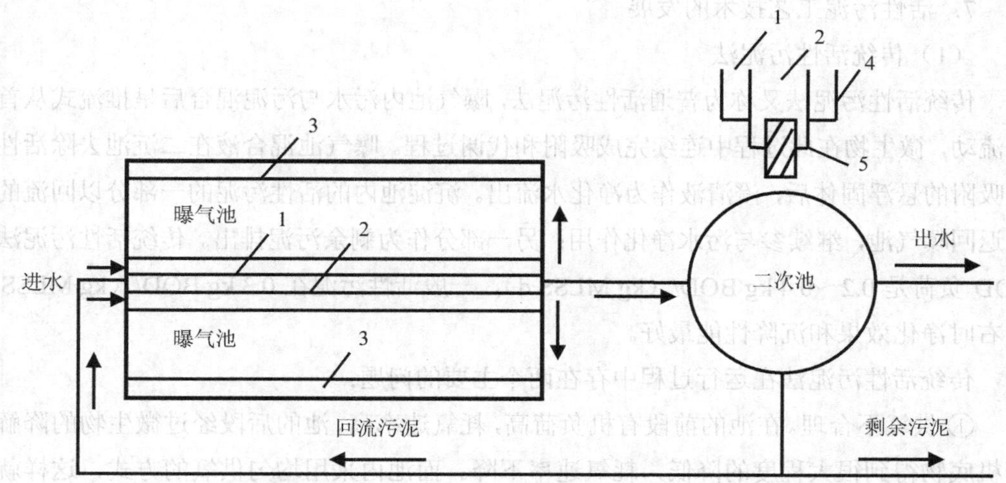

1—进水槽；2—进泥槽；3—出流槽；4—进水孔；5—进泥孔

图 6-25　分建式完全混合曝气沉淀池

3）循环混合式曝气池

循环混合式曝气池多采用转刷供氧，其平面形状如环形跑道。循环混合式曝气池也称为氧化渠（图 6-26），是一种简易的活性污泥处理系统，属于延时曝气法。

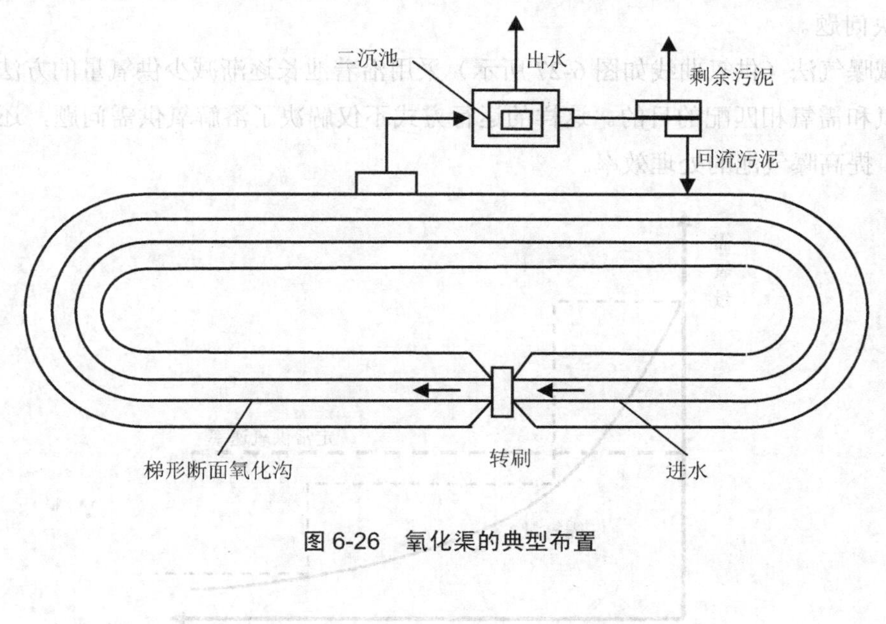

图 6-26　氧化渠的典型布置

7．活性污泥工艺技术的发展

（1）传统活性污泥法

传统活性污泥法又称为普通活性污泥法，曝气池内污水与污泥混合后呈推流式从首向尾流动，微生物在此过程中连续完成吸附和代谢过程。曝气池混合液在二沉池去除活性污泥吸附的悬浮固体后，澄清液作为净化水流出。沉淀池内的活性污泥的一部分以回流的形式返回曝气池，继续参与污水净化作用；另一部分作为剩余污泥排出。传统活性污泥法的BOD 负荷是 0.2～0.4 kg BOD/（kg MLSS·d），一般活性污泥在 0.3 kg BOD/（kg MLSS·d）左右时净化效果和沉降性能最好。

传统活性污泥法在运行过程中存在两个主要的问题：

① 供氧不合理。在池的前段有机负荷高，耗氧速率高，池的后段经过微生物的降解，有机底物得到很大程度的降低，耗氧速率下降。而池内采用均匀供氧的方式，这样就会造成前段溶解氧不足，后段供氧浪费的情况。

② 不耐冲击负荷。由于污水流入不能立即与整个曝气池混合，易受冲击负荷的影响，适应水质、水量的变化能力差。

（2）渐减曝气法和阶段曝气法

渐减曝气法和阶段曝气法是克服传统活性污泥法供氧不合理这个主要问题而设计和发展起来的，两者的区别在于前者从溶解氧的角度来解决问题，后者从有机负荷的角度来解决问题。

渐减曝气法（供氧曲线如图 6-27 所示）采用沿着池长逐渐减少供氧量的方法，从而达到供氧和需氧相匹配的目的。这样的运行方式不仅解决了溶解氧供需问题，还可以节省能耗，提高曝气池的处理效率。

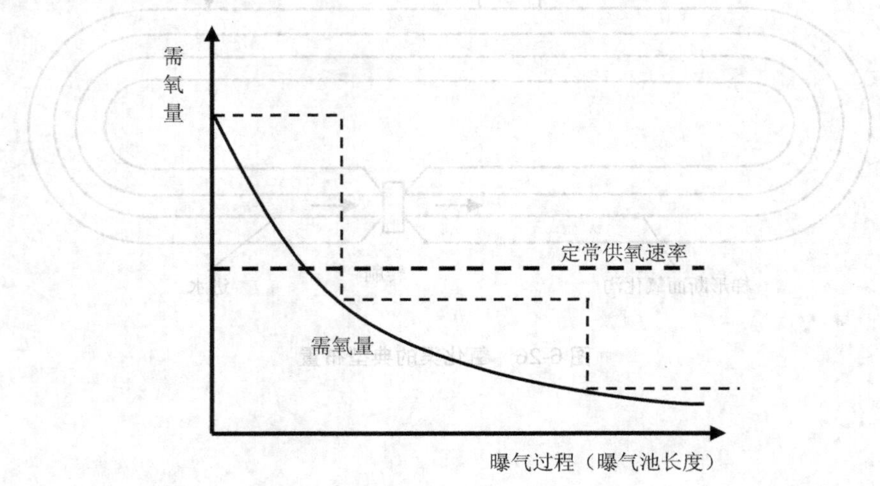

图 6-27　渐减曝气法供氧曲线

阶段曝气法（图 6-28）是将废水沿曝气池长分段注入，即形成阶段进水方法。这种方法除了能平衡曝气池供气量外，还能使微生物营养供应均匀。阶段曝气法（需氧量曲线如图 6-29 所示）供氧和需氧平衡，耐冲击负荷能力强，处理效果好，BOD 降解曲线是呈锯齿缓慢下降曲线。

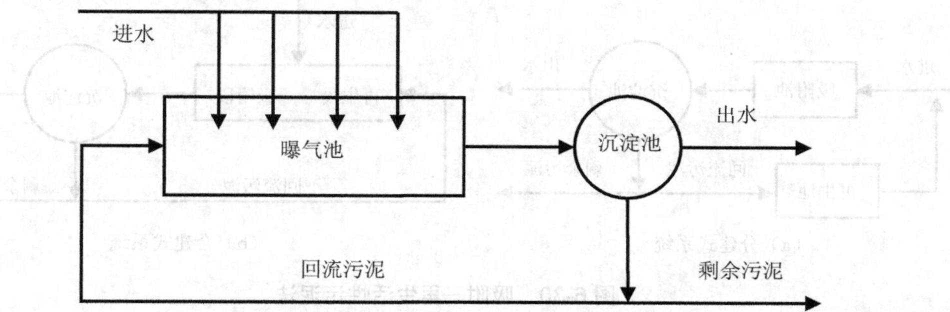

图 6-28 阶段曝气流程

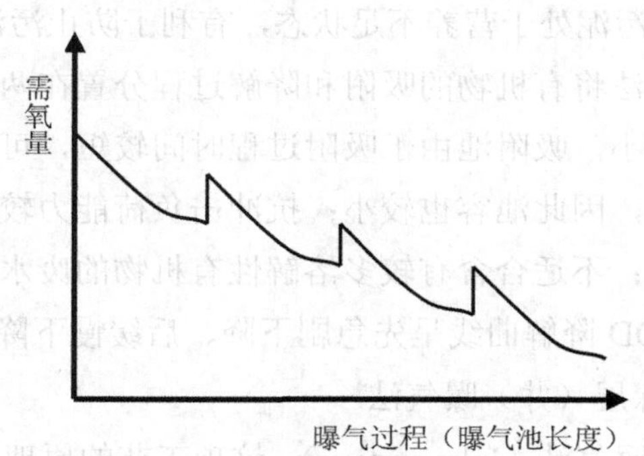

图 6-29 阶段曝气法曝气池内需氧量变化曲线

（3）加速曝气法和延迟曝气法

加速曝气法的特征是曝气时间短（一般为 2～4 h），微生物在池内处于对数生长期，此时微生物活性强，降解能力强，极大地提高了曝气池的处理能力。特点是负荷高，曝气池容积较小，占地面积小；有机物处理效率较差，一般为 60%～80%；活性污泥处于对数生长期，活性污泥活性强但絮凝性较差，剩余污泥产量高，二沉池压力大，出水有机物含量高；更适合做高浓度有机废水的预处理。

延迟曝气法的特征是活性污泥曝气时间长（一般为 1～3 d），污泥停留时间在 20～30 d，微生物处于内源呼吸阶段。由于活性污泥在池内长期处于内源呼吸阶段，活性污泥活性较差，有机物降解能力差，但剩余污泥量少且稳定，省去了污泥处理设施，节约了成本。延迟曝气法具有以下特点：负荷低，曝气池池容大，占地面积大；对水质水量变动适应性强；剩余污泥产量少；出水效果好。

（4）吸附—再生法

又称接触稳定法。把活性污泥对基质的吸附凝聚和氧化分解分别在两个曝气池中进行，流程如图 6-30 所示。

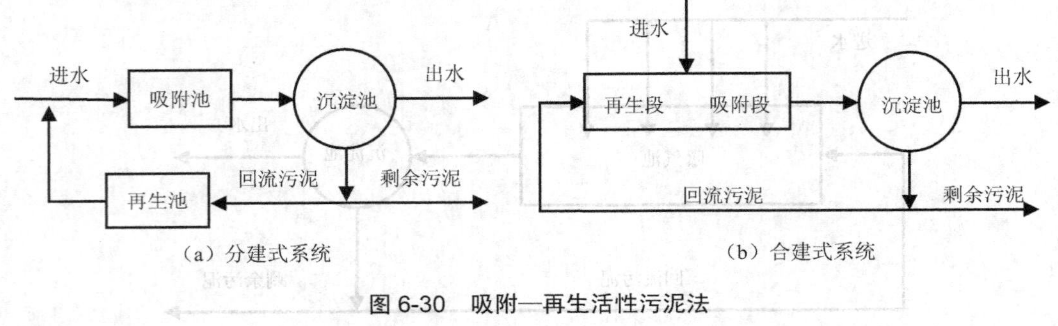

图 6-30 吸附—再生活性污泥法

由于再生池仅对回流污泥进行曝气（剩余污泥不必再生），故可节约空气量，且缩小池容。经过再生的活性污泥处于营养不足状态，有利于防止污泥膨胀。

正是由于吸附—再生法将有机物的吸附和降解过程分置在两个反应器中进行，该工艺具有如下特点：池容较小，吸附池由于吸附过程时间较短，可以设计较小池容，再生池由于已经排出剩余污泥，因此池容也较小；抗冲击负荷能力较强，吸附池遭到破坏，再生池可以进行适当补充；不适合含有较多溶解性有机物的废水，而适合处理胶体物质含量较高的工业废水；BOD 降解曲线呈先急剧下降、后缓慢下降曲线。

（5）浅层曝气法和深层（井）曝气法

浅层曝气法又名殷卡曝气法（Inka aertion），这项工艺的原理是：气泡只有在其形成与破碎的一瞬间有着最高的氧转移率，而与其在液体中的移动高度无关。浅层曝气的曝气装置多为由穿孔管组成的曝气栅，曝气装置多设置于曝气池的一侧，距水面 800～900 mm 的深度。为了在池内形成环流，在池中心处设导流板。

深层曝气池又可称为深水曝气池，曝气池内水深可达 8.5～30 m，由于水压较大，故氧利用率较高，但需要的供风压力较大，因此动力消耗大。这种工艺的效益是：由于水压增大，提高了混合液的饱和溶解氧浓度，加快了氧的传递速率；曝气池向竖向深度发展，减少了占用的土地面积。

超深层曝气法又称为深井曝气池（曝气井），原理如图 6-31 所示，其直径可达 1～6 m，深度可达 70～150 m，井中间设隔离墙将井一分为二或在井中心设内井筒，将井分为内、外两部分。在前者的一侧，后者的外环部设空气提升装置，使混合液上升；而在前者的另一侧，后者的内井筒内产生降流。这样在井隔离墙两侧和井中心筒内外，形成由上而下的流动。由于水深度大，氧的利用率高，所以有机物降解速度快，效果显著。

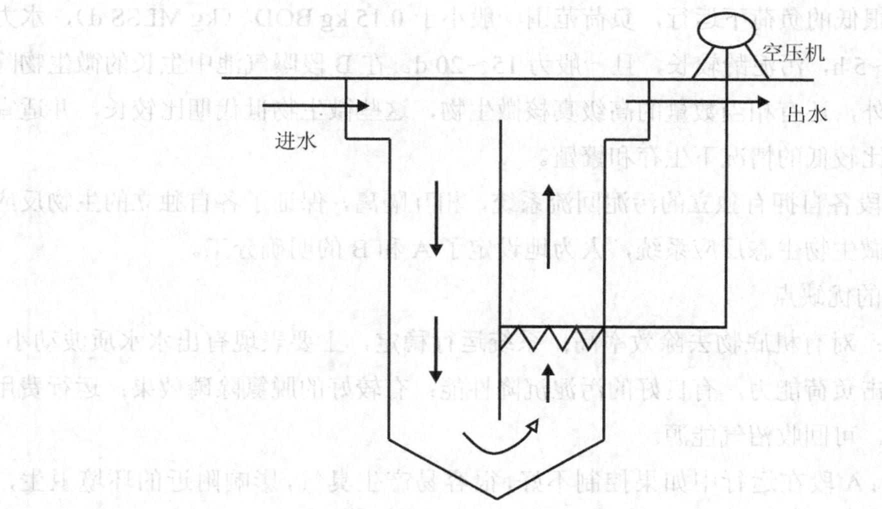

图6-31　深井曝气池原理

深井曝气池的特点是处理效果好，并具有充氧能力高、动力效率高、占地面积小、设备简单、易于操作和维修、运行费用低、耐冲击负荷能力强、产泥量低、处理不受气候影响等优点。

（6）纯氧曝气法

纯氧曝气法，又名富氧曝气泥法，空气中氧的含量仅为 21%，而纯氧曝气法中的进气氧含量为 90%～95%，氧分压比空气高 4.4～4.7 倍，用纯氧进行曝气，以提高氧向混合液中的传递能力。

纯氧曝气法的主要优点如下：① 氧利用率可达 80%～90%，而鼓风曝气系统仅为 10%左右；② 曝气池内混合液的 MLSS 值可高达 4 000～7 000 mg/L，能够提高曝气池的容积负荷；③ 曝气池内混合液的 SVI 值较低，一般都低于 100，污泥膨胀现象发生得较少。

（7）吸附–生物降解工艺（AB 法）

该工艺将曝气池分为高低负荷两段，各有独立的沉淀和污泥回流系统。高负荷段 A 段停留时间为 20～40 min，以生物絮凝吸附作用为主，同时发生生物氧化反应，生物主要为短世代的细菌群落，去除 BOD 达 50%以上。B 段与常规活性污泥相似，负荷较低，泥龄较长。

1）AB 法工艺的主要特征

A 段在很高的负荷下运行，其负荷率通常为普通活性污泥法的 50～100 倍，污水停留时间只有 30～40 min，污泥龄仅为 0.3～0.5 d，A 段对水质、水量、pH 和有毒物质的冲击负荷有极好的缓冲作用。A 段产生的污泥量较大，约占整个处理系统污泥产量的 80%，且剩余污泥中的有机物含量高。

B 段可在很低的负荷下运行，负荷范围一般小于 0.15 kg BOD/（kg MLSS·d），水力停留时间为 2～5 h，污泥龄较长，且一般为 15～20 d。在 B 段曝气池中生长的微生物除菌胶团微生物外，还有相当数量的高级真核微生物，这些微生物世代期比较长，并适宜在有机物含量比较低的情况下生存和繁殖。

A 段与 B 段各自拥有独立的污泥回流系统，相互隔离，保证了各自独立的生物反应过程和不同的微生物生态反应系统，人为地设定了 A 和 B 的明确分工。

2）AB 法的优缺点

主要优点：对有机底物去除效率高；系统运行稳定，主要表现有出水水质波动小，有极强的耐冲击负荷能力，有良好的污泥沉降性能；有较好的脱氮除磷效果；运行费用低，耗电量低，可回收沼气能源。

主要缺点：A 段在运行中如果控制不好，很容易产生臭气，影响附近的环境卫生，这主要是由于 A 段在超高有机负荷下工作，使 A 段曝气池运行于厌氧工况下，导致产生硫化氢、大粪素等恶臭气体；当对除磷脱氮要求很高时，A 段不宜按 AB 法的原分配比去除 BOD 55%～60%，因为这样 B 段曝气池的进水含碳有机物含量的碳/氮比偏低，不能有效地脱氮；污泥产率高，A 段产生的污泥量较大，约占整个处理系统污泥产量的 80%，且剩余污泥中的有机物含量高，这给污泥的最终稳定化处置带来了较大压力。

除了以上介绍的活性污泥工艺技术，还有 MBR（章节 8.1）、氧化沟（章节 8.4）等其他活性污泥工艺技术将在随后的章节进行详细的介绍。

8．活性污泥法的设计和运行

（1）活性污泥法的设计

活性污泥法的设计主要包括以下内容：处理工艺流程的选择，曝气池的设计，曝气系统的设计计算，污泥回流设计和二沉池的设计计算等。

1）曝气池的容积设计

曝气池容积的设计方法主要有两种，一种是有机负荷法，另一种是污泥泥龄法。

a. 有机负荷法

有机负荷通常有两种表示方法：活性污泥负荷（简称污泥负荷）和曝气池容积负荷（简称容积负荷）。

根据污泥负荷计算曝气池容积：

$$N_s = \frac{Q(S_0 - S_e)}{XV}$$

即

$$V=\frac{Q(S_0-S_e)}{XN_s} \tag{6-30}$$

式中，V—— 曝气池容积，m^3；

Q—— 进水流量，m^3/d；

S_0—— 曝气池进水 BOD_5 浓度，mg/L；

S_e—— 曝气池出水 BOD_5 浓度，mg/L；

X—— 混合液污泥浓度，mg/L；

N_s—— 污泥负荷，kg BOD_5/（kg MLSS·d）。

根据容积负荷计算曝气池容积：

$$N_v=\frac{Q\left(S_0-S_e\right)}{V}$$

即

$$V=\frac{Q(S_0-S_e)}{N_v} \tag{6-31}$$

式中，N_v—— 容积负荷，kg BOD_5/（m^3·d）。

b. 污泥泥龄法

污泥泥龄在前面已经进行计算，计算结果如下：

$$\theta_c=\frac{XV}{X_rQ_w+(Q-Q_w)X_e}$$

即

$$V=\frac{X_rQ_w+(Q-Q_w)X_e}{X}\theta_c \tag{6-32}$$

在一般条件下，X_e 的值极低，可忽略不计，则式（6-32）可简写为

$$V=\frac{X_rQ_w}{X\theta_c} \tag{6-33}$$

式中，θ_c—— 污泥龄，d；

V—— 曝气池有效容积，m^3；

Q、Q_w—— 分别为进水和剩余污泥的流量，m^3/d；

X、X_e、X_r—— 分别为曝气池混合液悬浮固体浓度、出水悬浮固体浓度和回流污泥浓度，g/L。

2）曝气系统

在前面已经对曝气方式和扩散设备及布置方式进行了介绍，下面主要进行曝气池需氧量和曝气装置供氧量的设计和计算。

在稳态条件下，设备的供氧速率与曝气池内需氧速率相等。因此，曝气池的需氧量可以通过下式计算：

$$O_S = \alpha K_{La(20)} 1.024^{(T-20)} \left[\beta\gamma\rho_{S(T)} - \rho_L\right] FV \tag{6-34}$$

式中，O_S —— 稳态条件下，曝气池活性污泥需氧量，kg O_2/h；

$K_{La(20)}$ —— 水温 20℃时液膜氧分子的总传质系数，h^{-1}；

$\rho_{S(T)}$ —— 实际温度为 T 时氧饱和浓度，mg/L；

ρ_L —— 水中实际的溶解氧浓度，mg/L；

T —— 水温，℃；

1.024 —— 温度系数；

F —— 曝气扩散设备堵塞系数，通常取 0.65～0.9；

V —— 曝气池容积，m^3。

式（6-34）中 α、β、γ 均为修正系数：

$$\alpha = \frac{K_{La}（污水）}{K_{La}（清水）} \quad \beta = \frac{\rho_S（污水）}{\rho_S（清水）} \quad \gamma = \frac{实际气压（Pa）}{1.013\times10^5\,Pa}$$

由于设备制造厂提供的曝气设备和性能参数只适用于标准条件，因此计算得出的需氧量需换算成标准条件下的数值。标准条件是指：水温 20℃、大气压力为 1.013×10^5 Pa、测定用水是脱氧清水。

标准条件下，转移到一定体积脱氧清水的总需氧：

$$O_B = K_{La(20)}\rho_{S(20)}V \tag{6-35}$$

式中，O_B —— 标准条件下曝气池需氧量，kg O_2/h。

根据式（6-34）和式（6-35）可得

$$O_B = \frac{O_S\rho_{S(20)}}{\alpha 1.024^{(T-20)}\left[\beta\gamma\rho_{S(T)} - \rho_L\right]F} \tag{6-36}$$

对于鼓风曝气池中 ρ_S 应是扩散装置出口处和混合液表面处的溶解氧饱和浓度的平均值：

$$\overline{\rho_S} = \left(\frac{p_d}{2.026\times10^5} + \frac{w}{42}\right) \tag{6-37}$$

式中，$\overline{\rho_S}$ ——鼓风曝气池内混合液溶解氧饱和浓度平均值，mg/L，对于表面曝气而言，$\overline{\rho_S} = \rho_S$；

p_d —— 空气扩散装置出口处的绝对压力，Pa，其值等于下式

$$p_d = p + 9.8\times10^3 h$$

p —— 大气压力，p=1.013×10^5 Pa；

h —— 扩散装置安装深度，m；

w —— 气泡离开液面时的氧的比例，%；

$$w=\frac{21(1-E_A)}{79+21(1-E_A)}\times 100\% \tag{6-38}$$

式中，E_A —— 扩散器氧转移效率，%。

鼓风机的供气量：

$$G_S=\frac{O_B}{0.3E_A} \tag{6-39}$$

式中，G_S —— 鼓风曝气所需的供气量，m^3/h。

（2）活性污泥法的运行和控制

1）活性污泥的培养和驯化

a. 活性污泥的培养

对于生活污水或类似的工业废水，由于营养和菌种都已具备，可用初沉池后的污水，调节水质 BOD_5 在 200～300 mg/L 范围后在曝气池内进行连续曝气，一周左右就会出现活性污泥絮体，应当及时换水，以补充营养和排除代谢产物。对于其他工业废水，则可先用生活污水培养活性污泥，将粪便水过滤后投入曝气池，再用自来水稀释，使 BOD_5 控制在 300 mg/L 左右，进行静态培养（闷曝）。经过约一周的时间，为补充营养和排除对微生物增长有害的代谢产物，及时换水。

如果条件允许，能够直接从附近的污水处理厂或类似的污水处理设备中取得成熟的活性污泥作为种泥，进行曝气，并适当加一些粪便水或氮、磷化合物作为微生物的养料，可大大缩短培养时间。

b. 活性污泥的驯化

如果工业废水的性质与生活污水相差很大，此时还应对活性污泥进行必要的驯化，使活性污泥微生物群体逐渐形成具有代谢特定工业废水的酶系统。方法是在混合液中逐渐提高工业废水的比例，并同时提高进水的有机负荷，直至达到满负荷为止。

活性污泥的培养和驯化可归纳为异步培驯法、同步培驯法和接种培驯法数种。异步培驯法即先培养后驯化；同步培驯法则培养和驯化同时进行或交替进行；接种培驯法则利用其他有关工厂处理设备的剩余污泥，进行适当培驯。

2）活性污泥处理试运行

活性污泥培养、驯化成熟后，就开始进行试运行。试运行的目的是确定最佳的运行条件。在活性污泥法系统的运行中，作为变数考虑的因素有混合液中污泥浓度（MLSS）、空气量、污水注入的方式等。将这些变数组合成几种运转条件，就是运行的任务。

试运行的作用是为整个处理过程的正常运行，寻找出一条控制途径的规律和方法。试运行是活性污泥处理系统在运行中不可缺少的环节。

3）活性污泥法处理系统运行效果的检测

试运行确定最佳条件后，即可转入正常的运行。为了长期保持良好的处理效果，积累经验，需要对处理情况定期进行检测，检测的项目如下：

a. 项目进出水中BOD、COD、SS以及有毒物质（工业废水）浓度变化情况；

b. 反映污泥情况的项目SV、MLSS、MLVSS、SVI、DO、微生物镜检等；

c. 反映污泥营养和环境条件的项目氮、磷、pH和水温等。

4）活性污泥法运行过程中的异常现象

a. 污泥膨胀

从字面上讲，活性污泥的膨胀，是指污泥体积增大而密度下降的现象。引起这一现象的主要原因是丝状菌大量繁殖、污泥中结合水异常增多或污水中缺乏氮、磷、铁等养料，溶解氧不足，水温高或pH较低等。此外，超负荷、污泥龄过长或有机浓度梯度小等，也会引起污泥膨胀，排泥不通畅则易引起结合水性污泥膨胀。

当污泥发生膨胀后，可针对引起膨胀的原因采取措施。例如，缺氧、水温高等可加大曝气量，或降低进水量以减轻负荷等；例如，污泥负荷过高，可适当提高MLSS值，以调整负荷；例如，缺氮、磷、铁养料时，可投加硝化污泥或氮、磷等成分；例如，pH过低，可投加石灰等调节pH。

b. 污泥上浮

污泥脱氮上浮。由于在曝气池内污泥龄过长，硝化进行程度较高，而这种混合液若又在二沉池中经历较长时间的缺氧状态，反硝化菌会使硝酸盐转化为氨和氮气，此时氮气以气泡形式脱出附于污泥上，从而使污泥相对密度降低，整块上浮。防止该情况发生的方法有：减少曝气，缩短污泥龄以防止硝化阶段产生；增加污泥回流量或及时排除剩余污泥；减少污泥在沉淀池中停留的时间。

污泥腐化上浮。由于污泥长期滞留在二沉池有可能进行厌氧发酵生成气体（硫化氢、甲烷等）从而使大块污泥上浮。它与污泥脱氮上浮不同，其污泥腐败发黑，产生恶臭。此时也不是全部污泥上浮，大部分污泥是正常地排出或回流。解决和防止污泥腐化的措施有：安设不使污泥外溢的浮渣清除设备；消除沉淀池的死角地区；加大池底坡度或改进池底刮泥设备，不使污泥滞留在池底；及时排泥和疏通堵塞等。

c. 污泥解体

处理水浑浊、污泥絮凝体微细化、处理效果变坏等均属污泥解体现象。导致这种异常现象的原因既有运行中的问题，也有污水中混入有毒物质。运行不当，如曝气量过大，会使活性污泥的营养平衡遭到破坏，使微生物量减少而失去活性，吸附能力降低，一部分则成为不易沉淀的羽毛状污泥，处理水水质浑浊。当污水中存在有毒物质时，微生物会受到抑制或伤害，净化能力下降或完全停止，从而使污泥失去活性。

d. 泡沫问题

污水中含有合成洗涤剂或其他起泡物质时，就会在曝气池表面形成大量泡沫。泡沫的危害表现为：表面机械曝气时，隔绝污水与大气接触，降低甚至破坏叶轮的充氧能力；在泡沫表面吸附大量活性污泥生物固体，会影响二沉池效率。抑制泡沫的措施有：在曝气池上安装喷洒管网，以破除泡沫；用压力水喷洒，破坏泡沫；定时投加除沫剂（如煤油、机油等）以破除泡沫；提高曝气池中活性污泥的浓度来控制泡沫。如果污水的性质使污水在曝气过程中产生大量泡沫，在工艺设计中应考虑用鼓风曝气方式的活性污泥处理系统。

6.4.2.3 生物膜法

生物膜法，是指微生物附着在某些载体表面生长繁殖，形成生物膜，污水通过与膜接触，水中的有机污染物作为营养被膜中微生物吸附转化和分解，从而使污水得到净化的一类生物处理方法。与传统活性污泥法相比，生物膜法对水质水量变化具有较强的适应性，污泥沉降性能良好，易于固液分离，能够处理低浓度的污水，易于维护管理，动力费用较低；适用于中小型污水处理厂。

1893 年，英国将污水喷洒在粗滤料上进行净化实验，取得了良好的净化效果，生物滤池自此问世，并开始用于污水处理。20 世纪 60 年代以后，生物滤池的填料由碎石、炉渣逐步改进为由聚乙烯、聚苯乙烯制成的波纹板等有机人工合成填料，增大了其比表面积和孔隙率，生物膜法得到了新的发展。20 世纪 70 年代至今，除普通生物滤池外，生物转盘、淹没式生物滤池、生物流化床技术和新型的单一或复合式生物膜反应器，如微孔膜生物反应器、移动床生物膜反应器以及升流式厌氧污泥床—厌氧生物滤池等大量投入研究使用。

1．生物膜法工作原理

（1）生物膜的形成

污水处理生物膜法中，生物膜是指附着在惰性载体表面生长的，以微生物为主，包含微生物及其产生的胞外多聚物和吸附在微生物表面的无机及有机物等，并具有一定吸附和生物降解性能的结构。

污水与滤料流动接触，经过一段时间后，滤料表面会形成一种膜状污泥即生物膜。滤料首先截留废水中的悬浮物质，并把废水中的胶体物质和微生物吸附在其表面，水中的有机物使微生物繁殖，微生物又进一步吸附废水中的悬浮固体和胶体，不断增殖，形成生物膜。由于微生物的不断增殖，生物膜厚度不断增加，生物膜生长到一定厚度时，由于氧不能透入深部，内层变为厌氧状态，厌氧微生物不断生长繁殖形成厌氧膜。当厌氧层达到一定厚度时，其代谢产物增多，这些产物向外逸出要通过好氧层，使好氧层的稳定性遭到破坏，加上水力的冲刷，生物膜将从滤料表面脱落，随出水流出。生物膜基本结构如图 6-32 所示。

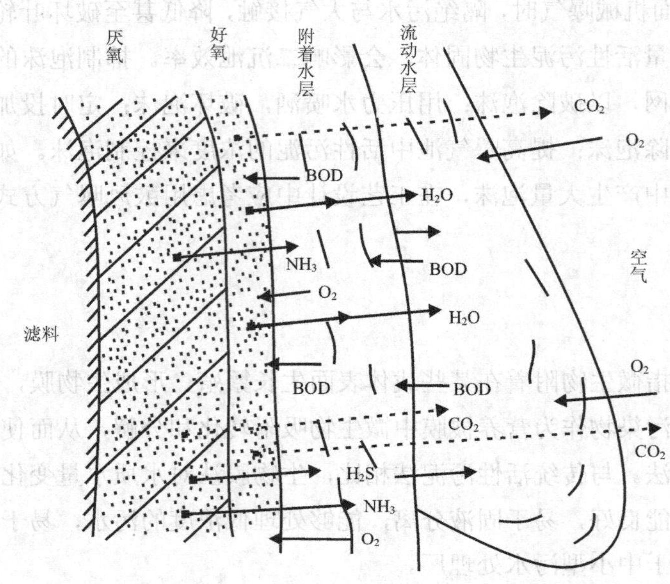

图 6-32　生物膜的基本结构

（2）生物膜的组成

生物膜中的微生物与活性污泥大致相同，主要有细菌、真菌、藻类（在有光条件下）、原生动物和后生动物等。但也有与活性污泥不同之处，生物膜中的微生物具有以下特征：① 参与净化反应的微生物多样化；② 生物的食物链较长；③ 各段具有优势菌种。

（3）生物膜去除有机物的过程

生物膜去除有机物的过程可参考图 6-33。好氧层表面是一层附着水层，附着水直接与微生物接触，其中有机物大多已被微生物氧化。附着水外部是流动水层，有机物浓度较高，有机物从流动水中通过扩散作用转移到附着水中，同时氧也通过流动水、附着水进入好氧层中，生物膜中的有机物进行好氧分解，代谢产物如 CO_2 等无机物沿相反方向排至流动水层及空气中；内部厌氧层的厌氧菌利用死亡的好氧菌和部分有机物进行厌氧代谢，代谢产物如 NH_3、CH_4 等从水层逸出进入空气中。在生物滤池中，好氧代谢起主导作用，是有机物去除的主要过程。

2．生物滤池

（1）普通生物滤池

普通生物滤池又称为滴滤池，是最早出现的生物滤池。其净化效果好，BOD_5 去除率可达 90%～95%。主要缺点是占地面积大，易于堵塞，在使用上受到限制。

1）普通生物滤池的构造

普通生物滤池由池体、滤料、布水系统和排水系统四部分组成。如图 6-33 所示。

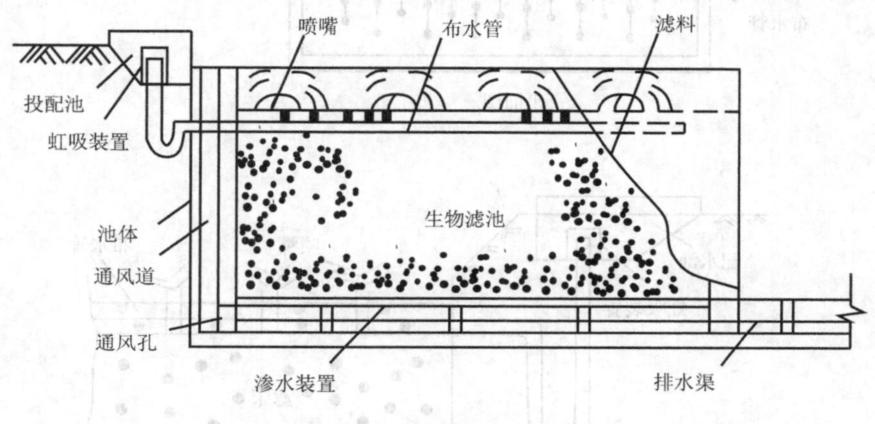

图 6-33　普通生物滤池构造

a. 滤料。滤料是生物滤池的主体，对滤料的要求是：具有较大的比表面积，以利于形成较高的生物量；具有较大的孔隙率，以利于氧的供应和传递；具有较高的机械强度，耐腐蚀性；价格低廉，能够就地取材。常用实心拳状滤料，主要有碎石、卵石、炉渣和焦炭等。滤料分为工作层和承托层，对于有机物浓度高的废水，应采用粒径较大的滤料，防止滤料堵塞。

b. 布水系统。生物滤池布水系统的作用是向滤料表面均匀地布水。若布水不均匀，会造成某一部分滤料负荷过大，而另一部分负荷不足。普通生物滤池常用的布水系统是固定喷嘴式布水系统，如图 6-34 所示，污水进入配水池，当水位达到一定高度后，虹吸装置开始工作。配水管设有一定坡度以便放空，布水管道敷设在滤池表面下 0.5～0.8 m，喷嘴安装在布水管上，伸出滤料表面 0.15～0.2 m，喷嘴的口径为 15～20 mm。当水从喷嘴喷出时，受到喷嘴上部设有的倒锥体的阻挡，水流向四周分散，形成水花，均匀喷洒在滤料上。当配水池水位降到一定程度时，虹吸被破坏，喷水停止。

这种布水装置的优点是运行方便，易于管理和受气候影响较小，缺点是需要的水头较大。

c. 排水系统。生物滤池的排水系统设在滤池的底部，用来排出处理后的污水，保证滤池有良好的滤料和通风情况。排水系统包括渗水装置、集水沟和排水渠。

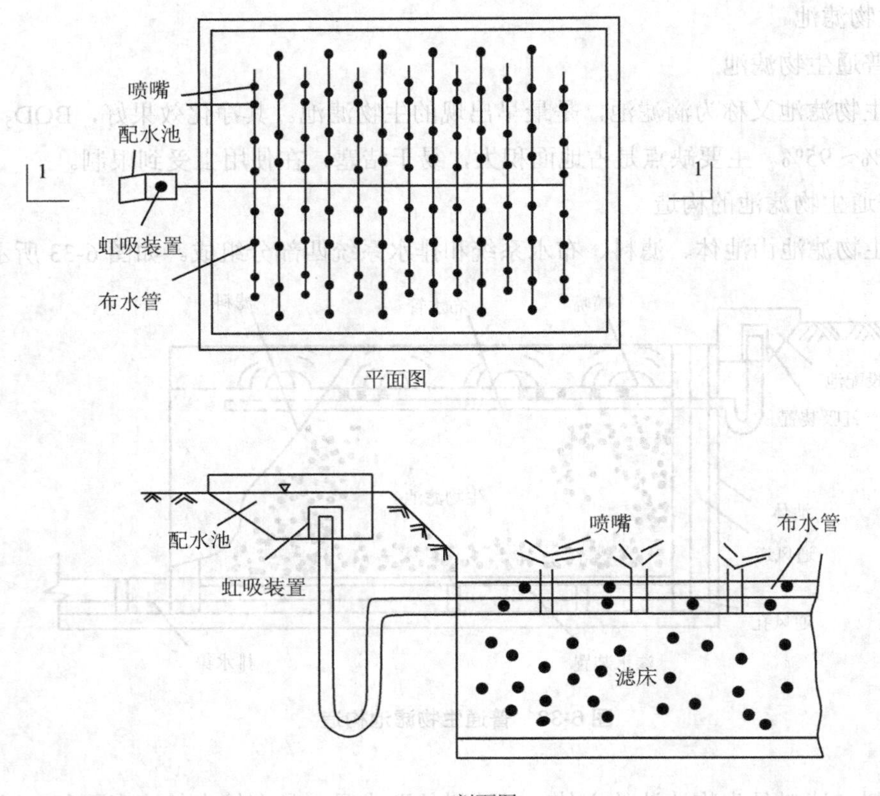

图 6-34 固定喷嘴式布水系统

2）普通生物滤池的特点

普通生物滤池适用于水量不大于 1 000 m^3/d 的小型城镇污水或有机工业废水处理。BOD_5 去除率达 95%以上，处理效果好，运行稳定，易于管理。但占地面积大，不适于处理大水量污水，滤料易堵塞，卫生条件差。

（2）高负荷生物滤池

高负荷生物滤池具有较高的水力负荷，一般为 10～30 m^3/（m^2 滤池·d），有机负荷为 0.8～1.2 kg BOD_5/（m^3 滤料·d）。因此池子体积较小，占地面积小，但 BOD_5 去除率较低，一般为 75%～90%。

1）高负荷生物滤池的构造特点

高负荷生物滤池（图 6-35）在构造上与普通生物滤池有以下不同：高负荷生物滤池表面上多为圆形，滤料粒径较大，一般为 40～100 mm，滤料层厚度一般为 2 m。目前，高负荷生物滤池多采用塑料和树脂制成的人工滤料。这种滤料质轻、高强、耐腐蚀，比表面积可达 200 m^2/（m^3 滤料），孔隙率可达 95%。

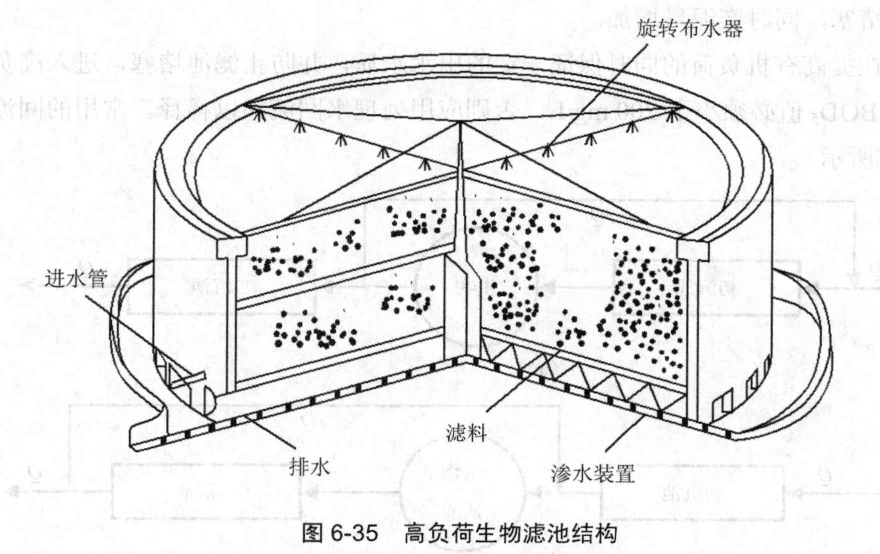

图 6-35 高负荷生物滤池结构

高负荷生物滤池多采用旋转式布水装置，如图 6-36 所示，旋转布水器是由固定不动的进水竖管和可旋转的布水横管组成的，布水横管一般为 2～4 根。当废水从进水竖管进入布水横管后，在一定的水头作用下，废水喷出小孔，产生反作用力，推动布水管向水流相反的方向旋转。

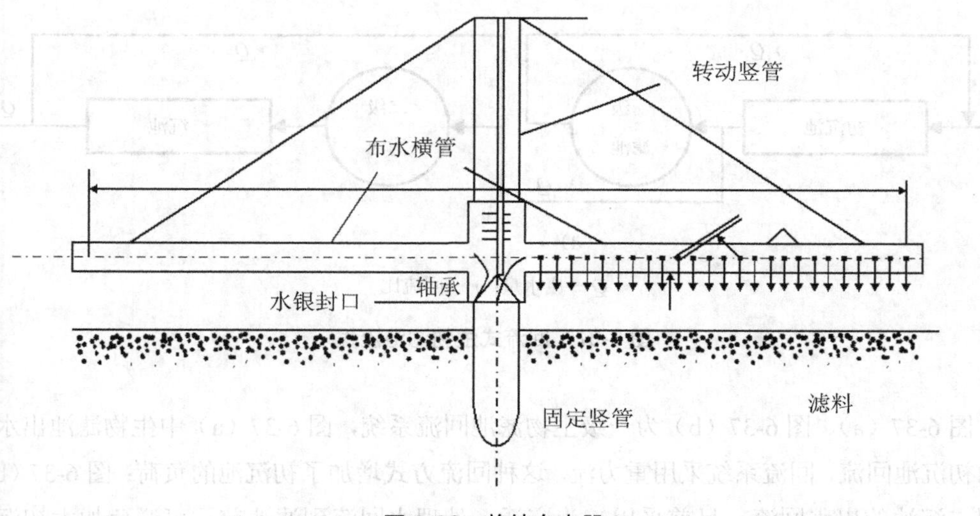

图 6-36 旋转布水器

2）高负荷生物滤池的特征及流程系统

高负荷生物滤池大大地提高了负荷率，因此微生物代谢速度加快，生物膜增长速度加快。同时，由于水力负荷大幅提高，对滤料的冲刷力加大，使生物膜加快脱落，减少了滤池的堵塞，同时产泥量增加。

为了在提高有机负荷的同时保证一定的出水水质，并防止滤池堵塞，进入高负荷生物滤池的 BOD_5 值必须小于 200 mg/L，否则应用处理水回流加以稀释。常用的回流方式如图 6-37 所示。

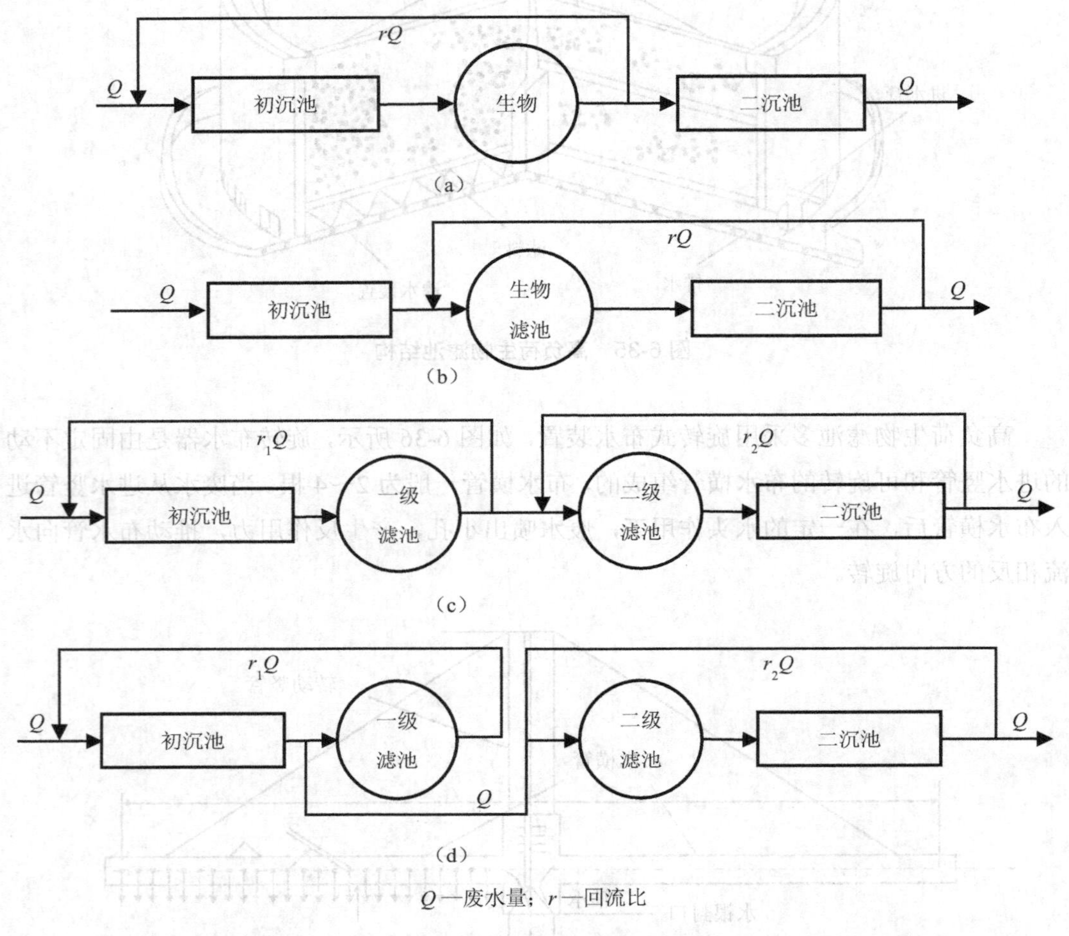

图 6-37 回流式生物滤池流程

图 6-37（a）、图 6-37（b）为一级生物滤池回流系统，图 6-37（a）中生物滤池出水直接向初沉池回流，回流系统采用重力流，这种回流方式增加了初沉池的负荷；图 6-37（b）中用二沉池的出水回流，目前采用较为广泛，处理水回流到滤池前，可避免加大初沉池的容积；图 6-37（c）、图 6-37（d）为二级（段）生物滤池，系统中有两个生物滤池，这种流程用于处理高浓度污水或出水水质要求较高的场合。

二级生物滤池的主要弊端是负荷率不均。一段滤池负荷率较高，生物膜生长快，脱落生物膜易于积存并产生堵塞现象；二段滤池负荷率较低，生物膜生长不佳，滤池容积未能充分利用。为了解决这一问题，可采用交替配水的二段生物滤池系统，如图 6-38 所示，这一系统的水流方向可以互换，沉淀污水经配水槽进入滤池 A（作为一段滤池考虑），再经二次沉淀池的 A 沉淀池处理，处理水用泵抽升送入滤池 B（二段滤池），然后通过沉淀池 B 处理后排放，经运行一段时间，转换水流方向。这种运行方式能够提高处理效率，减少堵塞发生，但需增设泵站，且占地面积较大。

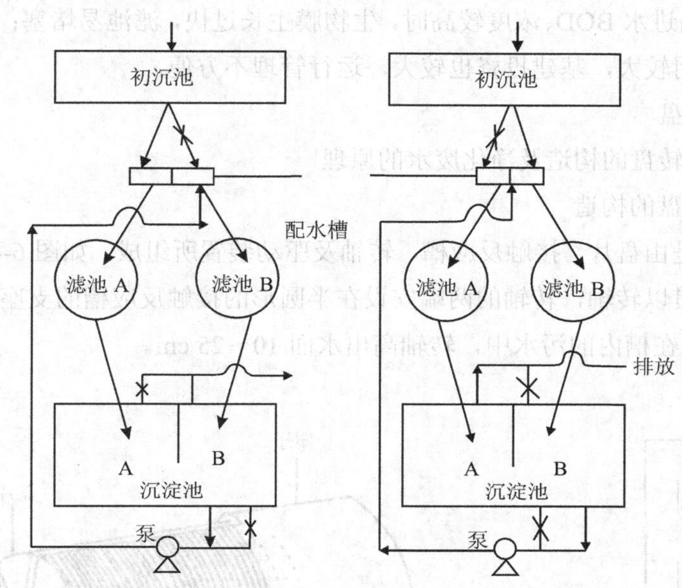

图 6-38 交替配水二段生物滤池系统

（3）塔式生物滤池

塔式生物滤池水力负荷率一般是高负荷生物滤池的 2～10 倍，容积负荷达 1 000～2 000 g BOD_5/（$m^3 \cdot d$），进水的 BOD_5 值应不大于 500 mg/L，否则应加处理水回流稀释。废水在塔内停留时间很短，一般仅几分钟，BOD_5 去除率较低，一般为 60%～85%。

1）塔式生物滤池的结构特点

塔式生物滤池由塔身、滤料、布水系统（布水器）和通风孔及排水装置组成，如图 6-39 所示。塔身一般沿高度分层建造，在分层处设格栅，格栅承托在塔身上，这样可以使滤料负荷分层负担，以免将滤料压碎。每层都应设检修孔，以便更换滤料；应设测温孔和观察孔，以便测量池内温度和观察塔内生物膜的生长情况和滤料表面布水均匀的程度，并取样分析。塔顶应高出最上层滤料表面 0.5 m 左右。

塔式生物滤池宜采用轻质滤料，主要有环氧树脂玻璃布蜂窝、聚氯乙烯波纹板、瓷环和焦炭等滤料。

塔式生物滤池的布水装置多采用电机驱动的旋转布水器，也可以用水力驱动。

塔式生物滤池一般采用自然通风，塔底有高度为 0.4～0.6 m 的空间，周围留有通风孔，其有效面积不得小于滤池面积的 7.5%～10%，使滤池内部形成较强的抽风状态，因此通风良好。

2）塔式生物滤池的特点

塔式生物滤池占地面积小，对水质突变的适应性强；塔身高，通风条件好，供氧充足。其缺点是当进水 BOD_5 浓度较高时，生物膜生长过快，滤池易堵塞；由于滤池较高，废水的提升费用较大，基建投资也较大，运行管理不方便。

3．生物转盘

（1）生物转盘的构造及净化废水的原理

1）生物转盘的构造

生物转盘是由盘片、接触反应槽、转轴及驱动装置所组成，如图 6-40 所示。盘片串联成组，其中贯以转轴，转轴的两端安设在半圆形的接触反应槽的支座上。转盘面积的 45%～50%浸没在槽内的污水中，转轴高出水面 10～25 cm。

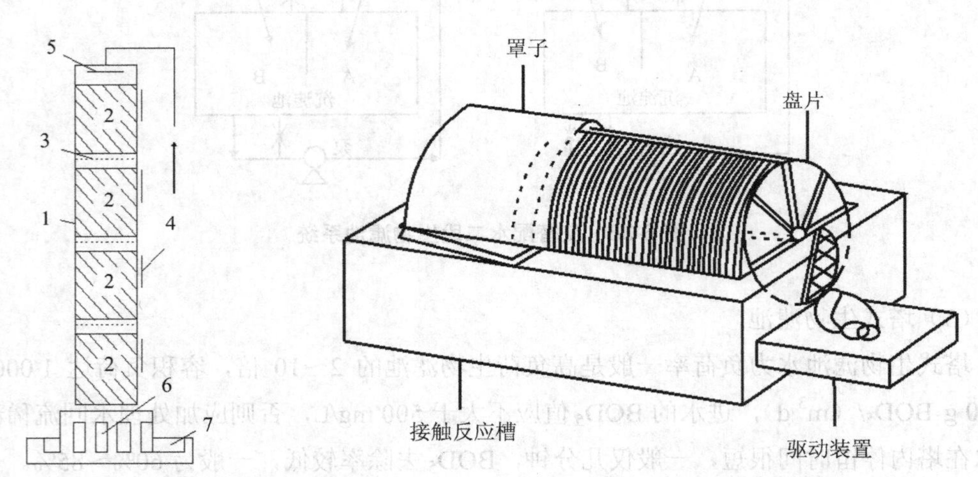

1—塔身；2—滤料；3—格栅；4—检修口；5—布水器；6—通风孔；7—集水槽

图 6-39 塔式生物滤池

图 6-40 生物转盘的构造

盘片一般采用圆形平板或表面波纹状的圆板，直径为 2.0～3.6 m，若采用现场组装，直径可达 5 m。盘片间距取决于盘片直径和生物膜的最大厚度，一般为 10～30 mm，污水浓度高者，取其上限值，以免生物膜堵塞。

反应槽可用钢板制作，也可用砖或钢筋混凝土建造，表面再涂以防水耐磨层，其断面形状呈半圆形，以免产生死角。盘片边缘与槽内面应留有不小于 150 mm 的间距，槽底应设有放空管，槽的两个侧面设有锯齿形溢流堰式的进出水设备。接触反应槽的整体尺寸应根据盘片直径和转轴长度确定。

转轴一般采用钢管，直径为 50～80 mm，两端安装固定在接触反应槽两端的支座上。转轴的长度一般在 0.5～7.0 m，太长易发生变形，产生磨断或扭转。

驱动装置包括动力设备、减速装置及传动链条等。转盘的转速过高有损于设备的机械强度、消耗电能，还使生物膜过早剥离。近年来国外设计出了空气驱动生物转盘，即在转盘的外周设有空气罩，在转盘下侧设有曝气管，在管上均等地安装扩散器，空气从扩散器均匀地吹向空气罩，产生浮力使转盘转动。

2）净化原理

转盘在槽内转动，交替地与污水和空气接触，转动一段时间后，在转盘上附着一层滋生了大量微生物的生物膜，微生物的种属逐渐稳定，微生物的新陈代谢功能逐步发挥，污水中的有机物为生物膜所吸附降解。

转盘转动离开污水与空气接触，生物膜上的固着水层从空气中吸收氧，固着水层中的氧是过饱和的，并将其传递到生物膜和污水中，使槽内污水的溶解氧含量达到一定的浓度。转盘不断地转动，污水中的有机物不断分解。当生物膜增加到一定厚度后，其内部形成厌氧层并开始老化、剥落，脱落的生物膜由二沉池沉淀去除。

（2）生物转盘系统的典型工艺流程

生物转盘按布置形式可分为单轴单级式（图 6-41）、单轴多级式（图 6-42）和多轴多级式（图 6-43）。级数多少主要取决于污水水量与水质、处理水应达到的处理程度和现场条件等因素。

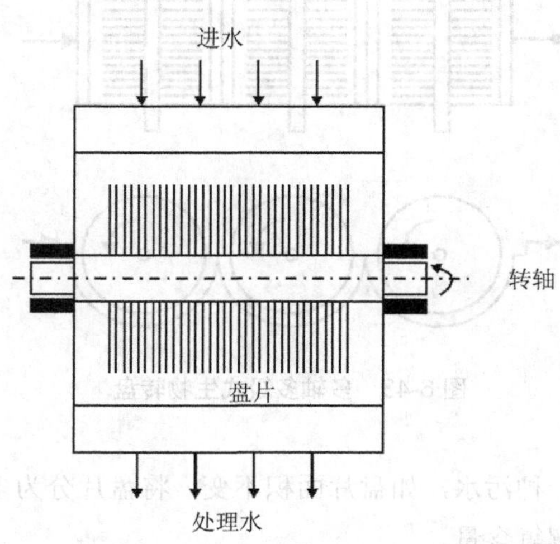

图 6-41 单轴单级式生物转盘

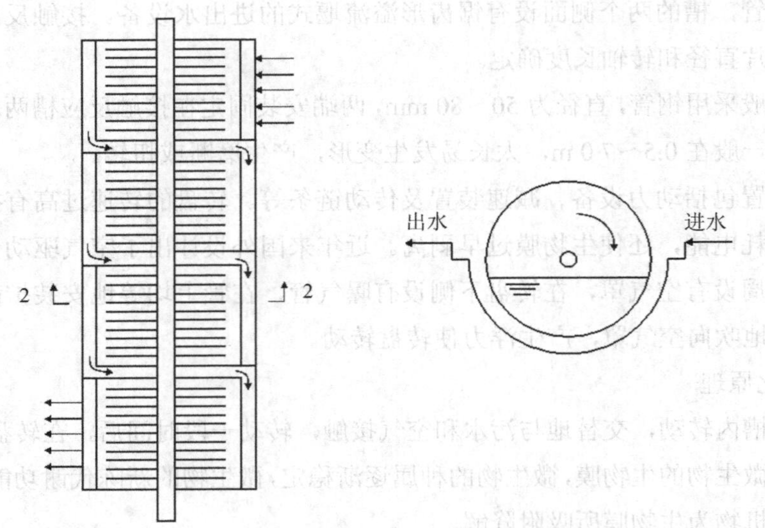

图 6-42 单轴多级式生物转盘

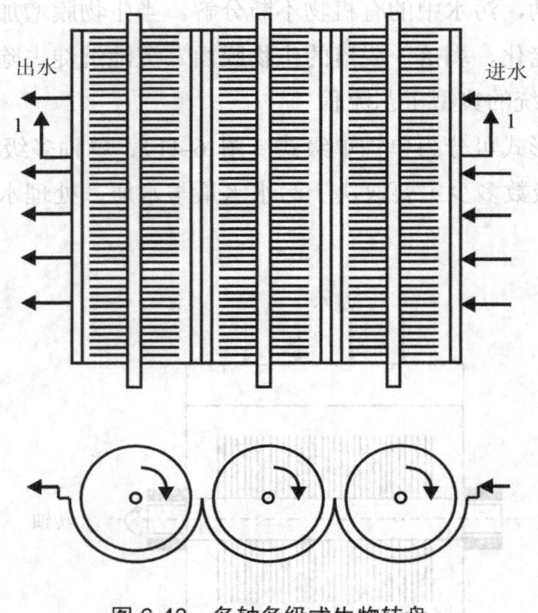

图 6-43 多轴多级式生物转盘

实践证明，处理同一种污水，如盘片面积不变，将盘片分为多级串联运行能显著提高处理水水质和水中溶解氧含量。

图 6-44 所示为生物转盘二级处理流程。这一流程可用于处理高浓度有机废水，能够将 BOD_5 值由数千毫克每升降至 20 mg/L。

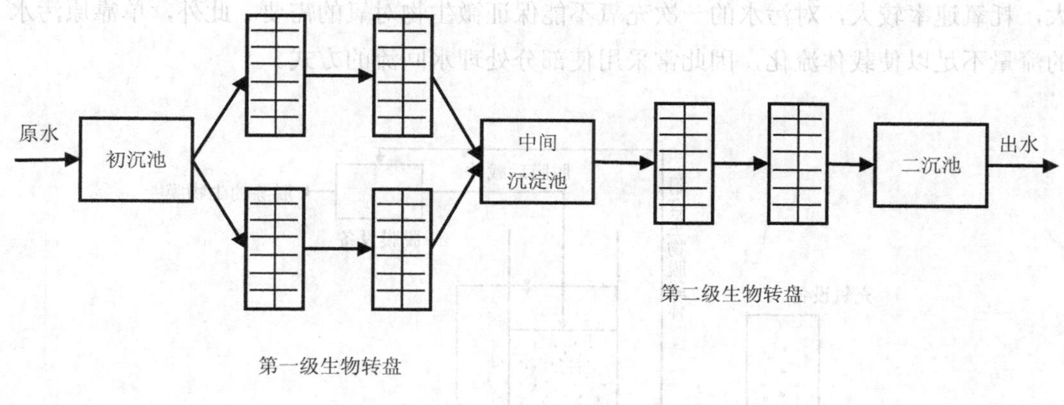

图 6-44 生物转盘二级处理流程

污水经过处理，BOD_5值逐渐降低，因此可以逐级减少生物转盘。

生物转盘还可以进行脱氮处理。图 6-45 为用于脱氮处理的生物转盘工艺流程。

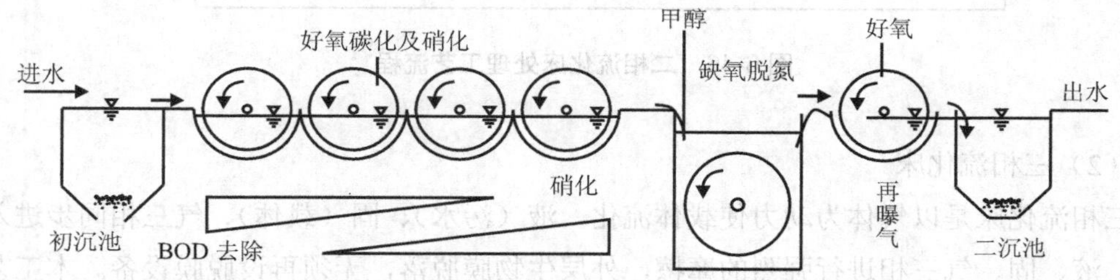

图 6-45 脱氮处理的生物转盘工艺流程

4．生物流化床

流化床以石英砂、活性炭、焦炭一类的较小的颗粒为载体填充在床内，载体表面被覆着生物膜而使其质变轻，污水以一定流速从下向上流动，使载体处于流化状态。载体与生物膜广泛而频繁地接触，加之细小而密实的颗粒载体在床内互相摩擦，使生物膜的活性提高并加速了有机物从污水向微生物细胞内的传质过程。

按照使载体流化的动力来源的不同，生物流化床分为以液流为动力的二相流化床和以气流为动力的三相流化床两大类。

（1）二相流化床

二相流化床由床体、载体、布水装置和脱膜装置组成，工艺流程如图 6-46 所示，原污水首先经充氧设备进行预曝气充氧，然后进入二相流化床，流化床出水进入二沉池进行泥水分离，处理水排放。由于生物流化床内的载体全部为生物膜所包覆，微生物密度大，耗氧速率较大，对污水的一次充氧不能保证微生物对氧的需要。此外，单靠原污水的流量不足以使载体流化，因此常采用使部分处理水回流的方式。

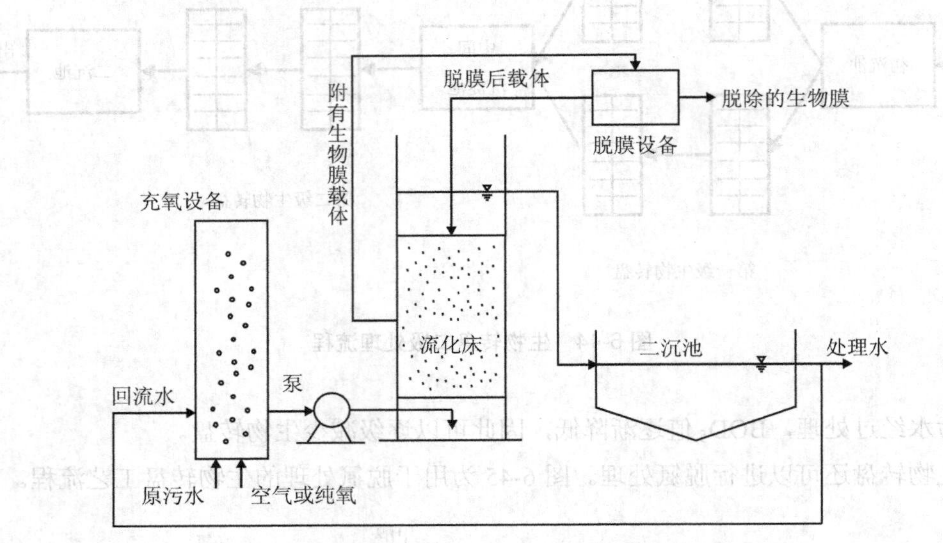

图 6-46　二相流化床处理工艺流程

（2）三相流化床

三相流化床是以气体为动力使载体流化，液（污水）、固（载体）、气三相同步进入床体。液、固、气三相进行强烈的摩擦，外层生物膜脱落，无须再设脱膜设备。本工艺一般不采用处理水回流措施。

5．生物接触氧化

（1）生物接触氧化概述

生物接触氧化技术是在生物滤池的基础上，从接触曝气法改良演化而来的，因此有人称其为“浸没式滤池法”。20 世纪 70 年代始创于日本，近 20 年来该技术在国内外都取得了长足广泛的发展和应用。

生物接触氧化池内设置填料，填料淹没在废水中，填料上长满生物膜，废水与生物膜接触过程中，水中有机物被微生物吸附、氧化分解和转化为新的生物膜。生物接触氧化池还存在与曝气池相同的活性污泥降解机理，即向微生物提供所需氧气，并搅拌使污水和污泥均匀混合，因此这种技术相当于在曝气池内填充供微生物生长繁殖的栖息地，所以此方法又称接触曝气。

（2）主要结构

生物接触氧化池主要由池体曝气装置、填料床及进出水系统组成。池体平面多采用圆形、方形或矩形，其结构由钢筋混凝土浇筑或用钢板焊制。池体的高度一般为 4.5～

5.0 m，其中填料床高度为 3.0～3.5 m，底部布气高度为 0.6～0.7 m，顶部稳定水层为 0.5～0.6 m。

填料是生物接触氧化池的重要组成部分，它直接影响污水的处理效果。由于填料是产生生物膜的固体介质，所以对填料的性能有如下要求：比表面积大、孔隙率高、水流阻力小；表面粗糙以提高生物膜的附着性；外观形状、尺寸均一；化学与生物稳定性较强，经久耐用，有一定的强度；就近取材，便于运输。

目前，生物接触氧化池中常用的填料有：蜂窝状填料如玻璃钢、塑料；波纹状填料如硬聚乙烯；软性与半软性填料如变性聚乙烯塑料、化学纤维。

（3）生物接触氧化特点

生物接触氧化具有如下优点：① BOD 负荷高，MLSS 量大，适应性强；② 处理效率高，占地面积小；③ 维护管理方便，无污泥回流，没有活性污泥法中所容易产生的污泥膨胀；④ 易于培菌驯化，较长时期停运后，再运转时生物膜恢复快；⑤ 剩余污泥量少。

生物接触氧化同时具有以下缺点：① 填料上生物膜的量需视 BOD 负荷而异，不易调节生物量和装置的效能；② 生物膜量负荷过高会导致生物膜过厚、填料堵塞；③ 生物膜脱落易影响出水水质；④ 组合的接触填料会影响均匀地曝气与搅拌。

6．微孔膜生物反应器

微孔膜生物反应器（图 6-47）是一种新型生物膜反应器，主要用来处理有机废水中毒性或挥发性的有机污染物，如酚、二氯乙烷和芳香族卤代物。

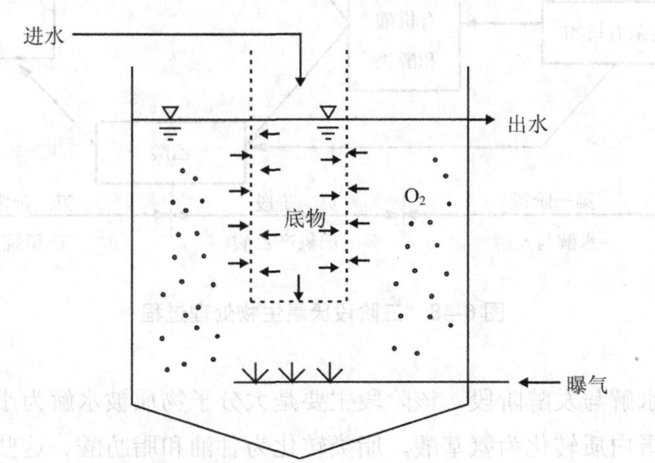

图 6-47　微孔膜生物反应器的净化机理与过程

在微孔膜生物反应器净化有机污染物的过程中，为避免有毒挥发性污染物与曝气直接接触，解决传统生物反应器中空气吹脱引起的污染物挥发的问题，通常采用逆向扩散的操作方式，即含有挥发性污染物的污水与曝气营养物基质分开，有机物从微孔膜内侧向生物膜方向扩散，而氧从微孔膜外侧向生物膜方向扩散，二者在生物膜内相聚并在微生物的作用下，得以氧化分解有机污染物。微孔膜常用中空纤维膜、活性炭膜和硅橡胶膜等。

6.4.3 厌氧生物处理

厌氧生物处理过程耗能小，还能回收甲烷以产生电能，从而对污水处理工艺电耗进行补充，因此新的厌氧工艺和构筑物被不断研发出来，在处理高浓度工业有机废水和低浓度污水方面都有了广泛应用，取得了较好的效果和经济效益。

6.4.3.1 污水厌氧生物处理的基本原理

1. 厌氧生物处理的机理

厌氧生物处理是在无氧的条件下，利用兼性菌和厌氧菌分解有机物的一种生物处理法。早期的厌氧生物处理研究对象是污泥，因此也称为污泥消化或污泥生物稳定过程。最近的研究表明，厌氧生物处理技术不仅适用于污泥的稳定处理，也适用于中高浓度的有机废水处理。

微生物厌氧分解有机物，主要可分为三个阶段（图 6-48）。

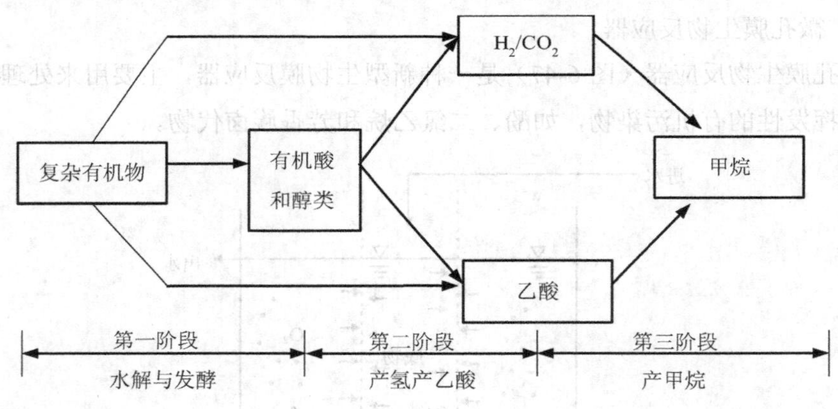

图 6-48 三阶段厌氧生物处理过程

第一阶段为水解与发酵阶段。该阶段主要是大分子物质被水解为小分子物质，如多糖转化为单糖，蛋白质转化为氨基酸，脂类转化为甘油和脂肪酸。这些简单的有机物在产酸菌的作用下经过厌氧发酵和氧化转化成乙酸、丙酸、丁酸等有机酸以及脂肪酸和醇类等。第二阶段为产氢产乙酸阶段。在该阶段，产氢产乙酸菌把除乙酸、甲烷、甲醇以外的第一阶段产生的中间产物，如丙酸、丁酸等有机酸以及脂肪酸和醇类等转化成乙酸和氢，并产生 CO_2。第三阶段为产甲烷阶段。在该阶段，产甲烷菌把第一阶段和第二阶段产生的乙酸、H_2 和 CO_2 等转化成甲烷。

2．厌氧生物处理的影响因素

厌氧生物处理中，产甲烷菌反应速率较慢，也最容易受到抑制。因此，在讨论影响因素时，会更多考虑甲烷菌的活性。

（1）温度

温度是控制厌氧消化的主要因素。细菌对温度的适应可以分为低温（5～15℃）、中温（30～35℃）和高温（50～55℃）。研究发现，随着温度的升高，厌氧消化反应越来越剧烈，中温消化的消化时间（产气量达到总量 90%所需时间）约为 20 d，高温消化的消化时间约为 10 d。

（2）pH

产甲烷菌适宜的 pH 应在 6.8～7.2，pH 低于 6 或者高于 8，厌氧消化都会受到影响，因此，混合液中需要足够的缓冲物质（如碳酸盐）。一般来说，系统中应保持碱度 2 000～3 000 mg/L（以 $CaCO_3$ 计）。

（3）有机负荷

厌氧处理系统正常运转取决于产酸与产甲烷反应速率的相对平衡。若有机负荷过高，则产酸率将大于用酸（产甲烷）率，挥发酸将累积而使 pH 下降，破坏产甲烷阶段的正常进行，严重时产甲烷作用停顿。相反，若有机负荷过低，物料产气率或有机物去除率虽可提高，但容积产气率降低，反应器容积将增大，使消化设备的利用效率降低，投资和运行费用提高。

（4）C/N 比

基质的组成也直接影响厌氧处理的效率和微生物的增长，一般来讲，C/N 比达到（10～20）：1 为宜。C/N 比太高，细胞的氮量不足，消化液的缓冲能力低，pH 容易降低；C/N 比太低，氮量过多，pH 可能上升，铵盐容易积累，会抑制消化进程。

（5）搅拌和混合

厌氧消化是细菌体的内酶和外酶与底物进行的接触反应，因此必须保证二者充分混合，才能发挥最佳的反应器效能。但是研究表明，产乙酸菌和产甲烷菌之间存在着严格的共生关系，如果在系统内进行连续的剧烈搅拌则会破坏这种共生关系。

6.4.3.2 污水的厌氧生物处理工艺

污水的厌氧生物处理工艺从出现的时间上可分为第一代厌氧反应器（化粪池、传统消化池和厌氧接触法）、第二代厌氧反应器（UASB、AF、AFB、AAFEB 和 ARBC）、第三代厌氧反应器（EGSB 和 IG 等）；也可按照污泥在反应器中存在的形态进行分类，如图 6-49 所示。

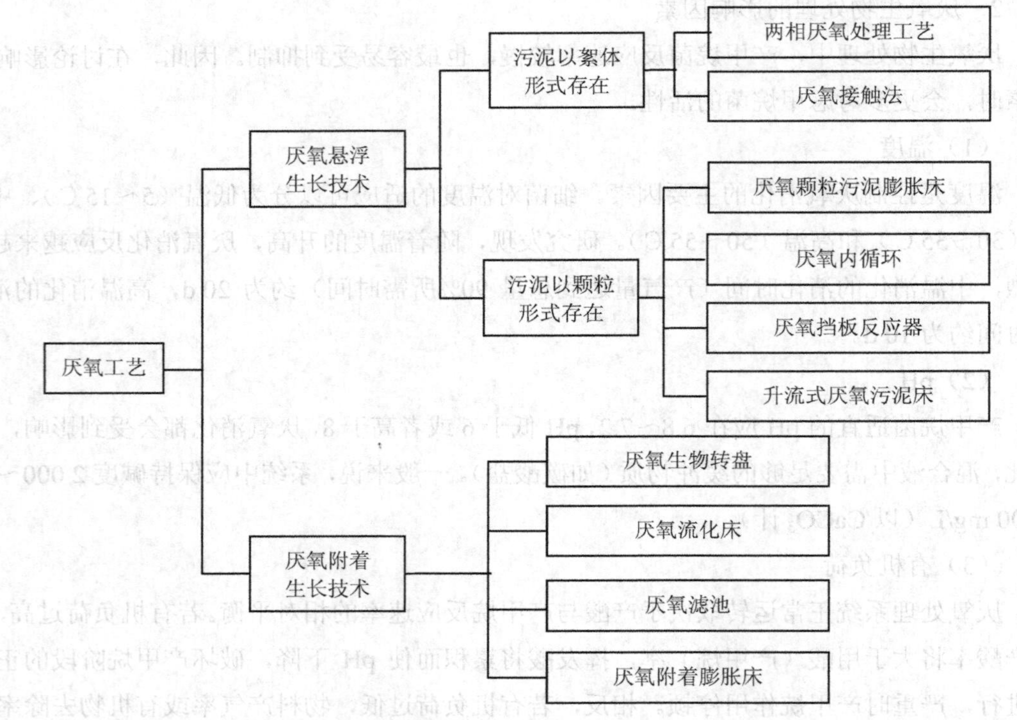

图 6-49 厌氧工艺分类

本小节主要对化粪池、厌氧接触法、厌氧生物滤池、升流式厌氧污泥床、厌氧颗粒污泥膨胀床以及厌氧内循环、厌氧附着膜膨胀床和厌氧流化床、厌氧生物转盘、厌氧挡板式反应器、两相厌氧消化工艺进行较为详细的介绍，其他部分厌氧生物处理技术将在第 9 章中进行介绍。

1. 化粪池

（1）化粪池工作原理

化粪池是在无城市污水处理厂的情况下，建筑物的附设局部污水处理设施，属最初级污水处理阶段，可去除 50%的悬浮杂质（粪便、较大病原虫等），并使积泥在厌氧条件下分解为稳定状态，熟化后用作农业肥料。

图 6-50 所示为化粪池的一种构造方式。首先，污水进入第一室，水中悬浮固体或沉于池底，或浮于池面，池水一般分为三层，上层为浮渣层，下层为污泥层，中间为水层。其次，污水进入第二室，而污泥和浮渣则被第一室截留，达到初步净化的目的。污水在池内的停留时间一般为 12～24 h，污泥在池内进行厌氧消化，一般半年左右清除一次。出水不能直接排入水体，常在绿地下设渗水系统，排出化粪池出水。

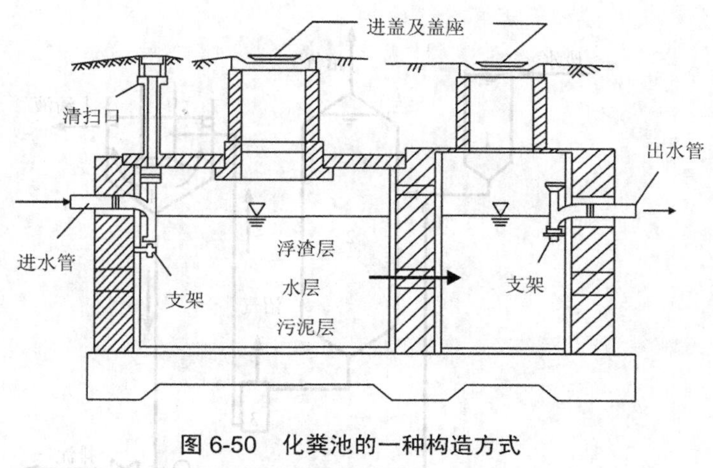

图 6-50　化粪池的一种构造方式

（2）化粪池优缺点

① 优点：可直接处理悬浮固体含量较高或颗粒较大的滤料；厌氧消化反应与固液分离在同一池内实现，结构简单。

② 缺点：缺乏持留和补充厌氧活性污泥的装置，消化器中难以保持大量微生物细胞；无搅拌装置，存在严重的料液分层现象，微生物不能与料液均匀接触，消化效率低，抗负荷能力差。

2．厌氧接触法

（1）厌氧接触法工作原理

厌氧接触工艺是在传统完全混合器的基础上发展而来的。废水进入完全混合厌氧活性污泥反应器后，在搅拌作用下，与厌氧污泥充分混合同时进行消化反应，处理后的水和厌氧污泥混合液从反应器的上部流出。由于污泥停留时间（SRT）等于水力停留时间（HRT），SRT 很低，无法在反应器中积累足够浓度的污泥，因此普通厌氧消化池体积大，负荷低。在完全混合厌氧反应器后增加了污泥分离和回流装置，使污泥不流失而工艺稳定，同时提高了消化池的容积负荷，缩短了水力停留时间，废水经消化池厌氧消化后的混合液排至沉淀分离装置进行泥水分离，上清水排出，沉泥回流至厌氧消化池，从而使 SRT 大于 HRT，有效增加了反应器中污泥的浓度。

厌氧接触工艺的主要构筑物有普通厌氧消化池、沉淀分离装置等。废水进入厌氧消化池后，池内大量的厌氧微生物絮体将废水中的有机物降解，池内设有搅拌设备以保证废水与厌氧生物的充分接触，并促进降解过程中产生的沼气从污泥中分离出来，厌氧接触池流出的泥水混合液进入沉淀分离装置，进行泥水分离。沉淀污泥按一定的要求返回厌氧消化池，以保证池内拥有大量的厌氧微生物，从而保证了厌氧接触工艺高效地运行，其工艺流程如图 6-51 所示。

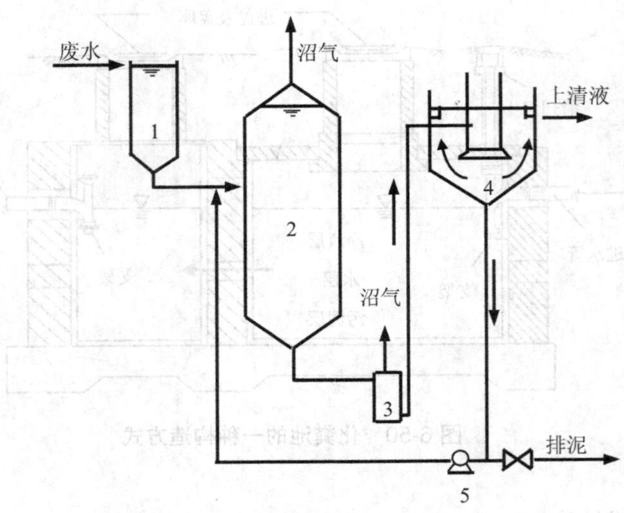

1—储池；2—消化池；3—脱气池；4—沉淀池；5—泵

图 6-51 厌氧接触法的工艺流程

（2）厌氧接触法的特点

厌氧接触法适用于处理以溶解性有机物为主的高浓度有机废水。但从厌氧反应器排出的混合液中的污泥由于附着大量气泡，在沉淀池中易上浮到水面而被出水带走，进入沉淀池的污泥仍有产甲烷菌在活动，并产生沼气，使已沉淀的污泥上翻，固液分离效果不佳，影响到反应器内污泥浓度的提高。对此可采取下列技术措施：

① 在反应器与沉淀池之间设脱气器，尽可能将混合液中的沼气脱除，但这种措施不能抑制产甲烷菌在沉淀池内继续产气；

② 在反应器与沉淀池之间设冷却器，使混合液的温度由 35℃降至 15℃，以抑制产甲烷菌在沉淀池内的活动，冷却器与脱气器联用能够比较有效地防止污泥上浮现象；

③ 投加混凝剂，提高沉淀效果；

④ 用膜过滤代替沉淀池。

（3）厌氧接触法适用范围

厌氧接触法适用于处理以溶解性有机物为主的有机废水，适应的 COD 浓度范围为 2 000～10 000 mg/L，COD 去除率可达 90%～95%。但其不适用于以悬浮有机物为主的废水，因为以悬浮有机物为主的废水，经多次回流，生物难降解的有机物将会在活性污泥中积累并置换厌氧微生物。

3．厌氧生物滤池

厌氧生物滤池（AF）是 20 世纪 60 年代末由美国的 McCarty 等在前人研究基础上发展的一种高速厌氧反应器。它采用了生物固定化的技术，使 SRT 极大地延长，在保持同样处理效果时，SRT 的提高可以大大缩短废水的 HRT，从而减少反应器容积，或在相同反应器容积时增加处理的水量。这种采用生物固定化技术把 SRT 和 HRT 分开的思想推动了新一代高速厌氧反应器的发展。

（1）厌氧生物滤池工作原理

厌氧生物滤池是一个内部填充有供微生物附着填料的厌氧反应器，构造如图 6-52 所示。将填料浸没在水中，微生物附着在填料的空隙之间。废水从反应器的下部（升流式厌氧生物滤池）或上部（降流式厌氧生物滤池）进入反应器，通过固定填料床，在厌氧微生物的作用下，废水中的有机物被厌氧分解，并产生沼气。沼气气泡自下而上在滤池顶部释放，进入气体收集系统。净化后的水排出滤池外。

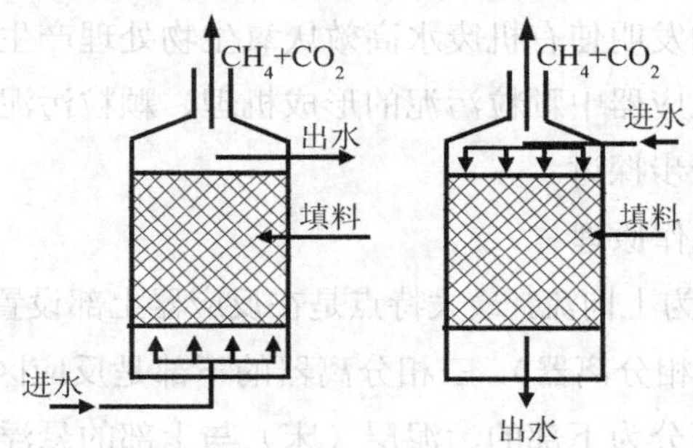

图 6-52　厌氧生物滤池构造

厌氧生物滤池内厌氧污泥的保留由两种方式完成：其一是细菌在厌氧生物滤池内固定的填料表面（也包括反应器内壁）形成生物膜；其二是在填料之间细菌聚集成絮体。高浓度厌氧污泥在反应器内的积累是厌氧生物滤池具有高速反应性能的生物学基础，在一定的污泥比产甲烷活性下，厌氧反应器的负荷与污泥浓度成正比。同时，厌氧生物滤池内污泥的浓度可以达到 10～20 g VSS/L。

（2）厌氧生物滤池优缺点

① 优点：耐冲击负荷能力强，厌氧微生物大部分存在于生物膜中，微生物的停留时间长，不易流失，冲击负荷对其影响小；较高的生物活性，反应器内各种不同类群的微生物自然分层固定，易使各类微生物得到最佳的环境，保持其高活性；较高负荷下仍具有较高有机去除率，在水温 25～35℃时，有机负荷在 3～10 kg COD/（m^3·d），一般 COD 去除率可达 80%以上；厌氧固定膜反应器特别适用于处理低浓度的溶解性有机废水。

② 缺点：厌氧微生物总量沿池高度分布不均匀，且进水部位容易发生堵塞现象。

对厌氧生物滤池可采取以下改进措施：

a. 采取处理水回流的措施：降低原废水悬浮固体与有机物的浓度，提高水力负荷，提高池内水流的上升速度，减少滤料空隙间的悬浮物，降低堵塞的可能性；可使滤料层中的生物膜量趋于均匀分布，充分发挥滤池作用。

b. 为了防止堵塞可采用部分充填载体型结构方式。此外，采用平流式厌氧滤池也有利于弥补容易发生堵塞的不足。

（3）适用范围

厌氧生物滤池可应用于各种不同类型的废水，包括生活污水及COD_{Cr}浓度在3 000～24 000 mg/L 不等的工业废水。由于悬浮杂质的存在容易出现堵塞问题，AF 适用于处理污染物主要是可溶性有机物的工业废水。

4. 升流式厌氧污泥床

升流式厌氧污泥床（UASB）反应器是由荷兰 Wageningc 农业大学在1971—1978年研制的。这一反应器的发明使有机废水高效厌氧生物处理产生了飞跃性发展，已得到较为广泛的应用，但对反应器中颗粒污泥的形成机理、颗粒污泥结构、化学组分及其微生物生态构成仍有待进一步探讨。

（1）UASB 工艺的工作原理

UASB 反应器中废水为上向流，最大特点是在反应器上部设置了一个特殊的气—液—固三相分离系统（简称三相分离器），三相分离器的下部是反应区。在反应区中根据污泥的分布状况和密实程度可分为下部的污泥层（床）与上部的悬浮层，如图 6-53 所示。

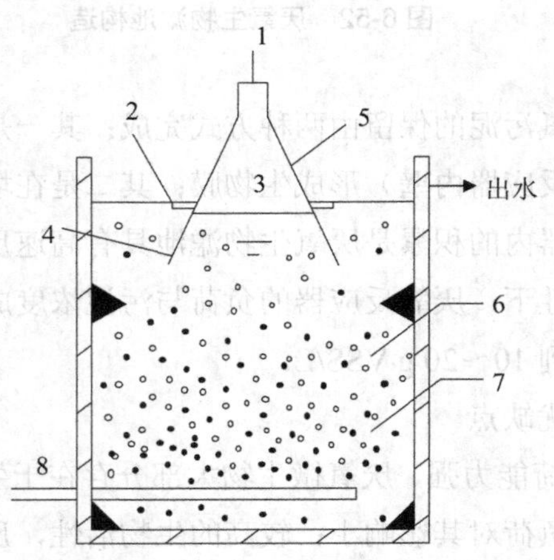

1—气管；2—出水堰；3—气室；4—气体反射板；5—三相分离器；

6—污泥悬浮层；7—颗粒污泥层；8—进水管

图 6-53 UASB 反应器

当反应器运行时，废水自下部进入反应器，并以一定上升流速通过污泥层向上流动，进水底物与厌氧活性污泥充分接触而得到降解，并产生沼气。产生的沼气形成小气泡，由于小气泡上升将污泥托起，即使在较低负荷下也能看到污泥层有明显的膨胀。随着产气量增加，这种搅拌混合作用更强，气体从污泥层内不断逸出，引起污泥层呈沸腾流化状态，污泥层的颗粒随着颗粒表面气泡成长向上浮动，当浮到一定高度由于减压使气泡释放，颗粒再回到污泥层。细小的颗粒或絮状污泥一般存在于污泥层之上，形成悬浮层，悬浮层生物量较少，由于密度小，上升流速较大时易流失。污泥在 UASB 反应器中的分布规律如图 6-54 所示。

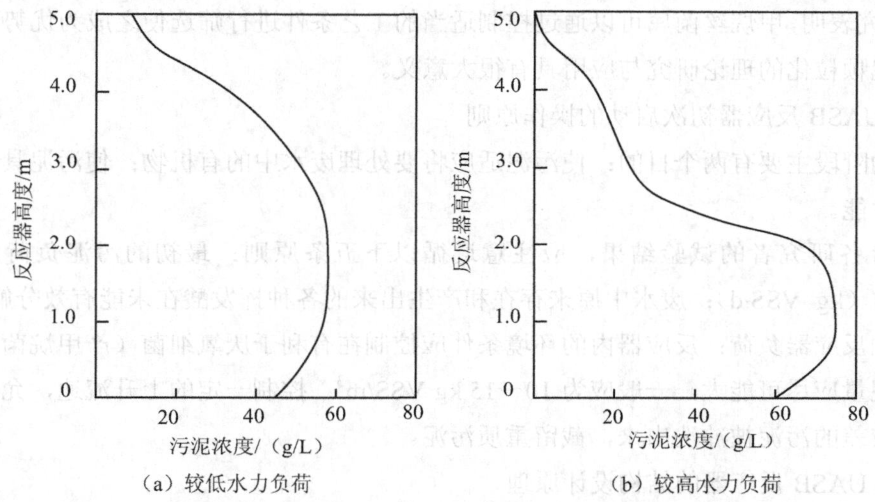

图 6-54　UASB 反应器沿高度的污泥浓度分布

气、液、固的混合液上升至三相分离器内，集气室收集的沼气由沼气管排出反应器，污泥和水则进入上部相对静止的沉淀区，在重力作用下，水与污泥分离，上清液从沉淀区上部排出，厌氧污泥被截留在三相分离器下部并通过斜壁返回到反应区内。UASB 反应器内不设搅拌装置，上升的水流和产生的沼气可满足搅拌要求，反应器内不需填装填料，构造简单，易于操作运行，便于维护管理。

（2）颗粒污泥形成的原理及主要工艺条件

UASB 反应器能够在高负荷条件下处理废水，是因为在反应器内以产甲烷细菌为主体的厌氧微生物形成了 1～5 mm 的颗粒污泥，保证了较高的生物量。因此，探索掌握培养颗粒污泥的工艺条件，是解决 UASB 工艺实际应用问题的关键。

1）颗粒污泥形成的原理

在 UASB 污泥颗粒化过程中，根据污泥的性质、底物的成分及启动条件可能形成以下三种类型的颗粒污泥：①杆菌颗粒：紧密球形颗粒，主要由杆状菌、丝状菌组成，颗粒直径1～3 mm；②丝菌颗粒：颗粒大致呈球形，主要由松散互卷的丝状菌组成，丝状菌附着在惰性粒子上，颗粒直径 1～5 mm；③球菌颗粒：紧密球形颗粒，主要由甲烷八叠球菌属组成，颗粒直径 0.1～0.5 mm。根据目前的研究成果，尚不明确培养这三种类型的颗粒污泥所需的各自工艺条件和相互关系。对这三种颗粒污泥来说，杆菌颗粒和丝菌颗粒的沉淀性能好，虽然球菌颗粒的产甲烷活性较高，但因所形成的颗粒小，故反应器所能承受的有机负荷不如前两种颗粒污泥的高。

近期的研究结果表明，颗粒污泥中存在着大量的甲烷丝菌属（*Methanathrix*）如索氏甲烷丝菌（*Methanathrix soehngenii*），这些丝状菌具有极强的附着能力，可促进颗粒的形成。研究表明，甲烷丝菌属可以通过控制适当的工艺条件进行筛选使之成为优势菌种，这对污泥颗粒化的理论研究与应用具有很大意义。

2）UASB 反应器初次启动的操作原则

启动阶段主要有两个目的：使污泥适应将要处理废水中的有机物；使污泥具有良好的沉降性能。

综合各研究者的试验结果，应注意遵循以下五条原则：最初的污泥负荷应低于 0.1 COD/（kg VSS·d）；废水中原来存在和产生出来的各种挥发酸在未能有效分解之前，不应增加反应器负荷；反应器内的环境条件应控制在有利于厌氧细菌（产甲烷菌）的繁殖；种泥量应尽可能大，一般应为 10～15 kg VSS/m^3；控制一定的上升流速，允许多余稳定性较差的污泥被冲洗出来，截留重质污泥。

（3）UASB 反应器的结构设计原理

UASB 反应器设计中需要考虑的主要因素为：废水组成成分和固体含量；有机容积负荷和反应器容积；上升流速和反应器截面面积；三相分离系统；布水系统和水封高度等物理特性。

① 废水水质特性：设计中应考虑废水是否影响污泥的颗粒化，形成泡沫和浮渣，降解速率如何等。溶解性 COD（简称 sCOD）含量越高，设计中可选择的容积负荷越高。废水中含有的悬浮固体越多，所形成的颗粒密度越小，进水悬浮固体浓度不应大于 6 g TSS/L。

② 有机容积负荷：有机容积负荷的选择与处理废水的水质、预期达到的处理效率，以及不同废水水质下所形成的颗粒污泥大小和特性有关。根据设定的有机容积负荷，以及进水水量和进水 COD，可确定反应器的有效容积。

③ 上升流速：上升流速亦称表面水力负荷 u_c［单位为 m^3/（m^2·h）］，与进水流量和反应器横截面积有关，是重要的设计参数。上升流速的设计主要考虑颗粒污泥的沉降速率，与废水种类和反应器高度有直接关系。

④ 三相分离系统的结构：UASB 反应器的三相分离结构与反应器的进水系统设计是难点，特别是对于实际大型规模的构筑物，到目前为止，大多数属于专利技术。由于分离的混合物是由气体、液体和固体（污泥）组成，所以这一系统要具有气、液、固三相分离的功能。

图 6-55 为几种可供参考的典型三相分离器。图 6-55（a）所示的三相分离器的构造比较简单，但泥水分离的情况不够理想，因为回流缝内同时存在上升和下降两种流体，互相有干扰。图 6-55（c）也有类似情况。图 6-55（b）三相分离器的结构虽然有点复杂，但污泥回流和水流上升互相不干扰，污泥回流通畅，泥水分离效果较好，气体分离效果也较好。

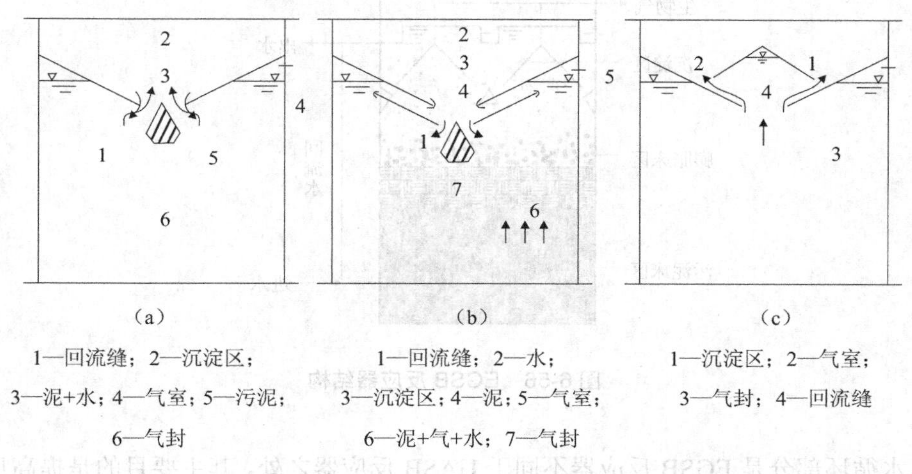

图 6-55　各种三相分离形式

⑤ 布水系统：进水分配系统兼有配水和水力搅拌功能，其必须满足以下条件：进水须均匀分配到反应器底部，确保单位池面积进水量基本相同，并防止布水不均而引起的沟流和短路现象；应满足污泥床水力搅拌的需要，有利于沼气气泡与污泥分离逸出，并促使废水与污泥之间充分接触，使污泥床区达到完全混合。

⑥ 水封高度：对于 UASB 反应器，气室中气囊高度的控制是十分重要的。控制一定的气囊高度可压破泡沫，并可避免泡沫和浮泥进入排气系统而使污泥流失或堵塞排气系统，气室中气囊的高度是由水封的有效高度来控制和调节的。

（4）适用范围

UASB 一般不适用于高浓度悬浮固体，进水的 TSS 应控制在 500 mg/L 以下，可用于有机浓度较高的污水（COD 为 2 000～20 000 mg/L）。

5. 厌氧颗粒污泥膨胀床

（1）工作原理

厌氧颗粒污泥膨胀床（expanded granuler sludge bed，EGSB）是20世纪80年代后期由Lettinga等在UASB反应器的基础上开发研制的第三代高效厌氧反应器，具有负荷高、耐低温、耐毒物冲击的特点。作为一种改进型的UASB反应器，虽然在结构形式、污泥形态方面，EGSB与UASB有很大相似之处，但EGSB增加了处理水循环系统，可通过水力循环，提高反应器内的液体流速（6～12 m/h），使反应器内污泥床得到膨胀，保证了进水基质与污泥的充分接触。其结构如图6-56所示。

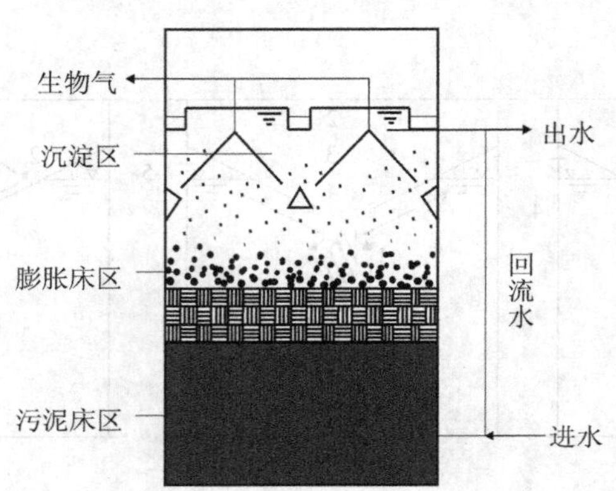

图6-56 EGSB反应器结构

出水循环部分是EGSB反应器不同于UASB反应器之处，其主要目的是提高反应器内的升流速度，使颗粒污泥床膨胀起来。床层膨胀一方面可促进颗粒污泥的形成，另一方面可以改进污水与微生物之间的接触，加强传质效果，避免反应器内死区和短路流的产生。

在EGSB反应器内有一定量的载体（主要是颗粒污泥），当有机废水及其所产生的沼气自下而上地流过颗粒污泥床层时载体与液体间会出现不同的相对运动，随进液速度的增大床层呈现出不同的工作状态。根据载体流态化的原理及使污泥床膨胀的要求来看，EGSB反应器的工作区应为流态化的初期，即膨胀阶段，在此条件下，一方面可保证进水基质与污泥颗粒的充分接触和混合，加速生化反应进程；另一方面有利于减轻或消除静态床（如UASB）中常见的底部负荷过重的状况，提高反应器对有机负荷，特别是对毒性物质的承受能力。

（2）EGSB工艺技术优缺点

1）与UASB反应器相比，EGSB反应器的优点见表6-3。

表 6-3 UASB 与 EGSB 反应器特点比较

	UASB 反应器	EGSB 反应器
结构设计	高径比较小，多呈矮胖形状，占地面积比较大；对布水装置要求高，易产生沟流和死角；三相分离器工作状态和条件难以实现稳定操作；放大设计时多采用增加截面积的方式	高径比较大（5～10，最高可达到 20），占地面积相对较小；截面积相对小，对布水要求较低；产气量大，三相分离器设计要求高，但相对工作稳定；放大设计时多采用固定高径比的方式
运行操作	反应器启动时间较长（4～16 周），负荷提高不宜过快；升流速度通常小于 1 m/h；污泥床趋于静态；除启动阶段外一般不进行出水回流	一般以接种 UASB 颗粒污泥的方式启动，而后逐渐增大回流以提高升流速度；高升流速度，多为 2.5～10 m/h；污泥床膨胀；污泥颗粒化程度高、活性好、沉降性能好，正常运行后不易流失
适用范围	适合处理高、中浓度有机废水；对难降解有机物、有毒物质及高悬浮性固体的废水处理有一定的难度	处理范围广；对于低温低浓度的污水及高浓度有毒性工业废水方面较 UASB 有很大的优势

2）存在的不足

相较 UASB 反应器，EGSB 拥有诸多优点，但仍存在较多需完善的地方。

①EGSB 反应器的颗粒污泥的需求量大，培养驯化时间长、难度大。

②EGSB 对部分难降解的或有毒物质的降解效果有限。

③EGSB 对进水 SS 含量要求严格。

（3）适用范围

EGSB 反应器技术适用于淀粉生产、啤酒生产、柠檬酸生产、屠宰、制药等行业的高有机物浓度低 SS 的废水治理工程。

6．厌氧内循环（IC）

厌氧内循环（internal circulation，IC）反应器是荷兰 PAQUEC 公司于 20 世纪 80 年代中期在 UASB 反应器的基础上开发成功的第三代高效厌氧反应器，该反应器内污泥浓度较高，泥水传质效果较好。该反应器以其启动周期短、处理量大、投资少、节省占地面积、运行稳定等优点而深受瞩目，并已成功地应用于啤酒生产、造纸及食品加工等行业的生产污水处理中。

（1）工作原理

IC 反应器可以看作是由两个 UASB 反应器串联而成的，具有很大的高径比，一般为 4～8。IC 反应器由五个基本部分组成：混合区、污泥膨胀床区、内循环系统、精处理区和沉淀区。其中内循环系统是 IC 反应器工艺的核心构造，它由一级三相分离器、沼气提升管、气液分离器和泥水下降管等组成（图 6-57）。

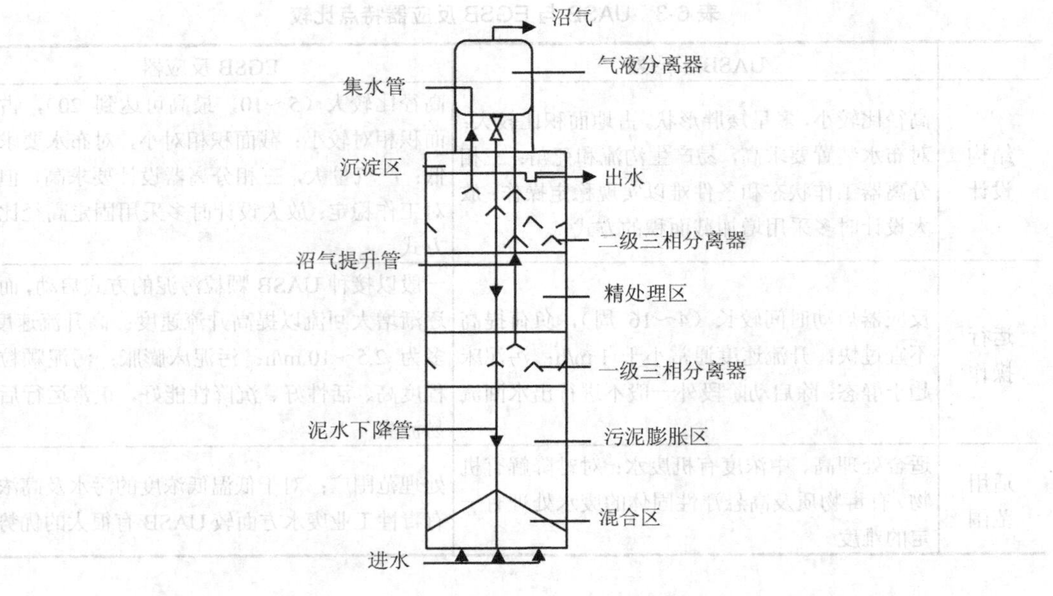

图 6-57 厌氧内循环构造

经过调节 pH 和温度的废水进入反应器底部，与从反应器上部返回的厌氧污泥颗粒和废水均匀混合，由此对进水进行了稀释和均质作用，减轻了冲击负荷及有害物质的不利影响。废水和颗粒污泥混合物在进水与循环水的共同推动下进入污泥膨胀床区，由于回流的影响，此部分产生较大的上升流速，废水中的大部分有机物在这里被转化成沼气，沼气被一级三相分离器收集，沿着提升管并携带混合液提升至气液分离器，分离出的沼气从气液分离器的顶部沼气排出管排出。

分离出的泥水混合液将沿着泥水下降管返回到反应器底部的混合区，并与底部的颗粒污泥和进水充分混合，实现了混合液的内循环。实现内循环的气提动力来自上升的和返回的泥水混合物中气体含量的差别，因此，泥水混合物的内循环不需要外加动力。反应器内液体内循环促进了基质和颗粒污泥的接触，而且有很大的升流速度，故提高了传质效果，促进了产甲烷细菌的繁殖和增长，并使污泥膨胀床区去除有机物的能力增强。

经污泥膨胀床区处理的废水除一部分参与内循环外，其余污水通过一级三相分离器进入精处理区继续进行处理，可去除废水中的剩余有机物，使废水得到进一步的净化，提高了出水水质。由于大部分有机物已被降解，所以精处理区的 COD 负荷较低，产气量也较小。精处理区产生的沼气由二级三相分离器收集，通过集气管进入气液分离器，并通过沼气排出管排出。经净化的水从沉淀区沉淀后由出水管排走，颗粒污泥则返回精处理区污泥床。

（2）厌氧内循环工艺技术优缺点

与 UASB 反应器相比，IC 反应器具有以下技术优点：

① 有机负荷高，水力停留时间短。内循环提高了污泥膨胀床区的液相上升流速，而且强化了废水中有机物和颗粒污泥间的传质，使 IC 反应器的有机负荷提高。

② 抗冲击负荷能力强，运行稳定性好。内循环的形成使得 IC 反应器污泥膨胀区的实际水量远大于进水水量，循环回流水稀释了进水，且可利用内循环回流的碱液，这大大提高了反应器的抗冲击负荷能力和缓冲 pH 变化能力。

③ 节省占地面积，节省基建费用。在处理同量的废水时，IC 反应器所需的容积仅为 UASB 反应器的 1/4～1/3，节省了基建投资；加上 IC 厌氧反应器一般采用高径比为 4～8 的高瘦形塔式外形，故其占地面积小。

④ 内部自动循环，不必外加动力，节省能耗。IC 厌氧反应器的内循环是在沼气的提升作用下实现的，利用沼气膨胀做功，在无须外加能源的条件下实现了内循环废水回流。

⑤ 启动期短。UASB 反应器的启动周期长达 4～6 个月，而 IC 反应器启动期一般仅为 1～2 个月。

但 IC 反应器仍存在以下缺点及值得重视的地方：

① 污泥分析表明，IC 反应器比 UASB 反应器内含有较高浓度的细微颗粒污泥，使后续沉淀处理设备成为必要，还加重了后续设备的负担。

② 内循环厌氧反应器出水的 SS 浓度与表面水力负荷以及产气率呈正相关，在高负荷运行时，受产气率的影响尤其大，故要控制好表面水力负荷及产气率，以提高出水水质。

③ 由于采用内循环技术和分级处理，IC 反应器高度一般较高，而且内部结构相对 UASB 反应器要复杂，这增加了施工安装和日常维护的困难，高径比大就意味着进水泵的能量消耗大，运行费用高。

④ 因反应器内水流是上向流，并通过三相分离器，故三相分离器的设计应考虑其实际过流断面，避免局部水流速度过大，既要达到良好的分离效果，又要防止水流状态不均的现象。

⑤ 在设计 IC 反应器时要充分考虑反应器进水浓度、上升流速和反应器高度间的关系，因为较高的混合液上升流速有利于反应器稳定运行；在容积负荷为 35.0 kg/（m^3·d）和进水 pH 为 8.5 时，反应器具有最大的 COD 去除率。

（3）适用范围

IC 厌氧反应器适用于有机高浓度废水，如玉米、淀粉生产废水，柠檬酸生产废水，啤酒生产废水，土豆加工废水，酒精生产废水等。

7. 厌氧附着膜膨胀床和厌氧流化床

（1）基本原理及流程

厌氧附着膜膨胀床（AAFEB，以下简称厌氧膨胀床）和厌氧流化床（AFB）都是在厌氧反应器内添加固体颗粒载体，常用的有石英砂、无烟煤、活性炭、陶粒和沸石等，粒径一般为 0.2～1 mm。微生物在这些多孔载体上附着生长，同时采用出水回流的方法使载体颗粒在反应器内膨胀或形成流化状态。一般将床体内载体略有松动、载体间空隙增加但仍保持互相接触的反应器称为膨胀床反应器；将上升流速增大到可以使载体在床体内自由运动而互不接触的反应器称为流化床反应器。

在反应器运行过程中，待处理废水与被回流的出水在布水系统混合均匀后进入反应器的反应区。反应区内的泥水混合液及厌氧消化产生的沼气向上流动，在反应器内污泥呈膨胀状态或者流化态。反应器中部分沉降性能较好的污泥经过三相分离器，沼气进水集气室，经沉降后返回反应区，液相夹带部分沉降极差的污泥排出反应器。厌氧膨胀床/流化床工艺流程如图 6-58 所示。

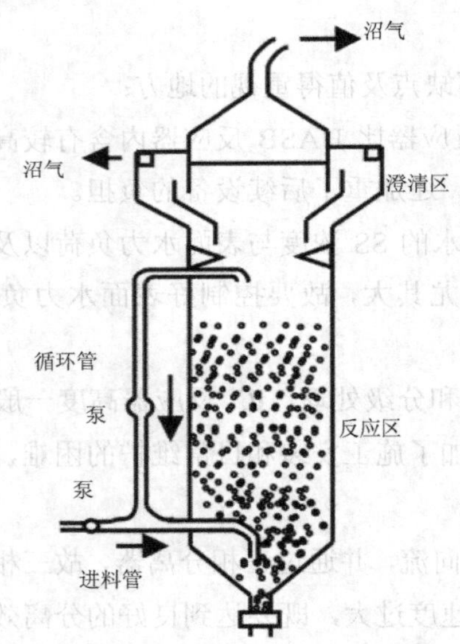

图 6-58　厌氧膨胀床/流化床工艺流程

（2）工艺特点

细颗粒的载体为微生物附着生长提供了较大的比表面积，使床内的微生物浓度较大程度提高（一般可达 30 g VSS/L）；较高的有机容积负荷［10～40 kg COD/（m^3·d）］，水力停留时间较短；较强的耐冲击负荷的能力，运行较稳定；载体处于膨胀或流化状态，可防止载体堵塞；床内生物固体停留时间较长，运行稳定，剩余污泥量较少；既可应用于高浓度有机废水的处理，也可应用于低浓度城市废水的处理。

膨胀床或流化床的主要缺点是：载体的流化耗能较大；系统设计运行的要求较高。

（3）影响生物浓度的主要因素

厌氧膨胀床或流化床中的微生物浓度与载体粒径和密度、上升流速、生物膜厚度和孔隙率等有关。在一定的上升流速和生物膜厚度下，载体粒径不同，微生物浓度也不同。载体的物理性质对流化床的特性也有影响，如颗粒粒径过大时，颗粒自由沉降速度大，为保证一定的接触时间必须增加流化床的高度。水流剪切力大时，生物膜易于脱落；流化床比表面积较小时，容积负荷低。

8．厌氧生物转盘

（1）基本原理

厌氧生物转盘（ARBC）的基本原理与好氧生物转盘类似，只是在厌氧生物转盘中，所有转盘盘片均完全浸没在废水之中，处于厌氧状态。

（2）主要特点

微生物浓度高，有机负荷高，水力停留时间短；废水沿水平方向流动，反应槽高度低，节省了提升高度。厌氧生物转盘一般不需回流，也不会发生堵塞，可处理含较高浓度悬浮固体的有机废水；多采用多级串联，厌氧微生物在各级中分级，处理效果更好；运行管理方便；但盘片的造价较高。

（3）适用范围

厌氧生物转盘目前还多处于小试阶段。在国外有研究者针对牛奶废水、生活污水等，对进水 TOC 为 110～6 000 mg/L 的情况进行了研究，结果表明，厌氧生物转盘对废水中 TOC 的去除率可达 60%～80%，有机负荷可达 20 g TOC/（m^3·d）。国内研究者对玉米淀粉废水和酵母废水的研究表明，厌氧生物转盘对 COD 的去除率可达 70%～90%，有机容积负荷可达 30～70 g COD/（m^3·d）。

9．厌氧挡板式反应器

（1）基本原理

在反应器中设置多个垂直挡板，将反应器分隔为数个上向流和下向流的小室，使废水循序流过这些小室；有人认为，厌氧挡板式反应器相当于多个 UASB 反应器的串联；当废水浓度过高时，可将处理后的出水回流。

（2）主要特点

与厌氧生物转盘相比，可省去转动装置；与 UASB 相比，可不设三相分离器而截留污泥；反应器启动运行时间较短，远行较稳定；不需设置混合搅拌装置；不存在污泥堵塞问题。

10. 两相厌氧消化工艺

(1) 基本原理与工艺流程

两相厌氧消化工艺使酸化和甲烷化两个阶段分别在两个串联的反应器中进行，使产酸菌和产甲烷菌各自在最佳环境条件下生长，这样有利于充分发挥各自的活性，提高处理效果，达到提高容积负荷率、减少反应器容积、提高运行稳定性的目的。

两相厌氧消化工艺的基本流程如图 6-59 所示。两个反应器中分别培养产酸菌和产甲烷菌，并控制不同的运行参数，使其分别满足两类不同细菌的最适生长条件；反应器可以采用前述任一种反应器，二者可以相同也可以不同。

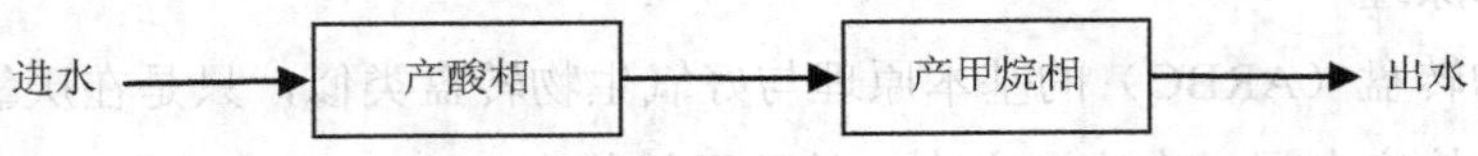

图 6-59 两相厌氧消化工艺基本流程

在两相厌氧工艺中，最本质的特征是实现相的分离，方法主要有：① 化学法：投加抑制剂或调整氧化还原电位，抑制产甲烷菌在产酸相中的生长；② 物理法：采用选择性的半透明膜使进入两个反应器的基质有显著的差别，以实现相的分离；③ 动力学控制法：利用产酸菌和产甲烷菌在生长速率上的差异，控制两个反应器的水力停留时间，使产甲烷菌无法在产酸相中生长。目前应用最多的相分离的方法是动力学控制法。

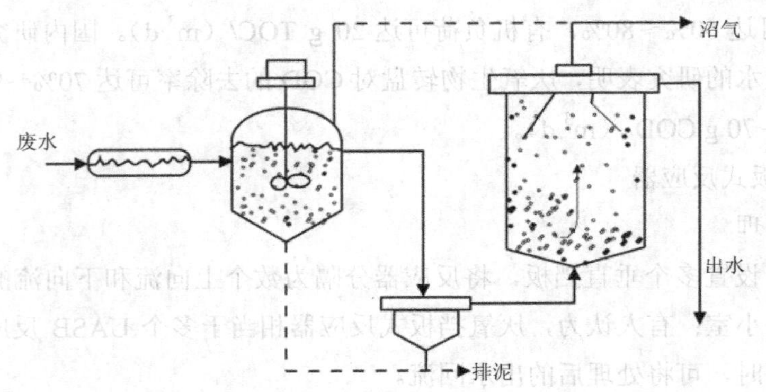

图 6-60 两相厌氧消化工艺示意图

(2) 工艺特点

与常规单相厌氧生物处理工艺相比，两相厌氧工艺主要具有如下优点：

① 有机负荷比单相工艺明显提高；

② 产甲烷相中的产甲烷菌活性得到提高，产气量增加；

③ 运行更加稳定，承受冲击负荷的能力较强；

④ 当废水中含有 SO_4^{2-}等抑制物质时，其对产甲烷菌的影响由于相的分离而减弱；

⑤ 对于复杂有机物如纤维素等，可以提高其水解反应速率，从而提高厌氧消化的效果。

6.4.4 生物脱氮除磷技术

工业废水和生活污水中除了含有有机物外，还含有大量的微量营养元素，它们随废水排入天然水体后，会引起水体的富营养化、藻类及其他浮游生物迅速繁殖、水体溶解氧量下降、水质恶化、鱼类及其他生物大量死亡的现象。因此，严格控制氮、磷污水的超标排放很有必要。

在实际的污水处理过程中，生物消化过程主要涉及有机物的氧化、脱氮和除磷三个过程。对于这三类去除过程，在微生物反应中没有严格的次序。脱氮在反硝化阶段需要大量的有机物作为电子供体，除磷在厌氧释磷阶段也需要易降解的 COD 作为推动力，目前实际污水处理厂的重点和难点在于对氮和磷的去除。

6.4.4.1 生物脱氮技术

1. 传统生物脱氮技术

污废水中的氮以两种形态存在，即有机氮和无机氮，经过微生物作用，有机氮能够转化成无机氮。生物去除污水中的氮主要涉及四个过程：氨化反应、硝化反应、反硝化反应和同化作用。其中，氨化反应可以在厌氧或者好氧条件下进行，硝化反应在好氧条件下进行，反硝化反应在厌氧条件下进行。

（1）氨化反应

氨化反应是指有机氮被氨化细菌分解转化为氨氮的过程，有机氮被转化为无机氮后更适合为其他细菌所利用。含氮有机物在有分子氧和无氧的条件下都能被相应的微生物分解，释放出氨。

（2）硝化反应

硝化反应是在有氧的条件下，氨氮经过氨氧化细菌（ammonia-oxidizing bacteria，AOB）氧化为亚硝酸盐，再被亚硝酸盐氧化菌（nitrite-oxidizing bacteria，NOB）氧化为硝酸盐。硝化反应化学计量方程为

$$NH_4^+ + 1.5O_2 \longrightarrow NO_2^- + H_2O + 2H^+$$

$$NO_2^- + 0.5O_2 \longrightarrow NO_3^-$$

总反应式为

$$NH_4^+ + 2O_2 \longrightarrow NO_3^- + H_2O + 2H^+$$

氨氧化细菌和亚硝酸盐氧化菌统称为硝化菌，均为化能自养型微生物。氧化氨氮和亚硝酸盐会为硝化过程提供所需的能量，微生物所需的碳源来源于二氧化碳、碳酸盐或碳酸氢盐等无机碳。

（3）反硝化反应

反硝化反应指在缺氧条件下，反硝化菌将硝化过程产生的硝酸盐或亚硝酸盐还原为氮气的过程。反硝化过程化学计量方程为

$$NO_3^- + 4\,H\text{（有机物）} \longrightarrow NO_2^- + H_2O$$

$$NO_2^- + 5\,H\text{（有机物）} \longrightarrow 0.5\,N_2 + H_2O + OH^-$$

或 $$NO_3^- + 4\,g\,COD + H^+ \longrightarrow 0.5\,N_2 + 1.5\,g\text{（生物体）}$$

综合硝化反硝化的反应计量式为

$$NH_4^+ + 2O_2 + 4\,g\,COD \longrightarrow 0.5N_2 + H_2O + H^+ + 1.5\,g\text{（生物体）} \quad (6\text{-}40)$$

反硝化过程为呼吸、产能过程，该过程涉及四种还原酶，依次是硝酸盐还原酶（Nar），亚硝酸盐还原酶（Nir），一氧化氮还原酶（Nor）和氧化亚氮还原酶（Nos）。反硝化菌为异养型细菌，需要足够的有机物作为电子供体。

（4）同化作用

同化作用是指生物处理过程中，污水中一部分氮（氨氮或有机氮）被同化成微生物细菌的组成部分，并以剩余污泥的形式从污水中去除的过程。当进水氨氮浓度较低时，同化作用可能成为脱氮的主要途径。

2. 短程硝化反硝化技术

传统的生物脱氮技术在硝化阶段需要提供较多的溶解氧，在反硝化阶段需要有充足的碳源，这些弊端限制了该工艺对低碳高氨氮废水的应用。为解决以上问题，短程硝化反硝化技术得以应用和发展。短程硝化反硝化技术原理见图 6-61。

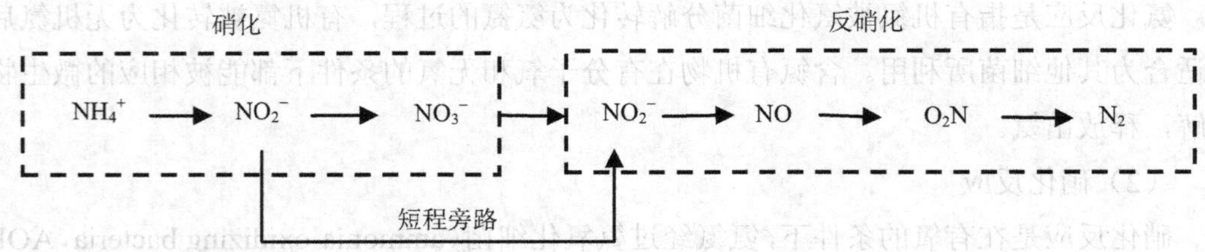

图 6-61 短程硝化反硝化原理流程

由图 6-61 可知，短程硝化反硝化技术直接从亚硝酸盐进入反硝化途径，节省了亚硝酸盐向硝酸盐的氧化和硝酸盐向亚硝酸盐还原的两步过程。

短程硝化反硝化过程的化学计量方程式可表示为

硝化过程

$$NH_4^+ + 1.5\ O_2 \longrightarrow NO_2^- + H_2O + 2\ H^+$$

反硝化过程

$$NO_2^- + 2.4\ g\ COD + H_+ \longrightarrow 0.5\ N_2 + 0.9\ g\text{（生物体）}$$

总反应式为

$$NH_4^+ + 1.5\ O_2 + 2.4\ g\ COD \longrightarrow 0.5\ N_2 + H_2O + H^+ + 0.9\ g\text{（生物体）} \qquad (6\text{-}41)$$

从式（6-40）、式（6-41）可知，与全程硝化反硝化技术相比，短程硝化反硝化技术在好氧阶段节省了25%的氧气供应量；缺氧阶段减少了40%的碳源需求量；污泥产量降低了40%；反硝化速率快了1.5～2.0倍。短程硝化反硝化技术虽然也需要碳源，但是大大降低了碳源消耗量，对高氨氮污水和低C/N比污水的处理尤其适用，包括对垃圾渗滤液、污泥消化上清液等的处理。

3．同步硝化反硝化技术

同步硝化反硝化（simultaneous nitrification and denitrification，SND），就是通过脱氮微生物的协同作用，在同一空间、同一时间内完成氨氮（NH_4^+-N）等化合态氮向氮气或气态氮氧化物转化的过程。由此，不仅氨氮得到去除，而且因为有反硝化现象的存在，水处理系统中总氮浓度明显降低。

反应器中实现同步硝化反硝化脱氮的作用机理，主要有宏观环境理论、微环境理论和微生物理论。

（1）宏观环境理论

宏观环境理论的提出，主要依据是在实际水处理曝气池中发现总氮的非同化损失，无论曝气装置如何先进且曝气池设计多么合理，都不能保证溶解氧完全混合均匀，尤其在采用点源曝气装置或曝气效果不佳的情况时，反应池内会出现局部的缺氧环境，导致宏观上同一曝气池中同时存在好氧区域和缺氧区域。这就为实现同步硝化反硝化提供了条件。从宏观角度出发，曝气池内出现同步硝化反硝化现象是完全可能的。

（2）微环境理论

微环境理论认为，溶解氧扩散过程中，会在活性污泥絮体或生物膜内出现溶解氧梯度，导致活性污泥絮体或生物膜的外表面DO浓度高，该区域的微生物菌群以好氧硝化菌和氨氧化菌为主。絮体或生物膜内部，溶解氧传递受阻，且溶解氧在污泥絮体和生物膜外部被大量消耗，会出现缺氧区甚至厌氧区，该区域微生物以反硝化菌为主。整个活性污泥絮体或生物膜就形成了有利于实现SND的微环境。微环境理论解释SND现象的脱氮过程已经被广泛接受。根据微环境理论，控制好处理系统中的溶解氧对实现SND至关重要。

（3）微生物理论

传统理论认为硝化反应只能由自养菌完成，且反硝化只能在缺氧下进行。但异养硝化菌和好氧反硝化菌的发现，打破了传统脱氮理论的观点。即在低溶解氧状况下，某些硝化菌可以进行反硝化，部分反硝化菌也能完成氨氮的硝化过程。

4．厌氧氨氧化

在缺氧条件下，以亚硝酸盐作为氧化剂将氨氧化为氮气，或者以氨作为电子供体将亚硝酸盐还原成氮气的生物反应，称为厌氧氨氧化（anaerobic ammonium oxidation，Anammox）。能够进行厌氧氨氧化的微生物，称为厌氧氨氧化菌（anaerobie ammonium-oxidizing baeteria，AAOB）。

厌氧氨氧化是一个全新的生物反应，与硝化作用相比，它以亚硝酸盐取代氧气，改变了末端电子受体；与反硝化作用相比，它以氨取代有机物，改变了电子供体。厌氧氨氧化的发现不但加深了人们对氮素循环的认识，也为人们研究和开发新型生物脱氮工艺提供了理论依据。

厌氧氨氧化的反应物是氨和亚硝酸盐，主要产物是氮气和硝酸盐。包括细胞合成在内的厌氧氨氧化反应过程可表示为式（6-42），其中 NH_4^+-N 消耗量、NO_2^--N 消耗量和 NO_3^--N 生成量的计量比为 1∶1.32∶0.26。

$$NH_4^+ + 1.32\ NO_2^- + 0.066\ HCO_3^- + 0.13\ H^+ \longrightarrow$$
$$N_2 + 0.26\ NO_3^- + 0.066\ CH_2O_{0.5}N_{0.15} + 2.03\ H_2O \qquad (6\text{-}42)$$

Anammox 是目前已知的最经济的生物脱氮技术，与传统生物脱氮工艺相比，需氧量低；以无机碳作为碳源，节省了有机物碳源投加的成本；活性污泥产率低，节省了污泥处理的成本。影响厌氧氨氧化菌生长的因素有温度、pH、DO 浓度、基质浓度、有机物浓度、SRT、抑制物 NaCl 和碱度等。

但是该工艺也存在如下问题：① 厌氧氨氧化菌生长缓慢、驯化启动时间长；② 如何实现稳定的短程硝化以提供 NO_2^- 作为 Anammox 的底物。目前较难在城市污水处理中实现短程硝化，因此也限制了城市污水厌氧氨氧化自养脱氮。

6.4.4.2 生物除磷技术

1．生物除磷技术

生物除磷技术包括两大类：第一类同化作用除磷，微生物利用污水中的磷元素合成细胞组织成分，但这类过程对磷元素的利用量很少，一般去除量只占污水系统总悬浮固体的 1%～2%；第二类强化生物除磷（enhanced biological phosphorus removal，EBPR），即利用聚磷菌（polyphosphate accumulating organisms，PAOs）厌氧释磷好氧超吸磷的生物特性，通过排放超吸磷微生物来达到除磷目的的工艺技术。

EBPR 在脱氮过程分为两个阶段，分别为厌氧释磷阶段和好氧超量吸磷阶段。

（1）厌氧释磷阶段

在厌氧条件下，聚磷酸菌水解细胞内的多聚磷酸盐中的磷酸二酯键从中获得能量，用于吸收污水中的可挥发性脂肪酸（VFAs）类物质，生成包括聚-β-羟基丁酸酯（PHB）、聚-β-羟基戊酸酯（poly-β-hydroxy valerate，PHV）和聚乳酸等物质在内的聚-β-羟基烷酸酯（poly-β-hydroxyalkanoate，PHAs），并且以有机颗粒的形式储存于细胞内，同时将多聚磷酸盐水解后产生的正磷酸盐释放到环境中。

（2）好氧超量吸磷阶段

在好氧或缺氧条件下，聚磷菌氧化分解厌氧阶段形成的 PHAs 获取能量，过量地从污水中摄取磷酸盐合成多聚磷酸盐颗粒储存于细胞内，通过排放含磷污泥的方式实现污水处理系统的除磷目的。

在废水处理过程中，EBPR 除磷过程是将污水中的磷转移到了污泥中，对含磷污泥仍需进一步处理，以及对高磷污泥中磷元素的回收和利用。值得注意的是，传统 EBPR 理论认为利用 PAOs 除磷必须保证厌氧阶段和好氧阶段交替进行，厌氧阶段的释磷是好氧阶段超量吸磷的前提，也是整个除磷过程中必不可少的阶段。

2．反硝化除磷技术

反硝化除磷就是利用反硝化聚磷菌（denitrifying polyphosphate-accumulating organisms，DPAOs）以硝酸盐或亚硝酸盐为电子受体进行吸磷，再通过排放吸磷后的反硝化聚磷菌达到去除磷目的的工艺技术。

传统的生物脱氮除磷系统中，要同时实现脱氮和除磷的目的，脱氮和除磷都需要有机碳源，对基质中碳源浓度要求高，好氧区中氧气供应量既要满足氨氮氧化，又要满足吸磷的需求，二者对碳源和供氧量的需求，大大提高了运行成本。反硝化除磷可同时去除氮、磷营养物质，取代好氧吸磷，在缺氧区以亚硝酸盐或硝酸盐为电子受体实现吸磷过程。

反硝化除磷过程中，聚磷菌在厌氧区分解体内的多聚磷酸盐，吸收基质中的 VFAs 并以 PHAs 的形式储存在体内，同时释放大量的磷酸盐到溶液中。缺氧环境下，聚磷菌以硝酸盐或亚硝酸盐为电子受体吸收溶液中的磷酸盐，同时硝酸盐和亚硝酸盐被反硝化为氮气，该过程所需要的能量由氧化储存在体内的 PHAs 提供。研究表明，与传统以氧气为电子受体的生物除磷技术相比，反硝化除磷技术可减少 30%的曝气量、50%的碳源需求，同时减少 50%的污泥产量。反硝化除磷技术在缺氧区同时实现了脱氮与除磷，将除磷过程合成的内碳源用作反硝化的碳源，一碳两用，同时降低了除磷过程在好氧区的氧气需要量，是一种高效、节能的低碳氮比废水生物处理技术。

3．同步硝化反硝化除磷技术

同步硝化反硝化除磷（SNDPR）技术是将 EBPR 和 SND 耦合的一种新型技术，也可以认为是将硝化和反硝化除磷这两个相互联系又相互矛盾的过程放在同一系统内。SNDPR 系统中，DPAOs 代替 SND 系统中的普通反硝化菌，成为反硝化的优势菌群，使硝化和反硝化除磷这两个相互矛盾的生化过程同时进行，也解决了反硝化和除磷过程对碳源竞争的问题。SNDPR 技术降低了脱氮和除磷过程对碳源和曝气量的需求，简化了处理系统的工艺流程，尤其适合对碳源不足污水的处理。

目前对 SNDPR 技术的研究，使用的工艺较为单一，以 SBR 运行方式为主，且没有确定统一的运行条件和影响因素。在同时存在硝化、反硝化和聚磷的系统中，同步硝化反硝化和反硝化除磷等过程同时存在，菌群关系复杂，探讨菌群种类和各菌群之间的关系对建立和稳定运行 SNDPR 系统很重要。

6.4.4.3 生物脱氮除磷工艺

1．A^2O 工艺

（1）传统的厌氧/缺氧/好氧（A^2O）工艺

A^2O 工艺构造由厌氧池、缺氧池和好氧池构成，流程如图 6-62 所示。污水流经厌氧和好氧池，完成除磷功能。污水中的有机氮在厌氧池氨化，然后在好氧池硝化，经混合液回流，在缺氧池反硝化，完成脱氮过程。这样，污水流经不同功能的分池，在不同微生物菌群作用下，污水中的有机物、氮和磷分别得到有效去除，达到了同时生物脱氮除磷的目的。

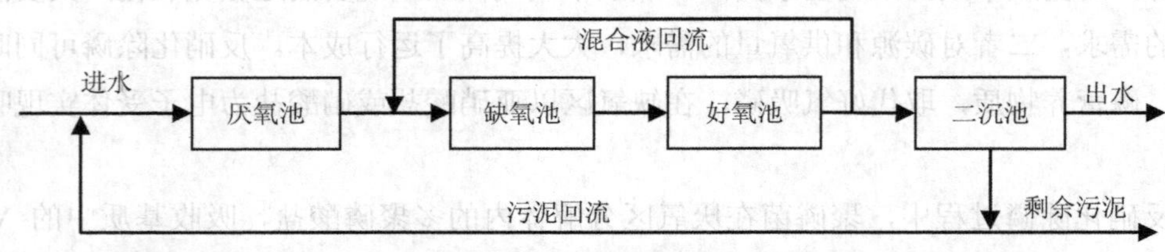

图 6-62 A^2O 工艺流程

该工艺系统是最简单的同步生物脱氮除磷工艺，其除了脱氮、除磷和去除有机物外，还可在厌氧、缺氧、好氧交替运行的条件下，抑制丝状菌的繁殖，克服污泥膨胀，使得 SVI 值一般小于 100，有利于泥水分离。由于厌氧、缺氧和好氧三个池严格分开，有利于脱氮与除磷的不同微生物菌群的繁殖生长，因而脱氮、除磷效果好。但是，A^2O 工艺也存在一些固有的弊端，主要表现在：

① 回流活性污泥（外回流）直接进入厌氧池，其中夹带的大量硝酸盐氮回流至厌氧池，破坏了厌氧池的厌氧状态，从而影响了系统的除磷效果。

② 混合液回流（内回流）增加了工艺系统的能耗及运行成本。

③ 混合液污泥中的含磷量随污泥负荷的降低而下降，生物除磷需要高的污泥负荷，而生物脱氮则需要低的污泥负荷，在 A^2O 工艺中要使二者同时达到最佳状态是困难的，一般是以生物脱氮为主、生物除磷为辅。为了解决 A^2O 法回流污泥中硝酸盐对厌氧释磷的影响，可采取将回流污泥进行两次回流，或者在厌氧池前增加一个池等措施，于是就有了改良型 A^2O、倒置 A^2O 和 UCT 等工艺。

（2）改良型 A^2O 工艺

该工艺是在厌氧池前增加预脱硝池和选择池，以降低回流污泥中硝酸盐对厌氧放磷的影响，并抑制丝状菌生长。为了解决缺氧池反硝化碳源不足问题，将进水按比例分别进入厌氧池和缺氧池中，其流程见图 6-63。改良型 A^2O 工艺的特点：

① 回流活性污泥首先进入缺氧池进行反硝化反应，去除其中的溶解氧及硝酸盐氮，然后再进入厌氧池。这样可以保证厌氧池的厌氧环境，提高工艺系统的除磷能力。

② 回流活性污泥中硝酸盐氮的反硝化是靠分配部分进水中的碳源进行反硝化，其反硝化速率远远高于依靠内源呼吸作用进行的反硝化，因此需要的反硝化停留时间短、容积小。

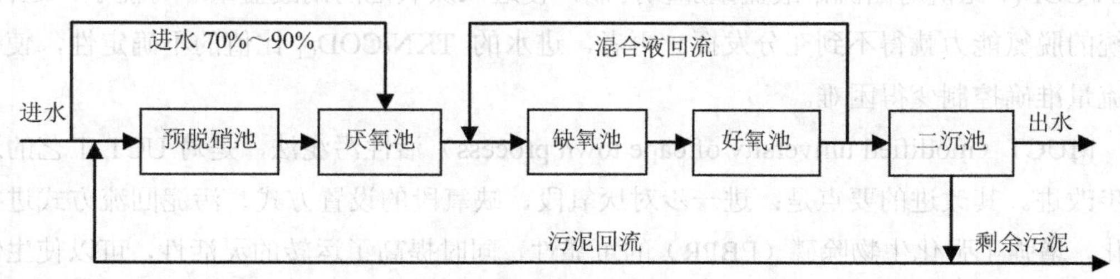

图 6-63 改良型 A^2O 工艺流程

（3）倒置 A^2O

倒置 A^2O 工艺是将常规 A^2O 的厌氧池和缺氧池位置对调。该工艺取消了混合液回流，但加大了活性污泥的回流量，以满足反硝化脱氮的需要。

与常规 A^2O 工艺相比，倒置 A^2O 工艺的优点在于将常规 A^2O 工艺的污泥回流系统与混合液回流系统合二为一，组成了唯一的污泥回流系统，简化了工艺流程，也使得管理简便。但倒置 A^2O 工艺也存在以下缺点：

① 缺氧池、厌氧池的进水分配比例较大（一般为 3∶1 左右），这样反硝化的碳源比较充足，但厌氧释磷所需的挥发性脂肪酸（VFAs）却严重不足，尤其是碳源种类的分配

不尽合理，在各种碳源均存在的条件下，反硝化菌总是优先利用对除磷十分关键的 VFAs 进行反硝化反应，而厌氧池内其他无法被除磷菌利用但却可以用于反硝化反应的碳源却没有被充分利用。

② 污泥回流比较大，一般为 1.5Q～2.5Q，对工艺系统反应物的稀释作用依然存在。

③ 与混合液回流相比，污泥回流所需水泵扬程更大，因此其能耗相较于常规 A^2O 更大，运行费用也更高。

④ 由于污泥回流比很大，通过二沉池底流排出的固体量大大增加。从目前的二沉池设计计算理论来看，要满足严格的 SS 出水标准，维持较低的固体通量是很有必要的，因此倒置 A^2O 工艺的二沉池面积将会有较大的增加。

2．UCT 和 MUCT 工艺

UCT（university of cape town process）活性污泥法是一种强化生物除磷脱氮工艺，是 A^2O 工艺的改进。针对 A^2O 工艺直接将活性污泥回流至厌氧池会降低厌氧池的效率，需设计更大容积的厌氧池，UCT 工艺将活性污泥回流至缺氧池的前端，以便在缺氧条件下充分去除回流活性污泥中的硝酸盐后，再将活性污泥回流至厌氧池，完全可以做到硝酸盐的零回流，从而使厌氧池释放磷的效率大大提高，强化了处理系统的除磷效果。

虽然 UCT 工艺能够较好地解决溶解氧及硝酸盐对厌氧池释磷的负面影响，但是仍然缺乏运转的灵活性。另外，为了避免缺氧池中的硝酸盐回流至厌氧池，需要根据进水 TKN/COD_{Cr} 比值对回流硝酸盐量加以控制，使进入厌氧池的硝酸盐量尽可能小，这样，系统的脱氮能力就得不到充分发挥。再者，进水的 TKN/COD_{Cr} 比值的不确定性，使得回流量准确控制变得困难。

MUCT（modified university of cape town process）活性污泥法，是对 UCT 工艺的进一步改进。其改进的要点是：进一步对厌氧段、缺氧段的设置方式、污泥回流方式进行优化，增强了强化生物除磷（EBPR）的可靠性，同时提高了运转的灵活性，可以使生物除磷脱氮工艺满足不同水质、不同季节的需要，其流程如图 6-64 所示。

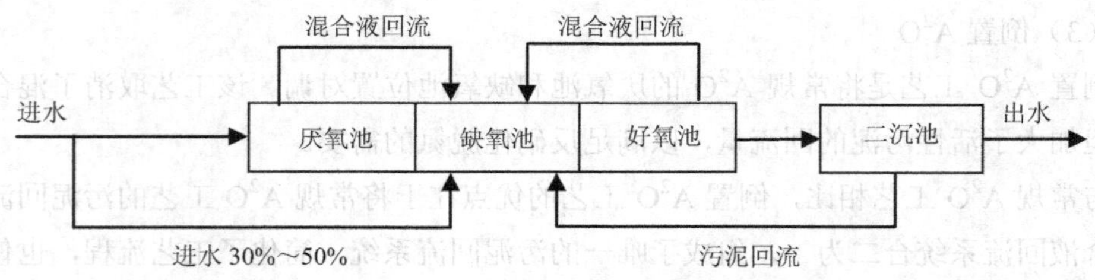

图 6-64 MUCT 工艺流程

MUCT 工艺增加了一级污泥回流，使系统变得更为复杂，能耗更高。另外，该工艺也未能很好地解决系统反应物的稀释问题。

脱氮除磷工艺除了以上介绍的工艺外，还有氧化沟、SBR 等工艺，这些工艺将在其他章节进行介绍。

第 7 章　深度处理技术与工艺

为保证饮用水水质，去除常规处理工艺不能去除的污染物或消毒副产物的前体物的方法称为深度处理。目前应用较广泛的深度处理技术有过滤、膜分离技术和消毒等。当对回用水质要求较高，要求去除残存在废水中的溶解性有机物和色素时，需采用活性炭吸附或臭氧氧化。当废水重复利用过程中出现含盐量累积导致管道和设备积垢时，常用的方法是膜分离法和离子交换法。

7.1　过滤

在水处理技术中，过滤一般是指以石英砂等粒状材料组成的滤料层截留水中的悬浮杂质，从而使水澄清的工艺过程。它是目前城镇给水处理系统中净化水质的重要环节。过滤在废水深度处理中广泛应用，如用于活性炭吸附和离子交换等深度处理过程之前的预处理、化学混凝和生化处理之后的后处理等。

滤池的形式多种多样，按滤料的种类划分，有单层滤池、双层滤池和多层滤池；按作用水头划分，有重力式滤池（作用水头 4～5 m）和压力滤池（作用水头 15～20 m）；从进水、出水及反冲洗水的供给与排出方式划分，有快滤池、虹吸滤池和无阀滤池。本节以常用的快滤池作为重点进行介绍。

7.1.1　过滤机理

滤池过滤除污的机理可概括为以下三个方面：

（1）机械过滤作用

由滤料形成的滤料层，能够在废水经过时截留水中比孔隙大的悬浮物，随着滤料层越深孔隙越小，截留的悬浮物也越小。随着过滤的持续进行，被截留的悬浮液也会起到截留作用，从而提升滤池的截污能力。

（2）接触凝聚作用

由于滤料具有巨大的表面积，它与悬浮物之间有明显的物理吸附作用。此外，砂粒在水中常带有表面负电荷，能吸附带正电荷的铁、铝等胶体，从而在滤料表面形成带正电荷的薄膜，进而吸附带负电荷的黏土、多种有机物、胶体，在砂粒上发生接触絮凝。

（3）沉淀作用

滤层中的每个小孔隙起着一个浅层沉淀池的作用，当废水流过时，废水中的部分悬浮颗粒会沉淀到滤料颗粒表面上。

在实际过滤过程中，上述三种机理往往同时起作用，只是依条件不同而有主次之分。对粒径较大的悬浮颗粒，以阻力截留为主，由于这一过程主要发生在滤料表层，通常称为表面过滤。对于细微悬浮物，以发生在滤料深层的沉淀作用和接触絮凝为主，称为深层过滤。

7.1.2 快滤池的构造

快滤池的构造如图 7-1 所示，由池本体、进出水管、冲洗水管及排水管等附件组成，池内设置有滤料层、承托层及排水系统和冲洗水排水槽。

滤料层是滤池的核心；承托层是用于承托滤料层的；排水系统用以收集滤后水，更重要的是用于均匀分配反冲洗水；冲洗水排水槽即洗水槽，用以均匀地收集反洗废水和分配进水。

1．滤料层

滤池滤料层在滤料的选择上主要遵循四个原则：① 有足够的机械强度，避免在冲洗过程中因颗粒之间摩擦碰撞而破裂，增加滤料的损耗。② 具有足够的化学稳定性，不能含有对人类健康和生产有害的物质，如锅炉用水不得选用石英砂滤料，因为 SiO_2 是锅炉进水需要处理的物质之一。③ 具有一定的颗粒级配和适当的孔隙率。其种类和尺寸的选择，要考虑过滤需去除的固体颗粒和反冲洗的要求，粒径和密度较大的滤料，在相同的滤料膨胀率时需要较高的反冲洗强度。④ 滤料尽量就地取材，降低成本。

2．承托层

承托层位于滤料层下部，承托层主要有三种作用：一是防止过滤时滤料通过配水系统的孔眼进入出水中，二是在反冲洗时保持稳定，三是对均匀配水起协助作用。

承托层可由若干层卵石，或者破碎的石块、重质矿石构成，并按上小下大的顺序排列。常用的材料为卵石，因此也称卵石层。最上一层承托层与滤料直接接触，应根据滤料底部的粒度来定材料的大小。最下一层承托层与配水系统接触，须根据配水孔的大小来定材料的大小，一般按孔径的 4 倍考虑。

7.1.3 快滤池的工作过程

快滤池过滤时，滤池进水和清水支管的阀门开启，原水自上而下经过滤料层、承托层，经过配水系统的配水支管收集，最后经由配水干管、清水支管及干管后进入清水池。当出水水质不满足要求或滤料层被悬浮物阻塞，滤层水头损失达到最大值时，滤料需要进行反冲洗，反冲水自反冲洗水管通过排水系统进入滤料层，使滤料流化，滤料之间相互摩擦、碰撞，滤料表面附着的悬浮物质被冲刷下来，由反洗废水带入排水槽，经废水渠排走。

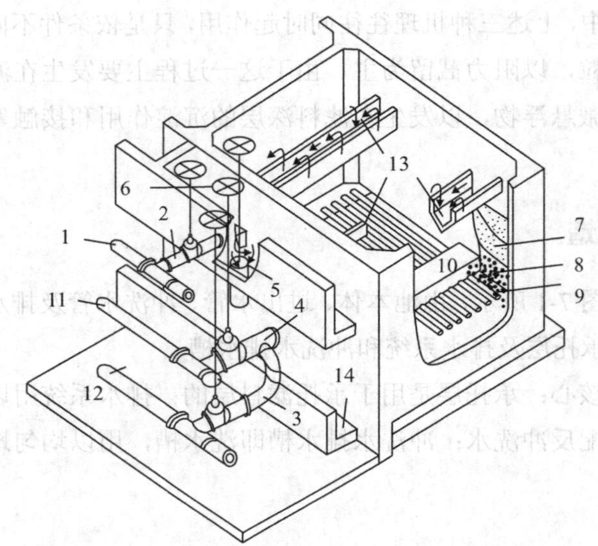

1—进水总管；2—进水支管；3—清水支管；4—冲洗水支管；5—排水阀；6—浑水渠；7—滤料层；8—承托层；9—配水支管；10—配水干管；11—冲洗水总管；12—清水总管；13—排水槽；14—废水渠

注：箭头表示冲洗时水流方向。

图 7-1 普通快滤池构造剖视图

7.1.4 快滤池的冲洗

快滤池冲洗的目的是清除滤料中所截留的污染物，使滤池恢复工作能力。滤层的冲洗方法应结合滤层的设计来选择，因此滤层的冲洗方法往往影响滤池的整体构造。常用的冲洗方法有以下三种。

1. 高速水流反冲洗

高速水流反冲洗是滤池最常用的冲洗方法，利用流速较大的反向水流冲洗料层，使整个滤层达到流态化状态，且具有一定膨胀度，悬浮颗粒在水流剪切力和颗粒碰撞摩擦力双重作用下脱落去除。根据理论计算，水流所产生的剪切力数值较小，对剥离滤料表面所沉积的悬浮颗粒的能力有限，这是单纯用水反冲洗很难完全冲洗干净的原因。为了改进滤层冲洗的效果，快滤池反冲洗常辅以表面冲洗或气冲洗。

2．反冲洗加表面冲洗

表面冲洗指从池上部，用喷射水流向下对上层滤料进行清洗的操作。利用喷嘴所提供的射流冲刷作用，使滤料颗粒表面的污泥脱落去除。由理论计算可知，表面冲洗对滤料表面沉积的悬浮颗粒具有较大的剥离作用。表面冲洗设备主要有固定管式和旋转管式两种形式。

3．水冲洗加气冲洗

气冲洗就是借助空气对层的搅动作用，使附着在滤料上的悬浮颗粒脱落。水流反冲洗可借助气冲洗提高冲洗效果，同时可节省冲洗水量。水流冲洗加气冲洗有三种方式：① 先气冲洗后水冲洗。空气擦洗使悬浮颗粒从滤料表面脱落，水流反冲洗以较小的冲洗强度使滤层膨胀，把悬浮颗粒带出滤池。这种方式能够避免滤料被反冲洗水带出滤池，适用于细滤料。② 先气水同时冲洗，再单独水流冲洗。③ 按气冲洗、气水混合冲洗和水流冲洗的顺序进行冲洗。

7.2 膜分离技术

在某种推动力作用下，选择性地让混合液中的某种组分透过，如颗粒、分子、离子等，这种物质的分离是通过膜的选择性透过实现的，利用半透膜作为选择障碍层进行组分分离的技术，总称为膜分离技术。

膜分离技术发展迅速，目前已成为工农业生产、国防科技和日常生活中不可或缺的分离方法，并广泛地应用于食品加工、海水淡化、纯水和超纯水制备、医药、生物、环保等领域。

7.2.1 膜与膜分离过程

7.2.1.1 膜的定义和分类

目前，尚无精确完整的膜的定义。一种广义的定义是："膜"为两相之间的一个不连续区间。因而膜可呈气相、液相或固相，或是它们的组合。膜作为两相之间的选择性屏障（图 7-2），允许溶液中某一种或几种组分通过，而截留其他的组分。膜分离过程的推动力可以是压力差（Δp）、浓度差（Δc）或电位差（$\Delta \Psi$）。

根据不同的分类标准对膜材料可以进行以下分类：按膜材质对膜进行分类，可分为有机高分子材料膜和无机材料膜；按膜的形态进行分类，可分为固膜、液膜、气膜；按膜的分离机理进行分类，可分为多孔膜、致密膜和离子交换膜；按膜分离孔径的大小进行分类，可分为微滤（MF）膜、超滤（UF）膜、纳滤（NF）膜和反渗透（RO）膜等。

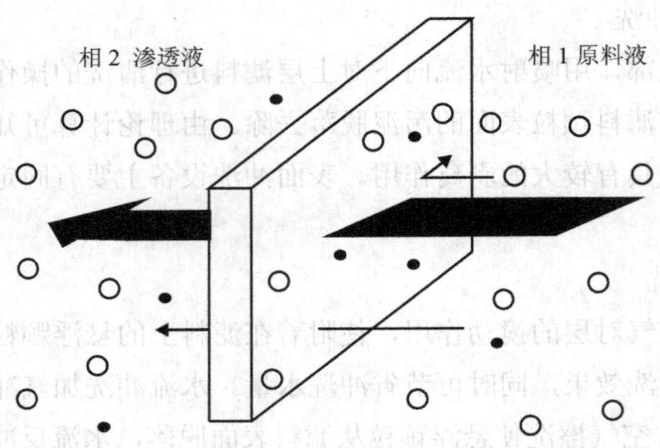

图 7-2 选择性渗透膜的定义（推动力：Δp、Δc 或 $\Delta \Psi$）

7.2.1.2 膜分离过程的机理和特点

膜分离是以选择透过性膜为分离介质，在膜的两侧施加某种推动力，原料侧组分选择性地透过膜，从而达到分离或提纯的目的。不同的膜分离过程所用的膜不同，分离过程的推动力、分离机理及适用对象也不同，见表 7-1。

表 7-1 各种膜分离过程的分离机理

膜过程	推动力	分离机理	渗透物	截留物
微滤（MF）	压力差（0.01～0.2 MPa）	筛分	水、溶剂、溶解物	悬浮物、颗粒、纤维和细菌（0.01～10 μm）
超滤（UF）	压力差（0.1～0.5 MPa）	筛分	水、溶剂、离子和小分子（分子量<1 000）	生化制品、胶体和大分子（分子量为 1 000～300 000）
纳滤（NF）	压力差（0.5～2.5 MPa）	筛分+溶解/扩散	水和溶剂（分子量<200）	溶质、二价盐、糖和染料（分子量为 200～1 000）
反渗透（RO）	压力差（1.0～10.0 MPa）	筛分+溶解/扩散	水和溶剂	全部悬浮物、溶质和盐
电渗析（ED）	电位差	离子交换	电解离子	非解离和大分子物质

与传统分离技术相比，膜分离技术具有以下特点：

① 膜分离过程不发生相变，常温下即可操作，与其他方法相比能耗较低。

② 膜分离过程通常是在常温下进行，特别适用于对热敏性物质的分离。

③ 膜分离过程易于放大，膜的性能可以调节，可实现连续分离，易与其他分离过程相结合（联合过程），且不需添加物。

④ 膜分离装置简单，操作容易控制，便于维修管理，对无机物、有机物及生物制品

均适用，且不产生二次污染。

7.2.2 渗析过程

渗析过程是溶质分子借扩散作用透过膜，由浓溶液向稀溶液方向传递的过程，同时在反方向上还发生溶剂分子透过膜的扩散。渗析过程是最早被发现和利用的膜分离过程。

半透膜的渗析作用有三种类型：① 依靠薄膜中“孔道”的大小分离大小不同的分子或离子；② 依靠薄膜的离子结构分离性质不同的离子，用阳离子交换树脂做成的薄膜可以透过阳离子，叫作阳离子交换膜。用阴离子树脂做成的薄膜可以透过阴离子，叫作阴离子交换膜；③ 依靠薄膜有选择地溶解分离某些物质，如醋酸纤维膜有溶解某些液体和气体的性能，而使这些物质透过薄膜。一种薄膜只要具备上述三种作用之一，就能有选择地让某些物质透过而成为半透膜。在废水处理中最常用的半透膜是离子交换膜。

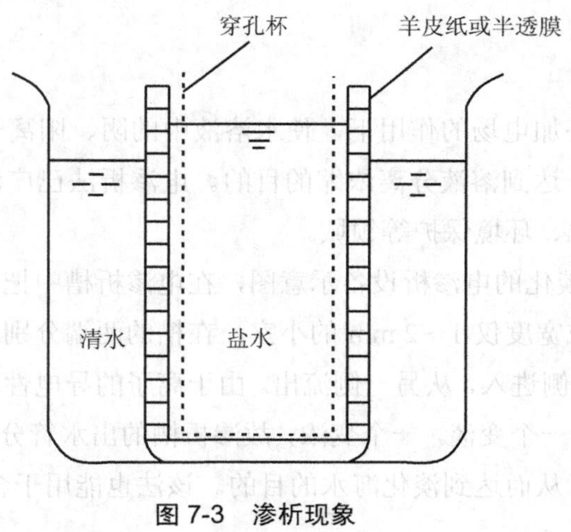

图 7-3 渗析现象

在膜法中，物质透过薄膜需要动力，目前利用的有三种动力：分子扩散作用、电力和压力。依靠分子扩散作用的是扩散渗析法，简称渗析法；利用电力的是电渗析法；利用压力的是反渗透法和超滤法。

图 7-4 为一种利用扩散渗析法处理钢铁厂酸洗废水的设备示意图。在渗析槽中装设一系列间隔很近的阴离子交换膜，把整个槽分隔成为两组相邻的小室。一组小室流入废水，另一组小室流入清水，流向相反。由于扩散作用，废水中的氢离子、铁离子和硫酸根离子向清水扩散。但是，由于阴离子交换膜的阻挡，只有大量的硫酸根离子及少量的铁离子透过薄膜进入清水。因此，酸洗废水中的硫酸和硫酸亚铁在一定程度上得到分离。

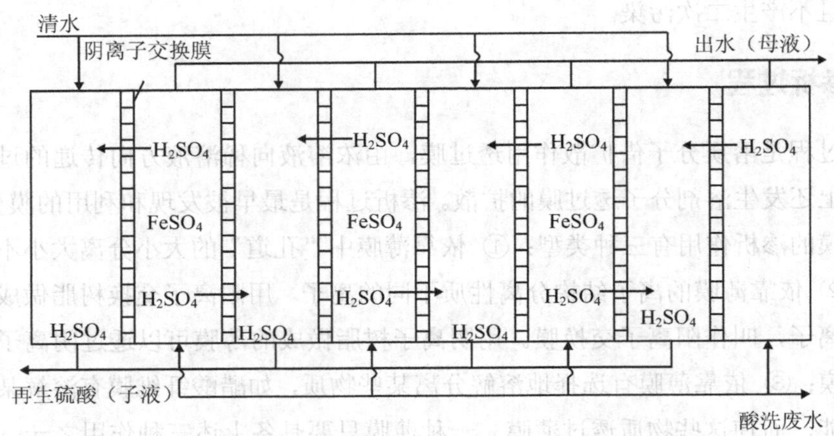

图 7-4 扩散渗析法示意图

7.2.3 电渗析法

电渗析法是在外加电场的作用下，使水溶液中的阴、阳离子分别向两极移动，在中间交换膜的作用下，达到溶液分离浓缩的目的。电渗析法已广泛应用于化工、轻工、冶金、造纸、海水淡化、环境保护等领域。

图 7-5 是海水淡化的电渗析设备示意图，在电渗析槽中把阴离子交换膜和阳离子交换膜交替排列，隔成宽度仅 1～2 mm 的小室，在槽的两端分别设阴、阳电极，接直流电源。海水从渗析槽一侧进入，从另一侧流出。由于离子的导电性和离子交换膜的半透性，相邻两室中的海水，一个变淡，一个变浓，故渗析槽的出水管分成两路，一路收集淡水，另一路收集浓盐水，从而达到淡化海水的目的。该法也能用于含盐废水的浓缩。

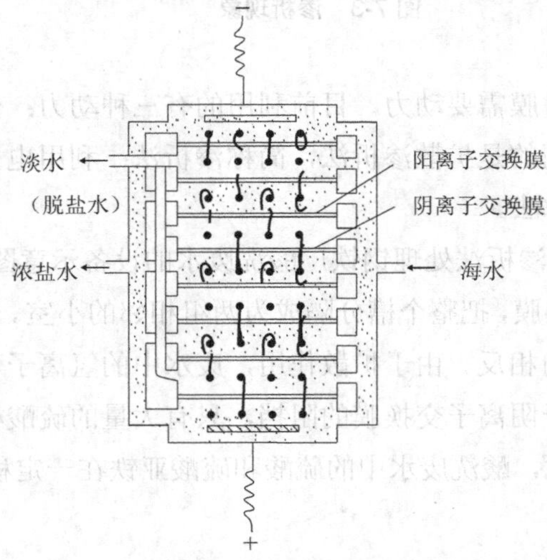

图 7-5 海水淡化电渗析法示意图

7.2.4 反渗透法

反渗透法是一种借助压力促使水分子反向渗透，浓缩溶液或废水的方法。如果将纯水和盐水用半透膜隔开（图 7-6），此半透膜只有水分子能够透过而其他溶质不能透过，则水分子将透过半透膜进入溶液（盐水），溶液逐渐被稀释，液面不断上升，直到某一定值为止，这个现象称为渗透，高出水面的水柱高度（取决于盐水的浓度）是由溶液的渗透压所致。如果我们向溶液的一侧施加压力，并且超过它的渗透压，溶液中的水就会透过半透膜，流向纯水一侧，而溶质被截留在溶液一侧，这种方法就是反渗透法（或称逆渗透法）。

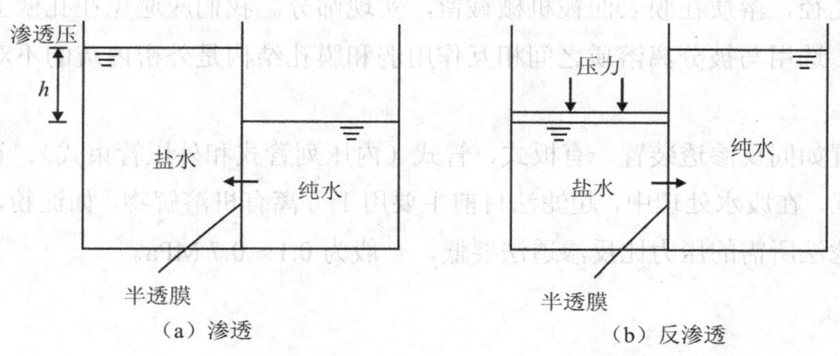

图 7-6 渗透和反渗透

任何溶液都具有相应的渗透压，其数值取决于溶液中溶质的分子数，而与溶质的性质无关。

目前应用于脱盐方面的几种反渗透膜的性能如表 7-2 所示。

表 7-2 几种反渗透膜的性能

品种	测试条件	透水性/［m^3/（m^2·d）］	脱盐滤/%
CA_{25}膜	1% NaCl，5 066.3 kPa	0.8	>90
CA_3复合膜	海水，10 132.5 kPa	1.0	98
CA_3中空纤维膜	海水，6 079.5 kPa	0.4	98
CA 混合膜	3.5% NaCl，10 132.5 kPa	0.44	>92
芳香聚酰胺膜	3.5% NaCl，10 132.5 kPa	0.64	>9

反渗透的装置主要有板框式、管式、螺旋卷式和中空纤维式。

近年来，由于反渗透膜材料开发和制造技术的发展以及新型装置的不断开发和运行，反渗透技术的发展非常迅速，已广泛用于水的淡化、除盐和制取纯水等。但反渗透法所需的压力较高，工作压力要比渗透压力大几十倍。因此，为了保证反渗透装置的正常运行和膜寿命的延长，在反渗透前必须有充分的预处理。

7.2.5　超滤法

超滤法与反渗透法相似，是一种加压膜分离技术，即在一定的压力下，使小分子溶质和溶剂穿过一定孔径的特制薄膜，而大分子溶质不能透过，留在膜的一边，使大分子物质得到部分纯化。但超滤膜的微孔孔径比反渗透膜大，为0.005～1 μm。超滤法的过程并不是单纯的机械截留与物理筛分，而是存在以下三种作用：① 溶质在膜表面和微孔孔壁上发生吸附；② 溶质的粒径大小与膜孔径相仿，溶质嵌在孔中，引起阻塞；③ 溶质的粒径大于膜孔径，溶质在膜表面被机械截留，实现筛分。我们应避免在孔壁上的吸附和膜孔的阻塞，选用与被分离溶质之间相互作用弱和膜孔结构是外密内疏的不对称构造的超滤膜。

超滤装置如同反渗透装置，有板式、管式（内压列管式和外压管束式）、卷式、中空纤维式等形式。在废水处理中，超滤法目前主要用于分离有机溶解物，如淀粉、蛋白质、油漆等。超滤法所需的压力比反渗透法要低，一般为0.1～0.7 MPa。

7.3　消毒

7.3.1　消毒的目的与方法

消毒是杀灭生活污水和某些工业废水中有害病原微生物的水处理过程。生活污水、医院污水、生物制品污水以及屠宰场废水中含有大量细菌和病原微生物，一般的废水处理过程无法将它们杀灭。因此，对这些污水或废水必须严格消毒，杀灭其中的病原微生物，保护公用水体，防止疾病扩散。但消毒并不同于灭菌，消毒是对有害微生物的杀灭过程，而灭菌是杀灭或去除一切活的细菌或其他微生物及它们的芽孢。消毒的方法很多，可归纳为化学法消毒与物理法消毒两大类。

7.3.2　化学法消毒

化学法消毒是通过向水中投加化学消毒剂来实现的，在污水和废水消毒处理中采用的主要化学消毒方法有氯化消毒法、臭氧消毒法、二氧化氯消毒法等。

1．氯化消毒法

液氯、漂白粉、次氯酸钠、氯片等统称为氯化消毒剂。这类消毒剂的杀菌机理基本相同，主要靠水解产物次氯酸的作用。据试验测定，HClO 的杀菌能力比 ClO^-要强 50～

100 倍，其原因可能是 HClO 呈电中性，易于接近带负电荷的菌体，并可穿过细胞膜进入菌体内部，由氯原子的氧化作用破坏细菌某种酶的系统，从而导致细菌的死亡。

影响氯化消毒的主要因素有 pH、水温、投氯点的混合情况、折点反应、接触时间、污水特性、处理工艺等。氯化消毒法所需的加氯量，应满足两个方面的要求：一是在规定的反应终了时，达到指定的消毒指标；二是出水要保持一定的余氯量，使那些在反应过程中受到抑制而未杀死的致病菌不能复活。通常把满足上述两方面要求的氯量分别称为需氯量和余氯量。因此，用于污水或废水消毒的加氯量应是需氯量与余氯量之和。

2．臭氧消毒法

臭氧比氧气易溶于水，溶解度为氧气的 10 倍，但由于臭氧容易分解为氧气，故不能用瓶贮存和运输，必须在现场用臭氧发生器制备。臭氧消毒的效率高、速度快，几乎对所有的细菌、病毒、芽孢都有效，同时可以有效地降解水中的残留有机物、色、味等。臭氧消毒效果受 pH、温度的影响较小。

但臭氧消毒法的设备投资大、电耗大、成本高，设备管理较复杂，适用于出水水质较好、排入水体卫生条件要求高的污水处理场合。

3．二氧化氯消毒法

二氧化氯由亚氯酸钠和氯反应而成，其反应式为

$$2NaClO_2+Cl_2 \longrightarrow 2ClO_2+2NaCl$$

二氧化氯与常用氯化消毒的不同之处在于二氧化氯一般只起氧化作用，不起氯化作用。因此，二氧化氯本身不与水中的杂质形成三氯甲烷等二次污染物。二氧化氯也不与氨发生反应，在 pH 为 6～10 环境的杀菌效率几乎不受 pH 的影响。其消毒能力次于臭氧，但高于氯。

但亚氯酸钠成本高，且生产出来的二氧化氯须立即使用，不能贮存。目前我国已有商品化的二氧化氯发生器出售并已应用于医院污水消毒处理中，这种消毒方法只适用于小水量的污水处理厂。

7.3.3　物理法消毒

物理消毒法是应用热、光波、电子流等实现消毒的方法。在水的消毒处理中，物理消毒方法有加热消毒、紫外线消毒、辐射消毒、高压静电消毒、微电解消毒等方法。以上方法由于成本高、干扰因素多、技术不成熟等，目前还难以在污水或废水消毒的生产实践中广泛应用。因此这里仅对部分方法给予简介。

1．紫外线消毒

紫外线消毒是一种利用紫外线照射污水进行杀菌消毒的方法。当紫外线波长为 200～295 nm 时，有明显的杀菌作用，波长为 260～265 nm 的紫外线杀菌力最强。利用紫外线

消毒的水，要求色度低，含悬浮物少，且水层较浅，否则，光线的透过力与消毒效果会受影响。试验表明，污水中的悬浮物、浊度、有机物和氨氮都会干扰紫外线的传播，因此，处理水水质光传播系数越高，紫外线消毒的效果就越好。

这种消毒方法杀菌速度快，操作、管理方便，不会生成有机氯化合物与氯酚。但紫外线消毒要求处理水的预处理程度高、水层薄，且耗电量大，成本高，没有持续的消毒作用。

2. 加热消毒

加热消毒法是通过加热来实现消毒的一种方法。人们把自来水煮沸后饮用已成为常识，这是一种有效而实用的饮用水消毒方法。但是若把此法应用于污水消毒处理，则费用较高。对医院污水不同消毒方法的费用进行比较，按每日处理污水量为400 m^3的建造费与运行费计算，消毒处理的费用，以液氯法、次氯酸钠法为最低，臭氧法、紫外线法次之，加热消毒法（采用蒸汽加热）为最高，它们的费用比值大致为1∶4∶20。可见对于污水而言，加热消毒虽然有效，但很不经济，因此，这种消毒方法仅适用于特殊场合下少量水的消毒处理。

3. 辐射消毒

辐射消毒是利用高能射线（如电子射线、γ射线、X射线、β射线等）来实现对微生物的灭菌消毒。对某结核病医院污水经高压灭菌后，分别接种大肠杆菌、草分枝杆菌、卡介苗（BCG），然后采用^{60}Co的γ射线（平均能量为1.25 MeV）进行辐射试验。结果表明，当照射总剂量为25.8 C/kg时，可全部杀死大肠杆菌、草分枝杆菌、BCG。由于射线有较强的穿透能力，可瞬时完成灭菌作用，一般情况下不受温度、压力和pH等因素的影响。采用辐射法对污水灭菌消毒是有效的，控制照射剂量，可以杀死微生物，而且效果稳定。但是一次性投资大，同时需具备辐照源以及安全防护设施。

除上述物理消毒方法外，关于高压静电消毒、微电解消毒等新方法，在污水消毒处理中还处于探索阶段或初期研究阶段。

参考文献

[1] 高廷耀，顾国维. 水污染控制工程. 第4版下册[M]. 北京：高等教育出版社，2015.

[2] Simon J，Claire J. 膜生物反应器：水和污水处理的原理与应用[M]. 北京：科学出版社，2009.

[3] 刘雨，赵庆良，郑兴灿. 生物膜法污水处理技术[M]. 北京：中国建筑工业出版社，2000.

[4] 潘涛，田刚. 废水处理工程技术手册[M]. 北京：化学工业出版社，2010.

[5] 张林生. 水的深度处理与回用技术. 第2版[M]. 北京：化学工业出版社，2009.

[6] 朱长乐. 膜科学技术. 第2版[M]. 北京：高等教育出版社，2004.

第 8 章　城镇污水处理技术与工艺

水污染问题已经严重威胁人类生存和社会发展，我国是一个水资源短缺、人口众多、环境承受能力较弱的发展中国家，所以如何处理好城镇生活污水是当前面临的一大问题。从当前污水处理发展现状来看，真正革命性的发明尚未出现，每一种工艺都有一个适用性问题，并不存在适用于任何场合、有百利而无一弊的污水处理技术。所以，了解国内外常见的污水处理工艺，并对其利弊进行客观的辩证分析，因地制宜地选择经济、适用的污水处理技术，对我国的城市污水处理工程设计和建设都有十分重要的意义。本章将介绍一些传统和现代的城镇污水处理技术。

8.1　MBR 工艺

8.1.1　MBR 技术的起源和发展

膜生物反应器（membrane bio-reactor，MBR）是一种由活性污泥法发展演变而来的，与膜分离技术相结合的污水处理工艺，在 1969 年由美国的史密斯等首次提出，他们将活性污泥法与超滤膜组件相结合用于处理城市污水，以膜技术的高效分离作用代替常规活性污泥法中的二沉池，实现传统工艺所无法比拟的泥水分离和污泥浓缩效果。进入 20 世纪 90 年代后，MBR 工艺已经在全世界范围内被逐渐应用。

8.1.2　MBR 技术的基本原理

膜生物反应器集生物反应器的生物降解和膜的高效分离于一体，主要由膜组件、泵和生物反应器三部分组成，是膜技术和污水生物处理技术有机结合产生的新型高效污水生物处理工艺，其工作原理是利用生物反应器的微生物降解污水中的有机污染物，通过膜组件对混合液进行分离和萃取，而泵则是为满足分离和萃取提供所需的动力的必需设备。

如图 8-1 所示，MBR 将生化反应池中的活性污泥和大分子有机物质截留住，实现泥水分离的目的，省掉传统的二沉池，活性污泥浓度因此大大提高，水力停留时间（HRT）和污泥停留时间（SRT）可以分别控制，而难降解的物质在反应器中不断反应、降解，从而使系统出水的水质和容积负荷都得到大幅度提高。同时，由于膜的过滤作用，微生物被完全截留在 MBR 膜生物反应器中，克服了传统活性污泥法中污泥膨胀问题。膜生物反应器通过对溶氧的控制，可同时进行硝化、反硝化的处理。

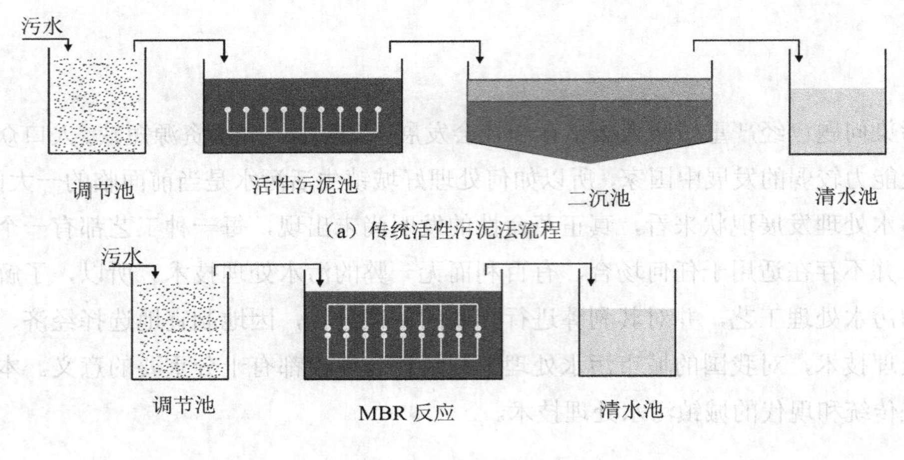

图 8-1　MBR 与传统活性污泥法流程

8.1.3　MBR 工艺的类型

MBR 工艺的基本组成单位是膜组件和生物反应器，MBR 分类方式如下。

根据膜材料分类：微滤膜 MBR 和超滤膜 MBR；有机膜 MBR 和无机膜 MBR。

根据膜组件类型分类：板框式、螺旋卷式、管式、中空纤维式以及毛细管式。

根据膜组件和生物反应器的组合方式分类：分置式、一体式和复合式三种。

8.1.4　MBR 工艺流程

MBR 的工艺流程如图 8-2 所示。

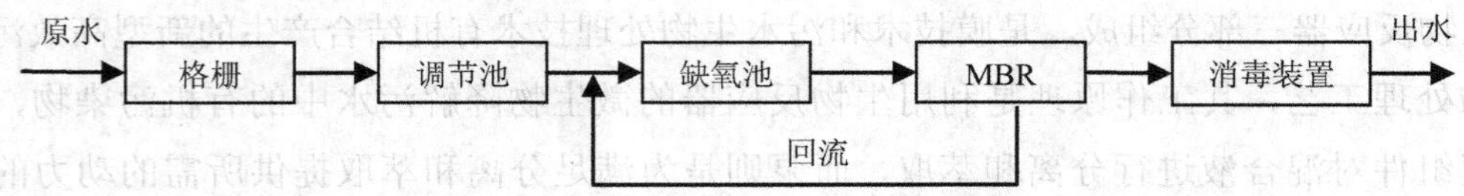

图 8-2　MBR 工艺基本流程

8.1.5　MBR 工艺的优缺点

1．工艺优点

（1）处理效果良好，出水水质稳定

由于分离膜的存在，反应器内的微生物被截留在反应器内部，使得系统内可以维持较高的微生物浓度，从而整体去除率高，同时反应器对水质水量的变化有良好的适应性，能获得优质稳定的出水。

（2）剩余污泥产量少

由于膜对 MLSS 的高效截留，污泥的停留时间大大延长，反应器中的污泥浓度远高于传统活性污泥法，系统中剩余污泥的产量极低，理论上甚至可以实现污泥零排放。

（3）应用场合灵活

MBR 的容积负荷较高，故可以大幅度地节省反应器的占地面积，且该工艺的流程较为简单，处理构筑物结构紧凑，可以建造成多种样式以适用于多种水处理场合，如地面式、半地下式和地下式等。

（4）可去除氨氮及难降解有机物

MBR 对有机物的去除来自两方面的共同作用，其中生物反应器是有机物降解的主要场所，而膜将 MLSS 截留在反应器内使混合液中污泥浓度大大提高，以增强生物降解效果，同时膜对混合液 MLSS、细颗粒的 SS、溶解性大分子物质的有效截留作用，进一步强化了反应器对污染物的去除作用，提高了出水水质。

（5）操作管理方便，易于实现自动控制

MBR 工艺中的膜几乎可以彻底将污泥及其他不溶性物质截留在生物反应器中，实现水力停留时间与污泥停留时间的完全分离，运行控制更加稳定灵活，是污水处理中容易实现装备化的新技术。

（6）适宜于传统工艺的升级改造

MBR 工艺易于从传统污水处理工艺改造而得，一般都可以作为传统城镇污水处理厂的深度处理单元，在二级污水处理厂出水的深度处理特别是城市污水回用领域，有着极大的潜力。

2．工艺存在的问题

MBR 工艺在实际应用中也存在诸多不足，主要表现在以下几个方面。

（1）建设费用大

MBR 工艺所用膜组件的造价昂贵，其建设投资费用显著高于传统污水处理工艺，且采用膜生物反应器的污水处理厂，其处理成本与处理规模成正比。

（2）易污染

MBR 工艺在泥水分离过程中要求膜组件必须保持一定的压力，此时大分子有机物，特别是疏水性有机物，就会滞留于膜组件内部，造成膜组件的污染。膜组件污染后膜通量就会急剧下降，严重影响 MBR 工艺的处理效果，必须要采用有效的反冲洗措施。

（3）运行能耗高

MBR 工艺中的污泥浓度较高，必须加大曝气量以保证足够的传氧速率；其泥水分离过程也需要保持一定的膜驱动压力；减轻膜组件污染时也要增大污水流速以冲刷膜表面。

8.1.6 MBR 工艺适用范围

①现有中小规模城市污水处理厂的升级改造，尤其是老工艺处理出水水质难以满足严格出水标准或因处理规模扩大而需扩建的场合。

②无排水管网系统地区的污水处理，如居民点、旅游度假区、风景区等。

③有污水回用需求的地区和场所，如宾馆、洗车业、客机、流动厕所等。

④高浓度、有毒、难降解工业废水处理，如造纸、制糖、皮革等行业等。

⑤垃圾填埋场渗滤液的处理和回用。

8.2 SBR 技术

8.2.1 SBR 技术的起源与发展

随着科技的发展，水处理技术也朝着高效、稳定、节能和自动化的方向发展。其中序批式活性污泥法工艺发展迅速，成为世界范围内的主导污水处理工艺。序批式反应器（sequencing batch reactor，SBR）是现今序批式活性污泥工艺的主要反应装置。

8.2.2 SBR 基本原理

8.2.2.1 SBR 的基本原理与工艺流程

序批式反应器法又被称为序批式活性污泥法，SBR 的运行工况是以序批操作为主要特征的。所谓序批式有两种含义：一是运行操作在空间上按序批方式运行，污水按序列连续进入不同反应器，它们运行时的相对关系是有次序的，也是序批的；二是对于每一个 SBR 来说，运行操作在时间上也是按次序排列的、序批的，SBR 工艺一个完整的典型的运行周期分五个阶段，依次为进水阶段、反应阶段、沉淀阶段、排水阶段和闲置阶段，所有的操作都在一个反应器中完成（图 8-3）。

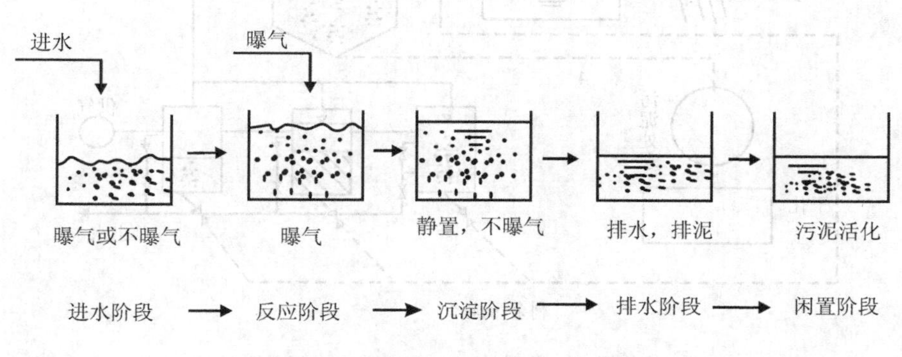

图 8-3　SBR 工艺原理

经典的 SBR 工艺仅有一个反应器，工艺流程简单。它是通过在时间上的交替来实现传统活性污泥法的整个运行过程，在流程上只有一个单元，将调节池、初沉池、曝气池和二沉池等的功能集于一体，进行水质水量调节、微生物降解有机物、固液分离等。经典 SBR 反应器的运行过程为进水—曝气/反应—沉淀—排水—闲置。其工艺流程如图 8-4 所示。

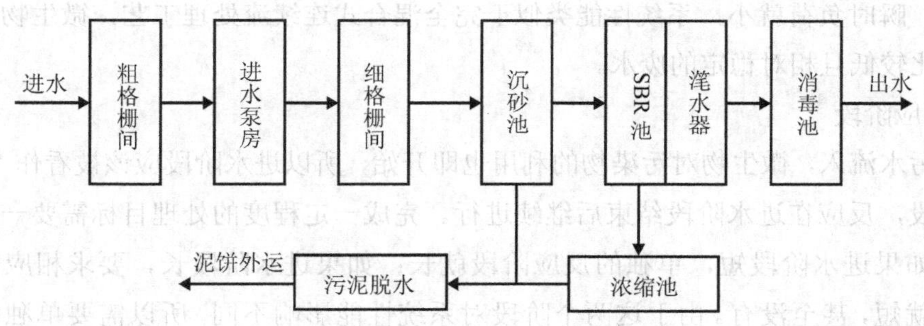

图 8-4　传统 SBR 工艺流程

由于多数情况下污水是连续排放的且流量波动很大，这时，SBR 处理系统至少需要两个反应器交替运行（图 8-5 为三池 SBR 系统），污水按序列连续进入不同反应器，它们运行时的相对关系是有次序的，也是序批的。

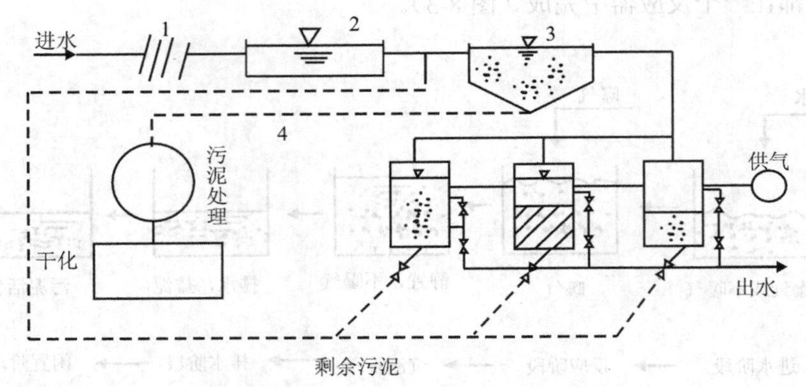

1—格栅；2—沉砂池；3—初沉池；4—污泥管

图 8-5　三池 SBR 系统

1．进水阶段

运行周期从废水进入反应器开始。进水时间取决于多种因素包括设备特点和处理目标等。进水阶段的主要作用在于确定反应器的水力特征。如果进水阶段时间短，其特征就像是瞬时工艺负荷，系统类似于多级串联构型的连续流处理工艺，所有微生物短时间内接触高浓度的有机物及其他组分，随后各组分的浓度随着时间逐渐降低；如果进水阶段时间长，瞬时负荷就小，系统性能类似于完全混合式连续流处理工艺，微生物接触到的是浓度比较低且相对稳定的废水。

2．反应阶段

随着污水流入，微生物对污染物的利用也即开始，所以进水阶段应该被看作“进水+反应”阶段，反应在进水阶段结束后继续进行。完成一定程度的处理目标需要一定的反应过程，如果进水阶段短，单独的反应阶段就长；如果进水阶段长，要求相应的单独反应阶段就短，甚至没有。由于这两个阶段对系统性能影响不同，所以需要单独解释。

在进水阶段和反应阶段所建立的环境条件决定着发生反应的性质。例如，进水阶段和反应阶段都是好氧的，则只能发生碳氧化和硝化反应。SBR 可以通过调整设计和运行方式来模拟多种不同的连续处理工艺。

3．沉淀阶段

与传统活性污泥法一样，沉淀过程的功能是澄清出水、浓缩污泥。反应阶段完成之后，停止混合和曝气，使生物污泥沉淀，完成泥水分离。与连续处理工艺相同，沉淀有两个作用：澄清出水达到排放要求和保留微生物以控制 SRT。剩余污泥可以在沉淀阶段结束时排除，类似于传统的连续处理工艺，或者剩余污泥可以在反应阶段结束时排出，类似于 Garrett 工艺。

沉淀阶段所需的时间应根据污水的类型及处理要求而具体确定，一般为 1～2 h。

4．排水阶段

沉淀阶段结束后，上清液通过滗水器排除，恢复至周期初始时的最低水位，而该水位须高于沉淀后的污泥层。反应器内的沉淀污泥大部分作为下一运行周期的回流污泥，同时为保持反应器内基本恒定的污泥量，需及时排出剩余污泥。

一般而言，SBR 反应器中经沉淀后的活性污泥体积为反应器容积的 50%左右，排水排泥期所需时间一般为 1～2 h。

5．闲置阶段

闲置阶段主要是提高每个运行周期的灵活性。当进入闲置期后，活性污泥处于一种营养物的饥饿状态，单位重量的活性污泥具有很大的吸附表面积，当进入下个运行期的进水期时，活性污泥便可以充分发挥初始吸附去除作用。闲置阶段的长短可以根据系统的需要而变化。

在一个运行周期中，各个阶段的运行时间、反应器内混合液体积的变化以及运行状态等都可以根据具体污水性质、出水质量与运行功能要求等灵活掌握。

8.2.2.2 SBR 的分类

SBR 主要有四种分类方法。

① SBR 按进水方式可分为序批进水方式和连续进水方式，如图 8-6 所示。序批进水方式，由于沉淀阶段和排水阶段不进水，所以较易保证出水的水质，但需几个反应池组合起来运行，以处理连续流入污水处理厂的污水。连续进水方式，虽可采用一个反应池连续地处理废水，但由于沉淀阶段和排水阶段污水的流入，会引起活性污泥上浮或与处理水相混合，所以可能使处理水质变差。如果在沉淀阶段和排水阶段减少进水水量，可减少其影响。

② SBR 按反应器的型式可分为完全混合型序批反应器与循环式水渠型反应器，如图 8-7 所示。完全混合型序批反应器内有机物浓度、MLSS 浓度以及溶解氧浓度较为均匀；循环式水渠型反应器溶解氧随混合液的流向变化而变化，但有机物浓度、MLSS 浓度在各点大致也是均匀的。

③ SBR 按污泥负荷可分为高负荷和低负荷两种。高负荷方式污泥负荷与普通活性污泥法相当，低负荷方式污泥负荷与氧化沟或延时曝气相当。高负荷污泥负荷一般为 0.1～0.4 kg BOD/（kg MLSS·d），低负荷污泥负荷为 0.03～0.05 kg BOD/（kg MLSS·d）。

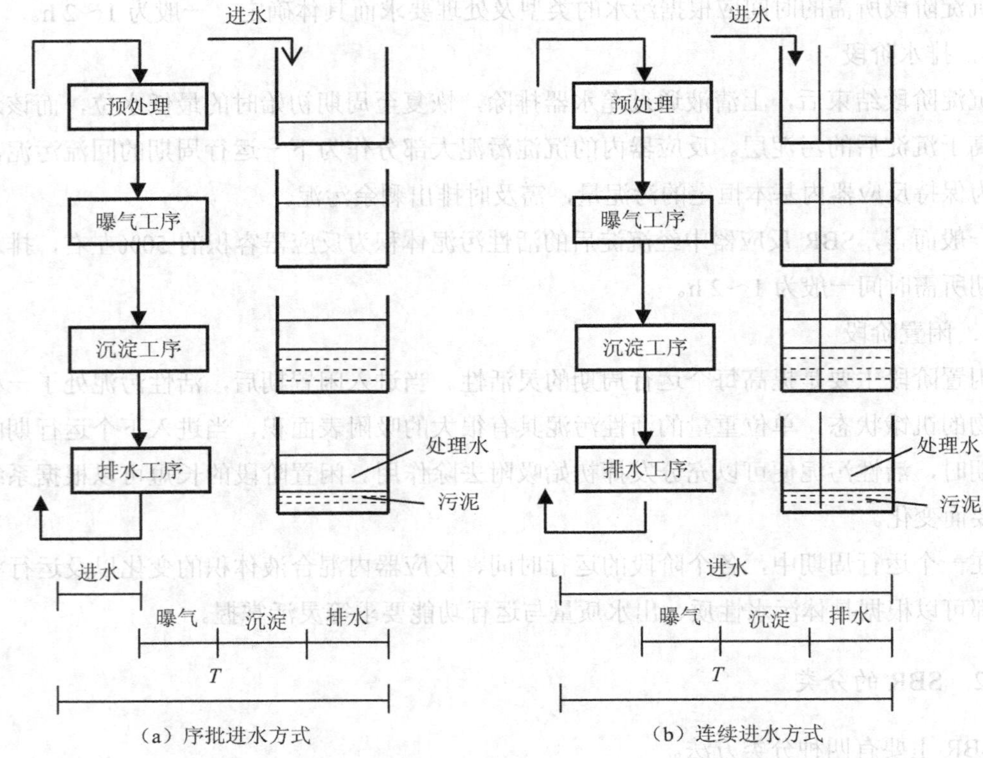

图 8-6　SBR 工艺进水方式

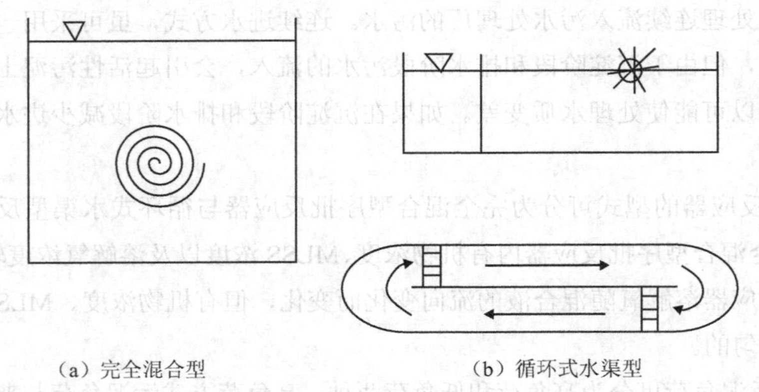

图 8-7　反应器型式

④ SBR 按进水阶段曝气与否可分为限制曝气、非限制曝气和半限制曝气。限制曝气，进水阶段不曝气，多用于处理易降解有机污水（如生活污水），限制曝气的反应时间较短；非限制曝气，进水同时进行曝气，多用于处理较难降解的有机废水，非限制曝气的反应

时间较长；半限制曝气，进水一定时间后开始曝气，多用于处理城市污水。

8.2.3　SBR 的优缺点

1. 工艺优点

（1）工艺流程简单，节省基建与运行费用，造价低

原则上 SBR 的主体工艺设备只有一个序批式反应器，可见其工艺流程之简单。SBR 法与普通活性污泥法工艺流程相比，不需要二沉池，也不需回流污泥及其设备，一般情况下不必设调节池，多数情况下可省去初沉池。

（2）生化反应推动力大、效率高

生化反应推动力大、效率高是 SBR 最大的优点。SBR 反应器中的底物和微生物浓度是变化的，而且反应过程是不连续的，因此 SBR 的运行是典型的非稳定状态。在其连续曝气的反应阶段，也属非稳定状态，但其底物（作为底物之一的有机物可用 BOD 表示）和微生物浓度（以下用 MLSS 表示）的变化是连续的。这期间，虽然反应器内的混合液呈完全混合状态，但是其底物与微生物浓度的变化对于时间来说是一个推流（plug flow）过程，并且呈现出理想的推流状态。

在这样理想的推流式曝气池中，作为生化反应推动力的底物浓度从进水的最高浓度逐渐降解至出水时的最低浓度，在整个反应过程，由于物料没有返混，底物浓度没被稀释，反应物始终处在较高的浓度下进行反应，尽可能保持了最大的推动力，因此反应速率较快。

（3）运行方式灵活，脱氮除磷的效果好

SBR 能以各种方式灵活地运行，达到不同的净化目的。例如，为了维持反应器内好氧或厌氧状态，进水时可曝气、不曝气或只是搅拌；反应阶段也可曝气、搅拌或二者交替进行，也可改变曝气强度来改变其溶解氧浓度；还可以调整和改变各运行阶段的时间，来改变污泥龄大小或沉淀效率等。更重要的是，上述不同的运行方式是在同一反应器不同的时间内实现的，这是 SBR 的独特优点。

（4）有良好的污泥沉降性能，能防止污泥膨胀

目前，在活性污泥法中，SBR 是最难发生污泥膨胀的，这是由于 SBR 在时间上的理想推流状态，使污泥负荷（F/M）梯度达到理想的最大值，同时 SBR 中进水与反应阶段的缺氧（或厌氧）与好氧状态的交替，能抑制专性好氧的丝状菌的过量繁殖，而且 SBR 的污泥龄短致使剩余污泥的排放速率大于丝状菌的增长速率，丝状菌无法大量繁殖。

（5）耐冲击负荷，处理有毒或高浓度有机废水的能力强

在传统的连续流废水生物处理工艺中，由于微生物对生存条件要求比较严格，当进入处理系统的废水水质水量发生较大的变动时，处理效果将受到明显的影响。因此，一

般均需设置调节池以均化进水水质和水量。SBR 反应器是集调节池、曝气池和沉淀池于一体的污水处理工艺，其间歇运行方式使其可承受和适应较大的水质水量波动，具有处理效果稳定的特点。

（6）其他优点

除此之外，SBR 还具有以下优点。

① 在沉淀阶段，反应器内无水流的干扰属于理想静态沉淀，无异重流或短流现象，污泥也不会被冲走，所以泥水分离效果好，出水悬浮物相对少，污泥浓缩得好，也可缩短沉淀时间。

② 由于 SBR 序批运行的特点，它特别适合于废水流量变化大的工业废水处理，在流量很小或无废水排入时，可延长进水时间或闲置时间，节省运行费用。

③ 具有较高的氧转移推动力。在进水和反应初期，反应器内溶解氧（DO）浓度很低。根据活性污泥法动力学，在 DO 浓度很低的条件下，利用游离氧作为最终电子受体的污泥产率较低。此外，在缺氧时反硝化以 NO_x 作为电子受体进行无氧呼吸时其污泥产率更低。这就减少了剩余污泥量及其处理费用。DO 浓度低时，反应阶段氧的浓度梯度大、氧转移效率高。

④ 可控性好。SBR 可以根据进水水质和水量，灵活地改变曝气时间以至于一个运行周期所需要的时间，保证处理效果和效率，也可降低反应器内的有效水深，节省曝气费用。此外，SBR 系统本身也适合于组件式的构造方式，有利于废水处理厂的扩建与改建。

2．工艺存在的问题

SBR 从诞生到现在，许多影响和限制其大规模应用的因素依然存在，并且随着对污水处理技术和反应器结构及运行方面特点的深入研究，新的问题也被提出。SBR 的缺点及存在的问题有以下几点。

（1）SBR 反应器容积利用率较低

容积利用率，是指污水处理反应器或构筑物实际使用的有效容积与其总有效容积的比值。SBR 反应器的整个运行周期中，除闲置期外，进水期和滗水期的部分池容也没有充分利用，反应器内的水位并不是始终处于最高水平，这使 SBR 反应器池容的利用效率大大降低。

（2）控制设备较复杂，运行维护要求高

SBR 反应器数目的增加将大大增加 SBR 系统需要配套的电动和自控等设备，从而增加管理的难度和系统的故障率，也就需要更高水平的操作和管理人员。另外，根据 SBR 的运行方式，曝气控制阀、曝气管路和曝气机不允许任何泄漏，否则会破坏 SBR 作为沉淀池时的泥水分离过程。

（3）变水位运行，水头损失大，与后续处理工段难协调

① 需增加调节池：由于 SBR 的序批式运行，进水、排水都不连续，使原水流量与单池处理能力间存在水量不均衡的问题，一般需要根据进水变化情况在 SBR 池前设置调节池。另外，许多研究发现 SBR 序批式集中排水对一些受纳水体具有一定的冲击作用，所以许多 SBR 厂不得不在 SBR 池后设置一个缓冲池或塘，使其均匀排水。

② 水头损失大：由于 SBR 的变水位运行，具有灌水高度这一特殊性，因此 SBR 池进水水头必须大于其最高灌水水位，SBR 池出水水头却要低于其灌水最低水位。

③ 与后续处理工段协调困难：随着对出水水质要求的提高和污水处理回用的发展，许多情况下需要进行三级处理。常规的三级处理工艺如混凝、过滤、吸附、高级氧化和消毒等基本都是连续运行的，这些工艺置于 SBR 之后，由序批到连续显然存在水量均衡问题，为满足深度处理连续取水的需要，必须设计一个较大的调节池。

（4）不宜大规模化

SBR 反应器面积受到配套设备和沉淀所需池型的制约，单个 SBR 反应器不能建得太大，在遇到较大规模的污水处理厂时，只能增加反应池的组数。另外，SBR 单池面积过大还会造成进水和滗水不均匀。多池 SBR 系统中每个反应器均需配备相应的配水、配气和灌水等设备，且要求频繁控制和转换。SBR 工艺设备的复杂性和维护难度在大型污水处理厂将更加明显。

（5）缺乏适合 SBR 特点的实用设计方法、规范、经验和认识

SBR 工艺的发展和大量应用也只是在近 20 年，仍然缺乏成熟的规范和指导，还缺乏管理和操作经验。对 SBR 厂的调查报告显示，缺乏成熟的规范、经验和深刻认识是 SBR 厂存在的普遍问题，SBR 反应器许多机理和运行模式仍然处在研究和探索之中，各种适合于 SBR 的设备也仍需进行改进。

8.2.4　适用范围

SBR 工艺进一步拓宽了活性污泥法的使用范围，就近期的技术条件而言，SBR 工艺更适合以下情况：

① 中小城镇生活污水和厂矿企业的工业废水，尤其是间歇排放和流量变化较大的地方；

② 需要较高出水水质的地方，如风景游览区、湖泊和港湾等，不但要去除有机物，还要求对出水除磷脱氮，防止河湖富营养化；

③ 水资源紧缺的地方，SBR 系统可在生物处理后进行物化处理，不需要增加设施，便于水的回收利用；

④ 用地紧张的地方；

⑤ 对已建连续流污水处理厂的改造等；

⑥ 非常适合处理小水量，间歇排放的工业废水与分散点源污染的治理。

8.3 CASS 技术

8.3.1 CASS 技术的起源和发展历程

循环式活性污泥法（cyclic activated sludge system，CASS）是由 Goronszy 从连续进水间歇运行的氧化沟入手，进行可变容积活性污泥法的研究和开发，1975 年将连续进水间歇运行的工艺应用于矩形鼓风曝气池，并由美国川森维柔公司申请专利并推广应用，1978 年将生物选择器和 SBR 工艺有机结合，成功开发出 CASS。CASS 是在 ICEAS（intermittent cyclic extended activated sludge）的基础上研究开发的一种改进的 SBR 工艺，又被称为连续进水周期循环式活性污泥法。CASS 的发展主要经历了以下几个阶段，如图 8-8 所示。

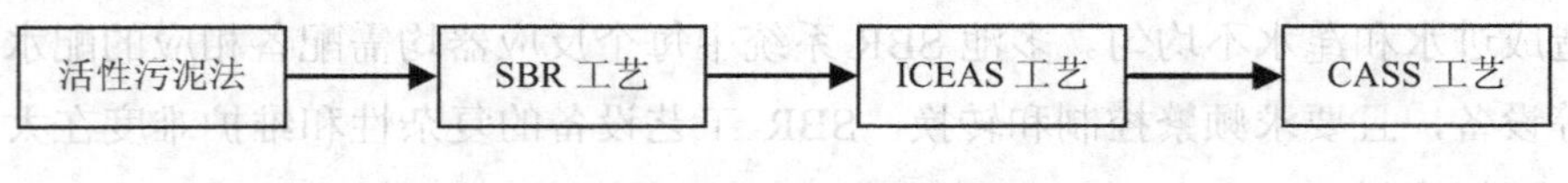

图 8-8 CASS 发展主要阶段

8.3.2 CASS 技术的基本原理及流程

CASS 是近年来国际公认的处理生活污水及工业废水的先进工艺。其基本结构是在 SBR 的基础上演变而来的，通常由预反应区和主反应区组成，其工作原理如图 8-9 所示。

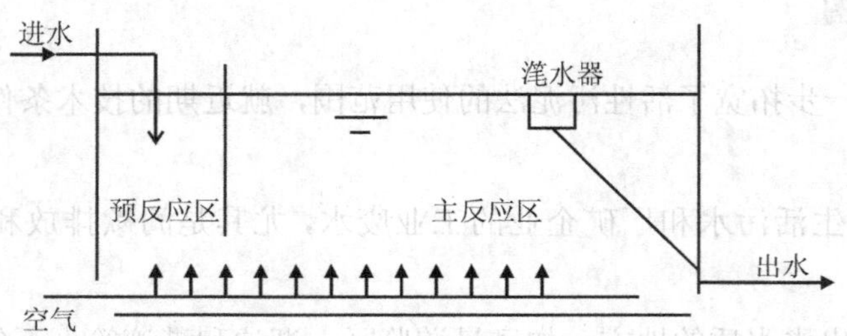

图 8-9 CASS 工作原理

反应池沿池长方向设计为两部分，前部为生物选择区也称预反应区，后部为主反应区，主反应区后部安装了可升降的自动滗水装置。整个工艺的曝气、沉淀、排水等过程在同一池子内周期循环运行，省去了常规活性污泥法的二沉池和污泥回流系统。CASS 可连续进水，间断排水。

设置生物选择区（预反应区）的主要目的是使系统选择出絮凝性细菌，其容积约占整个池子的 10%。生物选择区的工艺过程遵循活性污泥的基质积累-再生理论，使活性污泥在选择器中经历一个高负荷的吸附阶段（基质积累），随后在主反应区经历一个较低负荷的基质降解阶段，以完成整个基质降解的全过程和污泥再生。

CASS 工艺集反应、沉淀、排水于一体，对污染物质降解是一个好氧-缺氧-厌氧交替运行的过程，具有一定的脱氮除磷效果。工艺流程见图 8-10。

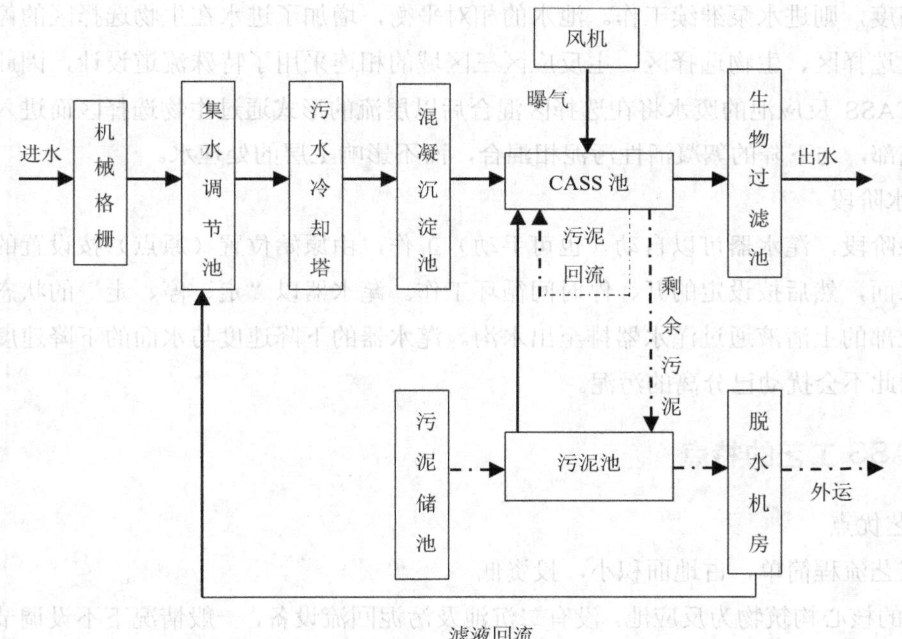

图 8-10　CASS 工艺流程

污水由地下管道接入，重力流进入机械格栅槽，经粗格栅除污机除去大粒径漂浮物后进入集水调节池，由调节池提升泵提升至细格栅槽，然后自流至污水冷却塔，再进入混凝沉淀池进行初步泥水分离，而后自流至 CASS 生化反应池，污水在此进行缺氧（搅拌）反应，好氧（曝气）反应处除去有机物，并经硝化、反硝化处理氨氮和磷，最终经沉淀、排水和闲置工序完成一个周期的处理过程。污水按一定周期得到处理，每一循环由下列各阶段组成。

1．进水、曝气、回流阶段

集水调节池的废水由污水提升泵提升至混合槽与污泥回流泵提升来的回流污泥进行混合后进入生物选择区，废水中的溶解性有机物质迅速得到去除，回流污泥中的硝酸盐可在此进行反硝化，从而防止污泥膨胀；在生物选择区中，废水被微量曝气，基本处于缺氧状态，有机物在此反应区内得到初步降解，同时可以去除部分硝态氮；在主反应区内，经厌氧、缺氧的废水得到大量的曝气，处于好氧状态，进行硝化和降解有机物，同时在沉淀和闲置时也存在反硝化过程。

2．沉淀阶段

在此阶段，污泥回流、曝气均停止工作，整个充满水的池子上方处于相对静止的状态。此时，活性污泥进行絮凝与处理水开始分离。在该阶段，如果进水量没有使水位达到预定的高度，则进水泵继续工作。池水的相对平衡，增加了进水在生物选择区的停留时间，而且选择区、生物选择区、主反应区三区域的相连采用了特殊流道设计，因此，此时进入 CASS 反应池的废水将在选择区混合后以层流的形式通过生物选择区而进入主反应区的底部，与下降的絮凝活性污泥相混合，而不影响上层的处理水。

3．滗水阶段

到达该阶段，滗水器可以自动（也可手动）工作，由原始位置（原点）按设置的速度降到池水面，然后按设定的开、停时间循环工作。滗水器以“走、停、走”的状态下降，池子上部的上清液通过滗水器排至出水沟。滗水器的下降速度与水面的下降速度基本相当，因此不会扰动已分离的污泥。

8.3.3 CASS 工艺的特点

1．工艺优点

（1）工艺流程简单，占地面积小，投资低

CASS 的核心构筑物为反应池，没有二沉池及污泥回流设备，一般情况下不设调节池及初沉池，布置紧凑、占地面积小、投资低。与传统活性污泥工艺相比，建设费用可节省 10%～25%。

（2）生化反应推动力大

在完全混合式连续流曝气池中的底物浓度等于二沉池出水底物浓度，底物流入曝气池的速率即为底物降解速率，作为生化反应推动力的底物浓度很低，其生化反应推动力也很小，反应速率和有机物去除效率都比较低；从进水的最高浓度逐渐降解至出水时的最低浓度，整个反应过程底物浓度没被稀释，尽可能地保持了较大推动力。

（3）沉淀效果好

CASS 工艺在沉淀阶段几乎整个反应池均起沉淀作用，沉淀阶段的表面负荷比普通二沉池小得多，虽有进水的干扰，但其影响很小，沉淀效果较好。

（4）运行灵活，抗冲击能力强，可实现不同的处理目标

CASS工艺在设计时已考虑流量变化的因素，能确保污水在系统内停留预定的处理时间后经沉淀排放，还可以通过调节运行周期来适应进水量和水质的变化。当进水浓度较高时，也可通过延长曝气时间实现达标排放，达到抗冲击负荷的目的。当强化脱氮除磷功能时，CASS工艺可通过调整工作周期及控制反应池的溶解氧水平，提高脱氮除磷的效果。

（5）不易发生污泥膨胀

CASS反应池中存在着较大的浓度梯度，而且处于缺氧、好氧交替变化之中，这样的环境条件可选择性地培养出菌胶团细菌，使其成为曝气池中的优势菌属，有效地抑制丝状菌的生长和繁殖，克服污泥膨胀问题，从而提高系统的运行稳定性。

（6）适用范围广，适合分期建设

CASS工艺可应用于大型、中型及小型污水处理工程，比SBR工艺适用范围更广泛。连续进水的设计和运行方式，不仅便于与前处理构筑物相匹配，而且控制系统比SBR工艺更简单。

（7）剩余污泥量小，性质稳定

CASS法泥龄比传统活性污泥法高数倍，所以污泥稳定性好，脱水性能佳，产生的剩余污泥少。传统法剩余污泥不稳定，沉降性差，耗氧速率大于 20 mg O_2/（g MLSS·h），必须稳定化后才能处置，而由于污泥在 CASS 法剩余污泥的耗氧速率在 10 mg O_2/（g MLSS·h）以下，一般不需要再经稳定化处理，可直接脱水。

（8）CASS的经济性

实践证明，CASS工艺日处理水量从几百立方米到几十万立方米均可，只要设计合理，与其他方法相比具有一定的经济优势。它比传统活性污泥法节省投资 20%～30%，节省土地 30%以上；CASS工艺的曝气是间断的，利于氧的转移，曝气时间可根据水质、水量变化而调整，有利于降低运行成本。

2．工艺存在的不足

CASS工艺主要存在以下几个方面的问题。

① 微生物种群之间的复杂关系尚不明确：CASS 系统的微生物种群结构与常规活性污泥法不同，菌群主要由硝化菌、反硝化菌、聚磷菌和异氧型好氧菌组成。目前对该系统中微生物种群之间的复杂的生存竞争和生态平衡关系了解甚少，而理清微生物种群之间的关系对于优化CASS工艺起到重要作用，因此需加强对这方面理论的研究工作。

② 生物脱氮效率难以提高：生物脱氮效率难以提高主要体现在硝化反应和反硝化反应均不完全两个方面。当硝化细菌和异养细菌混合培养时，两者对底物和 DO 的竞争限制硝化菌的生长，硝化反应被抑制。此外，CASS工艺有约 20%的硝态氮通过回流污泥进

行反硝化，其余的硝态氮则是通过同步硝化反硝化和沉淀、闲置期污泥的反硝化实现，反硝化不彻底。

③ 除磷效率难以提高：污泥的释磷过程受回流混合液中硝态氮浓度的影响比较大，CASS 工艺系统中难以提高除磷效率。

④ 控制方式较为单一：目前实际应用中的 CASS 工艺基本上是以时序控制为主的，由于污水的水质是实时变化的，因此采用固定不变的反应时间无法取得最佳处理效果。

⑤ 对自控系统可靠性要求高。

8.3.4 CASS 工艺适用范围

CASS 工艺是以生物反应动力学原理及合理的水力条件为基础而开发的一种废水处理新工艺，可应用于大型、中型及小型污水处理工程，比 SBR 工艺适用范围更广泛，尤其适用于含有较多工业废水的城市污水及要求脱氮除磷的处理。

8.4 氧化沟工艺

8.4.1 氧化沟技术的起源和发展

氧化沟（oxidation ditch，OD）又名氧化渠。1954 年荷兰建成了世界第一座氧化沟污水处理厂，该工艺将曝气、沉淀和污泥稳定等处理过程集于一体，以间歇方式运行，管理方便，运行稳定。1967 年，首次提出将水下曝气和推动系统用于氧化沟，发明了射流曝气氧化沟（JAC）；1968 年，DHV 公司开发了卡鲁赛尔（Carrousel）氧化沟，将立式低速表曝机应用于氧化沟；1970 年，Huisman 在南非开发了使用转盘曝气机的奥贝尔（Orbal）氧化沟；20 世纪 80 年代，美国开发了导管式氧化沟，以导管式曝气器代替传统的曝气转刷。我国自 20 世纪 80 年代初开始研究和运用 OD 工艺，目前实际工程已涉及国际上所有类型。

8.4.2 氧化沟工艺基本原理及流程

1. 基本理论

氧化沟工艺是传统活性污泥法的一种改型，其基本特征是曝气池呈封闭的沟渠形，污水和活性污泥的混合液在其中不停地循环流动。氧化沟工艺流程如图 8-11 所示。

氧化沟污水处理的整个过程如进水、曝气、沉淀和出水等全部集中在氧化沟内完成，最早的氧化沟不需另设初沉池、二沉池和污泥回流设备。随着处理规模和范围逐渐扩大，它通常采用延时曝气和连续进出水，所产生的微生物污泥在污水曝气的同时得到稳定，不需设置初沉池和污泥消化池，处理设施大大简化。

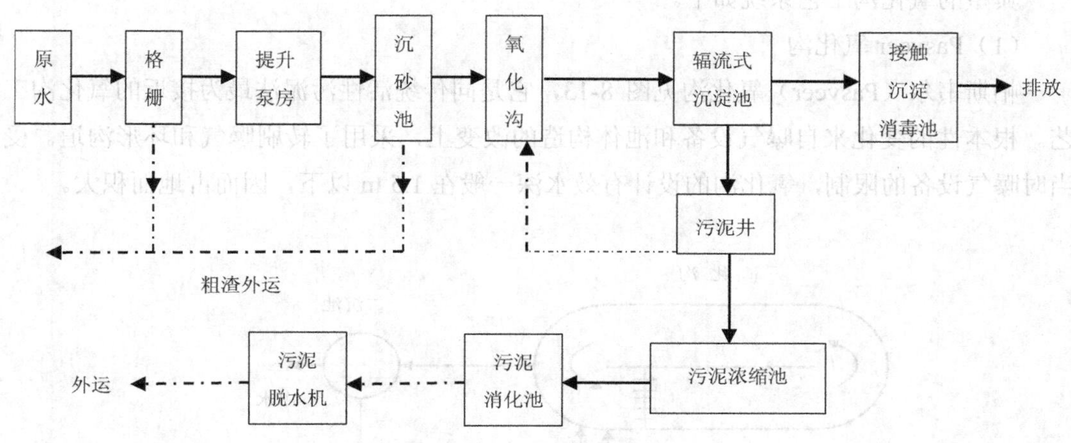

图 8-11　氧化沟工艺流程（生活污水厂）

氧化沟工艺氮磷的去除，早期以传统生物脱氮除磷理论为基础，但随着生物脱氮除磷理论的发展，人们陆续发现氧化沟工艺中存在其他生化反应过程，如同步硝化反硝化（SND）和反硝化除磷（DNPR）等。

2. 氧化沟工艺的类型

氧化沟工艺有多种类型，按曝气方式、沟型构造、沟池数量、运行方式、功能效用分类，都有不同的类型。曝气方式上可以分为卧式转刷和转碟曝气、立式的表面叶轮曝气和鼓风曝气等；沟型构造上可以分为跑道形、圆形、椭圆形、马蹄形、多环形及带侧渠的氧化沟等；在沟池数量上有单沟式、双沟式、三沟式等；在运行方式上有连续运行和交替间歇运行等；在功能效用上有以去除 COD 为主的，有完成碳、氮、磷同时去除的等。图 8-12 显示氧化沟按运行方式的详细分类。

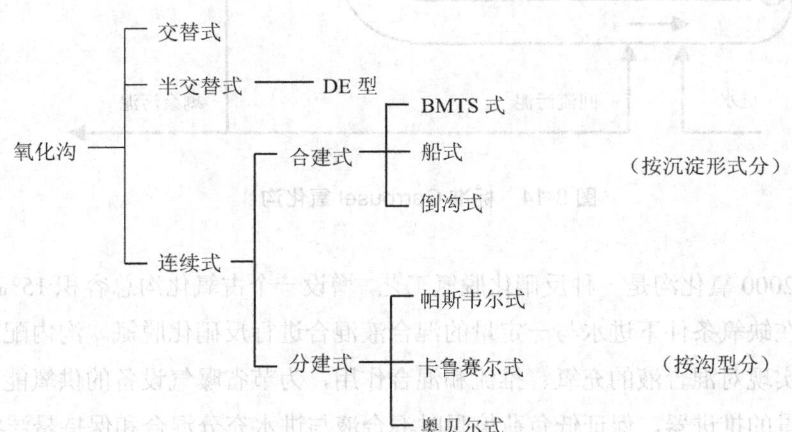

图 8-12　OD 工艺分类

典型的氧化沟工艺系统如下。

（1）Pasveer 氧化沟

帕斯韦尔（Pasveer）氧化沟见图 8-13，它是同传统活性污泥法最为接近的氧化沟工艺。根本性的变化来自曝气设备和池体构造的改变上，采用了转刷曝气和环形沟道。受当时曝气设备的限制，氧化沟的设计有效水深一般在 1.5 m 以下，因而占地面积大。

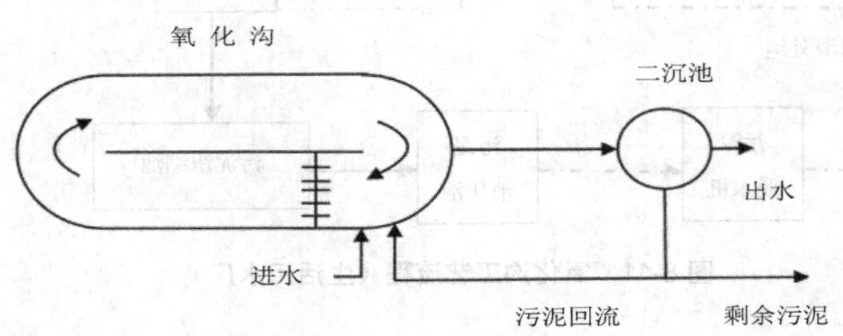

图 8-13 Pasveer 氧化沟

（2）卡鲁赛尔（Carrousel）氧化沟

为了弥补转刷式氧化沟占地面积大的不足，20 世纪 60 年代荷兰 DHV 公司使用立式低速表曝机使得氧化沟的有效水深加大，获得了充分的泥水混合效果，形成了 Carrousel 氧化沟，标准 Carrousel 氧化沟池型如图 8-14 所示。

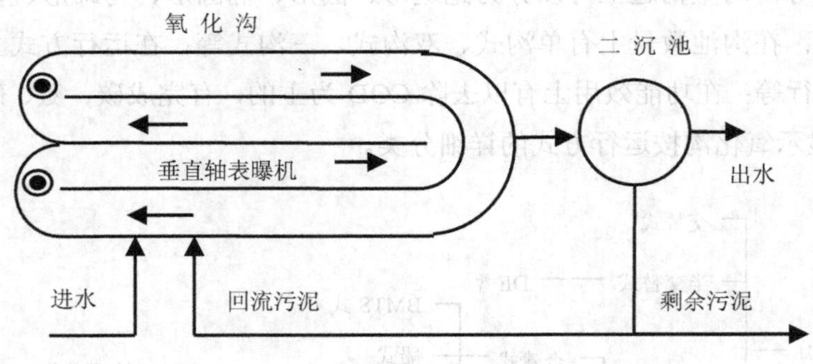

图 8-14 标准 Carrousel 氧化沟

Carrousel 2000 氧化沟是一种反硝化脱氮工艺，增设一个占氧化沟总容积 15%～20%的预反硝化区，在缺氧条件下进水与一定量的混合液混合进行反硝化脱氮。沟内配有相当数量的表曝机，实现对混合液的充氧、推流和混合作用，为节省曝气设备的供氧能耗，沟内还装有一定数量的推进器，保证低负荷停曝时混合液与进水充分混合和保持悬浮状态。

为进一步减小占地面积，DHV 公司于 20 世纪 90 年代开发了 Carrousel 3000 氧化沟工艺。该工艺是在 Carrousel 2000 系统前再加上一个生物选择区，利用高有机负荷筛选菌种，抑制丝状菌的增长，提高各污染物的去除率，其后的工艺原理同 Carrousel 2000 氧化沟。

（3）Orbal 氧化沟

奥贝尔（Orbal）氧化沟是由南非的 Muisman 于 1970 年提出，是一种多级氧化沟，由多个由隔墙分隔的同心圆环形沟渠组成，每个沟渠相对独立，依次串联。其平面布置如图 8-15 所示。由于各沟道均表现为单个反应器的特征，这使得 Orbal 氧化沟的推流特征更加突出。在各个沟道之间存在明显溶解氧梯度，对于有机物的去除、高效脱氮、防止污泥膨胀和节约能耗等，都是非常有意义的。

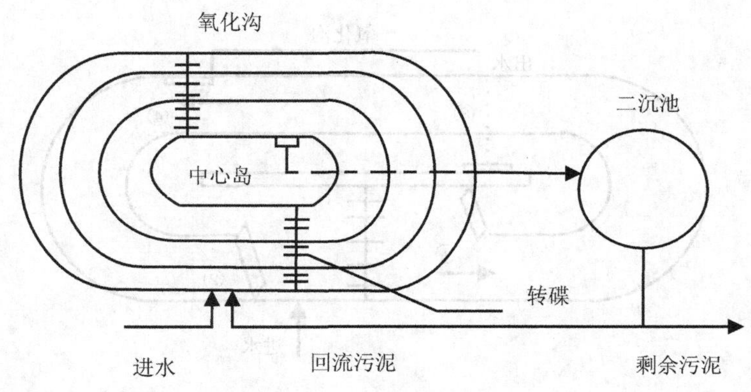

图 8-15　Orbal 氧化沟

Orbal 氧化沟进水进入外沟，同回流污泥进行混合，使回流污泥中的硝态氮能利用原水中的有机碳源，在外沟整体较低的溶解氧浓度下进行反硝化，这种脱氮方式能节省用于硝化和碳化的曝气量，同时可以不必考虑反硝化外加碳源。中沟作为摆动沟道，使系统更为稳定，内沟保持较高的溶解氧，以保证碳化和硝化完全，最后由中心岛排出混合液，进入沉淀池。

（4）一体化氧化沟

一体化氧化沟也称为合建式氧化沟，集曝气、泥水分离及污泥回流等处理和功能于一体，Pasveer、Carrousel 以及 Orbal 氧化沟都设有独立的二沉池，而一体化氧化沟是集曝气、沉淀、泥水分离和污泥回流功能于一体，无须建造单独的二沉池的一类氧化沟，处理流程更为简化，占地面积更少，是一体化氧化沟的突出特点。一体化氧化沟也存在一些问题，如沉淀效果不同程度上受沟内水流态影响；排泥浓度低，相应的泥区构筑物增大；同时满足曝气和沉淀困难等。

（5）交替式氧化沟

交替式氧化沟工艺主要有 VR 型、D 型（双沟）、T 型（三沟）等类型。

1）VR 型氧化沟

VR 型氧化沟是实现了连续进出水的单沟交替式氧化沟，其将曝气沟渠分成容积相等的两部分，定时改变曝气器的旋转方向来改变沟内水流方向，使两部分池体交替作为曝气池和沉淀池使用，不设二沉池和污泥回流系统。如图 8-16 所示，①、② 为单向活拍门，③、④ 为可启闭的出水堰。当曝气器顺时针旋转时，拍门① 通过水流压力自动关闭，拍门② 会被水流冲开，外侧池体作为曝气池，内侧池体作为沉淀池使用，出水堰③ 工作；当曝气器逆时针旋转时，内侧池体作为曝气池，外侧池体作为沉淀池使用，出水堰④ 工作。

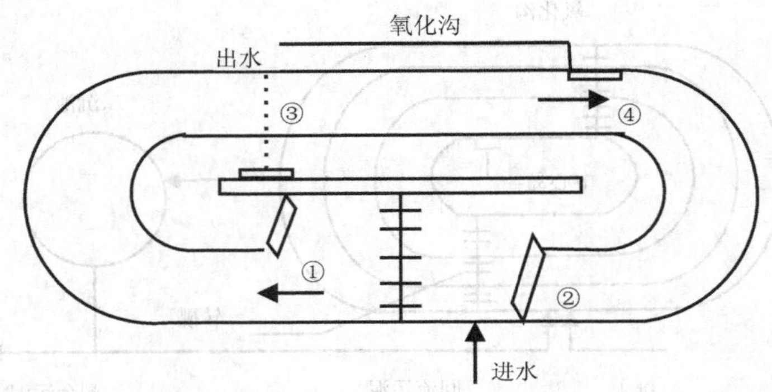

图 8-16 VR 型氧化沟

2）D 型氧化沟

D 型（双沟）氧化沟由池容完全相同的两个氧化沟组成，两池串联运行，交替作为曝气池和沉淀池，控制运行工况可以实现硝化和一定的反硝化，见图 8-17，在两个池交替作为曝气池和沉淀池的过程中，存在一个过渡轮换期，在过渡轮换期内，转刷全部停止工作，转刷的实际利用率低，是 D 型氧化沟的主要缺点。

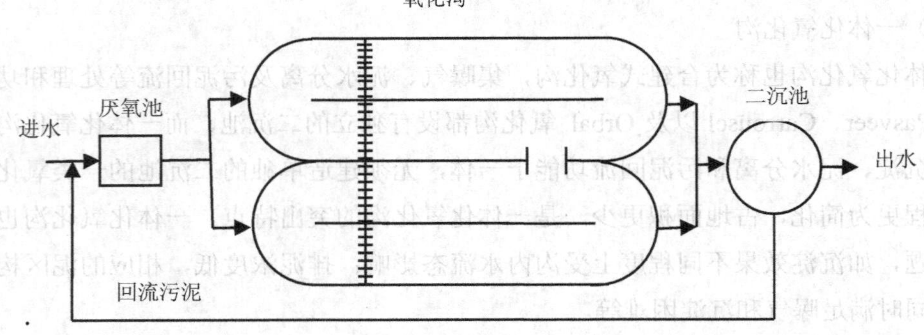

图 8-17 D 型氧化沟

3）T 型氧化沟

由于 D 型氧化沟的设备闲置率高，在此基础上开发了 T 型（三沟）氧化沟。T 型氧化沟为三沟交替工作式氧化沟系统，在三沟中，有一沟一直作为曝气池使用，因而提高了转刷的利用率，通过工况设计，设备利用率大大提高。典型工艺见图 8-18，氧化沟前设置配水井，每沟之间相互贯通，两侧沟上设有可调出水堰，剩余污泥一般从中间沟道排出。T 型氧化沟运行灵活，曝气沉淀均在沟内完成，无须设二沉池和污泥回流。T 型氧化沟中存在三沟道污泥浓度不均匀的现象，即普遍存在侧边沟污泥浓度远大于中间沟的情况，这是三沟氧化沟硝化/反硝化运行模式的必然结果，可以通过延长反硝化阶段的时间来改善污泥浓度分布不均的情况；采用侧沟沉淀，由于受反应器流态的影响，出水中悬浮物较多，沉淀效果不好，可以通过控制运行工况和改善沉淀环境来解决沉淀问题。

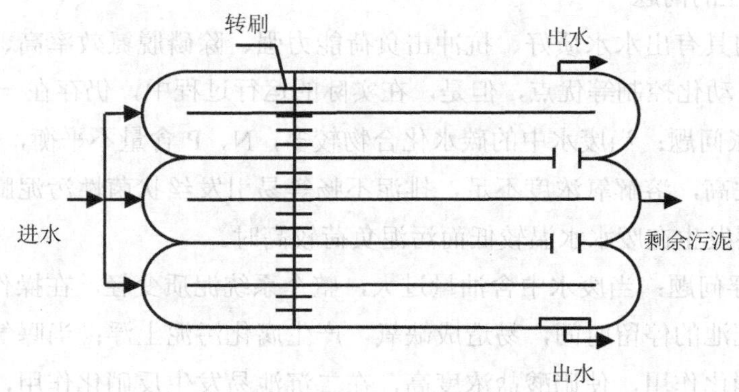

图 8-18　T 型氧化沟

8.4.3　氧化沟工艺的优缺点

氧化沟在水流混合方面，既具有推流反应的特征，又具有完全混合反应的优势；前者使其具有出水优良的条件，后者使其具有抗冲击负荷的能力。正是因为有这个环流，且有能量分区，它具有了许多污水生物处理技术所拥有的优势，其中最为显著的优势是工作稳定可靠。

1．工艺优点

① 工艺流程简单，操作管理方便。原水经格栅沉砂后，即可进入氧化沟，不需在系统中设置初沉池和调节池，还可将氧化沟与二沉池合建，省去污泥回流装置并节省占地。适用于技术力量较弱，管理水平较低的中小型污水处理厂。

② 耐冲击负荷。氧化沟因水力停留时间长、沟中水流不断循环等特点，对进水水量、

水质的变化有较大的适应性，能承受冲击负荷而不致影响处理性能。当处理高浓度工业废水时，进水能得到很大程度的稀释，使其对活性污泥细菌的抑制作用得到减弱。

③ 处理效果好，出水水质稳定。氧化沟中的污泥总量比普通曝气池高 10～30 倍，在供氧充足条件下，氧化沟中的污水被完全净化，处理效果好，且氧化沟具有脱氮能力，改进型氧化沟兼具除磷功能。

④ 污泥产量少且性质稳定。因氧化沟所采用的污泥龄一般达 20～30 d，污泥在沟内得到了好氧稳定，污泥产生量也较少，剩余污泥较稳定，没有臭味，脱水快，因此，污泥后处理大大简化，节省处理厂运行费用。

⑤ 基建投资省，运行费用低。当处理厂的规模较大时，氧化沟所需的运行费用仍要比传统活性污泥法略高，但是如果要求氧化沟具有脱氮功能，则其基建投资和运行费用比其他任何具有脱氮功能的生物处理工艺都要低。

2. 工艺存在的问题

尽管氧化沟具有出水水质好、抗冲击负荷能力强、除磷脱氮效率高、污泥易稳定、能耗省、便于自动化控制等优点，但是，在实际的运行过程中，仍存在一系列的问题。

① 污泥膨胀问题：当废水中的碳水化合物较多，N、P 含量不平衡，pH 偏低，氧化沟中污泥负荷过高，溶解氧浓度不足，排泥不畅等易引发丝状菌性污泥膨胀；非丝状菌性污泥膨胀主要发生在废水水温较低而污泥负荷较高时。

② 污泥上浮问题：当废水中含油量过大，整个系统泥质变轻，在操作过程中不能很好控制其在二沉池的停留时间，易造成缺氧，产生腐化污泥上浮；当曝气时间过长，在池中发生高度硝化作用，使硝酸盐浓度高，在二沉池易发生反硝化作用，产生氮气，使污泥上浮。另外，废水中含油量过大，污泥可能挟油上浮。

③ 流速不均及污泥沉积问题：在氧化沟中，氧化沟的曝气设备一般为曝气转刷和曝气转盘，转刷的浸没深度为 0.25～0.3 m，转盘的浸没深度为 0.48～0.53 m，与氧化沟水深（3.0～3.6 m）相比，转刷和转盘浸没深度有限，因此造成氧化沟上部流速较大，而底部流速很小，致使沟底大量积泥（有时积泥厚度达 1.0 m），大大减少了氧化沟的有效容积，降低了处理效果，影响了出水水质。

④ 对于 BOD 较小的水质完全没有处理能力。

8.4.4 氧化沟工艺适用范围

适用于中小型的污水处理厂。

8.5 UNITANK工艺

8.5.1 UNITANK 工艺起源

UNITANK 工艺又称交替式生物处理池，是 1987 年 INTERBREW 与 KU Leuven 基于三沟氧化沟结构提出的一种活性污泥法污水处理新技术，该工艺集合了传统活性污泥法和 SBR 运行模式的优点，把空间推流与时间推流的生化处理过程合二为一，整个系统连续进水和连续出水，而单个池子相对为间歇进水和间歇排水，通过灵活的时间和空间控制，适当改变曝气搅拌方式和延长水力停留时间，可达到脱氮除磷效果。

8.5.2 UNITANK 工艺基本原理及结构

UNITANK 基本单元是由三个矩形池组成（A 池、B 池、C 池），相邻通过公共墙开洞或池底渠连通，池中都安装有曝气系统，微孔曝气头、表曝机或潜水曝气机均可；位于两侧的池子（A 池和 C 池）设有出水堰及剩余污泥排放装置，它们交替作为曝气池和沉淀池，中间的池子（B 池）只能作为曝气反应池。污水通过闸门控制可以进入任意一个池子，采用连续进水，周期交替运行。通过调整系统的运行，可以实现处理过程的时间及空间控制，形成好氧、厌氧或缺氧条件，以完成具体处理目标，UNITANK 工艺结构如图 8-19 所示。

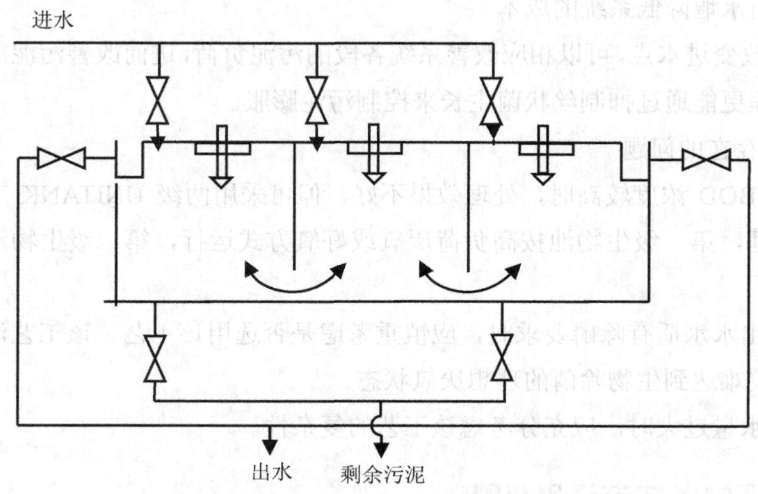

图 8-19 UNITANK 工艺结构

与传统的活性污泥法一样，UNITANK 污水处理工艺通过微生物与污水充分接触，有机物质为微生物所利用、降解、去除，在此过程中，新的微生物细胞不断生成，不断补充和维持生物处理系统所需的微生物量，过剩的微生物以剩余污泥的形式被排出生物处理系统。通过设置厌氧和缺氧运行时段，UNITANK 工艺还具有除磷脱氮功能。除磷脱氮的基本原理与 A^2O 工艺相同。

生物脱氮原理：在好氧运行时段中，污水中的氨氮在硝化细菌的作用下转化为硝酸盐；在缺氧运行时段中，硝酸盐在反硝化细菌的作用下转化为氮气，从而达到脱氮的目的。

生物除磷原理：将活性污泥交替在厌氧、好氧条件下进行操作，所生成的活性污泥中含磷量比普通活性污泥法的污泥高。这种含磷量高的污泥在厌氧条件下放磷，在好氧条件下摄取较多的磷，通过排放剩余污泥，就可达到除磷的目的。

8.5.3 UNITANK 工艺的优缺点

1. 工艺优点

① UNITANK 工艺结构紧凑，方形池可共用池壁，能节省土建费用和占地面积。

② 不需要单独设置二沉池及污泥回流系统，可以节省大量投资与建设费用。

③ 可根据好氧过程的 DO 检测与缺氧和厌氧过程的 ORP 在线检测，高效地实现系统的时间和空间控制。

④ 系统在恒水位下运行，水力负荷稳定，充分利用了反应池的有效容积，采用构造简单的固定出水堰降低系统的成本。

⑤ 交替改变进水点，可以相应改善系统各段的污泥负荷，进而改善污泥的沉降性能，脱氮除磷过程更能通过抑制丝状菌生长来控制污泥膨胀。

2. 工艺存在的问题

① 进水 BOD 浓度较高时，处理效果不好，但可采用两级 UNITANK 工艺，即用两级生物池处理，第一级生物池按高负荷厌氧或好氧方式运行，第二级生物池按低负荷好氧方式运行。

② 对于出水水质有除磷要求时，应慎重考虑是否选用该工艺。该工艺没有一个完全的厌氧区，较难达到生物除磷的理想厌氧状态。

③ 处理水量过大时，应充分考虑该工艺的复杂性。

8.5.4 UNITANK 工艺适用范围

UNITANK 工艺更适用于用地紧张的大中型城市和中小型污水处理厂，在一定的范围内，可以替代其他活性污泥法，有独特的优点，并具有较强的竞争力。

8.6 百乐克工艺

8.6.1 百乐克工艺简介

百乐克工艺，又称悬挂链曝气工艺，是一种具有除磷脱氮功能的多级活性污泥污水处理系统，是在传统的固定曝气装置基础上发展起来的新型曝气技术，它采用的曝气设备是全新概念的悬挂链式微孔曝气装置。移动的曝气方式提高了氧的利用率，同时也起到搅拌作用，减少了能耗，降低了运行成本。

8.6.2 百乐克工艺基本原理和工艺流程

1．基本原理

百乐克工艺是基于延时曝气的多级 AO 活性污泥处理方法。在生化池内有多个 AO 段，是多个单级 AO 的组合。它通过运行中控制某些区域曝气头的状态，造成停气—曝气—停气—曝气……区域，在池中形成多个氧气不饱和和过饱和区域，从而实现各个缺氧段和好氧段，系统内可以经历多个反硝化和硝化区域。这种多级 AO 系统理论基础是非稳定状态理论和硝化-反硝化反应机理。在生化池中有足够的停留时间就可以控制曝气区域的方法实现 AO 工艺。由于自控的参与，多级 AO 可以调整曝气的区域，使 AO 容积比根据水质、水量的变化而变化。

2．工艺流程

百乐克工艺流程如图 8-20 所示。

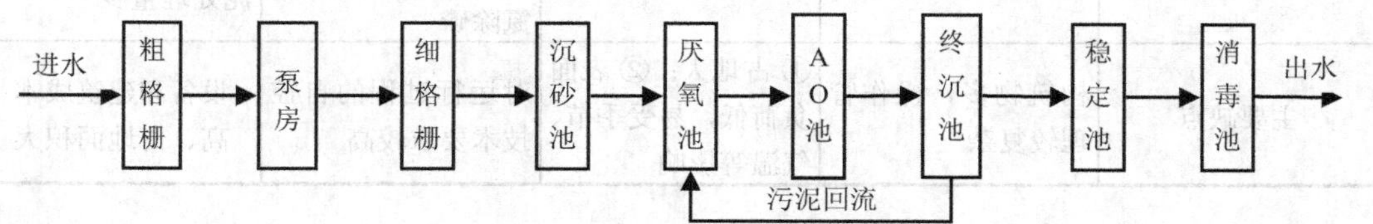

图 8-20　传统百乐克工艺系统组成

8.6.3 百乐克工艺的优缺点

1．工艺优点

① 百乐克系统属于低负荷活性污泥工艺，与一般负荷的活性污泥法比较，净化效率高，且大量回流活性污泥，减少了剩余污泥量。

② 百乐克工艺采用悬挂在浮管上的微孔曝气头，这种敷设 HDPE 防渗板的土质池体，

易于开挖、造价低廉，对地形的适应性很强。

③ 百乐克曝气系统的曝气头悬挂在浮链上，悬链摆动扰动曝气，使气泡在水中的上升轨迹呈斜上运动，延长了在水中的停留时间。

④ 百乐克工艺的另一特点是大量的回流污泥，其剩余污泥比传统工艺少得多。

⑤ 百乐克工艺的维修简单，维护费用低。

⑥ 百乐克工艺的脱氮除磷效果好，悬链式曝气装置的波浪式摆动，形成多级厌氧、好氧过程，实现多级脱氮除磷。

表 8-1 比较了百乐克与其他几种生化处理工艺的优缺点。

表 8-1 几种工艺的比较

生化工艺	A/O 法	氧化沟	CAST（SBR）法	百乐克
吨水造价	较低（约 1 300 元）国产设备	较低（约 1 300 元）国产设备	较高（约 1 350 元）国产设备	很低（约 1 200 元）进口设备
环境影响	有臭味	有臭味	有臭味	无臭味
吨水耗电/（kW·h）	0.4～0.5	0.4～0.5	0.4～0.5	0.2～0.3
主要优点	① 工艺稳定，设计参数成熟；② 处理效果好；③ 运行灵活，适应性强；④ 曝气池氧利用率高，动力消耗少	① 工艺流程简单，构筑物少；② 抗冲击负荷能力强，对高浓度工业废水有较大稀释能力；③ 通过调节可达到脱氮目的	① 同一池内曝气、沉淀，不需二沉池、污泥回流设备和调节池，占地和基建费用少；② 污泥沉降好，可保证出水水质；③ 操作灵活，可多种运行方式；④ 程序控制，可脱氮除磷	① 占地紧凑，综合池具有污泥池和澄清池作用，不需单设预缓冲池；② 工艺稳定；③ 脱氮除磷效果好；④ 投资低；⑤ 运行费用低；⑥ 维护简单；⑦ 污泥处理量少
主要缺点	构筑物多，操作管理较复杂	① 占地大；② 表面负荷低，易受季节、气温等影响	对运行过程的自控技术要求较高	设备和建筑成本高、占地面积大

2．工艺存在的问题

（1）设备成本高

百乐克工艺的核心设备就是悬挂链曝气装置，目前多用德国冯诺西顿的设备，也有用国产的。进口设备昂贵，但使用寿命相对较长。

（2）建设成本高

钢筋混凝土池的设计寿命不低于 50 年，而土池系统只有 10 多年，摊到每吨水的处理成本是极其昂贵的，悬浮链的使用寿命不如固定的长，且活动部件较多，配件也相应增加。

（3）占地面积大

土池结构在深度上会有较多限制，这就使得在总池容积保持不变的情况下，占地面积必然增大。

8.6.4　百乐克工艺适用范围

百乐克工艺对生活污水和工业废水都是有效的，尤其适用在中小城镇中，利用现有的坑塘或排污河渠进行污水净化处理，可节省大量的资金和土地。在已建成的大中型污水处理厂也可利用百乐克工艺技术直接改造，以达到更好的运行使用效果，延长服务年限，如本章提到的氧化沟工艺直接改造为百乐克工艺。百乐克工艺在我国应用已较为成熟，适合大力推广。

8.7　气浮处理技术

8.7.1　起源和发展历程

气浮法利用高度分散的微气泡作为载体黏附废水中的悬浮物，使其密度小于水而上浮到水面以实现固液分离过程，它可用于水中固体与固体、固体与液体、液体与液体乃至溶质中离子的分离。气浮法作为一种高效、快速的固液分离技术，始于选矿。20 世纪 70 年代以来，该技术在水处理领域颇受国内外学者的关注并得以迅速发展，目前已较广泛地应用于给水，尤其是对低温、低浊、富藻水体的净化处理以及城市生活污水和各种工业废水处理。

气浮理论的发展可分为开拓期和发展期。开拓期始于 20 世纪 70 年代中期，大部分研究集中在气浮工艺条件的研究上，如气浮分离的物理化学条件；70 年代后期属于发展期，气浮理论研究向纵深发展，气浮过程的机理、热力学和动力学的研究也日益增多。

8.7.2　基本原理

气浮分离工艺必须满足三个基本条件：一是必须向水中释放足够量的高度分散的微小气泡；二是必须使水中的污染物呈现悬浮状态；三是必须使气泡与悬浮态污染物发生黏附作用。只有满足这三个条件，才能达到气浮分离的目的。在这三个条件中，最重要的是气泡能够黏附在污染物颗粒或油珠上。这必然涉及气—液—固三相界面的表面张力、界面能和水对悬浮态污染物的润湿性等问题。

在气浮分离过程中，存在气—液—固三相（或气—油—水三相），三相体系的平衡关系如图 8-21 所示。

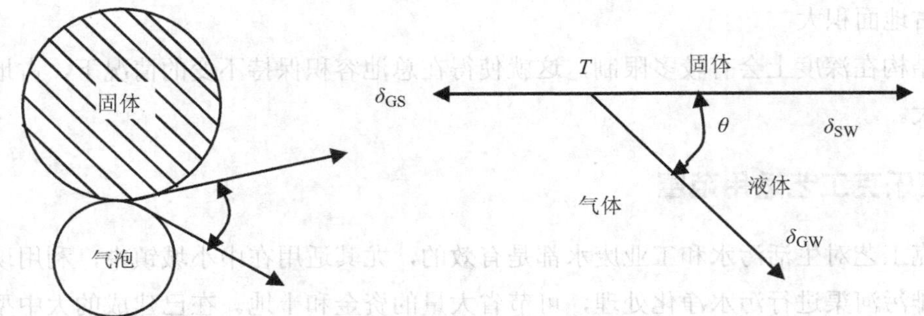

图 8-21 气—固—液三相体系的平衡

由图 8-21 可见，在气—固—液三相交界处的 T 点，有三种表面张力在相互作用，δ_{GS} 表示气—固界面张力，δ_{GW} 表示气—液界面张力，δ_{SW} 表示固—液界面张力。δ_{GW} 与 δ_{SW} 之间的夹角 θ 即所谓的接触角。接触角 $\theta<90°$者容易被水润湿，称为亲水性物质；$\theta>90°$者难以被水润湿，称为疏水性物质。当三相界面的接触角处于相对平衡状态时，三相界面张力的关系可表示为

$$\delta_{SW}=\delta_{GS}+\delta_{GW}\times\cos\left(180°-\theta\right) \tag{8-1}$$

式（8-1）中，当 θ 趋近于 0°时，则固体污染物呈现完全亲水性质，这种物质不易和气泡黏附，理论上不能用气浮法处理。当 θ 趋近于 180°时，固体表面完全被气体覆盖，呈现出疏水性，这种物质易于同气泡黏附，适合采用气浮法处理。对于分散而细小的亲水性颗粒，必须将其亲水性变为疏水性以后使之与气泡相黏附，方可采用气浮法处理，向这种废水中加入浮选剂即可将颗粒的亲水性改变，从而有利于气浮。浮选剂分子一端带有极性基团，另一端带有非极性基团，极性基团可选择性地被亲水物质吸附，非极性基团则朝向水，这样亲水性物质的表面即呈现疏水性，容易黏附在气泡上浮至水面。浮选剂还有促进起泡的作用，可使废水中的空气泡形成稳定的小气泡，对气浮十分有利。表面活性剂是人们常用的浮选剂。

当向废水中投加混凝剂产生絮体或废水中本来就存在絮体时，若采用气浮法处理，则由于絮体和气泡都带有一定的疏水性，它们的比表面积都很大，并且都有过剩的自由界面能，故絮体和气泡存在相互吸附而降低各自表面能的倾向。在一定水力条件下，具有较大动能的小气泡因与絮体相互撞击而使二者发生多点吸附，故可提高气浮效率。此外，絮体对微小气泡的网补和包卷作用，对提高气浮效率也大有裨益。

从上述机理的讨论中可以看出，对于以分子或离子态混溶于废水中且在水中呈均相的污染物，可使用化学药剂对其处理，使其转化为具有疏水性且可悬浮的不溶性固体或络合物后，可用气浮法处理。对于废水中的金属离子，可将其转化为氢氧化物或硫化物沉淀或者投加表面活性剂使其转化为螯合物后，用气浮法处理。

8.7.3　气浮形式分类

通常按照产生气泡的方法不同，将气浮法分为以下几类。

1. 分散空气气浮法

分散空气气浮法就是利用机械剪切力将混于水中的空气破碎成微小气泡后进行气浮处理的方法。在水处理中常用的分散空气气浮方法可分为扩散曝气气浮、叶轮气浮和射流气浮三种。

（1）扩散曝气气浮

该种方法是将压缩空气引入靠近气浮池底部的微孔扩散曝气器，微孔扩散曝气器一般由陶瓷或塑料制成，其作用是利用微孔将空气分散成微细气泡，小气泡在上升过程中与废水中的悬浮颗粒或油珠相黏附，带气颗粒上浮至水面得以去除，经处理后的水从池底排水管排出。扩散曝气气浮装置示意图见图 8-22。

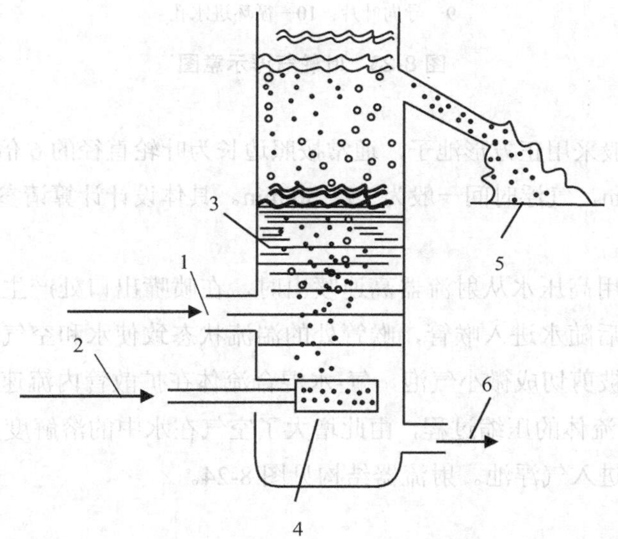

1—废水进口；2—空气进口；3—分离区；4—微孔扩散曝气设备；5—浮渣；6—出水

图 8-22　扩散曝气气浮装置示意图

这种分散空气气浮方法的缺点是扩散曝气器的微孔容易堵塞，如果曝气器的扩散孔增大，则产生的气泡较大，气浮效率不高。

（2）叶轮气浮

叶轮气浮是靠高速旋转的叶轮在固定盖板下形成的负压而吸入空气，混入废水中的空气经过叶轮的剪切作用分散成小气泡，小气泡随同水流被甩向导向叶片外面并经整流板整流后垂直上升，与颗粒黏附后上浮至水面。叶轮气浮示意图见图 8-23。

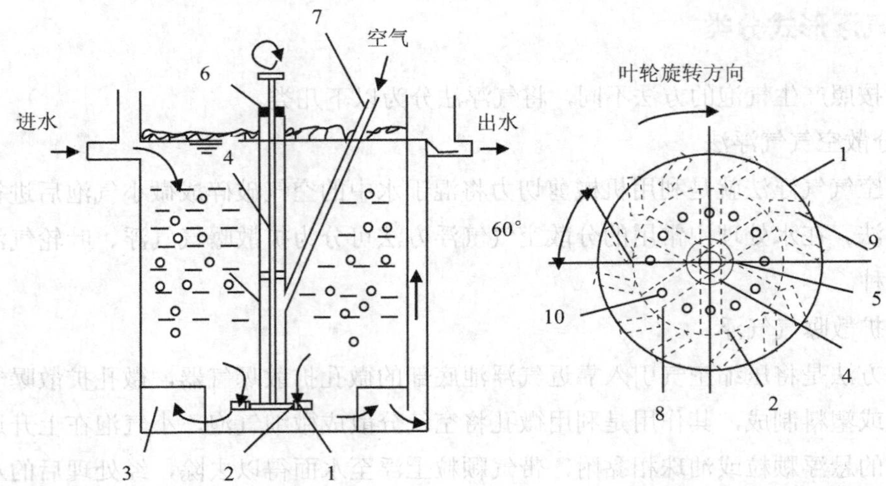

1—固定盖板；2—叶轮；3—整流板；4—转轴；5—轴套；6—轴承；7—进气管；8—叶轮叶片；9—导向叶片；10—循环进水孔

图 8-23　叶轮气浮示意图

叶轮气浮池一般采用正方形池子，通常按照边长为叶轮直径的 6 倍来设计，设计工作水深一般为 2.5～4 m，气浮时间一般为 15～30 min。具体设计计算请参阅有关设计手册。

（3）射流气浮

射流气浮是利用高压水从射流器高速喷出时，在喷嘴出口处产生负压，将空气源源不断地吸入吸引室后随水进入喉管，喉管处的湍流状态致使水和空气充分混合并进行能量交换，同时空气被剪切成微小气泡，气-水混合流体在扩散管内流速降低，因而压力升高，进入气-水混合流体的压缩过程，由此增大了空气在水中的溶解度，最后，气-水混合流体从排出口排出进入气浮池。射流器结构见图 8-24。

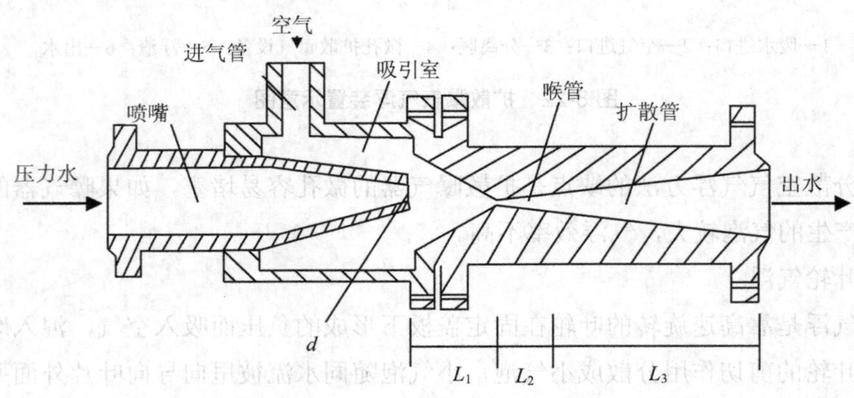

图 8-24　射流器结构

射流器各部分尺寸的最佳值一般通过实验确定。具体设计计算公式可参见有关手册。

2．溶解空气气浮法

溶解空气气浮法包括真空式气浮和压力溶气气浮两种。

（1）真空式气浮

真空式气浮是利用抽真空的方法迫使在常压或加压下溶解的空气以微气泡的形式释放出来，供气浮使用。此法的优点是空气溶解所需压力较低，动力设备和能量消耗较少，气泡形成和气泡与絮粒的黏附较稳定。但由于常压或低压下空气在水中的溶解度较低，气泡释放受到限制；另外，由于气浮在负压条件下运行，设备的密封要求较严格，给运行与维修保养带来不便，目前应用已很少。

（2）压力溶气气浮

压力溶气气浮是生产中应用得最多的一种溶解空气气浮法工艺。该法是依靠水泵将处理后的水加压至 2～6 kg/cm^2（表压），与加压空气一道被压入密闭的压力溶气罐，空气借助压力以及气、水接触产生的湍动溶解于水中，多余的未溶解空气则由放空阀排放，将溶气水通向溶气释放器，溶气释放器骤然消能减压致使微小气泡稳定释放至水中，供气浮之用。典型的压力溶气气浮流程见图 8-25。

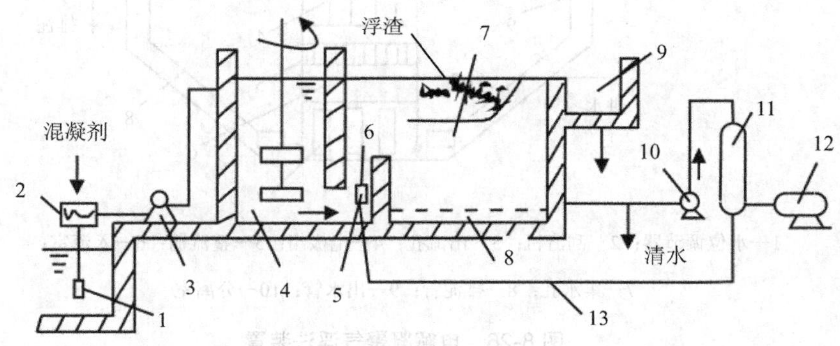

1—原水取水口；2—混合器；3—水泵；4—反应器；5—溶气释放器；6—气浮池入流室；7—气浮池分离室；8—集水管；9—排渣槽；10—回流水泵；11—压力溶气罐；12—空气压缩机；13—溶气水管

图 8-25　压力溶气气浮流程

从图 8-25 可以看出，原水经投加混凝剂后，进入反应池。絮凝后的水自底部进入气浮池的接触室，同溶气释放器放出的小气泡相遇，絮粒与气泡黏附后上浮，浮渣被定期刮入排渣槽，澄清水由集水管引出，其中部分澄清水经回流水泵加压，进入压力溶气罐开始溶气过程。

3．电解凝聚气浮法

电解凝聚气浮法是将正负相间的多组电极安插于废水中，通过电流进行电解，其结果因阳极材料不同而异。如果采用不溶解的惰性材料（如石墨）作为阳极，则发生电解氧化（或还原）和电气浮作用。如果采用铝、铁、铅等作为阳极极板进行电解，阳极金属将溶解出铝、铁或铅的阳离子，这些离子与废水中的羟基结合，形成吸附性能较强的铝、铁或铅的氢氧化物，这些氢氧化物可吸附、凝聚水中的细小颗粒而形成絮粒，并与阴极上产生的微小气泡（氢气）黏附，使得电解氧化（或还原）、电凝聚和电气浮同时发生。电解凝聚气浮法的装置如图 8-26 所示。

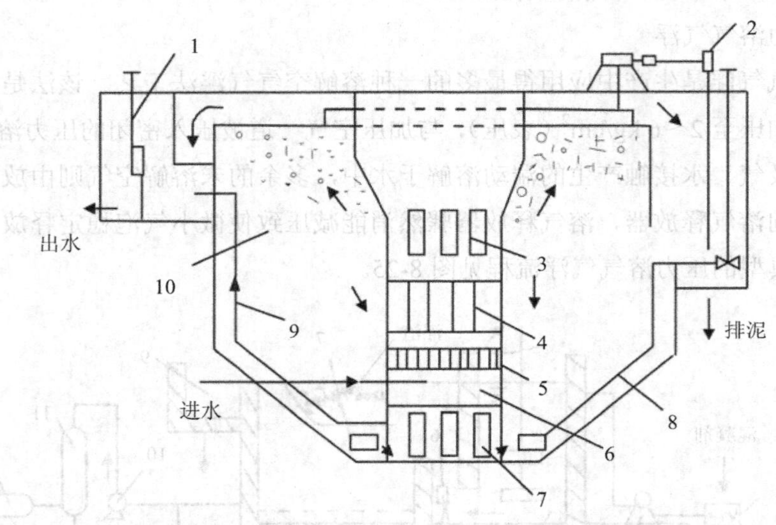

1—水位调节器；2—刮渣机；3—出流孔；4—电极组；5—整流栅；6—入流室；7—集水孔；8—排泥管；9—出水管；10—分离室

图 8-26　电解凝聚气浮法装置

电解凝聚气浮法能够有效地利用电解氧化或还原反应，以及由此产生的初生态微小气泡的上浮作用处理废水，该法具有设备简单、管理方便、运行条件易于控制、分离效果较好等优点，但此法耗电量较多，金属消耗量大，电极易钝化，难以在大型生产中应用。

8.7.4　气浮法优缺点

气浮池表面活性比沉淀池高，可以达到 12 m^3/（m^2·h），水力停留时间短、体积小、池深浅；浮渣含水率低，通常小于 96%，是沉淀池泥渣的 1/10～1/2，且排渣方便。采用投加混凝剂，相对于混凝沉淀法药剂用量少。气浮法气泡充入水中，水中溶解氧较多，有利于后期处理，不腐化。

当然，气浮法也存在一些缺点：耗电多，处理 1 m^3 废水比沉淀法多耗电 0.02～0.04 kW·h，运行费用偏高。所以，气浮法的选用首先要分析好工业废水水质情况，污染物性质、浓度等，同时也要做好经济技术比较，确定最佳处理方案。

8.7.5　气浮法适用范围

气浮设备是一类向水中加入空气，使空气以高度分散的微小气泡形式作为载体将水中的悬浮颗粒载浮于水面，从而实现固—液和液—液分离的水处理设备。

在水处理技术中，气浮设备已广泛用于下述几个方面：

① 用于处理低浊、含藻类及一些浮游生物的饮用水处理工艺中；

② 用于石油、化工及机械制造业中的含油（包括乳化油）污水的油水分离中；

③ 用于有机及无机污水的物化处理工艺中；

④ 用于污水中可回用物资的回收，如造纸厂污水中纸浆纤维及填料的回收工艺；

⑤ 用于代替有机废水生物处理系统中的二次沉淀池，特别是那些易于产生污泥膨胀的生物处理工艺中，可保证处理系统的正常运行；

⑥ 用于污水处理厂剩余污泥的浓缩处理工艺；

⑦ 处理电镀废水和含重金属离子废水；

⑧ 处理印染废水和洗毛废水。

8.8　水解酸化技术

8.8.1　水解酸化技术简介

基于传统厌氧处理技术反应时间长、控制条件严格，出水水质差的缺点，为了节约能源，简化工艺，节约基建投资和日常费用，近年来，国内外进行了大量的研究，开发了水解酸化工艺，包括厌氧消化中大多针对初沉污泥或初沉污泥与剩余污泥混合污泥水解酸化产生的 VFAs（volatile fatty acids）来用于生物脱氮除磷碳源的研究。

8.8.2　水解酸化的基本原理及流程

1．基本理论

厌氧发酵产生沼气的过程可以分为水解与发酵阶段、产氢产乙酸阶段和产甲烷阶段三个阶段（水解酸化过程如图 8-27 所示）。水解酸化工艺就是将厌氧处理控制在反应时间较短的第一、第二阶段。

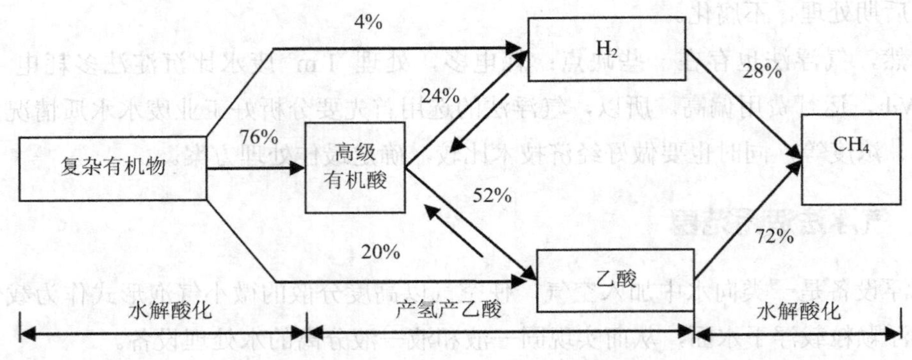

图 8-27 水解酸化过程

水解和酸化阶段在理论上可以区分，但是大量的研究结果表明，除采用水解酶工艺外，在实际的混合微生物系统中，即使严格控制条件，水解和酸化也无法截然分开，这主要是因为水解菌是一种具有水解能力的发酵细菌。水解是耗能过程，发酵细菌消耗能量进行水解的目的是获取进行发酵的水溶性基质，并通过细胞内的生化反应取得能源，同时排出代谢产物（厌氧条件下主要为各种 VFA）。而污泥中同时存在不溶性和溶解性有机物，水解和酸化更是不可分割地同时进行。

2．技术流程

如图 8-28 所示，水解酸化池内分污泥床区和清水层区，污水由布水系统进入水解酸化池底部，并通过反射板与污泥床快速均匀混合。由于污泥床较厚类似于过滤层，从而

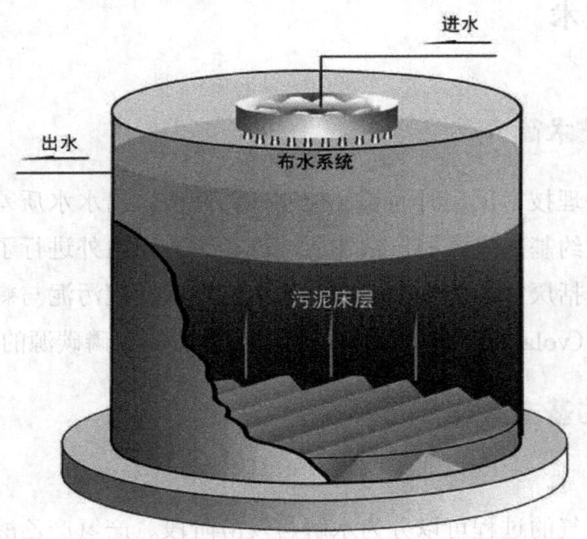

图 8-28 水解酸化工艺技术原理

将进水中的颗粒物质与胶体物质迅速截留与吸附并充分接触，在缺氧的条件下水解产酸菌将不溶性的有机物水解为溶解性物质，将大分子、难于生物降解的物质转化为易于生物降解的物质。水解酸化后的污水从出水口流出，同时反冲洗时排出的剩余污泥菌体外多糖黏质层发生水解，使细胞壁打开，污泥液态化，重新回到污水处理系统中被微生物代谢，达到剩余污泥减容化的目的。

8.8.3　工艺优缺点

水解酸化工艺主要利用的是发酵细菌，这类细菌的种类繁多，具有代谢能力强、繁殖速度快的特点。与好氧工艺相比，水解酸化工艺具有以下优点：

① 水解酸化工艺运行费用低，且其对废水中有机物的去除也可节省好氧段的需氧量，从而节省整体工艺的运行费用；

② 水解酸化工艺使污水中的有机物在数量与理化性质上发生了巨大变化，使污水更适宜后续的好氧处理；

③ 水解酸化工艺的产泥量远低于好氧工艺，并已高度矿化，易于处理；

④ 对进水负荷的变化起到缓冲的作用，从而为好氧处理提供较为稳定的进水条件。

8.8.4　水解酸化的适用范围

水解酸化主要适用于有机物浓度较高、难以降解、悬浮物质较高的生活污水。

水解酸化作为厌氧、好氧的前处理工艺广泛地应用于污水处理工程之中，如处理印染废水、造纸废水、制药废水及化工废水等。

8.9 BAF 处理技术

曝气生物滤池（biological aerated filter，BAF）属于生物处理的生物膜法范畴，是 20 世纪 80 年代末及 90 年代初在普通生物滤池的基础上，借鉴给水滤池工艺而开发的污水处理工艺，最初用于污水的三级处理，后发展成直接用于二级处理。由于 BAF 有很多的污水处理优势，使得该技术在世界范围内得到了广泛的推广和应用。

8.9.1　BAF 技术的构造及基本原理

从图 8-29 可看出，曝气生物滤池的结构形式与普通快滤池类似，曝气生物滤池其主体由滤池池体、滤料层、承托层、布水系统、布气系统、反冲洗系统、出水系统、管道和自控系统组成。BAF 中处理污水的主要部分为生物滤料，即微生物膜载体，因此 BAF 的基本原理就是微生物膜的去除污染物原理。

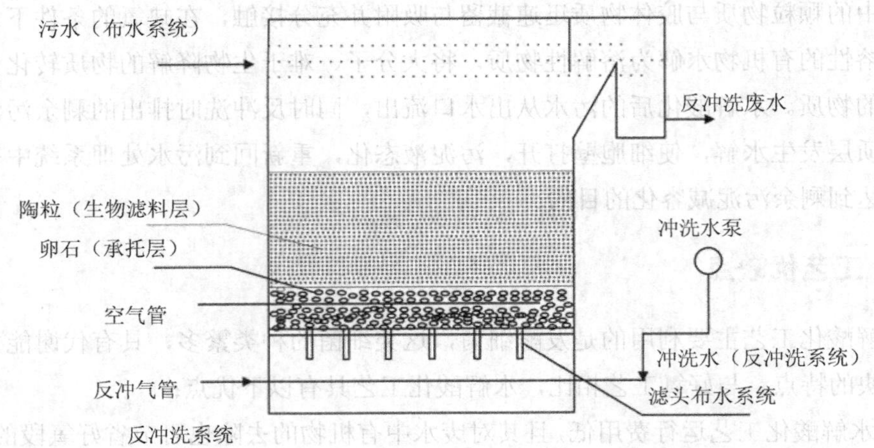

图 8-29 曝气生物滤池的构造

1．滤池池体

滤池池体的作用是容纳被处理水量和围挡滤料，并承托滤料和曝气装置的重量。滤池的平面尺寸以满足所要求的流态，布水布气均匀，填料安装和维护管理方便，尽量同其他处理构筑物尺寸相匹配等为原则。

2．滤料层

国内外通常采用的接触填料形状有蜂窝管状、束状、波纹状、圆形辐射状、盾状、网状、筒状、规则粒状与不规则粒状等，所用的材质除粒状滤料外，基本上采用玻璃钢、聚氯乙烯、聚丙烯、维尼纶等。

3．承托层

承托层主要是为了支撑滤料，防止滤料流失和堵塞滤头，同时可以保持反冲洗稳定进行。为保证承托层的稳定，并对配水的均匀性起充分作用，要求材质具有良好的机械强度和化学稳定性，形状应尽量接近圆形。

4．布水系统

曝气生物滤池的布水系统主要包括滤池最下部的配水室和滤板上的配水滤头。对于上向流滤池，配水室的作用是使某一短时段内进入滤池的污水能在配水室内混合均匀，并通过配水滤头均匀流过滤料层，并且也作为定期对滤池进行反冲洗时布水用。而对于下向流滤池，该布水系统主要用作滤池的反冲洗布水和收集净化水用。滤池在运行一定时间后，需要进行反冲洗以将滤料层截留悬浮物、吸附的部分胶体颗粒等排出滤池，保证滤池正常运行。

5．布气系统

布气系统包括正常运行时曝气所需的曝气系统和进行气—水联合反冲洗时的供气系

统两部分。保持曝气生物滤池中足够的溶解氧是维持曝气生物滤池内生物膜高活性、对有机物和氨氮的高去除率的必备条件，因此选择合适的充氧方式对曝气生物滤池的稳定运行十分重要，一般采用鼓风曝气形式。

6. 出水系统

曝气生物滤池出水系统可采用周边出水和采用单侧堰出水等。在大中型污水处理工程中，为了工艺布置方便，一般采用单侧堰出水较多，并将出水堰口处设计为 60°斜坡，以降低出水口处的水流流速；在出水堰口处设置栅形稳流板，以将反冲洗时有可能被带至出水口处的陶粒与稳流板碰撞，导致流速降低而在该处沉降，并沿斜坡下滑回滤池中。

7. 管道和自控系统

曝气生物滤池既要完成有机污染物的降解功能，也要完成对污水中各种颗粒和胶体污染物以及老化脱落的微生物膜的截留功能，同时还要完成实现滤池本身的反冲洗，这几种方式交替运行。为提高滤池的处理能力和对污染物的去除效果，必须有 PLC 控制系统来自动完成对滤池的运行控制，需要设计必要的自控系统。

8.9.2　BAF 处理污水工艺流程

按照污水处理要求的不同，可将 BAF 工艺分为以下几类：除碳工艺、除碳/硝化工艺、除碳/硝化/反硝化工艺、除碳/除磷/脱氮工艺。

1. 除碳工艺

对于除碳工艺，其主要目的是去除污水中的碳化有机污染物。曝气生物滤池去除污水中碳化有机物的原理在于，反应器内滤料上附着的微生物膜吸附、氧化分解水中碳化有机物的作用，以及滤料及生物膜的吸附阻留作用和沿水流方向形成的食物链的分级捕食作用。

图 8-30 是用于处理辽河油田机械修造总厂生活污水和厂区部分工业废水的强化预处理 BAF 工艺流程。

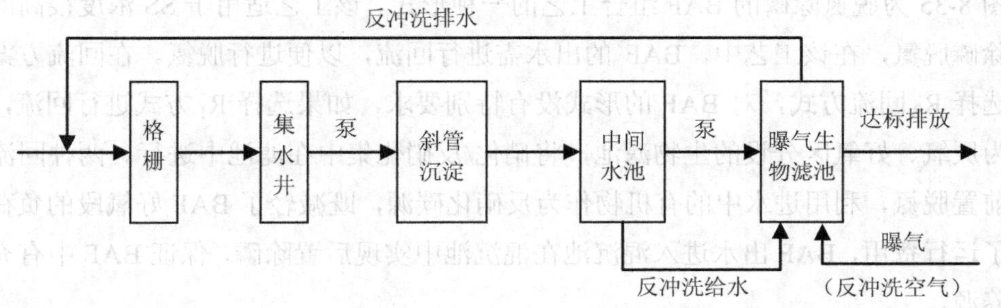

图 8-30　强化预处理 BAF 工艺流程

2．除碳/硝化工艺

图 8-31 为 BAF 最早的工艺流程。原水经过混凝沉淀池去除大部分 SS 后进入具有除碳/硝化功能的 BAF，通过 BAF 滤池实现去除污水中有机物和将氨氮进行硝化处理。在该工艺中，由于生物膜内层及滤料间的空隙中厌氧内环境的存在，对 TN 有一定的去除率。

图 8-32 的工艺在本质上和图 8-31 的工艺没有什么区别，只是将传统物化处理的预沉池改为具有有机物降解作用的水解池。该工艺更适合有机物浓度高、SS 含量多的原水，经过水解可减少初级处理的产泥量，减少污泥处理费用。

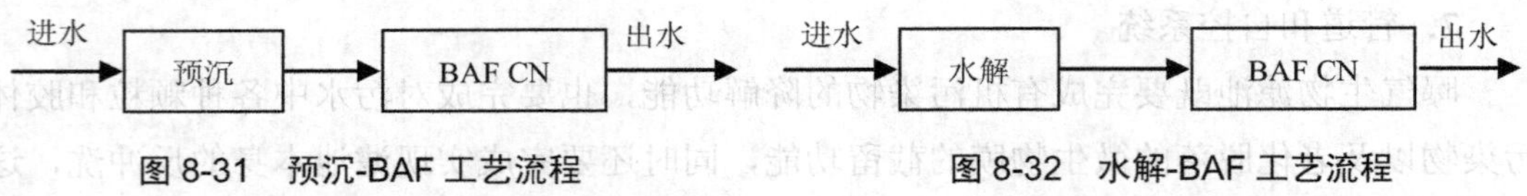

图 8-31 预沉-BAF 工艺流程　　图 8-32 水解-BAF 工艺流程

3．除碳/硝化/反硝化工艺

采用 BAF 进行除碳/硝化/反硝化的工艺组合形式有多种，以下介绍的为主要形式。

图 8-33 为水解与 BAF 组合成的具有硝化、反硝化功能的组合形式。

图 8-34 为膜法硝化-反硝化工艺，其将硝化和反硝化分别设在两座 BAF 中进行，工艺操作方便、运行可靠。

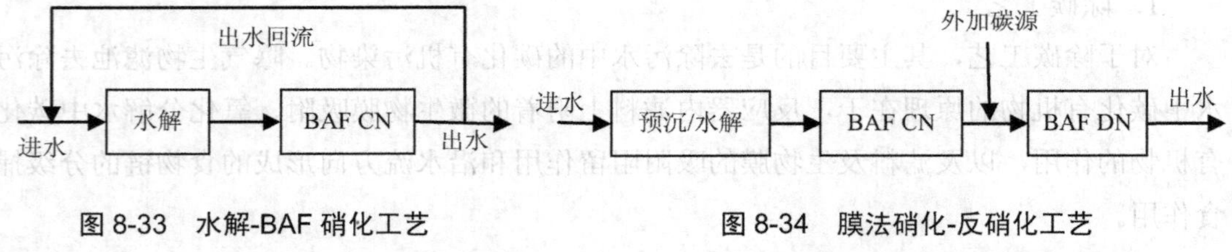

图 8-33 水解-BAF 硝化工艺　　图 8-34 膜法硝化-反硝化工艺

4．除碳/除磷/脱氮工艺

图 8-35 为脱氮除磷的 BAF 组合工艺的一种形式。该工艺适用于 SS 浓度很高的原水进行除磷脱氮，在该工艺中，BAF 的出水需进行回流，以便进行脱氮。在回流方案中，如果选择 R_2 回流方式，对 BAF 的形式没有特别要求，如果选择 R_1 方式进行回流，BAF 只能为厌氧、好氧区分设的生物滤池，将硝化/反硝化集中在滤池中进行。两种回流方式都为前置脱氮，利用进水中的有机物作为反硝化碳源，既减轻了 BAF 好氧段的负荷，又节省了运行费用，BAF 出水进入混沉池在混沉池中实现后置除磷，保证 BAF 中有充足的磷营养源。

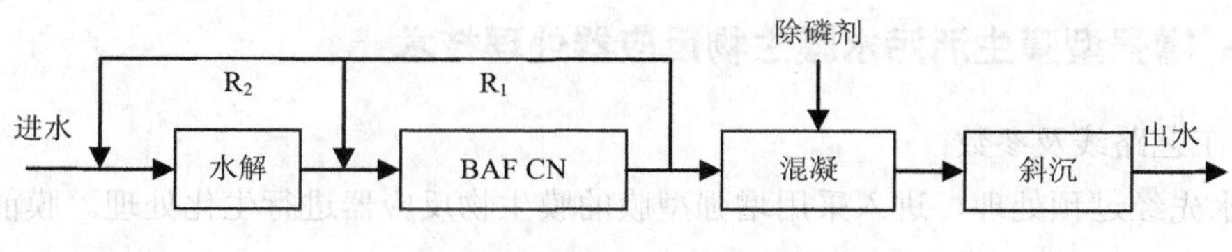

图 8-35　前置脱氮-后置化学除磷工艺

8.9.3　BAF 技术的优缺点

1．曝气生物滤池的优点

曝气生物滤池的优点有很多：① 采用气水平行上向流，使气、水进行极好的均分，防止了气泡在滤层中的凝结，氧气利用率高，能耗低；② 与下向流过滤相反，上向流过滤持续在整个滤池高度上提供正压条件，可以更好地避免沟流或短流；③ 上向流形成了对工艺有好处的半柱推条件，即使采用高过滤速度和负荷仍能保证工艺的持久稳定性和有效性；④ 采用气水平行上向流，使空间过滤能被更好地运用，空气能将固体物质带入滤床深处，在滤池中能得到高负荷、均匀的固体物质，延长反冲洗周期，减少清洗时间和清洗时的用水量、用气量。

2．曝气生物滤池污水处理的缺点

对进水水质要求较高，需要进行混凝沉淀预处理；脱氮除磷能力相比传统工艺有所欠缺，脱氮方面需要设置 DN 池，运行过程中需要投加碳源，除磷方面需要在预处理过程投加化学除磷药剂，药剂成本高；曝气生物滤池由于滤料粒径较小，往往会发生滤料堵塞，若长期反冲洗不到位，会导致滤料板结而无法运行；需配备反冲洗系统，运行上对自动化的要求较高。

8.9.4　BAF 技术适用范围

曝气生物滤池的应用范围较为广泛，其在水深度处理、微污染源水处理、难降解有机物处理、低温污水的硝化、低温微污染水处理中都有很好的甚至不可替代的功能。

8.10　水污染处理新技术

除在前面各节介绍的各种常见的城镇污水处理工艺外，还有很多根据实际情况作出一定改善的新工艺，下面将介绍一些适宜推广发展的新技术与工艺。

8.10.1 增强型膜生活污水膜生物反应器处理技术

1．工艺路线及参数

原水先经过预处理，进入采用增强型膜的膜生物反应器进行生化处理。膜前池设置厌氧好氧、缺氧，对污水中的磷及氮进行去除。出水经消毒后可排放或回用。膜系统吨水电耗低于 0.15 kW·h，膜运行寿命 5 年以上，单个模块设备日处理规模可达 1 260 m^3；增强型中空纤维微滤膜抗拉强度＞200 N/单丝，纯水通量＞19.6 L/（m^2·h·kPa）。

2．主要技术指标

处理生活污水时，系统出水水质优于《城镇污水处理厂污染物排放标准》（GB 18918—2002）一级 A 标准，其中 COD_{Cr}、BOD_5、氨氮可达到地表水Ⅳ类标准。

3．技术特点

采用了支撑衬与 PVDF 相结合的增强型纤维膜，增加了膜强度；膜表面进行亲水改性，保持长期稳定的通量，运行压力低，抗污染性强；高低曝气强度相结合的方式，使膜丝轻微抖动，减少膜污染和运行能耗。

4．适用范围

城镇污水处理与回用。

8.10.2 低氧高效一体化生物倍增污水处理技术

1．工艺路线及参数

污水首先进入厌氧区释放磷，随后进入空气提升区通过空气提升到曝气区，曝气区内保持低溶氧水平创造了同步硝化反硝化脱氮条件，在曝气池实现脱氮过程，最后污水进入沉淀区，通过斜管沉淀，进行泥水分离，沉淀区底部污泥继续进行循环，使整个系统保持较高的污泥浓度。曝气区溶解氧浓度≤1 mg/L，污泥浓度为 5～8 g/L。

2．主要技术指标

城镇污水处理出水 COD_{Cr}、BOD_5、氨氮可达到《城镇污水处理厂污染物排放标准》（GB 18918—2002）一级 B 标准，结合深度处理后可达到一级 A 标准；吨水电耗与占地面积均明显低于《城市污水处理工程项目建设标准》规定的 70%（节省约 30%）。

3．技术特点

采用了空气提升大推流及生物段高倍比多循环技术，通过一体化设计在低氧条件下实现同步及短程硝化反硝化，节省了能耗。

4．适用范围

中小型城镇污水处理。

8.10.3　小型生活污水多级移动床生物膜处理技术

1．工艺路线及参数

生活污水经由格栅进入预处理池，进行初步除渣、沉砂等预处理，进入调节池后流入多个相对独立的多级复合移动床生物膜反应器进行处理，反应器出水经消毒后排放。污水处理厂建设采用多单元模块化设计，每个单元处理量为 100～300 m^3/d。根据处理来水量的大小，可选择启动运行一个或多个单元并联处理污水。

2．主要技术指标

进水为生活污水时，出水中 COD_{Cr}、BOD_5、SS、NH_3-N 等主要污染物指标达到《城镇污水处理厂污染物排放标准》（GB 18918—2002）一级 B 标准。

3．技术特点

采用悬浮填料及模块化组合，可根据水质水量灵活调节。

4．适用范围

小城镇及农村分散式生活污水处理。

8.10.4　高活性污泥浓度一体化反应槽污水处理技术

1．工艺路线及参数

采用高活性污泥浓度的厌氧好氧一体化污水处理设施，包括厌氧区、好氧区以及设置在二者之间的固液分离区。污水进入厌氧区并与固液分离出来的上清液混合，再进入好氧区，好氧区底部设有曝气装置，顶部设有混合液提升及气液分离装置，混合液经固液分离、悬浮污泥层过滤，消毒后可再生利用。好氧区污泥浓度 6～10 g/L。

2．主要技术指标

进水 COD≤250 mg/L，氨氮≤50 mg/L，BOD_5≤120 mg/L，SS≤200 mg/L；出水 COD≤50 mg/L，氨氮≤5 mg/L，BOD_5≤10 mg/L，SS≤10 mg/L。

3．技术特点

好氧区顶部的高效气液分离装置及固液分离区，提高了系统污泥浓度，脱氮效果好，剩余污泥量较少；设施集成度高，占地面积小、运行费用低。

4．适用范围

独立分散的居住小区、度假区、小村镇以及水资源相对短缺、有再生水需求的地区。

8.10.5　移动式污水处理装置

1．工艺路线及参数

该技术为集预处理、生物处理和物理化学处理于一体的可移动污水处理系统。污水经预处理后依次进入厌氧、好氧和移动床生物膜单元，去除有机物及氮、磷。出水经沉淀过滤后进入臭氧催化氧化罐进一步处理难生物降解的有机物，再经消毒后排放。

2．主要技术指标

处理生活污水时，出水可达到《城镇污水处理厂污染物排放标准》（GB 18918—2002）一级A标准，或达到《城市污水再生利用　城市杂用水水质》（GB/T 18920—2002）要求，可用于冲厕、道路浇洒、洗车等。

3．技术特点

各处理单元模块化设计，一体化集成，占地小，拆装方便，便于长途运输；采用中间包裹活性炭的悬浮立体球形填料。

4．适用范围

分散性污水处理、临时性水污染治理和应急处理。

8.10.6　模块化AO生物接触氧化法分散式污水处理技术

1．工艺路线及参数

废水经厌氧调节池进入一体化AO生物接触氧化池，在较高的生物有机负荷下进行生化反应，去除COD、氨氮等污染物，然后进入沉淀池进行泥水分离。

2．主要技术指标

进水COD≤400 mg/L，氨氮≤30 mg/L，总氮≤50 mg/L，总磷≤3 mg/L时，出水稳定达到《城镇污水处理厂污染物排放标准》（GB 18918—2002）一级B标准。

3．技术特点

可根据农村分散式污水的水质水量特点和可利用土地情况进行模块式并联或串联拼装。

4．适用范围

分散式农村生活污水处理。

8.10.7　超磁分离水体净化技术

1．工艺路线及参数

在污水中投加絮凝剂、助凝剂和磁种物质，经混合反应后进入磁分离处理单元进行悬浮物分离，达到水质净化的目的。PAC投加量为10～50 mg/L，PAM投加量为0.5～2 mg/L，磁种循环投加量为进水悬浮物的1～2倍，磁种回收率为99%。

2．主要技术指标

SS去除率85%以上，总磷去除率80%以上，COD去除率40%以上，石油类物质去除率15.7%。

3．技术特点

对水体中悬浮物赋磁，再经过强磁场吸附实现固液分离从而去除水中污染物；水力停留时间短，占地小，投资少，运行稳定可靠。

4．适用范围

污水应急净化处理，黑臭水体净化处理。

8.10.8 空气提升交替循环流滤床技术

1．工艺路线及参数

采用交替供气的方式获得循环流，通过空气提升在并列的四个填充复合滤料的滤床中形成交替循环流，通过曝气生物滤池实现同步除碳和脱氮。水力停留时间为 4～8 h，容积负荷 3～5 kg COD/（m^3·d）。滤池内气水比为 5∶1，吨水电耗 0.5 kW·h。

2．主要技术指标

处理生活污水，出水 BOD、COD 和氨氮满足《城镇污水处理厂污染物排放标准》（GB 18918—2002）一级 A 标准。

3．技术特点

由四个淹没式生物滤池形成一个整体，既提供氧气来源，又提供循环流动的驱动力，降低了能耗；在不同滤池实现交替 AO，满足脱氮要求，不需回流。

4．适用范围

农村及城镇生活污水、医院废水的处理，中水回用处理。

参考文献

[1] 邵嘉慧，何义亮，顾国维. 膜生物反应器：在污水处理中的研究和应用[M]. 北京：化学工业出版社，2012.

[2] 张统. SBR 及其变法污水处理与回用技术[M]. 北京：化学工业出版社，2003.

[3] 钱易，郝吉明. 环境科学与工程进展[M]. 北京：清华大学出版社，1998.

[4] 白润英. 水处理新技术、新工艺与设备[M]. 北京：化学工业出版社，2012.

[5] 沈耀良，王宝贞. 废水生物处理新技术：理论与应用[M]. 北京：中国环境科学出版社，2006.

[6] 谭万春. UASB 工艺及工程实例[M]. 北京：化学工业出版社，2009.

[7] 肖诚斌，庞保蕾，任艳双，等. 垃圾焚烧发电厂垃圾渗滤液处理工程实例[J]. 中国给水排水，2012，28（10）：77-79.

[8] 栗心国，丁德才，黄征羽，等. BL 水循环处理工艺在三峡库区小城镇污水处理中的应用[J]. 给水排水，2009，45（4）：33-35.

[9] 肖佳. SBR 法处理皮革废水工程应用实践[J]. 广东化工，2010，37（7）：232-233.

[10] 王守中，张统. 北京航天城污水处理厂 CASS 法工艺调试及运行[J]. 给水排水，1999（8）：10-12.

[11] 张樱凡. 莱西市污水处理厂深度处理工程[D]. 青岛：青岛理工大学，2013.

[12] 高治国，陈文通. 百乐克工艺处理城市污水工程实例[J]. 辽宁化工，2011，40（4）：360-361.

[13] 刘文江，戴之荷. 气浮技术在水库水处理中的应用[J]. 给水排水，2000，26（9）：4-6.

[14] 张自杰. 排水工程. 第 4 版下册[M]. 北京：中国建筑工业出版社，2015.

[15] 高廷耀，顾国维. 水污染控制工程. 第 4 版下册[M]. 北京：高等教育出版社，2015.

[16] 潘涛，田刚. 废水处理工程技术手册[M]. 北京：化学工业出版社，2010.

[17] 蒋展鹏. 环境工程学. 第 3 版[M]. 北京：高等教育出版社，2013.

[18] 李本高. 现代工业水处理技术与应用（精）[M]. 北京：中国石化出版社，2004.

[19] 周本省. 工业水处理技术. 第 2 版[M]. 北京：化学工业出版社，2002.

第 9 章　工业废水处理技术与工艺

工业废水包括生产废水、生产污水及冷却水，是指工业生产过程中产生的废水和废液，其中含有随水流失的工业生产用料、中间产物、副产品以及生产过程中产生的污染物。工业废水种类繁多，成分复杂。由于工业废水的特殊性，处理工业废水需要采用一些有别于处理生活污水的技术与工艺，本章将介绍一些工业废水处理的技术与工艺。

9.1　工业废水分类及处理的基本原则

9.1.1　工业废水分类

处理工业废水的难点在于量大、有害成分多，废水中的污染成分随产品种类、生产工艺的不同而千变万化。工业废水的分类通常有以下三种。

第一种是按工业废水中所含主要污染物的化学性质分类，含无机污染物为主的为无机废水，含有机污染物为主的为有机废水。例如，常见的电镀废水和矿物加工过程的废水是无机废水，此类废水的主要污染成分为酸与重金属离子，具有危害性强、处理工艺复杂等特点；而有机废水就是一些食品加工类的企业所产生的废水，其多具备耗氧特性且具有一定毒性。

第二种是按工业企业的产品和加工对象进行分类，常见的如冶金废水、造纸废水、炼焦煤气废水、金属酸洗废水、化学肥料废水、纺织印染废水、染料废水、制革废水、农药废水、电站废水等。

第三种是按废水中所含污染物的主要成分分类，如酸性废水、碱性废水、含氰废水、含铬废水、含镉废水、含汞废水、含酚废水、含醛废水、含油废水、含硫废水、含有机磷废水和放射性废水等。

其中，第三种分类方法明确地指出废水中主要污染物的成分，能表明废水危害性程度。

9.1.2 工业废水的特点

① 工业废水有剧毒性，含有砷、汞等有毒金属，这些物质很大程度上影响了水体中的生物和微生物的生存，达到一定程度时会致其死亡。此外，有些物质不易分解，在生物体内积累也会产生毒性。

② 工业废水特别是石油化工类生产废水，含有大量的有机物，导致其 BOD 和 COD 较高，一旦进入水体后，其氧化过程中会大量消耗水体中的氧气，从而影响水中生物的生存。

③ pH 超标，工业废水一般都偏离中性，呈现强酸性或强碱性，对水生生物和农作物有极大的危害。

④ 造成水体热污染，一般化学反应都在高温下进行，导致其排出的废水温度较高，从而造成水体的热污染，破坏水中生物的生存环境，致其死亡。

⑤ 受污染的水体环境恢复困难，受化工有害物污染的水域，即使停止污染，要恢复到水域原来的状态仍需很长时间，特别是重金属污染。

9.1.3 处理工业废水的基本原则

处理工业废水的发展趋势是把废水和污染物作为有用资源回收利用或实行闭路循环。工业废水处理时应遵循以下原则。

① 优先选用无毒生产工艺代替或改革落后生产工艺，在生产过程中杜绝或减少有毒有害废水的产生。

② 在使用有毒原料以及产生有毒中间产物和产品过程中，应严格操作、监督，消除滴漏，减少流失，尽可能合理采用流程和设备。

③ 含有剧毒物质如重金属、酚、氰、放射性物质的废水应与其他废水分流，以便单独处理和回收有用物质。

④ 流量较大而污染较轻的废水，应经适当处理再循环使用，不宜直接排入下水道，避免增加城市下水道和城市污水处理负荷。

⑤ 类似城市污水的有机废水，如食品加工废水、制糖废水、造纸废水，可排入城市污水系统进行处理。

⑥ 一些可以生物降解的有毒废水，如含酚、氰废水，应先经处理后，按照排放标准排入城市下水道，再进一步生化处理。

⑦ 含有难以生物降解的有毒废水，应单独处理，不应排入城市下水道。

9.1.4 工业废水处理工艺基本要求

工业废水处理工艺要考虑工业废水的特点，工业废水处理是我国工业发展方面的一项重头，工业废水处理关系我国工业发展，关系经济民生大计，工业废水处理的基本要求有以下几个方面。

① 工业废水处理工艺应按照技术成熟、经济合理的原则进行总体设计，力求节能降耗、工程投资低、运行成本低、操作管理方便。

② 工艺流程应稳定高效、抗冲击负荷能力强，运行灵活、设备布置合理、结构紧凑。

③ 工业废水处理设备选型应匹配得当，运行稳定可靠，性价比高，维护保养简单，使用寿命长。

9.2 高级氧化

高级氧化技术又称作深度氧化技术，其特点是能够产生具有强氧化能力的羟基自由基（·OH），通常认为，凡反映涉及水中羟基自由基的氧化过程即为高级氧化过程。根据产生自由基的方式和反应条件的不同，可将其分为臭氧氧化、过氧化氢氧化、高锰酸钾氧化、湿式氧化、光化学氧化、超临界水氧化技术等。

9.2.1 臭氧氧化法

1．臭氧的理化性质

臭氧（O_3）是由三个氧原子组成的氧的同素异构体，室温下为无色气体，高压下可变成深褐色液体。浓度极低时有新鲜气味，有益健康；空气中臭氧浓度大于 0.01 mg/L 时，可嗅到刺激性臭味，长期接触高浓度臭氧会影响肺功能，工作场所规定的臭氧最大允许浓度为 0.1 mg/L。

（1）溶解度

生产中采用的多为臭氧化空气，臭氧的分压很小，故臭氧在水中的溶解度也很小。臭氧发生器制得的臭氧化空气中臭氧只占 0.6%～1.2%（体积比），当水温为 25℃时将臭氧化空气加入水中，臭氧的溶解度为 3～7 mg/L。

（2）臭氧的分解

臭氧在空气中会缓慢而连续地分解为氧气：

$$O_3 \longrightarrow 1.5O_2 + 144.45\ \text{kJ}$$

由于分解时放出大量热量，当浓度达到 25%以上时易爆炸，但一般空气中臭氧的浓度不超过 10%，因此不会发生爆炸。臭氧在纯水中的分解速度比在空气中快得多，而且可以受到特定金属离子的催化作用，加快臭氧自身的分解转换。

（3）氧化能力

臭氧的氧化能力仅次于氟，比氧、氯及高锰酸钾等常用的氧化剂都强。臭氧在水中的氧化能力更强，可以把潮湿的硫氧化为硫酸，把 Ag^{+}盐氧化为 Ag^{2+}的盐，还可氧化水中的无机物、有机物。除金和铂外，臭氧几乎对所有金属都有腐蚀作用，但不含碳的铬铁合金基本上不受臭氧腐蚀。

2．臭氧氧化机理

臭氧容易分解，不能贮存与运输，所以必须在使用现场制备。目前臭氧的制备方法有无声放电法、放射法、紫外线辐射法、等离子射流法和电解法等，多采用气相中无声放电法。

在处理工业废水中，臭氧与污染物之间的氧化途径主要有两种：缓慢且有选择性地直接氧化和臭氧分解后产生羟基自由基发生无选择性且氧化能力更强更迅速的间接氧化。

直接氧化后总有机碳含量下降不明显，其氧化原理主要是通过破坏不饱和键，将大分子有机物转化成小分子有机物，整体的氧化程度不高，转化生成的小分子有机物通常仍然具有较高可生化性。在间接氧化中，产生的羟基自由基属于高级氧化中最佳的氧化剂，可以快速氧化甚至矿化水中的有机物，迅速降低水中有机碳含量，氧化过程不具有选择性，对于广泛的难降解有机物有良好的氧化作用。

3．臭氧氧化在水处理中的应用

（1）氧化无机物

臭氧能将水中的二价铁、二价锰氧化成三价铁及高价锰，使溶解态的铁、锰变成固态，通过沉淀和过滤除去。但水中二价铁、二价锰极易氧化，一般不单独利用臭氧去除铁、锰。其反应式如下：

$$6Fe^{2+} + O_3 + 15H_2O \longrightarrow 6Fe(OH)_3 + 12H^+$$

$$3Mn^{2+} + O_3 + 3H_2O \longrightarrow 3MnO_2 + 6H^+$$

$$6Mn^{2+} + 5O_3 + 6H_2O \longrightarrow 6MnO_4^- + 12H^+$$

臭氧还能很容易地将氰化物氧化成毒性小 100 倍的氰酸盐。氰酸根在碱性或酸性条件下，都能发生水解而转化成氮化物，反应式如下：

$$CN^- + O_3 \longrightarrow CNO^- + O_2$$

在碱性条件下：

$$CNO^- + OH^- + H_2O \longrightarrow NH_3 + CO_3^{2-}$$

$$3NH_3 + 4O_3 + 3OH^- \longrightarrow 3NO_3^- + 6H_2O$$

在酸性条件下：

$$CNO^- + 2H^+ + H_2O \longrightarrow NH_4^+ + CO_2$$

$$3NH_4^+ + 4O_3 \longrightarrow 3NO_3^- + 6H^+ + 3H_2O$$

水中含有硫酸盐时，其中的金属离子对氰化物的氧化起催化作用。臭氧能将氨和亚硝酸盐氧化成硝酸盐，也能将水中的硫化氢氧化成硫酸，降低水中的臭味。

（2）氧化有机物

臭氧能够氧化大多数有机物，如蛋白质、氨基酸、有机胺、链型不饱和化合物、芳香族化合物、木质素、腐殖质等。在氧化过程中，生成一系列中间产物，这些中间产物的 COD_{Cr} 和 BOD_5 有时比原反应物更高。

9.2.2 过氧化氢氧化法

1．过氧化氢的理化性质

①纯过氧化氢（H_2O_2）是淡蓝色黏稠液体，熔点−0.43℃，沸点 150.2℃，0℃时密度为 1.464 9 g/cm^3，性质稳定，在无杂质污染的条件下，可在室内外长期储存，但需与有机物及易燃物隔离。其物理性质和水相似，有较高的介电常数。

②H_2O_2 是常用的强氧化剂。试验证实许多 H_2O_2 参与的反应都是自由基反应。从标准电极电位看，在酸性溶液中 H_2O_2 的氧化性较强，但在酸性条件下 H_2O_2 的氧化还原速率往往极慢，在碱性溶液中却较快。由于 H_2O_2 作为氧化剂的还原产物是水，且过量的 H_2O_2 可以通过热分解除去，不会在反应体系内引进其他物质，因此，对去除水中的还原性物质具有较大优势。

③H_2O_2 在酸性或碱性溶液中具有一定还原性。在酸性溶液中，H_2O_2 只能被高锰酸钾、二氧化锰、臭氧、氯等强氧化剂氧化；在碱性溶液中，H_2O_2 显示出更强的还原性，除还原一些强氧化剂外，还能还原氧化银、六氰合铁（III）配合物等较弱的氧化剂。H_2O_2 被氧化的产物是 O_2，不会给反应体系带来杂质。

2．过氧化氢的制备

工业上生产 H_2O_2 常用蒽醌法。蒽醌法能耗低，整个过程只消耗氢气、氧气和水，且蒽醌能够循环使用，技术成熟，被国内外广泛采用。其原理是将烷基蒽醌衍生物（乙基蒽醌、四氢烷基蒽醌等）溶解在有机溶剂内，在催化剂（钯、镍）作用下与氢气反应，生成相应的蒽醌醇（或氢代蒽醌），再经氧化、萃取得到过氧化氢。以 2-乙基蒽醌为例，主要化学反应式如下：

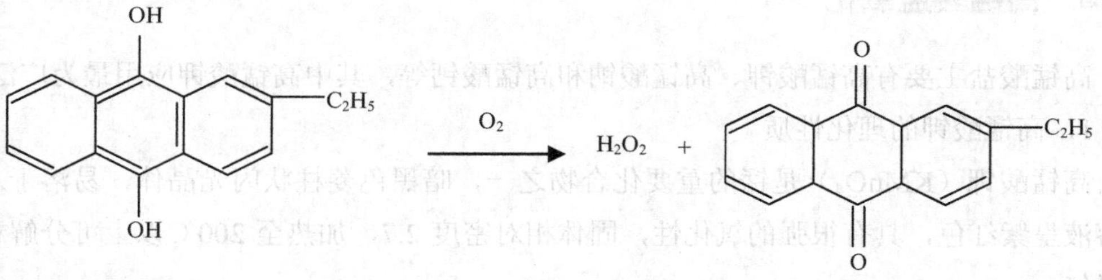

OH
C_2H_5
OH
$\xrightarrow{O_2}$ H_2O_2 +
O
C_2H_5
O

2-乙基蒽醌醇 2-乙基蒽醌

3．过氧化氢在水处理中的应用

（1）Fenton 试剂

Fenton 试剂是亚铁离子和 H_2O_2 的组合，该试剂作为强氧化剂的应用已有 100 多年的历史，在精细化工、医药化工、卫生、环境污染治理等方面应用广泛。其原理如下：

$$Fe^{2+} + H_2O_2 \longrightarrow Fe^{3+} + \cdot OH + OH^-$$

$$Fe^{2+} + \cdot OH \longrightarrow Fe^{3+} + OH^-$$

$$Fe^{3+} + H_2O_2 \longrightarrow Fe^{2+} + \cdot HO_2 + H^+$$

$$\cdot HO_2 + H_2O_2 \longrightarrow O_2 + H_2O + \cdot OH$$

$$2RH + \cdot OH \longrightarrow CO_2 + H_2O$$

$$4Fe^{2+} + O_2 + 4H^+ \longrightarrow 4Fe^{3+} + 2H_2O$$

$$Fe^{3+} + 3OH^- \longrightarrow Fe(OH)_3\text{（胶体）}$$

Fe^{2+}与 H_2O_2 的反应很快，生成羟基自由基，·OH 的氧化能力仅次于氟。与 Fe^{3+}共存时，由 Fe^{3+}与 H_2O_2 缓慢生成 Fe^{2+}，Fe^{2+}再与 H_2O_2 迅速反应生成·OH，·OH 与有机物 RH 反应使其发生碳链裂变，最终氧化为 CO_2 和 H_2O，大幅降低废水中的 COD_{Cr}。同时 Fe^{2+}作为催化剂，最终可被 O_3 氧化为 Fe^{3+}，在一定 pH 下，出现 $Fe(OH)_3$ 胶体，其絮凝作用可大量减少水中的悬浮物。

Fenton 法是一种高级化学氧化法，一般在 pH＜3.5 下进行，在该 pH 时其自由基生成速率最大。常用于废水高级处理，以去除 COD_{Cr}、色度和泡沫等。Fenton 试剂及各种改进系统在废水处理中的应用，一是单独氧化有机废水；二是与混凝沉降法、活性炭法、生物法、光催化法等联用。

（2）过氧化氢单独氧化

H_2O_2 在水处理中应用广泛，一般用于处理含硫化合物（特别是硫化物）、酚类和氰化物的工业废水。具有以下特点：① 产品稳定，储存时每年活性氧的损失低于 1%；② 安全且无腐蚀性，与水完全混溶，无二次污染；③ 在适当条件下氧化选择性高。

9.2.3 高锰酸盐氧化

高锰酸盐主要有高锰酸钾、高锰酸钠和高锰酸钙等，其中高锰酸钾应用最为广泛。

1．高锰酸钾的理化性质

高锰酸钾（$KMnO_4$）是锰的重要化合物之一，暗黑色菱柱状闪光晶体，易溶于水，水溶液呈紫红色，具有很强的氧化性，固体相对密度 2.7，加热至 200℃以上可分解释放出氧气。

$KMnO_4$ 属于过渡金属氧化物，锰在水溶液中以多种氧化还原态存在，可相互转化。它在水中的形态主要有 Mn（Ⅱ）、Mn（Ⅲ）、Mn（Ⅳ）、Mn（Ⅴ）、Mn（Ⅵ）、Mn（Ⅶ）

等。高锰酸钾在水溶液中反应较复杂，其形态受 pH 等多种因素影响。高锰酸钾各形态化合物间半反应的电极电位如表 9-1 所示。

表 9-1　锰的各种形态化合物间半反应的电极电位

半反应	E^{o}/V	半反应	E^{o}/V
$Mn^{2+}+2e^{-} = Mn$	−1.18	$MnO_2+2H_2O+2e^{-} = Mn(OH)_2+2OH^{-}$	−0.05
$Mn^{3+}+e^{-} = Mn^{2+}$	+1.51	$MnO_4^{-}+4H^{+}+3e^{-} = MnO_2+2H_2O$	+1.69
$MnO_2+4H^{+}+2e^{-} = Mn^{2+}+2H_2O$	+1.23	$MnO_4^{2-}+2H_2O+2e^{-} = MnO_2+4OH^{-}$	+0.60
$MnO_4^{-}+8H^{+}+5e^{-} = Mn^{2+}+4H_2O$	+1.51	$MnO_4^{2-}+4H^{+}+2e^{-} = MnO_2+2H_2O$	+2.26
$MnO_4^{-}+e^{-} = MnO_4^{2-}$	+0.56		

2．高锰酸钾对有机物的去除

高锰酸钾与水中有机物的反应很复杂，既有与有机物的直接氧化作用；也有反应过程中形成的新生态水合二氧化锰对微量有机物的吸附与催化作用；还有反应过程中产生的介稳状态中间产物的氧化作用。

3．高锰酸钾预氧化控制氯化消毒副产物及助凝作用

$KMnO_4$ 预氧化不仅能够破坏水中氯化消毒副产物的前驱物质，降低副产物生成量，而且能够降低氯仿的主要前驱物质（间苯二酚）的生成势，随着投量增加，氯仿生成势的下降幅度更大。

高锰酸盐在氧化过程中生成的中间产物具有很高的活性，能通过吸附促进絮体的生长，形成以水合二氧化锰为核心的密实絮体。同时 $KMnO_4$ 对地表水表现出不同程度的助凝作用，对于稳定性难处理水质助凝效果更加明显。

研究表明，高锰酸盐预氧化与生物活性炭组合经济简便，能有效地去除水中的氨氮和有机物。

9.2.4　湿式氧化法

1．湿式氧化法的原理

湿式氧化法是在较高的温度和压力下，利用氧来进行氧化废水中溶解态及悬浮态有机物和还原性无机物的一种方法。由于氧化过程在液相中进行，故称湿式氧化法。与一般方法相比，它具有适用范围广、效率高、二次污染低、速度快、装置小、可回收能量和有用物料等优点。

湿式氧化法去除有机物的氧化反应主要属于自由基反应，经历链的引发（诱导期）、链的发展和传递（增殖期）、链的终止（结束期）三个阶段。

诱导期：湿式氧化过程链的引发指由反应物分子生成自由基的过程。在这个过程中，氧通过热反应产生 H_2O_2。

$$RH+O_2 \longrightarrow R\cdot+HOO\cdot$$

$$2RH+O_2 \longrightarrow 2R\cdot+H_2O_2$$

$$H_2O_2+ \xrightarrow{M} 2HO\cdot$$

为提高自由基引发和生成的速度，可加入过渡金属化合物。可变化合价的金属离子 M 可从饱和化合价中得到或失去电子，导致自由基的生成并加速链发反应。

增殖期：自由基与分子相互作用，交替进行使自由基数目迅速增加。

$$RH+HO\cdot \longrightarrow R\cdot+H_2O$$

$$R\cdot+O_2 \longrightarrow ROO\cdot$$

$$ROO\cdot+RH \longrightarrow ROOH+R\cdot$$

结束期：若自由基之间相互碰撞生成稳定的分子，链的增长过程将终止。

$$R\cdot+R\cdot \longrightarrow R\text{-}R$$

$$ROO\cdot+R\cdot \longrightarrow ROOR$$

$$ROO\cdot+ROO\cdot \longrightarrow ROH+RCOR_2+O_2$$

上述链的各阶段反应所产生的自由基，在反应过程中所起的作用，取决于废水中有机物的组成、氧化剂及其他试验条件。

H_2O_2 的生成说明湿式氧化反应符合自由基反应机理。Shibaeva 等在 160℃，DO 为 640 mg/L，酚浓度为 9 400 mg/L 的含酚废水湿式氧化试验中，检测到 H_2O_2 生成，浓度高达 34 mg/L，证实了酚的湿式氧化反应是自由基反应。酚与 HOO^- 直接反应，证实了 H_2O_2 生成。

$$ROH+ROO\cdot \longrightarrow R\cdot+H_2O_2$$

ROO· 自由基具有很高的活性，但在液相氧化条件下浓度很低。从上述反应过程可清楚看出，它在碳氢化合物以及酚的氧化过程中起着重要的作用。

氧化反应的速度受制于自由基的浓度。初始自由基形成的速率与浓度控制了氧化反应进行的速度。若在反应初期加入 H_2O_2 或一些 C—H 键薄弱的化合物作为启动剂，则可加速氧化反应。例如，在湿式氧化条件下，加入少量 H_2O_2，形成 HO·，这种增加的 HO· 缩短了反应的诱导期，加快了氧化速度。

2．影响湿式氧化的因素

影响湿式氧化的因素有温度、压力、反应时间及废水性质等。温度是湿式氧化过程中的主要影响因素。温度越高，反应速率越快，反应进行得越彻底。压力的作用是保证反应为液相反应，所以总压不应低于该温度下的饱和蒸气压。此外，由于有机物氧化与其电荷特性和空间结构有关，废水性质也是影响湿式氧化反应的因素之一。

3．湿式氧化法的工艺流程

湿式氧化法已在炼焦、化工、石油、轻工等领域得到应用，用于处理有机农药、染料、合成纤维、CN^-、SCN^-等还原性无机物，以及难生物降解的高浓度有机废水。湿式氧化法的主体设备是反应塔。反应塔的造价通常较高，其尺寸及材质应根据反应所需的时间、温度、压力等慎重选择。湿式氧化系统的工艺流程如图 9-1 所示。废水通过贮存罐由高压泵打入热交换器，与反应后的高温氧化液体换热，温度上升到接近反应温度后进入反应器。其中氧由空气压缩机压入反应器。

湿式氧化的氧化程度取决于操作压力、温度、空气量等因素。图 9-2、图 9-3 给出了湿式氧化过程中反应温度、时间与氧化度的关系曲线。由图 9-2、图 9-3 可知，一般反应 1 h 就基本达到平衡。操作温度为 120℃时，只有 20%左右的有机物被氧化；操作温度高于 320℃时，几乎所有的有机物都能被氧化。

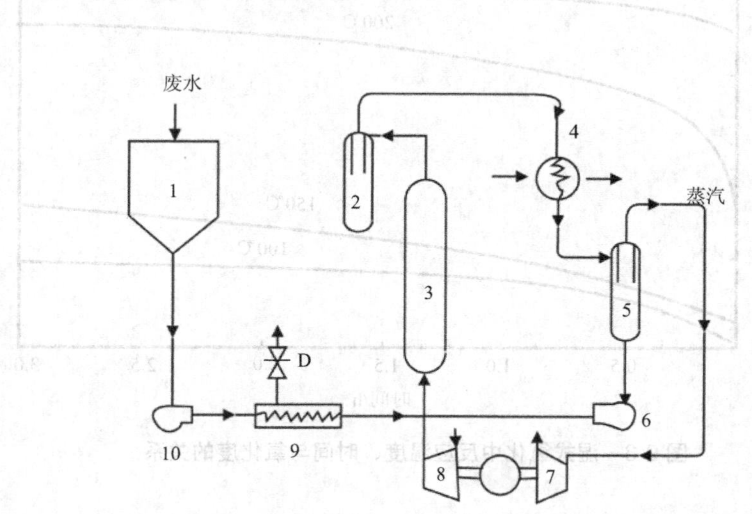

1—储存罐；2—分离器；3—反应器；4—再沸器；5—分离器；6—循环泵；
7—透平机；8—空气压缩机；9—热交换器；10—高压泵

图 9-1　湿式氧化系统的工艺流程

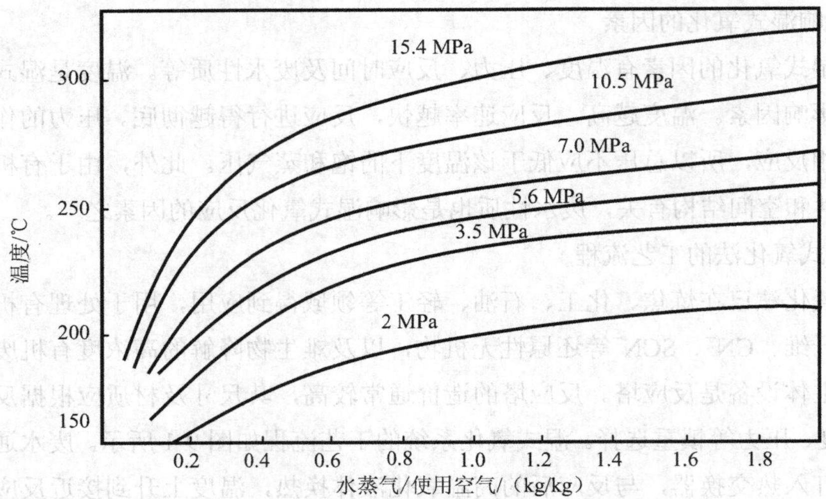

图 9-2 每千克干燥空气饱和水蒸气量与温度、压力的关系

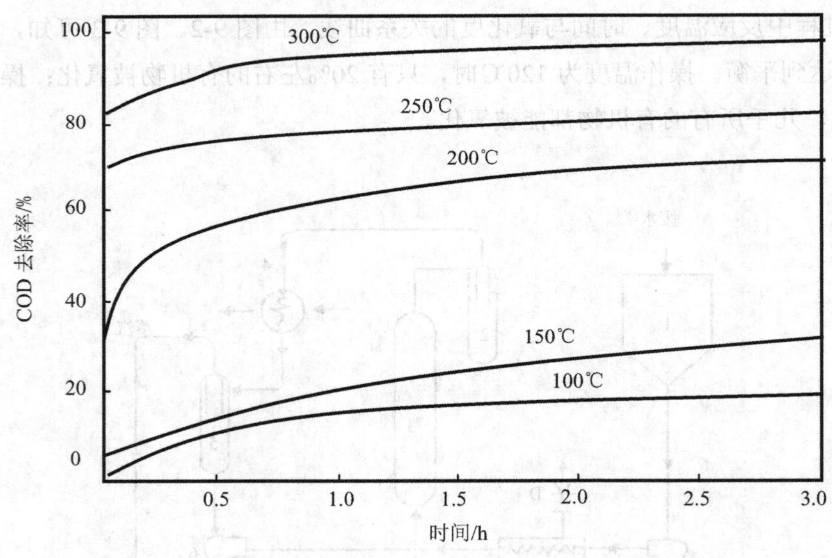

图 9-3 湿式氧化中反应温度、时间与氧化度的关系

湿式氧化法处理高浓度有机废水时，COD 的去除率可接近 100%，但反应温度高、压力大、投资大，一般采用中等程度反应温度和压力的湿式氧化法，以降低投资。生产中可先采用中温、中压湿式氧化工序，将大分子有机物质氧化分解成低分子量、可生物氧化降解的中间产物，如醋酸、甲酸、甲醛等，再用生化法处理氧化液，即两步法处理废水。除两步法外，湿式氧化法还可以与其他处理方法一起组成新的处理系统。

9.2.5 光化学氧化法

1．光化学理论

光化学反应是指在光的作用下进行的化学反应。它需要分子吸收特定波长的电磁辐射，受激产生分子激发态，之后发生化学反应变化到一个稳定的状态，或者变成引发热反应的中间化学产物。光化学反应治理污染的方法包括无催化剂和有催化剂参与的光化学氧化。

2．光催化反应器

负载型光催化反应器按其床层状态，可分为固定床型和流化床型两种。

固定床光催化反应器是研究较多的负载型光反应器，通过化学反应将光催化剂粉体固定于大的连续表面积的载体上，反应液在其表面连续流过。流化床光催化反应器主要有液固相流化床光催化反应器、气固相流化床光催化反应器和三相流化床光催化反应器。

3．光电催化反应

光电催化反应可以看作是光催化和电催化反应的特例，同时具有光催化、电催化的特点。它是在光照条件下，在具有不同类型（电子和离子）电导的两个导体界面上进行的一种催化过程。

将光电催化氧化用于去除水中的有机污染物，主要是借助外加电压移去光阳极上的发光电子，降低光生电子和光生空穴发生简单复合的概率，通过提高量子化效率达到提高光催化氧化效率的目的。

9.2.6 超临界水氧化技术

1．超临界水及其特征

在通常条件下，水以蒸汽、液态水和冰三种状态存在，是极性溶剂，密度几乎不随压力改变，可以溶解大多数电解质，气体和大多数有机物则微溶或难溶于水。超临界水是指当气压和温度达到一定值（$T>374℃$、$P>22$ MPa）时，因高温而膨胀的水的密度和因高压而被压缩的水蒸气的密度正好相同时的水，此时水处于超临界状态。继固体、液体和气体之后，人们发现了可以称为第四状态的超临界流体（supercritical fluid，SCF）。所谓超临界流体是指物质的温度和压力分别高于其所固有的临界温度和临界压力时所处的特殊流体状态。

超临界水具有许多独特的性质。例如，极强的溶解能力、高可压缩性等，且水无毒、廉价、容易与许多产物分离。在实际过程中，许多要处理的物料本质就是水溶液，在多数情况下不必将水与最终产物分离，这就使得超临界水成为很有潜力的反应介质。近 20 年来，SCF 技术广泛应用于医药卫生、食品工业、环境科学、生物科学、材料科学和化学工业等诸多领域。

2．超临界水氧化原理与反应机理

超临界水氧化（supercritical water oxidation，SCWO）技术是由美国MIT（麻省理工学院）的Modell教授在20世纪80年代提出的，它以超临界水为介质，均相氧化分解有机物，将有机碳转化成 CO_2，硫、磷和氮原子分别转化成硫酸盐、磷酸盐、硝酸根和亚硝酸根离子或氮气。超临界水氧化法是近十几年出现的新的有机废水处理技术，应用范围广、降解速度快、降解彻底、无二次污染，受到研究工作者的普遍关注。

超临界水氧化的主要原理是利用超临界水作介质氧化分解有机物。在水氧化过程中，由于超临界水对有机物和氧气都是极好的溶剂，有机物的氧化可以在富氧的均相中进行，反应不会因相间转移受限制。同时，高的反应温度（建议温度为400～600℃）可加快反应速度，在几秒内对有机物达到很高的破坏效率。有机废物在超临界水中进行的氧化反应，可用以下化学方程示意：

$$\text{有机化合物} + O_2 \longrightarrow CO_2 + H_2O$$

$$\text{有机化合物中的杂原子} \longrightarrow \text{酸、盐、氧化物}$$

$$\text{酸} + NaOH \longrightarrow \text{无机盐}$$

超临界水氧化反应完全彻底。有机碳转化成 CO_2，氢转化为水，卤素原子转化为卤化物的离子，硫和磷分别转化为硫酸盐和磷酸盐，氮转化为硝酸根和亚硝酸根离子或氮气。超临界水氧化过程在某种程度上与燃烧相似，在氧化过程中释放出大量的热，反应一旦开始，可以自己维持，无须外界能量。

3．超临界水氧化技术的工艺及设备

由于超临界水具有溶解非极性有机化合物的能力，在足够高的压力下，它与有机物和氧或空气完全互溶，这些化合物可以在超临界水中均相氧化，并通过降低压力或冷却选择性地从溶液中分离产物。超临界水氧化处理污水的工艺最早是由Modell提出的，其流程见图9-4。

污水泵将污水压入预热器预热，在此与一般循环反应物直接混合并加热提高温度后进入反应器，再用空气压缩机将空气或氧气增压打入反应器。有害有机物与氧在超临界水中迅速反应使有机物完全氧化。若有机物浓度足够高，氧化释放出的热量足以将反应器内的所有物料加热至超临界状态，在均相条件下使有机物进行反应。离开反应器的物料冷却后进入分离器，在此将反应中生成的无机盐等固体物料从流体相中沉淀析出。

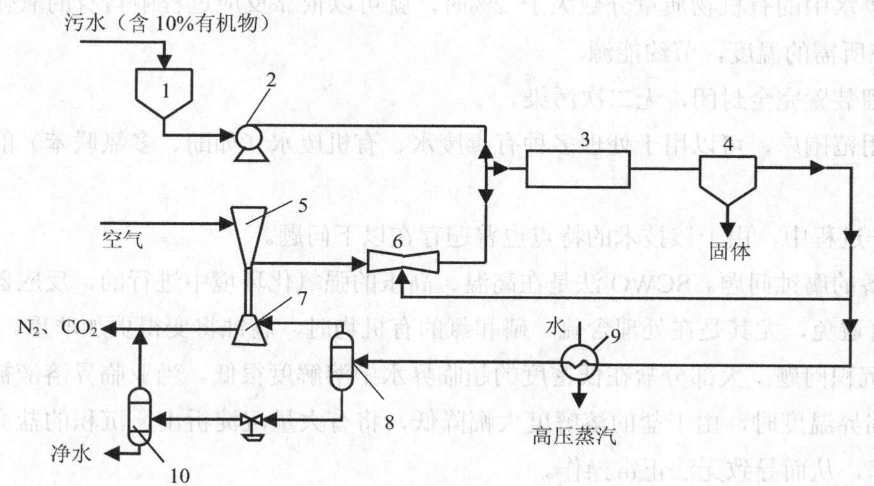

1—污水槽；2—污水泵；3—氧化反应器；4—固体分离器；5—空气压缩机；6—循环用喷射泵；7—膨胀机透平；8—高压气体分离器；9—蒸汽发生器；10—低压气体分离器

图 9-4　超临界水氧化处理污水流程

由于超临界水氧化法操作条件比较苛刻：高温、高压及强氧化性，因此要求大部分设备材料为不锈钢制成，由其他新型材料制成的反应器还未见报道。对管道污物处理的实验表明：在温度低于 450 K 时，奥氏体不锈钢可以抵御浓度低于 300 mg/L 的氯离子的腐蚀，但仍有腐蚀裂纹和点蚀。这就有必要使用钛和镍合金等特殊材料制造反应设备，虽然材料的成本很高，但抗腐蚀能力要强很多。改进的反应器在处理只含有 C、H、O 和 N 的有机物时，即使工作时间很长，其对容器的腐蚀也较小。所以，在设计反应器时可以不予考虑腐蚀问题。处理含有 Cl、S 和 P 等原子的有机物时，会产生 HC1、H_2SO_4和H_3PO_4等，这些酸性物质会对反应器产生腐蚀。对于连续式反应器，含有杂质的有机物经超临界水氧化法处理后产生的酸会对冷却段造成严重的腐蚀。改进后的超临界水氧化法是先膨胀后冷却。除此之外，由于冷却段的压力降低，对容器材料的要求随之降低，制造成本也会降低。

4. 超临界水氧化技术的优缺点

超临界水氧化技术具有以下突出优点。

① 反应速度快、氧化分解彻底。在一定温度和压力下，几乎所有的有机物只需几秒至几分钟反应时间就可彻底氧化分解，去除率可达 99%及以上。

② 盐类与其他无机组分在超临界水中的溶解度很低，可以结晶形式析出。

③ 选择性好。通过调节温度与压力，改变其对有机污染物的溶解性能，达到选择性控制反应产物的目的。

④ 当废水中的有机物质量分数大于 2%时，就可以依靠反应过程中自身的氧化放热来维持反应所需的温度，节约能源。

⑤ 处理装置完全封闭，无二次污染。

⑥ 适用范围广，可以用于处理多种有毒废水、有机废水（如酚、多氯联苯）的剩余污泥等。

在生产过程中，由于该技术的特点也普遍存在以下问题。

① 设备的腐蚀问题。SCWO 法是在高温、高压的强氧化环境中进行的，反应器材质的腐蚀不可避免，尤其是在处理含硫、磷和氯的有机物时，腐蚀将变得更加严重。

② 盐沉积问题。大部分盐在低密度的超临界水中溶解度很低。当亚临界溶液被迅速加热到超临界温度时，由于盐的溶解度大幅降低，将有大量沉淀析出，沉积的盐会引起反应器堵塞，从而导致无法正常操作。

③ 建设费用和运行费用较高。SCWO 法的反应条件苛刻，所以反应需要耐高温、高压设备，设备基建投资及运行所需要的费用较高。

④ SCWO 是一个放热反应，如何高效回收热能也是工业化必须解决的问题。

针对超临界水氧化技术的不足，可以通过研制新型的耐压耐腐蚀材料，优化反应器，以及改善加压、降压过程来部分改善腐蚀。另外，也可以通过加入催化剂或更强的氧化剂，降低超临界反应的压力和温度，从而减弱对反应器的腐蚀。盐沉积问题可以通过向反应器中加入某种盐与反应器中生成的易沉积的盐共熔，形成的混合物的熔点低于反应器内的温度，从而保持流体状态，避免反应器堵塞。

SCWO 技术应用于环境保护是一个新的研究方向，因其对污水处理具有快速、高效等特点，在污水处理领域应用越来越广，可适合多种污水的处理，是一种非常有前途的污水处理技术。目前，虽然由于诸多技术难题而未能实现大规模工业化推广，但是随着各方面研究的深入，必将有所突破，使超临界水氧化法能在环保领域大规模应用。

9.3 蒸发

蒸发技术是使用最早的海水淡化技术，现今已经发展成较成熟的废水蒸发技术，一般来说，适合蒸发的废水一定是高浓度废水。废水蒸发是利用水与污染物的沸点差异分离的方法，因此污染物与水的沸点差异越大越适合蒸发，如造纸黑液、垃圾渗滤液等有机废水。有些废水中含有大量低沸点有机物，可以先蒸发回收有机物，变废为宝。

9.3.1 蒸发操作流程

低温蒸发技术示意图如图 9-5 所示。

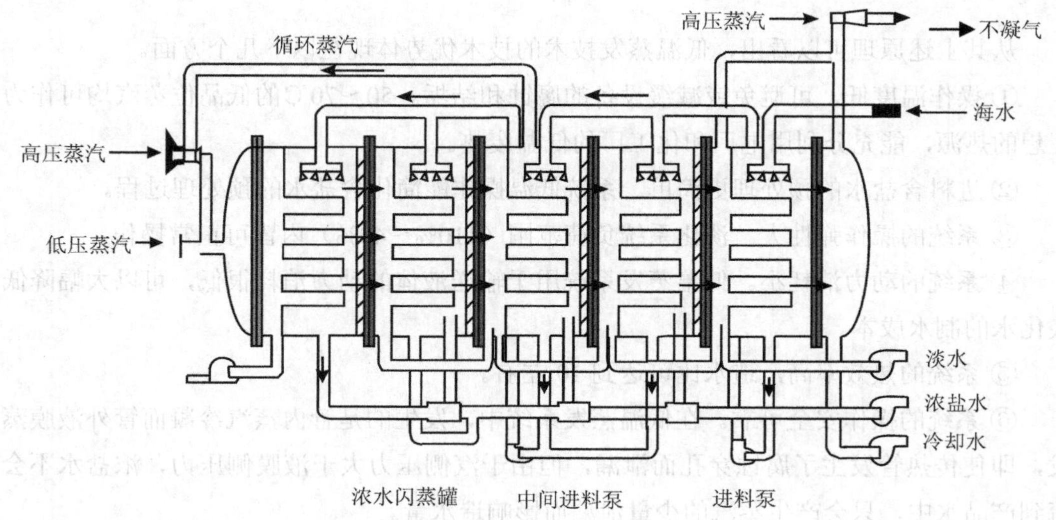

图 9-5　低温蒸发技术示意图

含盐水首先进入冷凝器中预热、脱气，而后被分成两股物流，一股作为冷却水排回大海，另一股作为蒸馏过程的进料。进料含盐水加入阻垢剂后被引入蒸发器的后几效（效为多效蒸发装置的单位）中。料液经喷嘴被均匀分布到蒸发器的顶排管上，然后沿顶排管以薄膜形式向下流动，部分水吸收管内冷凝蒸汽的潜热而蒸发。二次蒸汽在下一效中冷凝成产品水，剩余料液由泵输送到蒸发器的下一个效组中，该组的操作温度比上一组略高，在新的效组中重复喷淋、蒸发、冷凝过程。剩余的料液由泵往高温效组输送，最后在温度最高的效组中以浓缩液的形式离开装置。

生成的蒸汽被输送到第一效的蒸发管内并在管内冷凝，管外含盐水产生与冷凝量基本等量的二次蒸汽。由于第二效的操作压力要低于第一效，二次蒸汽在经过汽液分离器后，进入下一效传热管。蒸发、冷凝过程在各效重复，每效均产生基本等量的蒸馏水，最后一效的蒸汽在冷凝器中被含盐水冷凝。

第一效的冷凝液返回蒸汽发生器，其余效的冷凝液进入产品水罐，各效产品水罐相连。由于各效压力不同使产品水闪蒸，并将热量带回蒸发器。这样，产品水呈阶梯状流动并被逐级闪蒸冷却，回收的热量可提高系统的总效率。被冷却的产品水由产品水泵输送到产品水储罐。这样生产出来的产品水是平均含盐量小于 5 mg/L 的纯水。

浓盐水从第一效呈阶梯状流入一系列的浓盐水闪蒸罐中，过热的浓盐水被闪蒸以回收其热量。经过闪蒸冷却之后的浓盐水，最后经浓盐水泵排回大海。不凝气在冷凝器富集，由真空泵抽出。

9.3.2 蒸发技术的特点

从其上述原理可以看出，低温蒸发技术的技术优势体现在以下几个方面。

① 操作温度低，可避免或减缓设备的腐蚀和结垢。50～70℃的低品位蒸汽均可作为理想的热源，能充分利用电厂和化工厂的低温废热。

② 进料含盐水的预处理更简单。系统低温操作能简化含盐水的预处理过程。

③ 系统的操作弹性大。淡化系统负荷范围（110%～40%）内皆可正常操作。

④ 系统的动力消耗小。低温蒸发系统用于输送液体的动力消耗很低，可以大幅降低淡化水的制水成本。

⑤ 系统的热效率高，造水比可达到 10 左右。

⑥ 系统的操作安全可靠。在低温蒸发系统中，发生的是管内蒸汽冷凝而管外液膜蒸发，即使传热管发生了腐蚀穿孔而泄漏，但由于汽侧压力大于液膜侧压力，浓盐水不会流到产品水中，只会产生蒸汽的少量泄漏而影响造水量。

较常规的热泵技术和多级闪蒸技术，低温蒸发技术在热利用率、技术工艺耦合污水处理等方面具有明显优势，代表了相关技术领域的发展方向，是开展余热利用和污水处理耦合技术的重点方向。

9.3.3 蒸发技术工艺模式

蒸发技术工艺有顺流加料、逆流加料、平流加料、错流加料四种工艺模式。

1. 顺流加料工艺流程

如图 9-6 所示，溶液和蒸汽的流向相同，都由第一效顺序流到末效。原料液用泵送入第一效，依靠效间压差，自流入下一效进行处理，完成液自末效用泵抽出。后一效的压力低，溶液的沸点也相对较低，故溶液从前一效进入后一效时会因过热而自行蒸发，称为闪蒸。并流流程适宜处理在高浓度下为热敏性的物料。

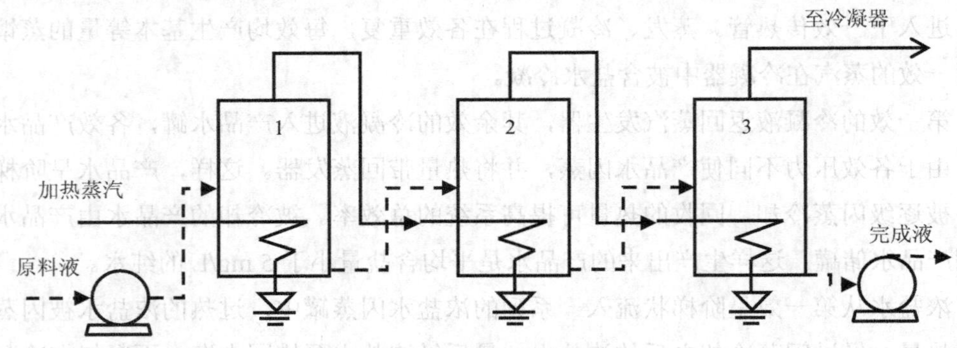

图 9-6 顺流加料工艺流程

注：1，2，3 为三相同蒸发反应釜。

2．逆流加料工艺流程

原料液由末效加入，用泵依次送到前一效，完成液由第一效放出，料液与蒸汽逆向流动。随着溶剂的蒸发、溶液浓度逐渐提高，溶液的蒸发温度也逐效上升，因此各效溶液的浓度比较接近，各效的传热系数也相近。但因为溶液从后一效输送到前一效时，料液温度低于送入效的沸点，有时需要补加热，否则产生的二次蒸汽量将逐渐减少。一般来说，逆流加料流程适宜处理黏度随温度和浓度变化较大的物料，不适宜处理热敏性的物料。

3．平流加料工艺流程

各效都加入料液，又都引出完成液，此流程用于饱和溶液的蒸发。各效都有晶体析出，可及时分离晶体。此法还可用于同时浓缩两种或多种水溶液。

4．错流加料工艺流程

也称混流流程，它是平流、逆流流程的结合。错流的特点是兼有平流与逆流的优点而避免其缺点。但操作复杂，要有完善的自控仪表才能实现其稳定操作。

9.4 电解

9.4.1 电解法的基本原理

利用电解原理处理水中有毒物质的方法称为电解法。

1．法拉第电解定律

电解过程的耗电量可用法拉第电解定律计算。实验证明，电解时电极上析出或溶解的物质质量与通过的电量成正比，每通过 96 500 C 电量，在电极上发生电极反应改变的物质量均为 1 g/eq，这一规律称法拉第电解定律，是1834年由英国人法拉第提出的，其数学表达式为

$$G=\frac{1}{F}EQ=\frac{1}{F}EIt \tag{9-1}$$

式中，G—— 析出或溶解的物质质量，g；

E—— 物质的克当量，g/eq；

Q—— 电解槽通过的电量，C；

I—— 电流强度，A；

t—— 电解历时，s；

F—— 法拉第常数，F=96 500 C/eq。

在电解的实际操作中，因存在某些副反应，实际消耗的电量比计算的理论值大得多。

2．分解电压与极化现象

当外加电压很小时，电解槽几乎没有电流通过，也没有电解现象，电压逐渐增加时，电流也会缓慢地增加，当电压升到某一数值后，电流随电压增加几乎呈直线上升，这时电解槽中的两极上才会出现明显的电解现象。这种开始发生电解所需的最小外加电压称为分解电压。

存在分解电压的原因首先是电解槽本身相当于原电池，该原电池的电动势（由阳极指向阴极）与外加电压的电动势（由正极指向负极）方向相反，所以外加电压必须首先克服电解槽的这一反电动势。产生极化现象的原因如下。

① 浓差极化电解时，离子的扩散运动不能立即完成，在靠近电极的薄层溶液内的离子浓度与主液体内的浓度不同，结果产生浓差电池，其电位差也与外加电压的方向相反，这种现象称浓差极化。

② 化学极化电解时，在两极形成的产物也构成某种原电池，此原电池电位差与外加电压方向也相反，这就是化学极化现象。

电解废水所含离子的运动会受到一定阻力，需要外加电压予以克服，可按下式计算：

$$U = IR = Ir\frac{L}{A} \tag{9-2}$$

式中，U—— 克服电解槽内阻所需外加电压，V；

I—— 电流强度，A；

R—— 废水内阻，Ω；

r—— 废水比电阻，Ω；

L—— 极板间距离，m；

A—— 两极板间电流通过的废水横断面积，m^2。

由式（9-2）可知，适当地缩短极板间距（L）和降低电流密度（I/A），有利于减小为克服电解槽内阻所需的外加电压（U）。此外，分解电压还与电极性质、废水水质及温度等因素有关。

9.4.2 电解法的处理功能

在电流作用下电解槽中的废水，除电极的氧化还原反应外，实际反应过程是很复杂的，因此，电解法处理废水时具有多种功能，主要有以下几个方面。

① 氧化作用：在阳极除了废水总的离子失去电子被氧化外，水中的 OH^-也可放电而生成氧，这种新生态氧具有很强的氧化作用，可氧化水中的无机物和有机物。

为增加废水的导电率，减小电解槽的内阻，在电解槽中常加入食盐，阳极又生成氯和次氯酸根，对水中的无机物和有机物也有氧化作用。

② 还原作用：在阴极除了极板的直接还原作用外，还有 H^+放电产生氢，这种新生态氢也有很强的还原作用，使废水中的某些物质还原。例如，废水中某些处于氧化态的色素，因氢的作用而脱色。

③ 混凝作用：若电解槽用铁或铝板作阳极，它失去电子后将逐步溶解在废水中，形成铝或铁离子，经水解反应而生成羟基配合物，这类配合物在废水中可起混凝作用，去除废水中的悬浮物与胶体杂质。

④ 浮选作用：电解时，在阴、阳两极都会不断产生 H_2 和 O_2，有时还有其他气体，如电解处理含氰废水时会产生 CO_2 和 N_2 等。它们以微气泡形式逸出，可起电气浮作用，使废水中微粒杂质上浮至水面，作为泡沫去除。

⑤ 电解过程中有时还会产生温度效应，去除嗅味。

电解法具有多种功能，处理效果是这些功能的综合结果。

9.4.3　电解法应用与实例

1. 电解法处理含铬废水

(1) 基本原理

在电解槽中，阳极为铁板，在电解过程中铁板阳极溶解产生强还原剂亚铁离子，在酸性条件下，可将废水中的六价铬还原为三价铬：

$$Fe-2e^- \longrightarrow Fe^{2+}$$

$$Cr_2O_7^{2-} + 6Fe^{2+} + 14H^+ \longrightarrow 2Cr^{3+} + 6Fe^{3+} + 7H_2O$$

$$CrO_4^{2-} + 3Fe^{2+} + 8H^+ \longrightarrow Cr^{3+} + 3Fe^{3+} + 4H_2O$$

从以上反应式可知，还原 1 mol Cr^{6+}需要 3 mol Fe^{2+}阳极铁板的消耗，理论上应为被处理 Cr^{6+}的 3.22 倍（重量比）。若忽略电解过程中副反应消耗的电量和阴极的直接还原作用，理论上 1 A·h 的电量可还原 0.323 5 g Cr。

在阴极除氢离子获得电子生成氢外，废水中的六价铬直接还原为三价铬：

$$2H^+ + 2e^- \longrightarrow H_2$$

$$Cr_2O_7^{2-} + 6e^- + 14H^+ \longrightarrow 2Cr^{3+} + 7H_2O$$

$$CrO_4^{2-} + 3e^- + 8H^+ \longrightarrow Cr^{3+} + 4H_2O$$

由上式可知，随着电解反应的进行，H^+逐渐减少，碱性增强，产生的 Cr^{3+}、Fe^{3+}、OH^-形成氢氧化物沉淀：

$$Cr^{3+} + 3OH^- \longrightarrow Cr(OH)_3$$

$$Fe^{3+} + 3OH^- \longrightarrow Fe(OH)_3$$

电解过程中，阳极腐蚀严重可以证明，阳极溶解的 Fe^{2+}是还原 Cr^{6+}为 Cr^{3+}的主体。因此，采用铁阳极在酸性条件下电解，将有利于提高含铬废水电解的效率。但阳极在产

生 Fe^{2+}的同时，要消耗 H^+，使 OH^-浓度增大，造成 OH^-在阳极抢先放出电子形成氧，此初生态氧将氧化铁板而形成钝化膜，这种钝化膜会吸附一层棕褐色 $Fe(OH)_3$ 吸附层，从而妨碍铁板继续产生 Fe^{2+}，最终影响电解处理效果。其反应式为

$$4OH^- - 4e^- \longrightarrow 2H_2O + O_2$$

$$3Fe + 2O_2 \longrightarrow FeO + Fe_2O_3$$

上述两反应连续进行，综合结果为

$$8OH^- + 3Fe - 8e^- \longrightarrow Fe_2O_3 \cdot FeO + 4H_2O$$

不溶性钝化膜的主要成分就是 $Fe_2O_3 \cdot FeO$。

为减小阳极钝化，可定期用钢丝刷刷洗阳极，将阴、阳极板调换使用。因为当阳极形成 $Fe_2O_3 \cdot FeO$ 钝化膜后，如变换为阴极，则在阴极产生的 H_2 可还原破坏钝化膜：

$$2H^+ + 2e^- \longrightarrow H_2$$

$$Fe_2O_3 + 3H_2 \longrightarrow 2Fe + 3H_2O$$

$$FeO + H_2 \longrightarrow Fe + H_2O$$

也可通过投加 NaCl 溶液来减小阳极钝化。这不仅可减小内阻，节省能耗，而且 Cl^- 在阳极失去电子时形成的 Cl_2 可取代钝化膜中的氧，生成可溶性的氯化铁而破坏钝化膜。

（2）工艺流程

图 9-7 为电解法处理含铬废水的工艺流程。此工艺既可间歇运行也可连续运行。电解槽可采用回流式或翻腾式。

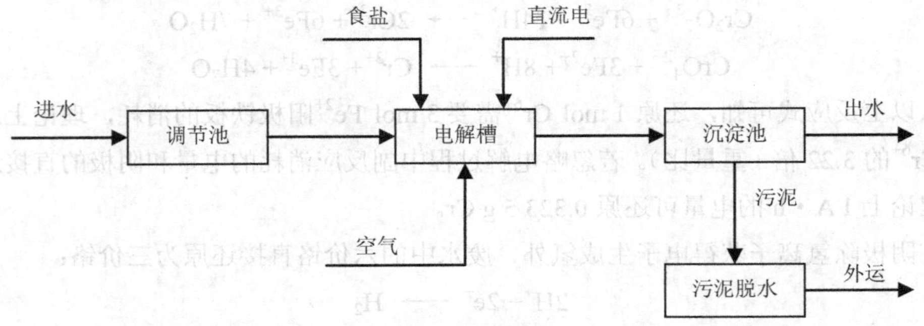

图 9-7 含铬废水电解法处理工艺流程

为了搅拌和防止氢氧化物沉淀，一般电解槽中供空气量为 0.2～0.3 m^3/（min·m^3 水）。NaCl 投量一般为 1～2 g/L。电解槽的重要运行参数是极水比，即浸入水中的有效极板面积与槽中有效水容积（有电流通过的废水体积）之比，取决于极板间距。沉淀池用来分离生成的 $Cr(OH)_3$ 和 $Fe(OH)_3$。电解处理产生的含铬污泥含水率高，经 24 h 沉淀后，含水率仍有 99%左右，比重 1.01。生产中沉淀时间一般按 1.5～2.0 h 设计。

电解处理含铬废水操作简单，处理效果稳定，Cr^{6+}浓度可降至 0.1 mg/L 以下。在原

水含铬浓度不超过 100 mg/L 时，电解法处理费用较化学法低，但钢材耗量大，污泥处置困难。

2．电解氧化法处理含氰废水

当不投加食盐电解质时，氰化物在阳极发生氧化反应，产生二氧化碳和氮气：

$$CN^- + 2OH^- - 2e^- \longrightarrow CNO^- + H_2O$$

$$CNO^- + 2H_2O \longrightarrow NH_4^+ + CO_3^{2-}$$

$$2CNO^- + 4OH^- - 6e^- \longrightarrow 2CO_2\uparrow + N_2\uparrow + H_2O$$

当投加食盐作电解质时，Cl^-在阳极放出电子成为游离氯[Cl]，并促进阳极附近的CN^-氧化分解，而后又形成 Cl^-继续放出电子再氧化其他 CN^-，反应式如下：

$$2Cl^- - 2e^- \longrightarrow 2[Cl]$$

$$CN^- + 2[Cl] + 2OH^- \longrightarrow CNO^- + 2Cl^- + H_2O$$

$$2CNO^- + 6[Cl] + 4OH^- \longrightarrow 2CO_2\uparrow + N_2\uparrow + 6Cl^- + 2H_2O$$

电解氧化法处理含氰废水过程中会产生一些有毒气体，如 HCN，因此应有通风措施。一般是将电解槽密闭，用抽风机将生产的气体抽出后处理并外排。极板一般采用石墨阳极，极板间距为 30～50 mm。为了便于产生的气体扩散，一般用空气压缩机对电解槽进行搅拌。

参考文献

[1] 高廷耀，顾国维. 水污染控制工程. 第 4 版下册[M]. 北京：高等教育出版社，2015.

[2] 蒋展鹏. 环境工程学. 第 3 版[M]. 北京：高等教育出版社，2013.

[3] 李本高. 现代工业水处理技术与应用（精）[M]. 北京：中国石化出版社，2004.

[4] 潘涛，田刚. 废水处理工程技术手册[M]. 北京：化学工业出版社，2010.

[5] 张自杰. 排水工程. 第 5 版下册[M]. 北京：中国建筑工业出版社，2015.

[6] 周本省. 工业水处理技术. 第 2 版[M]. 北京：化学工业出版社，2002.

第 10 章　污水的土地处理技术

10.1　污水土地处理的基本概念和原理

污水土地处理是指综合利用土壤与微生物的作用关系，再利用植物的调节机制来实现综合净化、处理城镇污水及一些工业废水的功能，使水资源重复利用，从而实现污水的资源化和无害化。

污水土地的净化机理主要是利用土壤的截滤吸附、生物降解和植物吸附，这种深度处理的方法极为经济高效。在此过程中，污水能够得到再生利用，从而补充地下水。和污水人工处理相比，污水土地处理具有系统运行成本低、节省能源、经济可行性较好等优点。但同时也存在缺点或局限，如它要求在污水水源附近有可利用的土地资源，系统的处理能力低，占地面积大，尤其是对于土地资源极为紧张的大城市来说，这是一个无法忽视的限制条件。另外，污水土地处理系统在复杂气候条件下（如雨雪天气）无法运行，需要对污水做特殊处理，这就增加了投资，使这种系统的经济可行性大打折扣。污水土地处理系统的净化原理如下。

（1）物理过滤

土壤颗粒间的空隙具有截留和滤除水中悬浮颗粒的性能。要防止悬浮物过多、生物污泥过多引起的堵塞。

（2）物理吸附与物理化学吸附

吸附作用包括非极性吸附（范德华力）、螯合作用、复合作用、置换吸附等。

（3）化学反应与化学沉淀

重金属离子与土壤的某些组分进行化学反应生成难溶性化合物而沉淀。

（4）微生物代谢作用下的有机物分解

土壤适合多种微生物生存，生物相丰富，可发挥生物降解作用。

（5）植物吸附与吸收作用

在慢速渗滤土地处理系统中，水中的营养物质主要依靠作物吸附和吸收而去除，再通过作物收获将其转移出土壤系统。

当前，污水土地处理系统常用的工艺有慢速渗透系统、快速渗透系统、地下渗滤系统、地表漫流系统和人工湿地处理系统。本章主要对快速渗透系统和人工湿地系统进行介绍。

10.2 污水快渗土地处理系统

污水快渗土地处理系统（rapid infiltration system，RI）是有控制地将污水投放于渗透性能较好的土地表面，使其在向下渗透的过程中经历不同的物理作用、化学作用和生物作用，最终达到净化污水的目的。

1．污水快渗土地处理系统的净化机理

RI 净化机理类似于间歇“生物砂滤器”。RI 由地表构筑物、地下构筑物及多孔介质三部分组成。地表构筑物包括污水的预处理、调节、运输、布水及渗滤，中心部位是渗滤池。地下构筑物主要包括水质、水位监测井和集水井。多孔介质则由具有一定的渗透性，又具有一定的阳离子交换容量的土壤组成。它的工作方式是让废水周期性地布水（投配或灌入）和落干（休灌），使快速渗滤池的表层土壤处于厌氧、好氧（A-O）交替运行的状态，不同种群的微生物分解降解废水中的有机物，A-O 交替运行有利于去除 N、P；该系统的有机负荷与水力负荷比其他土地处理工艺明显高得多，但其净化效率仍很高。一般情况下，预处理要求水质是一级处理即可；若对出水水质要求高或滤速高，则应以二级处理作为预处理。

2．污水快渗土地处理系统的特点

污水快渗土地处理系统特点：① 可将净化水补给地下水；② 可通过井或地下排水回收净化水；③ 可将净化水贮存在地下含水层，可以直接采用快速渗滤系统处理一级处理（酸化池）出水；④ 该系统对污染物的去除率高（COD＞90%，BOD_5＞95%，SS＞98%；系统出水的 COD＜40 mg/L，BOD＜10 mg/L）；⑤耐冲击负荷能力强，脱氮能力强。这种技术与常规二级生化污水处理系统相比，具有投资少、运行费低的优点。

但由于它的构成及工艺特征，有以下局限性：① RI 的核心构成是利用土地系统的自身净化功能进行污水处理，因而对场地的适用性有一定的要求；② RI 污水处理负荷一般比较低，导致系统占地面积非常大；③ RI 净化功能主要依赖于天然状态下的微生物，冬季活性差，因而处理效果将受很大影响；④ 对进水有一定要求，进水中不能有对微生物活性有明显影响的有毒有害组分，而且要满足 BDO_5/COD_{Cr}＞0.3 这一条件才能确保进水具有较好可生化性；⑤ 可能对地下水系统产生影响。

3．污水快渗土地处理系统的适用范围

适用于城市污水集中和分散处理、农村污水处理及面源污染防治、中水回用、受污染水体修复以及微污染水资源化处理，还有部分工业废水，特别是经过合理前处理后，可生化比较好的工业废水项目，如可生化比大于 0.3 的废水。但不适用于含有大量重金属离子和高温的废水，也不适用于悬浮物 SS 浓度为 50～100 mg/L 的废水（很容易增加快渗池的堵塞频率，影响管理）。

北方冰期较长的地区应增加保温设施，以确保快渗池冬季不冻结从而正常运行。

10.3 人工湿地系统

10.3.1 人工湿地系统的概述

人工湿地系统（constructed wetland）也叫构建湿地，是一项污水处理新技术，具有投资低、出水水质好、抗冲击力强、增加绿地面积、改善和美化生态环境、操作简单、维护和运行费用低廉、管理简单、动力消耗较小、不产生污泥、出水水质达到要求等优点。它是一种经济的水处理方式，具有良好的社会效益，非常符合我国的现状。这项技术适合我国国情，尤其适合广大农村、中小城市的污水处理，具有极其广阔的应用前景。它可用作生活污水和工业废水的二级处理和三级处理。

10.3.2 人工湿地系统的组成与原理

1. 人工湿地系统的组成

人工湿地污水处理系统是一套复杂的、完善的生物净化处理系统，是由填料基质—水生植物—微生物三部分所组成的一个独特的综合生态系统。其基质是指人工湿地池床中填充的沙砾、碎石或土壤，主要起到支撑高等植物生长，基质表面附着微生物形成生物膜的作用，是人工湿地净化污水的主要部件之一。其植物是指高等维管束植物，包括挺水植物、浮水植物、浮叶植物和沉水植物等。其微生物、微型生物是指植物根系周围的区系微生物、基质表面生物膜及周边的微生物，包括细菌、原生动物、次生动物、浮游生物等。在实际运行中，人工湿地系统的水质净化功能并不仅仅是基质、植物、微生物各自净化功能简单加合的结果。笔者认为人工湿地的本质之一就是将基质、植物、微生物以合适的构型和配比组合在一起并形成人工生态系统，从而发挥出“1+1+1＞3”的系统效应，达成高效持续的净化效果。

2. 人工湿地系统的去除机理

人工湿地系统是一种特殊的土地处理技术，其去除污染物的原理和土地处理技术的原理一致。人工湿地污水处理是一个化学处理、物理处理和生物处理相结合的过程。其化学处理过程是氧化分解，物理处理过程是过滤和吸附，生物处理过程是吸收利用和分解。人工湿地污水处理系统所针对的污染物（环境影响主力因子）主要为氮、磷、悬浮物（SS）、有机物（BOD、COD）、重金属及病原微生物。

10.3.3　人工湿地系统的分类

根据占主导地位的水生植物种类，人工湿地系统可分为浮生植物系统、沉水植物系统和挺水植物系统三种。

根据系统布水方式和污水流动模式，又可分为自由表面流（free surface flow）人工湿地和潜流（subsurface flow）人工湿地，其构造如图 10-1 和图 10-2 所示。潜流人工湿地被进一步分为水平潜流人工湿地和垂直潜流人工湿地。

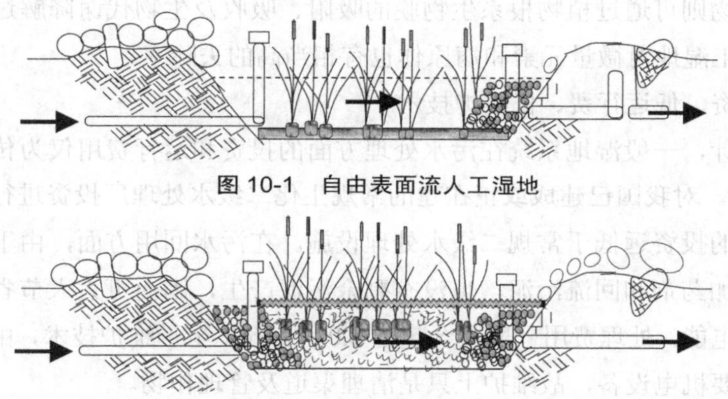

图 10-1　自由表面流人工湿地

图 10-2　潜流人工湿地

①自由表面流人工湿地：其水位一般较浅，与自然湿地最为接近，水流在人工湿地表面呈推流式前进，可种植湿地植物，并被大量的野生动物作为栖息地。当污水经布水渠进入湿地系统，通过植物及其根部的生物膜间的物理、化学、生物的综合利用得到净化。自由表面流人工湿地广泛应用于地下水修复、矿井废水和垃圾渗滤液的处理，具有投资低、运行管理便捷等优点，但也存在易滋生蚊蝇、有臭味、易受自然气候条件影响等限制。

② 水平潜流人工湿地：包括砾石等基质、植物、隔水层和水位控制装置。污水由布水渠进入湿地系统时，以潜流形式沿基质下部推进，沿水平方向流向出水口，通过基质截留、生物膜、植物根系吸收等作用得到净化。水平潜流人工湿地主要用于小城镇污水的二级处理和部分工艺废水的处理。与自由表面流人工湿地相比，建设费用高，但污染物去除效果好，具有良好的保温性能、水力负荷高、受气候条件影响小、卫生条件较好等优点。

③ 垂直潜流人工湿地：其构造与水平潜流人工湿地类似，只是具有不同的布水方式，最初的垂直潜流布水是通过单管直接向系统内进水，后来逐渐研究出了上向流、多点布水、潮汐流等多种形式。当污水经地表布水装置，垂直渗入流过床体，通过系统地表与

地下渗滤过程中发生的物理、化学和生物等反应得到净化。垂直潜流人工湿地提高了氧气转移速率，具有较强的硝化能力，主要应用于一些高氨氮食品厂废水和垃圾渗滤液的处理。同样地，具有水力负荷大、占地面积相对较小的优点。

10.3.4 人工湿地系统应用于污水回用中的优缺点

1. 优点

（1）处理效果好

人工湿地系统的显著特点之一是其对有机物有较强的降解能力。二级处理后的污水中不溶性有机物通过湿地的沉淀、过滤作用，可以很快地被截留而被微生物利用；污水中可溶性有机物则可通过植物根系生物膜的吸附、吸收及生物代谢降解过程而被分解去除。此外，人工湿地对微量元素和病原体也有相当高的去除率。

（2）低投资、低运行费、低维护技术

据国外统计，一般湿地系统在污水处理方面的投资和运行费用仅为传统的二级污水厂的1/10～1/2。对我国已建成或正在建的常规生化二级水处理厂投资进行分析，也表明人工湿地系统的投资远低于常规二级水处理设施。在污水回用方面，由于人工湿地工艺无须曝气、投加药剂和回流污泥，也没有剩余污泥产生，因而可大大节省运行费用，通常只消耗少量电能，处理费用一般不会超过0.05元/m^3。至于维护技术，由于人工湿地系统基本上不需要机电设备，故维护上只是清理渠道及管理作物。

（3）灵活组合针对性强

人工湿地污水处理系统由人工基质和水生植物组成，不同基质对同种污染物处理能力不同，且组合基质除污能力要优于单一基质。人们可以根据污水中污染物种类、特征选取不同基质或采取组合基质。此外，不同植物类型对不同污染物也有特异性，可以根据需要灵活地对人工湿地污水处理系统进行组合。

2. 目前人工湿地系统存在的问题

（1）基质种类单一

基质是人工湿地系统的重要组成部分，为微生物提供附着场所，同时具有吸附和离子交换等净化作用。湿地基质种类很多，大多数人工湿地的基质材料为土壤、砾石和沙中的一种或几种，处理以有机物和悬浮物为主要污染物的水体，基本可达到预期处理效果。但对含特殊污染物的水体，其处理效果十分有限。不同基质的去污效果以及有针对性材料的发明还有待进一步研究，设计人工湿地基质时，应尝试突破传统基质的束缚，开发利用新型材料。

（2）植物种类单一

自然湿地中分布着广泛的湿生和沼生植物，与自然湿地相比，这些植物在人工湿地中应用较少。全球湿地高等植物有 6 000 多种，但被人工湿地利用的却是少之又少。大多数人工湿地只选种一种或两种植物，这种相对单一的植物系统必然影响人工湿地的处理效果。应充分发挥植物的作用，间隔种植，既经济实用又体现美观价值。

（3）人工湿地类型单一

对含特殊污染物或污染负荷比较高的水体难以达到处理效果。从目前情况看，自由表面流人工湿地应用较少，绝大多数为水平潜流人工湿地，少数地区采用垂直潜流人工湿地。

（4）人工湿地处理污水机理有待进一步研究

湿地去污机理复杂，人工湿地处理污水的机理的研究相对薄弱，无法为其工艺设计提供有力的理论指导。因此，在推广应用时应慎重，特别是在大面积使用时，应充分考虑该技术有可能带来的一系列影响，避免盲目推广，同时要加强对机理的研究，为应用推广提供理论参考和技术指导。

10.4　稳定塘

10.4.1　稳定塘的概述

1．稳定塘的基本概念

稳定塘又名氧化塘或生物塘，其对污水的净化过程与自然水体的自净过程相似，是一种利用天然净化能力处理污水的生物处理设施。

稳定塘的研究和应用始于 20 世纪初，50—60 年代以后发展较迅速，目前已有 50 多个国家采用稳定塘技术处理城市污水和有机工业废水。稳定塘多用于处理中小城镇的污水，可用作一级处理、二级处理，也可以用作三级处理。

2．稳定塘的分类

稳定塘的分类常按塘内的微生物类型、供氧方式和功能等进行划分。

（1）好氧塘

好氧塘的深度较浅，一般在 0.3～0.5 m，阳光能透至塘底，塘内藻类在阳光的照射下，进行光合作用释放氧气，溶解氧主要由藻类供给，同时塘面风力不断搅动进行大气复氧，使全部塘水都含有溶解氧，好氧微生物利用氧，能把进入稳定塘的有机污染物进行氧化分解，生产 CO_2、NH_4^+、PO_4^{3-}等，这些代谢产物又能被藻类利用。污水净化实际上是塘内菌藻共生的过程。

（2）兼性塘

兼性塘的深度较大，一般为 1.0～2.0 m。上层为好氧区，藻类的光合作用和大气复氧作用使其有较高的溶解氧，由好氧微生物起净化污水作用；中层的溶解氧逐渐减少，称兼性区（过渡区），由好氧菌、兼性菌和厌氧菌共同发挥作用；下层塘水无溶解氧，称厌氧区，厌氧微生物占主导作用，沉淀污泥在塘底进行厌氧发酵。兼性塘各区相互联系、相互作用，相辅相成。

（3）厌氧塘

厌氧塘的塘深一般在 2.0～4.5 m，有机负荷高，全部塘水几乎无溶解氧，基本呈厌氧状态，由厌氧微生物在其中进行水解、产酸及产甲烷发酵等厌氧反应全过程，厌氧塘净化速度慢，污水停留时间长，一般作为高浓度有机废水的一级处理工艺。

（4）曝气塘

曝气塘采用人工曝气供氧，塘深在 2 m 以上，全部塘水有溶解氧，在曝气条件下，藻类的生长与光合作用受到抑制。由好氧微生物起净化作用，污水停留时间较短。

（5）深度处理塘

深度处理塘又称三级处理塘或熟化塘，属于好氧塘。其进水有机污染物浓度很低，一般 $BOD_5 \leqslant 30$ mg/L。常用于处理传统二级处理厂的出水，提高出水水质，以满足受纳水体或回用水的水质要求。

除上述几种常见的稳定塘以外，还有水生植物塘（塘内种植水葫芦、水花生等水生植物，以提高污水净化效果，特别是提高对磷、氮的净化效果）、生态塘（塘内养鱼、鸭、鹅等，通过食物链形成复杂的生态系统，以提高净化效果）、完全储存塘（完全蒸发塘）等也正在被广泛研究、开发和应用。

3．稳定塘技术的优缺点

（1）稳定塘的优点

① 当有旧河道、沼泽地、谷地可利用作为稳定塘时，稳定塘系统的基建投资低，工程简易。

② 稳定塘运行管理简单，动力消耗低，运行费用较低，为传统二级处理厂的 1/5～1/3。

③ 可进行综合利用实现污水资源化，如将稳定塘出水用于农业灌溉。充分利用污水的水肥资源；养殖水生动物和植物，组成多级食物链的复合生态系统。

（2）稳定塘的缺点

① 有机负荷低，占地面积大没有空闲余地时不宜采用。

② 处理效果受气候影响较大，如季节、气温、光照、降水等自然因素都会影响稳定塘的处理效果。

③ 设计运行不当时，可能形成二次污染，如污染地下水、产生臭气和滋生蚊蝇等。

虽然稳定塘存在上述缺点，但是，如果能进行合理的设计和科学的管理，利用稳定塘处理污水，则可以显著提高环境效益、社会效益和经济效益。

10.4.2　好氧塘

1．好氧塘的种类

好氧塘按有机物负荷率的高低分为高负荷好氧塘、普通好氧塘和深度处理好氧塘三种。

① 高负荷好氧塘：这类塘设置在处理系统的前部，目的是处理污水和产生藻类。特点是塘的水深较浅，水力停留时间较短，有机负荷较高。

② 普通好氧塘：这类塘用于处理污水，起二级处理作用。特点是有机负荷较高，塘的水深比高负荷好氧塘深，水力停留时间较长。

③ 深度处理好氧塘：这类塘设置在塘处理系统的后部或二级处理系统之后，作为深度处理设施。特点是有机负荷较低，塘的水深较高负荷好氧塘大。

2．基本工作原理

好氧塘净化有机污染物的基本工作原理如图 10-3 所示。塘内存在菌、藻和原生动物的共生系统。有阳光照射时，塘内的藻类进行光合作用，释放出氧，同时，由于风力的搅动，塘表面还存在自然复氧，两者使塘水呈好氧状态。塘内的好氧型异养细菌利用水中的氧，通过好氧代谢氧化分解有机污染物并合成本身的细胞质（细胞增殖），其代谢产物 CO_2 则是藻类光合作用的碳源。

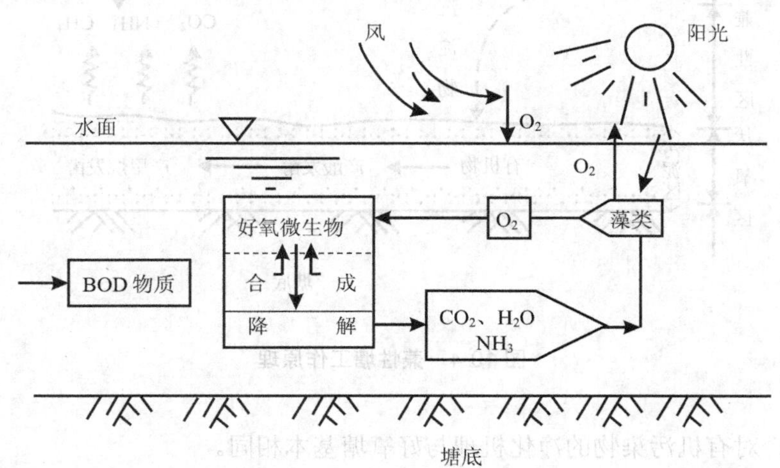

图 10-3　好氧塘工作原理

藻类光合作用使塘水的溶解氧和 pH 呈昼夜变化。白天，藻类光合作用释放的氧，超过细菌降解有机物的需氧量，此时塘水的溶解氧浓度很高，可达到饱和状态。夜间，藻类停止光合作用，且由于生物的呼吸消耗氧，水中的溶解氧浓度下降，凌晨时达到最低。阳光再照射后，溶解氧再逐渐上升。好氧塘的 pH 与水中 CO_2 浓度有关，受塘水中碳酸

盐系统的 CO_2 平衡关系影响，白天藻类光合作用使 CO_2 降低，pH 上升；夜间，藻类停止光合作用，而细菌降解有机物的代谢没有终止，CO_2 累积，pH 下降。

10.4.3 兼性塘

1．兼性塘的基本工作原理

兼性塘的有效水深一般为 1.0～2.0 m，上层由于藻类的光合作用和大气复氧作用而含有较多溶解氧，为好氧区；中层则溶解氧逐渐减少，为过渡区或兼性区；塘水的下层则为厌氧区；塘的最底层为厌氧污泥区，如图 10-4 所示。

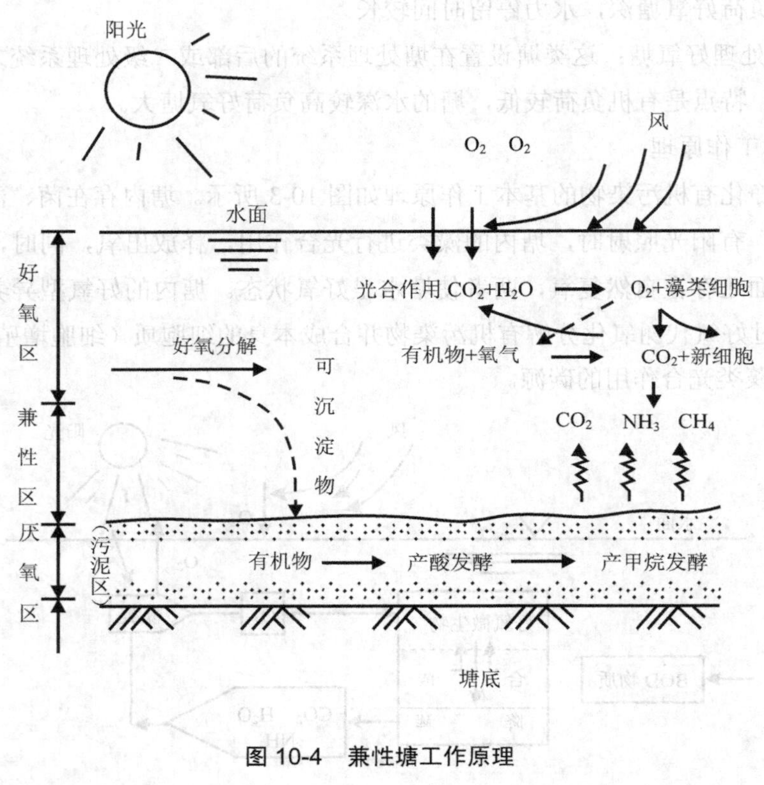

图 10-4 兼性塘工作原理

好氧区：对有机污染物的净化机理与好氧塘基本相同。

兼性区：塘水溶解氧较低，且时有时无。这里的微生物是异养型兼性细菌，它们既能利用水中的溶解氧氧化分解有机污染物，也能在无分子氧的条件下进行无氧代谢。

厌氧区：无溶解氧。可沉淀物质和死亡的藻类、菌类在此形成污泥区，污泥区中的有机质由厌氧微生物对其进行厌氧分解。与一般的厌氧发酵反应相同，其厌氧分解包括酸发酵和甲烷发酵两个过程。发酵过程中未被甲烷化的中间产物（如脂肪酸、醛、醇等）进入塘的上中层，由好氧菌和兼性菌继续进行降解。而 CO_2、NH_3 等代谢产物进入好氧区，部分逸出水面，部分参与藻类的光合作用。

2．兼性塘的特点

由于兼性塘的净化机理比较复杂，因此兼性塘去除污染物的范围比好氧处理系统广泛，它不仅可去除一般的有机污染物，还可有效地去除磷、氮等营养物质和某些难降解的有机污染物，如木质素、有机氯农药、合成洗涤剂、硝基芳烃等。因此，它不仅用于处理城市污水，还用于处理石油化工、有机化工、印染、造纸等工业的废水。

10.4.4　厌氧塘

1．厌氧塘的基本工作原理

厌氧塘对有机污染物的降解，是由两类厌氧菌通过产酸发酵和甲烷发酵两阶段来完成的，即先由兼性厌氧产酸菌将复杂的有机物水解，转化为简单的有机物（如有机酸、醇、醛等），再由绝对厌氧菌（甲烷菌）将有机酸转化为甲烷和二氧化碳等。由于甲烷菌的世代时间长，增殖速度慢，且对溶解氧和 pH 敏感，因此厌氧塘的设计和运行，必须以甲烷发酵阶段的要求作为控制条件，控制有机污染物的投配率，以保持产酸菌与甲烷菌之间的动态平衡。应控制塘内的有机酸浓度在 3 000 mg/L 以下，pH 为 6.5～7.5，进水的 BOD_5：N：P 为 100：2.5：1，硫酸盐浓度应小于 500 mg/L，以使厌氧塘能正常运行。

2．厌氧塘的设计和应用

厌氧塘的设计通常是用经验数据，采用有机负荷进行设计的。

10.4.5　曝气塘

曝气塘是在塘面上安装有人工曝气设备的稳定塘（图 10-5）。

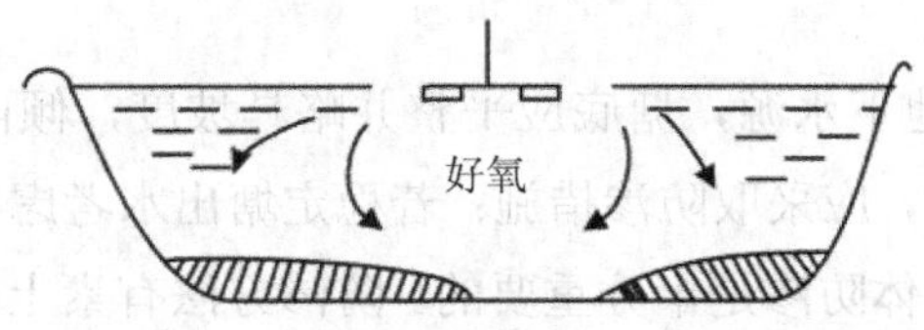

图 10-5　曝气塘工作示意图

曝气塘有两种类型：完全混合曝气塘、部分混合曝气塘。

曝气塘内生长有活性污泥，污泥可回流也可不回流，有污泥回流的曝气塘实质上是活性污泥法的一种变型。微生物生长的氧源来自人工曝气和表面复氧，以人工曝气为主。曝气设备一般采用表面曝气机，也可用鼓风曝气。

完全混合曝气塘中曝气装置的强度应能使塘内的全部固体呈悬浮状态，并使塘水有足够的溶解氧供微生物分解有机污染物。

部分混合曝气塘不要求保持全部固体呈悬浮状态，部分固体沉淀并进行厌氧消化。其塘内曝气机布置较完全混合曝气塘稀疏。

曝气塘出水的悬浮固体浓度较高，排放前需进行沉淀，沉淀的方法可以用沉淀池，或在塘中分割出静水区用于沉淀。

曝气塘的水力停留时间为 3～10 d，有效水深为 2～6 m。

10.4.6 稳定塘系统的设计要点

1．塘的位置

稳定塘选址必须符合城镇总体规划的要求，应以近期为主，远期扩建为原则。应因地制宜利用废旧河道、池塘、沟谷、沼泽、湿地、荒地、滩涂等闲置土地。塘址应选在城镇水源地下游，夏季最小风频的上风侧，应符合卫生防护距离的要求，距居民区下风向 200 m 以外，以防止塘散发的臭气影响居民区。此外，稳定塘不应设在距机场 2 km 以内的地方，以防止鸟类（如水鸥）到塘中觅食、聚集，对飞机航行造成危险。塘址选择还必须进行工程地质、水文地质等方面的勘察及环境影响评价，必须符合该地区防洪标准的规定，以及考虑潮汐和风浪的影响。

2．塘体设计

为防止浪的冲刷，土堤迎水坡应铺砌防浪材料，宜采用石料或混凝土，在设计水位变动范围内的最小铺砌高度应在 1.0 m 以上，稳定塘的衬砌安全超高应在设计水位上下各 0.5 m 以上。土坝的顶宽不宜小于 2 m，石堤和混凝土堤顶宽不应小于 0.8 m，若需防止雨水冲刷时，塘的衬砌应做到堤顶。当堤顶允许机动车行驶时，其宽度不应小于 3.5 m。衬砌有干砌块石、浆砌块石和混凝土板等。

3．塘底设计

稳定塘渗漏可能污染地下水源，塘底应平整并略具坡度，倾向出口；当塘底原土渗透系数 K 值大于 0.2 m/d 时，应采取防渗措施；若稳定塘出水考虑再回用，则塘体渗漏会造成水资源损失，因此，塘体防渗是十分重要的。防渗方法有素土夯实、沥青防渗衬面、膨润土防渗衬面和塑料薄膜防渗衬面等。

4．塘的进口、出口设计

进口、出口的形式对稳定塘的处理效果有较大的影响。设计时应注意配水、集水均匀，避免短流、沟流及混合死区。主要措施为采用扩散式或多点进水和出水方式；进口、出口之间的直线距离尽可能大，出水口应设置挡板，潜孔出流；进口、出口的方向避开当地常年主导风向，宜与主导风向垂直。

参考文献

[1] 高廷耀，顾国维. 水污染控制工程. 第 4 版下册[M]. 北京：高等教育出版社，2015.

[2] 蒋展鹏. 环境工程学. 第 3 版[M]. 北京：高等教育出版社，2013.

[3] 李献文. 城市污水稳定塘设计手册[M]. 北京：中国建筑工业出版社，1990.

[4] 张自杰. 排水工程. 第 5 版下册[M]. 北京：中国建筑工业出版社，2015.

第 11 章　污水处理厂恶臭气体控制

恶臭气体广泛产生于工农业生产和市政污水、废物处理过程，为了提高现场和周围区域的环境卫生质量、减少二次污染，对恶臭气体进行有效处理，做到达标排放的工作已势在必行。本章分析了恶臭气体的来源和特征，探讨了污水处理过程中的除臭问题，旨在为我国的环境建设和环保产业的发展做更多有益的工作。

11.1　恶臭气体的基本概念

恶臭气体是污染环境、危害人体健康的重要公害之一。我国针对恶臭废气排放有明确的规定，所谓的恶臭废气就是对人类生活环境造成异味，严重影响人们生活的有害气体。因此，《恶臭污染物排放标准》（GB 14554—93）这样定义恶臭污染物：一切刺激嗅觉器官引起人们不愉快及损坏生活环境的气体物质。

11.2　恶臭气体的来源

空气中的恶臭污染物来源很广，工农业生产、人民生活均能产生恶臭物质，市政污水、废物处理厂也是臭味气体的重要来源，这些物质刺激人的嗅觉器官，影响了现场工作人员和周边设施的环境卫生，也降低了周围居民的生活环境质量。特别是以往的大型城市污水、废物处理厂地处人员稀少的郊外，但是由于市区不断扩大，它们已经离我们越来越近。污水处理厂的气态二次污染物具有成分复杂多变、有毒有害、动态负荷显著以及排污显著、近人群等特点。

表 11-1 列出了污水处理流程中产生恶臭气体的构筑物以及恶臭气体的强度和比例。在污水处理厂的沉砂室、格栅间、初沉池、曝气池、污泥浓缩池、消化池、脱水机房、干化厂等都有氨、硫化氢、甲基硫等恶臭物质产生。比如，曝气过程需充入并排出大量气体；压泥过程污泥被压挤排气，并与空气接触加快挥发。例如，如果日处理量 10 万 t 污水，按 1∶6 水气比例，曝气需要 60 万 m^3，这样大的气量源源不断排入大气，形成巨

大的气溶胶，会威胁现场工作人员的健康与安全，且难以消散。解决这样的问题，首先要收集气体，如对曝气池加盖，利用风机或将曝气池封闭利用曝气压力将气体送入除臭设备，对于无法封闭的设施如压泥车间，可用抽风机将气体抽出收集。

表 11-1　根据臭气散发率估计值排列污水处理过程中的臭气发生源

分类	来源	ED_{50}[a]	排风量/(m^3/min)	表面积/m^2	表面逃逸速率/(m/min)	散发率估计值	占总量百分比/%
初沉池	浮渣漏斗	26	—[b]	30	0.2	156	0.0
	稳流筒	1 976	—	107	0.7	148 002	5.5
	沉池表面	150	—	9 662	0.2	289 860	9.4
	出水堰	972	—	976	0.7	664 070	24.5
	总和					1 102 089	39.3
旧式格栅及沉砂构筑	顶式排气扇	625	1 001	—	—	625 625	22.1
新式格栅及沉砂构筑	沉砂室	382	—	695	0.7	185 843	6.9
	砂堆	550	—	15	0.2	1 650	0.1
	格栅室排气扇	453	623	—		282 219	10.0
	总和					469 712	16.9
曝气池		59	—	9 662	0.7	399 041	14.7
脱水部分		202	730	—	—	147 460	5.2
污泥浓缩池	稳流筒	95	—	41	0.7	2 727	0.1
	进料沟	62	—	28	0.7	1 215	0.0
	中心进料井	62	—	43	0.4	1 066	0.0
	浓缩池表面	62	—	799	0.2	9 908	0.3
	出水堰	327	—	84	0.7	19 228	0.7
	总和					34 143	1.2
主要拦污连接构筑		447	—	25	0.7	7 823	0.3
污泥潟湖	1 号潟湖(备用)	50	—	290	0.2	2 900	0.1
	2 号潟湖(使用)	50	—	366	0.2	3 660	0.1
	3 号潟湖(用完)		—	327	0.2	0	0.0
	总和					6 560	0.2
消化塔出口		211	—	5	0.7	739	0.0
总和						2 793 191	100.0

注：a：臭气半数感知限，按臭气稀释倍数计算。

b：无数据。

臭味气体不但有我们很熟悉的硫化氢、氨气等，还有很多无机或有机化合物，它们在一般情况下基本都是挥发性强的物质，给人的感官在不同浓度下有所不同，有些恶臭气体的嗅阈值极低，表 11-2 列出了废水中的一些恶臭物质。

表 11-2 废水中的恶臭化合物

物质名称	分子式	分子量	挥发性 25℃/ppm（V/V）	检测限/ppm（V/V）	嗅阈值/ppm（V/V）	感官描述
乙醛	CH_3CHO	44	—	0.067	0.21	刺激性，果味
烯丙基硫醇	$CH_2CH\ CH_2SH$	74	气体	0.000 1	0.001 5	令人不舒适，蒜味
氨	NH_3	17	—	17	37	刺激性
戊基硫醇	$CH_3(CH_2)_4SH$	104	—	0.000 3	—	令人不愉快，腐臭
苯甲基硫醇	$C_6H_5CH_2SH$	124	—	0.000 2	0.002 6	令人不愉快，强烈
n-丁基胺	$CH_3(CH_2)NH_2$	73	93 000	0.080	1.8	酸味，氨味
氯	Cl_2	71	气体	0.080	0.31	刺激性，令人窒息
二丁基胺	$(C_4H_9)_2NH$	129	800	0.016	—	腥味
二异丙基胺	$(C_3H_7)_2NH$	101	—	0.13	0.38	腥味
二甲基胺	$(CH_3)_2NH$	45	气体	0.34	—	腐臭，腥味
二甲基硫	$(CH_3)_2S$	62	830 000	0.001	0.001	烂白菜味
二苯基硫	$(C_6H_5)_2S$	186	100	0.000 1	0.002 1	令人不愉快
乙基胺	$C_2H_5NH_2$	45	气体	0.27	1.7	氨味
乙基硫醇	C_2H_5SH	62	710 000	0.000 3	0.001	烂白菜味
硫化氢	H_2S	34	气体	0.000 5	0.004 7	臭鸡蛋味
吲哚	$C_6H_4(CH)_2NH$	117	360	0.000 1	—	排泄物味，令人作呕
甲基胺	CH_3NH_2	31	气体	4.7	—	腐臭，腥味
甲基硫醇	CH_3SH	48	气体	0.000 5	0.001 0	烂白菜味
臭氧	O_3	48	气体	0.5	—	刺激性
苯基硫醇	C_6H_5SH	110	2 000	0.000 3	0.001 5	腐臭，蒜味
丙基硫醇	C_3H_7SH	76	220 000	0.000 5	0.020	令人不愉快
嘧啶	C_5H_5N	79	27 000	0.66	0.74	刺激性
甲基吲哚	C_9H_9N	131	200	0.001	0.050	排泄物味，令人作呕
二氧化硫	SO_2	64	气体	2.7	4.4	刺激性
甲基硫酚	$CH_3C_6H_4SH$	124	—	0.000 1	—	臭鼬味，刺激性
三甲基胺	$(CH_3)_3N$	59	气体	0.000 4	—	刺激性，腥味

11.3 恶臭气体控制技术

11.3.1 国内外恶臭气体控制发展概况

我国在 1994 年 1 月 15 日由国家环境保护局批准实施了为贯彻《中华人民共和国大气污染防治法》关于控制恶臭污染物对大气污染的《恶臭污染物排放标准》(GB 14554—93)，分年限规定了八种恶臭污染物的一次最大排放限值、复合恶臭物质的臭气浓度限值及无组织排放源的厂界浓度限值（表 11-3）。但是，我国目前从事恶臭物质和气体净化的单位很少，尚不能从根本上解决问题，大多是根据具体的恶臭发生源的特性，进行专门设计，也无法形成规模生产。

表 11-3 恶臭污染物厂界标准值

序号	控制项目	单位	一级	二级		三级	
				新（扩、改）建	现有	新（扩、改）建	现有
1	氨	mg/m^3	1	1.5	2	4	5
2	三甲胺	mg/m^3	0.05	0.08	0.15	0.45	0.8
3	硫化氢	mg/m^3	0.03	0.06	0.1	0.32	0.6
4	甲硫醇	mg/m^3	0.004	0.007	0.01	0.02	0.035
5	甲硫醚	mg/m^3	0.03	0.07	0.15	0.55	1.1
6	二甲二硫	mg/m^3	0.03	0.06	0.13	0.42	0.71
7	二硫化碳	mg/m^3	2	3	5	8	10
8	苯乙烯	mg/m^3	3	5	7	14	19
9	臭气浓度	量纲一	10	20	30	60	70

一些发达国家在关于恶臭气体污染，特别是污水处理厂恶臭污染的立法、研究和治理等方面已经有几十年的经验，其中以美国、德国和日本的成果最为显著，湿法化学吸收、活性炭吸附、直接燃烧、催化氧化和生物处理等方法被广泛研究。比如，日本的一个污水处理厂的沉砂池，冬季测定的硫化氢和甲硫醇的浓度分别是 5.29 mg/m^3 及 0.181 mg/m^3，而它们的嗅阈值是 0.000 755 mg/m^3 和 0.001 51 mg/m^3，因此居民的反应极为强烈。1987 年，日本城市污水厂约有 166 座脱臭装置用以治理这些恶臭物质。虽然臭气控制已经在发达国家发展多年，但比起其他环保行业，如污水处理、垃圾填埋和燃烧，还是落后一段时间，很多臭气控制系统要对老厂进行很大规模的改造以后才能实施，因此，我国应利用处于环境工程起步阶段的这个特点，在工程立项、设计阶段就考虑到恶臭物质污染的问题。因为臭气控制涵盖了一个很大的潜在控制范畴，如果在主要污染物排放达标的前提下减少二次污染，不但增强了工程的整体效益，也避免了不必要的再投资和大规模改造。

11.3.2 各种除臭技术简介

臭气控制可以采用多种方法，表 11-4 总结了几种比较常用的技术。

表 11-4 臭气处理方式

技术方法	应用	费用	优点	缺点	总去除率
填料式湿法吸收塔	中至重度污染；中至大型设施	中等投资和运行成本	有效和可靠；使用年限长	必须处理化学废水；消耗化学品	99%
细雾湿法吸收器	中至重度污染；中至大型设施	较上种方法投资多	化学品消耗低	需要软化用水，吸收器体积较大	—
活性炭吸附器	低至中度污染；小至大型设施	取决于活性炭填料的置换和再生的次数	方法、结构简易	只适用于相对低浓度的臭气，难以确定活性炭使用寿命	—
生物滤池	低至中度污染；小至大型设施	低投资和运行成本	简易；运行、维护最少	难以确立设计标准，不适合高浓度臭气	＞95%
热氧化法	重度污染；大型设施	高投资和运行成本	对于臭气和挥发性有机化合物很有效	只经济适用于大型设施的高流量、难处理的臭气	—
扩散至活性污泥处理池	低至中度污染；小至大型设施	经济适用于已有风机和扩散装置的设施	简易；低运行、维护；有效	易侵蚀风机，不适于高浓度臭气	90%～95%
抗臭气剂	低至中度污染；小至大型设施	取决于化学品的消耗量	低投资	臭气去除效率有限	＜50%

11.4 污水处理厂的恶臭气体控制

针对污水处理厂所产生的臭气，一些国家规定，如果在城市污水厂 300 m 范围内存在居民住宅区，则该污水处理厂必须有除臭装置。目前，污水处理厂主要的除臭技术有物理法、化学法和生物法。

11.4.1 恶臭气体控制概念和参数

1．控制概念

污水处理厂的臭气控制包含了若干控制概念：

① 点源控制，包括工业预处理；

② 对污水收集和截流系统有适当的设计方案和运行、维护；

③ 在污水中加药，在截流系统的上游和处理流程中；

④ 采用适当的设计方法处理污水和所产生的固体废物，包括构筑、运行和维护；

⑤ 封闭、收集、处理污水处理流程中的有害气体，避免其排放到大气中；

⑥ 基于臭气控制技术，采用空气扩散辅助措施。

2. 技术参数

成功的臭气控制工程来自多方面的努力，包括工程技术人员、运行和维护人员以及设备供应商等。在很多方面，给污水处理厂设计臭气处理系统的原则和设计一个污水处理厂本身非常相似，需要确定的基本技术参数有：

① 空气排放或是批量排放限制标准；

② 需要被处理的气流的流量、流速；

③ 主要污染物及其入口浓度；

④ 污染物的变化，如浓度、种类等；

⑤ 系统的运行、臭气去除的可靠程度。

通过这些参数和对各方面的经济实用性指数，我们可以就污水处理厂的实际条件选择适当的臭气控制方式。我们也注意到，在很多情况下，使用气体处理装置控制臭气污染可能并不是最理想的方法，如对污水处理厂中产生臭气的设备、建筑封闭收集气体可能会带来运行和维修的不便。但是尽管如此，在污水处理厂添加臭气处理装置还是现今控制臭气的主要方法，而且在将来会变得越来越重要，这里详细介绍两种比较成熟和有效的臭气控制技术。

11.4.2　湿法化学吸收技术

1. 基本原理

湿法化学吸收技术是发展较成熟的市政除臭方法之一，同时也广泛地应用在工业领域，塔式吸收是经过多年的发展形成的主导趋势。这种方法适用于排放量大、高浓度的恶臭气体排放场合，高效、运行可靠、占地相对较小，它的基本原理是通过喷淋式或填料式吸收塔的制冷机理将恶臭气体冷凝捕捉到液体中；附着于颗粒物质上的臭气分子通过湿法吸收也被从空气中去除；恶臭气体和药液中的化学试剂或乳化剂反应变为乳化状态，再通过破乳和分离作用从溶液中去除；恶臭气体也可和强氧化剂反应生成溶于水的无臭物质，通过湿法吸收去除；或是通过气-液接触传质被化学吸收液吸收和药液反应生成无害物质；或通过上述机制共同作用，即冷凝、化学反应、湿法吸收。

常用的吸收液可以是清水、化学试剂溶液（酸、碱）、强氧化剂溶液或有机溶剂，对于市政设施产生的臭气的特点，吸收液的选择主要针对氨气和硫化氢及有机硫化物，所以药液可以是硫酸、次氯酸钠和强碱的溶液，基本反应式：

$$2NH_3 + H_2SO_4 \longrightarrow (NH)_2SO_4 \qquad (11\text{-}1)$$

$$H_2S + 4NaOCl + 2NaOH \longrightarrow 4NaCl + Na_2SO_4 + 2H_2O \qquad (11\text{-}2)$$

2．设计参数

使用湿法化学吸收法除臭，气-液传质速率是首先要关注的，气液接触方式可以是两相同流、逆流、交流，水平式的喷淋填料塔可以使气、液多向交流接触传质，效率高、压降低。以除硫化物为主的填料式吸收塔的设计标准是：

① 气体在填料中的停留时间：1.3～1.6 s；

② 填料高：1.8～3 m；

③ 吸收液流速：每 0.47 m^3/s 空气流量 0.95～1.26 L/s；

④ pH：11.0～12.5；

⑤ 吸收液流量：当 pH 为 11 时，每 45 kg 硫 3.41 L/s；当 pH 为 12.5 时，每 45 kg 硫 0.18 L/s；

⑥ 强碱用量：2 000～3000 g/kg 硫。

11.4.3 生物滤池技术

生物净化技术处理恶臭气体是利用微生物降解或转化气态污染物，对于低浓度的可生物降解物质，具有效果较好、投资和运行费用低、较少二次污染等优点，其中生物滤池在市政设施中的应用比较广泛，但是仍尚未形成完整的体系。

生物滤池的滤料以干树皮、木屑、有机垃圾、纤维性泥炭、砂子等为主，以物理吸附、吸收、生物吸附、微生物降解为机理。滤料的深度一般为 0.9～1.2 m，每平方米可处理 50～80 m^3/h 的恶臭气体。滤料含水量应为 50%～80%、孔隙率为 40%～50%、pH 为 6～8，气体在其间的停留时间为 45～60 s。

限制生物滤池技术应用在除臭领域的一个主要问题就是它的运行和维护，比起化学吸收法要复杂得多：

① 湿度要保持接近 100%的状态，但要注意渗沥液的回收；

② 布气要均匀，避免局部短流而导致的污染物未经处理直接排空；

③ 控制进气的灰尘和颗粒含量，避免氨气浓度超过处理极限；

④ 定期更换滤料，一般为 2 年。

为了达到一定的处理气量和除臭效率，生物滤池一般体积庞大，以保证滤池有足够的反应体积，对于一个日处理量为 30 万 t 的污水处理厂，如果通风量每小时 200 000 m^3，至少需要 2 000 m^2 的生物滤池来对气体进行脱臭，因此这种技术在土地资源有限的情况下难以实施。

11.5 恶臭气体处理方式的选择和性价比分析

在确定了臭气控制的技术参数后，选择适合的除臭方式还要考虑各种经济指标，表 11-5 列出了分析经济实用性的几个方面。

表 11-5 分析恶臭气体控制系统的性价比的各种因素

成本投资	运行维护费用	其他因素
场地建设工作（如拆毁、挖掘、水泥衬垫） 对构筑物的改造、添加通风系统装置 对原有设计的改造 除臭设备 管路及布管 化学试剂的储存和添加系统 电气控制 工程（设计、施工、监理） 试车、性能监控	化学试剂 电耗 人工操作 人工维护 更换零件，维护材料等	设备的设计寿命 利率 预期性能 可靠性 运行维护的难易度 对原有设施的影响

综上所述，臭气控制在工农业生产和市政设施中的重要性是显而易见的，臭气控制的存在与否和运行效率都与现场及周边的环境质量紧密相连。各种行业产生的臭气复杂多样，因此臭气控制的方式也各有不同。针对市政污水、废物处理过程中产生臭气的特点，湿法化学吸收技术和生物滤池技术是比较适用的方式，其中湿法化学吸收技术的效率高、操作稳定、占地面积小成为其在市政设施中被首先选用的最主要优势。

参考文献

[1] 马广大. 大气污染控制手册[M]. 北京：化学工业出版社，2010.

[2] 石磊. 恶臭污染测试与控制技术[M]. 北京：化学工业出版社，2004.

[3] 徐晓军，宫磊，杨虹. 恶臭气体生物净化理论与技术[M]. 北京：化学工业出版社，2005.

11.5 恶臭气体处理方式的选择和性价比分析

在确定了臭气控制的技术参数后，选择适合的除臭方式还要考虑各种经济指标，表11-5列出了分析经济实用性的几个方面。

表11-5 分析恶臭气体控制系统的性价比的各种因素

成本投资	运行和维护费用	其他因素
场地建设工程（如拆除、挖掘、水泥浇筑） 对构筑物的改造，添加通风系统装置 对现有设备的改造 除臭设备 管路及布置 化学药剂的储存和添加系统 电气控制 工程（设计、施工、管理） 试车、性能测试	化学试剂 电力 人工操作 人员维护 更换零件、维护材料等	设备的使用寿命 可靠性 预期性能 可调性 运行维护的难易度 对现有设施的影响

综上所述，臭气控制在污水处理厂和市政设施中的重要性是显而易见的，臭气控制的存在与否和运行效果都与周边的环境质量紧密相连。各种行业产生的臭气复杂多样，因此臭气控制的方式也各有不同。针对市政污水、废物处理过程中产生臭气的特点，湿式化学吸收技术和生物滤池技术是比较适用的方式，其中湿式化学吸收技术的效率高、操作稳定，占地面积小成为其在市政设施中被首先选用的最主要优势。

参考文献

[1] 吕广大. 大气污染控制手册[M]. 北京：化学工业出版社，2010
[2] 石磊. 恶臭污染测试与控制技术[M]. 北京：化学工业出版社，2004.
[3] 张晓华，高静，杨柳. 恶臭气体生物净化理论与技术[M]. 北京：化学工业出版社，2005.

第三部分

面源污染控制技术

第 12 章　面源污染概述

水环境污染从污染源发生类型上看，通常可分为点源污染（point source pollution）和面源污染（又称非点源污染，non-point source pollution 或 diffused source pollution）。目前，包括中国在内的许多国家的点源污染已得到较好地控制，其治理正进入高层次的系统化管理，与点源污染的集中定点排放相比，面源污染起源于分散、多样区域，地理边界与发生位置难以识别和确定，因而对其鉴别、防治、管理很困难。

12.1　面源污染

12.1.1　面源污染的定义

点源污染主要是指有固定的排污口集中排放的出水污染，如工业（污染源）生产的废水、城市（镇）或集镇排放生活污水和污水处理厂的出水污染。面源污染是相对于点源污染而言的，它是指一个区域，无固定的排放点，且与一些气象降水因素相联系。

面源污染是指通过降水、地表径流或土地利用活动将大气和地表中的污染物（如城市垃圾，农村家畜粪便，农田中的化肥、农药、重金属及其他有毒或有机物）带入受纳水体，使受纳水体遭受污染的现象。

12.1.2　面源污染的产生和分类

面源污染的产生和形成是由自然过程引发，并在人类活动尤其是土地利用活动影响下得以强化的过程。可见，降水径流过程是面源污染产生和形成的最主要的自然原因，而其最根本的原因是人类不合理的生产和生活活动。根据面污染源发生区域的不同，一般将其分为城市面源污染和农业面源污染两大类，其中农业面源污染是中国农村及湖泊水质生态环境恶化的重要原因之一。

12.2 城市面源污染

12.2.1 城市面源污染的特征

① 城市地表有大量的不透水地面，地表所累积的大量污染物会受暴雨冲刷随径流流动，通过排水系统进入水体。

② 面源负荷来源主要为屋面建筑材料、建筑工地和路面垃圾、城区雨水口的垃圾和污水、汽车产生的污染物、大气干湿沉降等。其中，产生负荷影响较大的为城区雨水口的垃圾和污水。

③ 地表径流大部分通过城市下水管网排入受纳水体，其汇水范围主要通过排水管网的走向确定。

④ 城市面源的主要污染物为有机物、SS、石油类和N、P等营养元素。

12.2.2 城市面源污染物的种类、来源及危害

在面源污染中，城市地表径流是仅次于农业面污染源的第二大面污染源。由于城市地表径流中的污染物主要来自降水对城市地表的冲刷，因此，城市地表沉积物为城市地表径流中污染物的大部分来源。

城市地表沉积物包含许多污染物质，有固态废物碎屑（如城市垃圾、动物粪便等）、化学药品（如草坪施用的化肥、农药）、空气沉降物和车辆排放物等。具有不同土地使用功能的城市其地表沉积物的来源也不同。城市地表沉积物的组成决定着城市地表径流污染的性质，其污染物分类及危害见表12-1。

表 12-1 城市面源污染物的种类、来源及危害

污染物分类	污染物来源	危害
固体物质	轮胎磨损颗粒，筑路材料磨损颗粒，运输物品的泄漏，刹车，大气降尘，路面除冰剂，混凝土及沥青路面，杂物	是重金属及有毒化合物PAHs等黏附的载体；淤积水体会降低水体的生态功能
还原性有机物	有机废物，下水道淤泥，植物载体，工业废物	消耗水中的氧，引起富营养化
重金属（Cd、Cr、Cu、Pb、Ni、Zn等）	汽车尾气的排放，染料或润滑油的泄漏，除冰剂的撒播，轮胎的磨损，制动器，杂物，工业排放，农药	有毒
油和脂	染料剂润滑油的泄漏，废油的抛弃，工业用油的泄漏	有毒

污染物分类	污染物来源	危害
毒性有机物（PHC 和 PAHs 等）	汽油的不完全燃烧产物，润滑油的泄漏，塑化剂，染料，垃圾掩埋，石油工业	有毒
氮、磷营养物	大气沉降，对植物的施肥，杂物	引起水体富营养化
农药	绿地的使用，空气中飘浮的农药颗粒的沉降	有毒

城市面源污染物质一部分直接沉积在地表，另一部分飘散在空气中或随降水进入路面或土壤表面。那些沉积于地表或通过降水进入路面的污染物最终将进入地表水体。由于这些污染物质的危害性很大，地表径流进入水体后会对水体水质产生很大影响。

12.2.3　城市面源污染的影响因素

影响城市面源污染的因素主要包括降水强度、降水量、降水历时、城市土地利用类型（如居民区、工业区、商业区、城市道路等）、大气污染状况、地表清扫状况等。

降水强度和降水量是影响地表径流水质的重要因素。降水强度决定淋洗地表污染物能量的大小；降水量决定稀释污染物的水量；降水历时既决定污染物被冲刷的时间，也决定降水期间污染物向地表输送的时间；城市土地利用类型决定污染物的性质及累积速率；大气污染状况决定降水初期雨水中污染物含量；城市地表清扫的频率及效果影响晴天时在地表累积的污染物数量。

总之，影响城市非点源污染的因素很多，并且大多是随机因素。这些随机因素在地表污染物的累积和冲刷两个主要环节中都有起作用。因此，研究城市地表径流污染时，需要在降水时进行大量的现场测试，并根据研究目的对相关的环境条件进行统计分析。

12.3　农业面源污染

12.3.1　农业面源污染的原因

农业面源污染是指来自农业领域的环境和产品污染，有广义农业面源污染和狭义农业面源污染之分。广义农业面源污染是指农业生产过程中营养物质的过量投入，包括化学肥料、化学农药、农用薄膜、农作物秸秆、畜禽粪便、重金属和农村居民生活废弃物等对水体、土壤、空气和农牧产品的污染。狭义农业面源污染仅指农业生产所投入的化肥、农药，以及禽畜养殖饲用添加剂、产生粪便和废水等对水环境、土壤、大气和农产品的残留污染。这些污染物质在降水或灌溉过程中，通过农田地表径流、壤中流、农田排水和地下渗漏，进入水体而形成农业面源污染。土壤中未被作物吸收或土壤固定的氮和磷通过人为或自然途径进入水体也会引起水体污染。农业活动的广泛性与普遍性，使其成为面源污染最主要的组成部分。

12.3.2 农业面源污染的主要来源

1．化肥农药污染

目前我国化肥年施用量已达 4 700 多万 t，农药年施用量已达 140 多万 t，利用率均为 30%左右。未被利用的化肥和农药通过水土流失、径流、反硝化、吸附和挥发等方式进入大气、土壤和地下水体，在一些地区造成了地表水富营养化和地下水硝酸盐污染。

2．农村生活垃圾和畜禽粪便污染

目前全国农村每天产生生活垃圾近 100 万 t，猪、牛、鸡三大类畜禽粪便年总排放量在 30 亿 t，排放生活污水 2 300 多万 t，这些垃圾随意堆弃，污水直接排放，成为严重污染源。

3．农作物秸秆废弃污染

目前我国每年产生的各类农作物秸秆约 6.5 亿 t，大部分秸秆采用就地集中焚烧的处理方法。对秸秆的利用率偏低，既浪费了资源，又造成了污染。

4．农膜污染

由于大棚农业的普及，我国农用塑料使用量猛增，农膜污染加剧。目前普遍使用的农膜属于高分子聚合物，不易分解，积留在农田中对环境造成危害。

12.3.3 农业面源污染的防治对策

1．种植业治理

（1）农药化肥减施

通过精准化施肥技术和畜禽粪便、农村固体废物资源化利用，减轻农业生产对化学品的过度依赖。大力推广测土配方施肥技术，综合考虑作物的需肥特性、土壤的供肥能力等，确定氮、磷、钾等微量元素的合理施用量，达到优质、高效、高产的目的。大力发展病虫综合防治技术，控制农作物虫害发生频次，从而减少化学农药的施用量。

（2）控制氮磷的流失

通过灌排分离，将排水渠改造为生态沟渠，使沟渠中植物吸收利用径流中的养分，从而控制农田损失的氮磷养分，达到控制养分流失和再利用的目的。

（3）农药替代

实行生物替代工程，鼓励农民使用生物农药代替化学农药。

2．养殖业治理

（1）畜禽养殖场

积极推广规模化畜禽养殖场的沼气工程，通过利用好氧发酵工艺，将固体粪便生产为有机肥或者采用厌氧发酵工艺，利用养殖产生的污水来生产沼气。

（2）建设清洁养殖小区

按照人畜分离，集中管理的原则，在养殖专业户相对密集的区域，建设养殖小区，配套建设废弃物处理利用工程设施。

（3）发展池塘循环水养殖技术

对已有的养殖池塘重新进行合理布局。将养殖池塘规划为主养区、混养区、湿地净化区和水源区等功能区，从而实现构建养殖池塘—湿地系统，达到区域内水的循环利用。同时实施多级生物系统修复技术，对淡水养殖池塘环境进行修复。

3．推广乡村清洁工程

以自然村为单元，建设生活污水厌氧净化池、生活垃圾发酵池、田间垃圾收集池和乡村物业服务站，对农村生活垃圾、禽畜粪便等资源化利用。

4．推进科技进步，为解决农业面源污染提供技术保障

加强农业面源污染的科学研究，培养科技创新人才，为解决农业面源污染提供技术保障。同时加强对农民的培训，使农民更了解生态农业和解决农业面源污染的新技术。

5．提高公众尤其是农民的环境保护意识

加大宣传力度，提高农民解决面源污染的意识和动力，增强来自公众的控制农业面源污染的压力，引起管理部门对解决面源污染的关注。

12.4　面源污染防治仍存在的问题

12.4.1　存在的问题

1．对非点源污染源研究尚不完全

① 国内露天采矿的范围正迅速增长，但露天采矿的灰尘和垃圾的积聚这一非点源污染的重要来源，国内尚未进行深入研究。

② 由大肠杆菌和杆菌总数引起的污染负荷较重区域的非点源污染，其迁移规律尚未深入研究。

③ 植物的残余物、腐败物引起的非点源污染尚未深入研究报道。

2．陆上监测点位代表性的不完全

非点源污染监测起源于分散的多样区域，且地理边界与发生位置难以识别与确定。

3．监测技术上的困难

测试技术上诸如湖泊颗粒物中的磷（约占湖泊总数的 75%）尚未有更成熟快速的测试方法；由于技术上的难度，对毒性污染物（如聚氧联苯）在空中、地表的迁移转化研究得较少。

4．在控制和治理上还存在较大难度

干沉降对湖泊中的污染往往为人们所忽视，事实上，其污染物传输远比一个主要公路径流传输的污染物多，而且干沉降可通过远距输送进入森林累积，使不受干扰的森林汇水区污染物输出逐年增加。

5．农药在径流中的流失，化肥中 N、P 在地面中的富集与输出

发达国家对化肥、农药的控制措施也只是采取市场限量控制的方法，对于发展中国家来说，难以做到大幅减少化肥与农药的施用，这就导致 N、P 等营养元素引起的污染。

6．流域管理上的问题

一些区域诸如行政划分的省界、市界、县界之流域在管理上有推诿现象，管理方面缺乏流域系统的整体观点。

12.4.2 未来的展望

国内非点源污染研究将加强人工模拟实验与野外实验的结合，如植被条带（vegetation strips）沉淀和地表径流拦截、建造屏障拦截污染物的移动路线等。强化利用生物技术培育高产、抗病以及具有特殊降解作用和净化污水作用的植物，在流域非点源污染控制和治理中发挥重要作用。深入研究非点源污染物的迁移转化机理，开发集成化非点源污染模型软件。从流域出发，开展 TN、TP、泥沙总量、COD_{Cr}、BOD_5 浓度控制。建立与完善有关法规条例，尤其是省界、区界、市界、县界流域管理条例，积极开展非点源污染控制与管理对策研究。

第 13 章　城市面源污染控制技术与工艺

城市面源污染也被称为城市暴雨径流污染，是指在降水的条件下，雨水和径流冲刷城市地面，污染径流通过排水系统的传输，使受纳水体水质污染。城市的商业区、居民区、工业区和街道等地表有大量的不透水地面，遭受暴雨冲刷时，地表累积的污染物随径流排入水体，导致我国水环境的降水径流污染日益突出，严重制约城市的经济和社会可持续发展。通常我们将城市面源污染分为物理性污染、化学性污染和生物性污染。同时城市面源污染具有随机性、差异性和滞后性等特性，我们为了科学认识和有效控制城市暴雨径流所带来的面源污染，必须加强降水径流污染的理论研究，了解降水径流污染物的迁移转化规律，结合我国实际，提出切实可行、经济实用的控制技术与工艺。

13.1　城市面源污染控制的机制

13.1.1　城市面源污染控制的主要原则

① 虽然城市面源污染没有明显的责任者，但是城市面源污染控制必须要有明确的责任主体；

② 同城市规划、区域防洪、景观建设、生态恢复相结合；

③ 以流域集水区为单元，分区、分级、系统控制；

④ 已建城区以排水管网的改造调控为主，构建为辅；新建城区尽可能建设生态型的排水体系；

⑤ 工程措施与规划、管理措施并重。

13.1.2　源—迁移—汇系统与控制模式

面源污染控制技术体系应将多样化技术实施合理组合，在流域尺度上源—迁移—汇，从而形成逐级控制的处理链模式。这样从源头净化，设层层拦截，工程加管理，能起到较好的效果。源—迁移—汇逐级控制是面源污染控制的优化模式，已经得到国际公认。

面源污染控制处理链的“源”指的是，城市流域的顶端包括居民区、商业区、文化区、工厂等，雨水在这里形成径流，冲刷地面并汇集水流，通过下水道或地表沟渠排向下游。源控制主要是以拦截、削减等方式减轻后续径流污染处理负荷，将污染控制在源头是面源污染控制中最经济和最有效的手段。

面源污染控制处理链的“迁移”指的是，污水径流产生后，流到受纳径流水体之间的空间和过程。其中，空间指传输污水径流的沟渠、管道或其他形体，过程指城市径流在这些迁移形体中流经的时间和变化。而城市径流在迁移中由于物理、化学和生物作用，其水量和水质会发生变化。

面源污染控制处理链的“汇”指的是，城市径流到达受纳水体时，径流和水体在水陆交错带接触相遇的空间和过程。这一过程可通过自然生态技术或人工技术来降解径流中的污染物。

源—迁移—汇系统控制模式（图 13-1）把各种处理措施以链状或网状分布在空间上。在“源”“迁移”“汇”的每一道关口，处理措施和责任者只承担了部分任务，而总体效果达到了最大。同时，由于污染物被截留在系统的各个部分，在大雨径流的冲刷下较少重新进入径流，二次污染的风险较低。

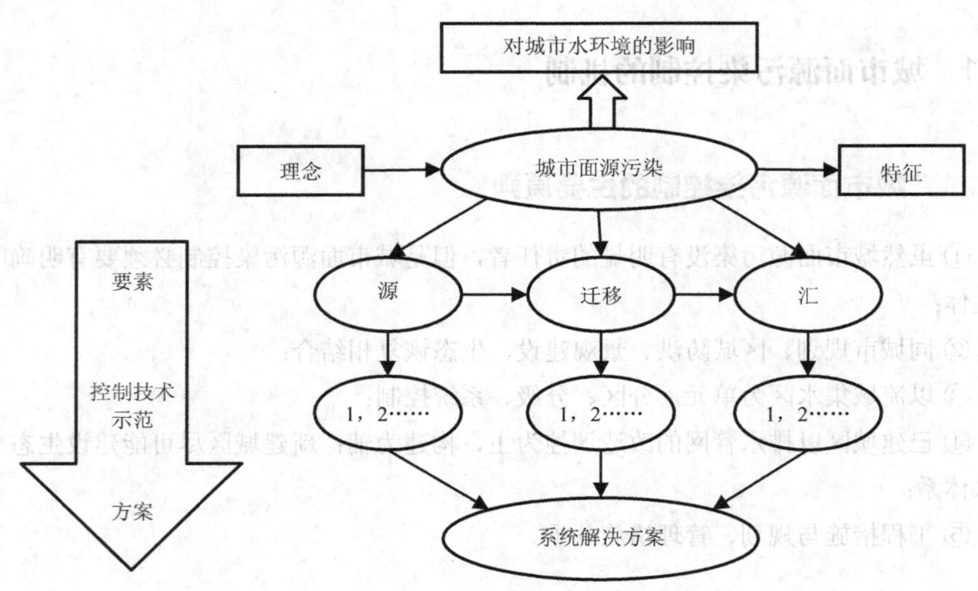

图 13-1　源—迁移—汇逐级控制研究路线

13.2　城市面源污染的源控制

13.2.1　透水路面技术

透水路面通过在道路表面营造孔隙（微孔或大孔），从而使路面具有透水功能。城区道路是城市面源污染的主要污染源，而源区控制是城市面源污染控制的重点。城市道路多为硬质下垫面，污染物在地表累积过程快，雨水入渗量小，径流系数大，形成径流的时间短促，对污染物的冲刷强烈，污染物输出的动力增强。将城区道路设计为具有良好透水性能的路面，可以较好地控制暴雨径流水质（去除水中的有机污染物质）；同时能够对暴雨径流量进行适当的控制，特别是对小型降水事件。透水路面兼具防滑、降噪、排水、防眩等优点。

1. 技术概况

一般来讲，透水路面主要是指可用于轻量级交通载荷的，具有微细连通孔的交通路面。其基本技术原理是将单一级配的粗骨料（无砂或少砂）加胶凝材料进行拌和，并使粗骨料间以点接触式的方式连接，从而创造出可供雨水渗透的连通孔隙。降水时，雨水经由透水面层渗透至基层后就地入渗，或向四周扩散，或通过埋设在碎石层及砂层中的排水管道进入雨水阴沟或排水井。

透水路面一经铺设、养护完毕，即可投入使用。在透水路面内部和表面，易附着细菌和藻类等，形成可栖息的生物膜，其中的好氧细菌对有机物具有净化的可能。透水路面因其特殊的结构与表面特性，不仅使得路面产流时间大大延迟、产流量大大降低，也使得径流污水在其中通过时发生化学、物理、物理化学及逐渐形成的生物膜的生物化学作用，清除和降解污染物质，达到净水的目的。

依据制备工艺的不同，透水路面大致可以分为现浇路面和砌铺路面砖。而依据所用材质的不同，现浇路面可分为水泥路面和沥青混凝土路面两种；砌铺路面砖也可分为混凝土透水砖和陶瓷透水砖两种。

2. 控制效果

研究结果表明，通过多孔路面能够减少洪峰量的 83%。由于对暴雨径流进行了过滤，透水路面可捕获、吸附污染物，或使污染物在透水路面底层土壤中降解，对径流中的溶解态及颗粒态污染物有较高的消除作用；国外研究表明，其对氮、磷及重金属也有较强的去除能力。

多孔路面可以去除因大气沉降及附近地表径流携带的污染物。多孔路面去除污染物的机理和滤渠与其他过滤装置类似：吸附、分解、网捕及土壤微生物降解。研究表明，如果污染物能大量渗入地下，则多孔路面对其的去除效率是很高的，表 13-1 列举了三种类型的多孔路面对污染物的去除范围。

表 13-1 多孔透水路面平均每年污染物去除能力

污染物	多孔透水路面设计型号		
	每英亩不透水区域 0.5 in 径流/%	每英亩不透水区域 1.0 in 径流/%	2 年设计暴雨处理/%
TSS	60～80	80～100	80～100
TP	40～60	40～60	60～80
TN	40～60	40～60	60～80
BOD	60～80	60～80	80～100
细菌	60～80	60～80	80～100
金属	40～60	60～80	80～100

除此之外，透水路面还具有良好的生态环境效益：减少地面辐射及热岛效应；路面排水、防滑，改善路面交通条件；增加地下水源补给；减轻排水系统压力；降噪。

3．应用条件及维护

（1）应用条件

多孔路面在交通量较少的区域具有较好的应用价值：温室和苗圃路面、停车场、公园休闲小径、高尔夫球场、人行道、紧急机动车道及消防车通道。

在没有经过严格地质勘察的条件下，在喀斯特石灰岩地貌区也不适宜修筑多孔透水路面。多孔路面应远离城市给水管线。为防止地下水受污染，还不应建于制造业、加工区、工业区以及回填土等工业污染地带进行径流处理。而在具有危险化学品溢漏危险区、风蚀严重以及地下饮用水含水层补给区，亦不适合应用此多孔混凝土路面技术。透水路面是解决大面积场地排水问题经济有效的方法之一，有着广泛的应用前景。

（2）运行与维护

透水路面需要日常清洗和养护，才能延长其使用寿命，以达到长期削减面源污染的目的。透水路面可以用高压水枪或吸力式清洗机进行清洗。欧洲和日本的应用经验表明，对其进行必要的维护可有效解决堵塞问题。对多孔路面的维护包括防止木屑、木片、沉淀物等杂质进入透水路面系统内；限制重型车辆进出透水路面系统；以及在多孔路面禁止洗车等。如果径流中含有油类、醋类等物质，在进入多孔路面前应进行预处理。

多孔透水路面上严禁施加细沙和尘土。多孔路面中的污点堵塞问题可以通过多孔沥青层钻孔（孔深 6 mm）的方法进行缓解。在建设完成后最初的几个月，检查井应该每月检查一次，之后可以每季度检查一次。

13.2.2 地表绿化的促渗和控污

在城市生态系统中，绿地是最接近自然系统的要素，具有强大的生态服务功能。绿地对改善城市的生态环境有下列方面的作用：改善小气候，释放氧气和其他有益气体，吸收有害物质，滞留尘埃，防御风沙，减少噪声，净化径流，防止水土流失，补充地下水。城市绿地能在源头上清除污染，减少地表径流的产生，因而对减少和消除城市面源污染具有重要作用。

1．微观原理

城市绿地减少地表径流的主要原理是滞留雨水和增加入渗。绿地的林冠层、地被层能滞留雨水，随其疏密程度和降水形态的不同，一般能滞留 1～4 mm 的降水量。林冠层、地被层的植被还减少了雨滴落地或地表径流冲刷的动能，减轻了土壤侵蚀的程度。地表结构中的枯枝落叶、腐殖质层和木屑含有较多的木质素类基团，能吸收约等于其自身质量的水，并且对径流中的污染物有一定的净化作用；地表结构中的物质也能减少冲刷的动能，减少土壤侵蚀。

城市绿地因为有了植被，可以增加地表的阻尼作用和糙度，植被不仅能够阻碍流失物的迁移，而且具有固结土体的作用和直接截留降水的功能。因此，绿地植被能够延缓地表径流的产流过程，降低地表径流流速，减轻汇流对地表的冲刷力，削减地表径流的产生量，增加城市地表径流的就地垂直下渗量，从而达到阻抗城市水土流失的目的。此外，城市绿地自然地形中的坑洼截留作用也能起到很好的促渗和削减径流的功效。

城市绿地植物的根孔（包括死根孔与活根孔）可以说是植物和土壤之间的“多介质界面”，由水、气、土壤、微生物和植物根系组成，其良好的多层次交叉管孔分布特征对污染物质的空间传输、迁移过程具有明显的移向、导流和整合富集作用，并影响土壤亚界面各种物质动态和能量流动过程。植物根孔的“多介质界面”特有的微生物活性加速了径流水体污染物的降解与转化，氮磷及其他污染物在土壤—根系微界面发生优先流动和迁移，并在土壤系统的物理、化学和微生物过程中，达到转化、降解并最终去除的目的。

2．技术要领

利用城市绿地减少径流和控制污染，在技术方面主要考虑增加入渗和在入渗过程中使微污染径流得以净化。雨水就地渗透既可缓解径流污染物对环境的排放压力，又可延缓暴雨洪峰，减轻市政排水管网的压力，还可增加景观效应。充分利用土壤的净化功能，可以使雨水径流得到净化且下渗涵养地下水。

城市绿地减少径流和控制污染的技术要领是：① 城市绿地能接纳雨水径流，在技术方面表现为，产流地面和屋面能较流畅地将径流引入绿地，主要考虑尽可能采用低位绿地，并且道路和绿地之间采用可过水的马路牙。② 在设计城市绿地时，应布设深根、中根和浅根植物的搭配，在植被层次方面，乔木、灌木和草本植物增加入渗和在入渗过程中使微污染径流得以净化。

13.3 城市面源污染的迁移控制

13.3.1 亚表层渗滤技术

亚表层渗滤技术是一种新型的土地处理技术，适用于远离城市排水管网地区的面源污染治理。这种技术不仅可以强化土地处理的效果，克服传统土地处理设施的应用局限性，而且投资低、占地少、管理方便，并且具有景观美化、与周围自然景观相协调的特点。近年来，随着水资源短缺形势的日益严峻和污水再生回用研究的广泛开展，该技术在国内外的研究和应用中日益受到重视。

1. 技术概况

亚表层渗滤技术主要是利用自然生态系统中土壤基质—植物—微生物系统的自我调控机制和物质的生物地球化学循环原理，可在土壤亚表层构建地下贮水层，并在亚表层构建基质材料过滤层。污水和污染径流在地下贮水层中贮存后，在土壤毛管浸润和渗滤作用下向周围运动，基质材料过滤层的生物膜对污染径流进行净化，水质改善后可回用，亚表层渗滤技术具有景观美化功能。该技术对污染物的去除机理主要包括前处理措施对颗粒态污染物和油类物质的沉降、分离作用以及土壤、植物和亚表层介质对水中污染物的吸附、拦截和微生物降解等作用。

亚表层渗滤技术（图 13-2）通过在系统的土壤亚表层构建新的过滤层（以卵石、钢渣、砂粒、碎石等为主）来代替原有土壤，以改进系统的渗滤性能和净化能力，处理效率高，成本高于地表漫流系统。

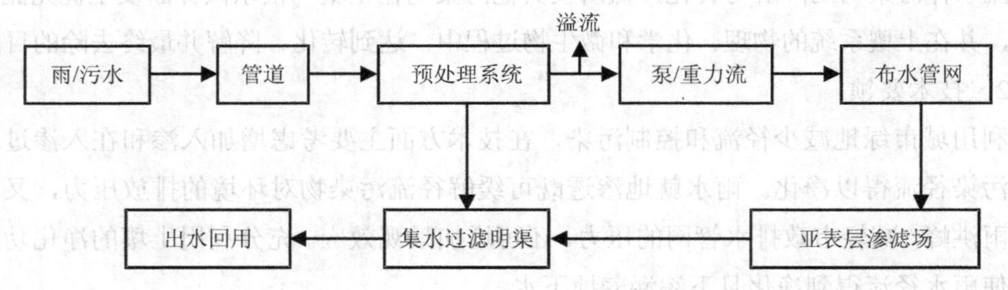

图 13-2 亚表层渗滤技术处理工艺流程

该技术通常由预处理系统、导流管网、分流面、渗滤场、集水过滤明渠等部分组成。雨/污水首先经过一个前处理系统（通常是化粪池、沉淀池或沉砂池、过滤池、蓄水池和油砂分离器等），然后由导流管网系统进入渗滤场，最后由集水过滤明渠排放。其中，导流管网一般由多孔的 PVC 管组成，通过动力泵或水的重力作用将经过前处理的水均匀布入渗滤场。经过净化处理后，雨/污水最后汇入集水渠中，出水可回用。

2．应用条件及其特点

本技术主要适用于较小的汇水区域，可用于处理城市停车场、广场、屋顶、居民小区等不透水性地表及其他土地利用类型的地表径流和日常污水。

亚表层渗滤系统并不是一个连续的工作系统。在雨季，系统主要收集和处理地表径流和日常污水，此时水量变大，系统需要及时将其进行处理，运行的频次就会增加，主要集中在春季和夏季，尤其是夏季的暴雨时节；在非雨季，系统主要收集和处理日常的污水，水量较小，此时系统运行频次逐渐减少，时间间隔逐渐延长，主要集中在冬季和秋季。

亚表层渗滤系统土壤含水量高，可为植物提供充足的水分，节省表层草皮用水量和维护费用，而且其对面源污染的控制作用可以减少城市污水的处理费用，处理效率高，在地表下处理，景观表现为草地。

其不足之处在于：要求有人维护，消耗能源，容易堵塞；需要开挖土方和填充基质材料；需要建设与之相配套的预处理系统。

13.3.2　地表径流排水的植草沟技术

植草沟是指种植植被的景观性地表沟渠排水系统。地表径流以较低流速经植草沟贮存、植物过滤和渗透。雨水径流中的多数悬浮颗粒污染物能被有效去除。通过合理设计、合格施工、良好的运行维护，植草沟可以高效地收集并处理径流雨水，在条件合适时可代替传统的雨水管道，并具有显著的景观效应，可与其他径流污染控制和雨水利用措施组合应用，具有良好的推广应用前景。

1．技术类型

根据地表径流在植草沟中的传输方式，植草沟分为三种类型：标准传输植草沟、干植草沟和湿植草沟（图 13-3）。标准传输植草沟是指开阔的浅植物型沟渠，它将集水区中的径流引导和传输到其他处理措施；干植草沟是指开阔的、覆盖着植被的水流输送渠道，它在设计中包括了由人工改造土壤所组成的过滤层，以及过滤层底部铺设的地下排水系统，设计强化了雨水的传输、过滤、渗透和持留能力，从而保证雨水在水力停留时间内从沟渠排干；湿植草沟与标准传输植草沟系统类似，但设计为沟渠型的湿地处理系统，该系统需要长期保持潮湿状态。

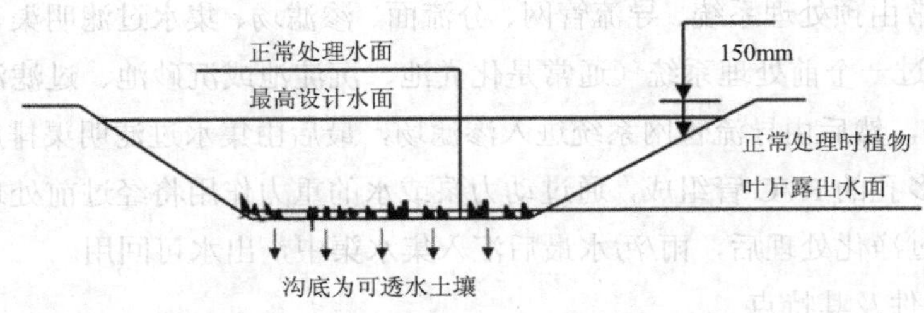

（a）标准传输植草沟

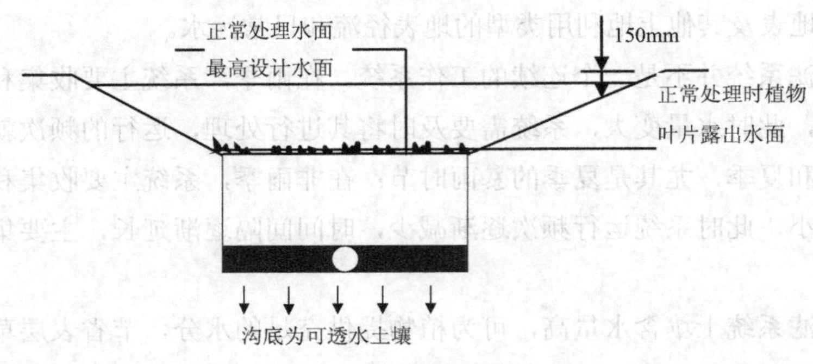

（b）干植草沟

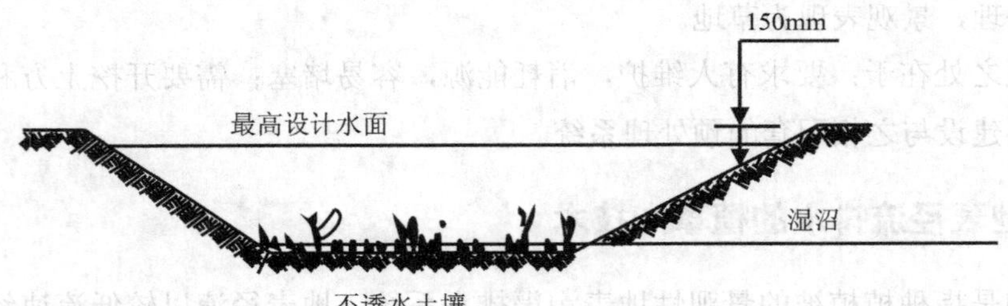

（c）湿植草沟

图 13-3 植草沟类型

2. 控制效果

当降水径流流经植草沟时，经沉淀、过滤、渗透、持留及生物降解等共同作用，径流中的污染物被去除。植草沟可以有效地减少悬浮固体颗粒和有机污染物及重金属。干植草沟的污染物去除率明显优于标准传输植草沟和湿植草沟。三种植草沟对细菌输出的原因有待探索，目前对其解释可能是植草沟的环境有利于细菌繁殖；或研究未考虑细菌的其他来源，如当地饲养的宠物在植草沟的活动（表 13-2）。

表 13-2　植草沟对径流污染物的去除效率

污染物	标准传输植草沟/%	干植草沟/%	湿植草沟/%
TSS	68	93	74
TP	29	83	28
溶解性 P	40	70	−31*
TN	N/D	92	40
NO_x	−25*	90	31
Cu	42	70	11
Zn	45	86	33
细菌	—	—	—

注：* 表示此污染物没有去除，反而增加。

3．应用条件及维护

（1）应用条件

三种类型植草沟都可应用于乡村和城市化地区，由于植草沟边坡较小，占用土地面积较大，因此一般不适用于高密度区域。标准传输植草沟一般应用于高速路的排水系统，在径流量小及人口密度较低的居住区、工业区或商业区，可以代替路边的排水沟或雨水管道系统。干植草沟较适用于居住区，定期割草可有效保持植草沟干燥。湿植草沟一般用于高速公路的排水系统，也用于过滤来自小型停车场或屋顶的雨水径流，由于其土壤层在较长时间内保持潮湿状态，可能产生异味及蚊蝇等卫生问题，因此不适用于居住区。

（2）运行与维护

① 植草沟入口和出口：为了保证植草沟对雨水的处理效果和防止冲蚀，通常道路旁按一定间隔放置路边石，保证水流能够均匀分散地进入和通过植草沟。植草沟的出口应设置在溢流结构或防侵蚀溢流沟渠，保证超出植草沟径流量的雨水安全流至下游排水系统。

② 植被的养护：植被过量生长，会使过水断面减小；植被切割过量，会加大雨水径流流速，降低污染物去除率。因此植被需定期收割，植被设计高度为 50～150 mm，最大设计高度为 75～180 mm，切割后的植被高度为 40～120 mm。植被应施肥适量，维持植被健康生长的同时避免引起污染。

③ 及时清除植草沟内的沉积物和杂物：堆积大量的沉积物和杂物，会影响植草沟的正常运行，清除后恢复原设计的坡度和高度，特别是沉积物清除后会打乱植物原有的生长状态，严重时需要修补或局部补种植被。

④ 设置滤网及清理：在植草沟的入口（或其他贮存设施入口）可以设置简易的滤网，拦截树叶、杂草等较大的垃圾，并及时清理滤网附近被拦截的杂物。

13.3.3 塘—湿地技术

目前，塘—湿地技术是常见的生态工程技术，已经被广泛应用于面源污染控制和生态系统修复等领域。塘—湿地技术具有建造和运行成本低、能耗小、污染物去除率高、出水水质好和操作简单等优点，而且可以改善和修复生态系统、增加生物的多样性、提供生物栖息地，同时可以提高流域的景观质量及生态价值。

1. 技术原理

塘—湿地技术是根据自然生态系统的物质循环和净化原理，在充分利用生态系统物理、化学和生物三重协同作用的基础上，设计并建造的水污染生态净化技术。这两种技术对污染物的净化机理包括物理作用、化学作用、生物作用以及物理化学作用等。其中，塘技术的净化原理主要是物理沉降、存贮、拦截和生物净化等作用。湿地技术截留和去除污染物的机理主要包括沉积作用、植物吸收、枯枝落叶的分解以及土壤基质的吸附、截留、过滤、离子交换、络合反应和微生物的作用。

2. 技术组合种类

在具体的实践应用过程中，塘—湿地技术的组合方式灵活多样，主要可以归纳为以下几种组合技术。

（1）多塘组合净化技术

目前，在中国的农村和城镇有数万座污水净化塘、山塘、养鱼塘。我们发现多塘系统能够有效地截留农业面源污染物。因此，多塘组合净化技术不仅能够有效控制面源污染，而且具有改善周围环境的功能，如防洪、灌溉、娱乐、增加生物多样性等。

（2）多级湿地组合净化技术

湿地技术是目前国内外应用最为广泛的生态工程技术之一，主要应用于城市污水和面源污染的控制。在实践应用过程中，不同类型的湿地技术可以通过串联或并联的方式进行组合，以达到逐级削减污染物负荷的目的。多级湿地组合不仅可以充分发挥各种类型湿地的优点，而且对污染物有较稳定的去除率，抗干扰能力强，受季节影响较小。常见的组合方式有表流与潜流湿地的组合、下行流与上行流湿地的组合以及表流与垂直流湿地的组合等。

（3）塘—湿地技术

塘—湿地技术是目前国内外应用比较广泛的一种组合生态净化技术，具有投资和运行成本低、去除效率高、操作简单、维护方便、生物适应性强以及景观价值高等优点。在塘—湿地技术中，塘通常作为预处理装置，主要包括厌氧塘、滞留塘、强化塘和稳定塘等。经过塘系统的净化作用以后，径流中的悬浮物得到大幅削减，这就为后续的湿地净化系统减轻了压力，降低了湿地堵塞的风险。这两种技术的组合可以充分发挥各自的优点、延长系统的寿命、提高系统的生物多样性。

3．应用模式

在面源污染的控制过程中，塘—湿地技术的应用模式可以分为串联式、并联式和混合型三种模式，详细论述如下。

（1）串联式组合模式

在面源污染控制中，塘—湿地技术通常以串联式组合模式提高系统的去除率和抗干扰能力。暴雨径流经过串联式系统逐级净化后，径流中的污染物得到逐级削减，净化后的径流直接排入周围水体（图 13-4）。这种串联式组合模式具体表现为多塘串联系统、多级湿地串联系统和塘—湿地串联系统。这种串联系统是塘—湿地中最常见的组合模式，在实践中应用得较为广泛。这种串联式组合模式可以充分发挥各种技术的优势，提高系统污染物的去除率，对各种类型的污染物也具有较高的去除率。

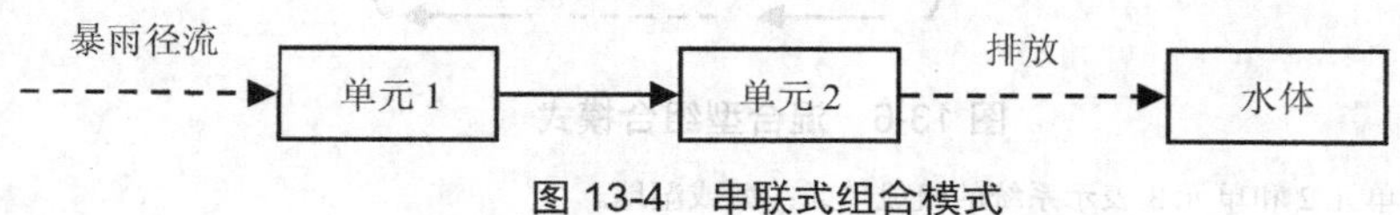

图 13-4　串联式组合模式

注：单元 1 和单元 2 表示系统的组成单元：塘或湿地。

（2）并联式组合模式

并联式组合模式主要表现在不同技术种类之间的组合和同一种技术的组合，其中，并联湿地组合模式是常见的一种组合方式。这种组合方式可以充分发挥各种类型湿地的优势，比较不同类型湿地的净化效果和特点（图 13-5）。暴雨径流经过统一布水系统，并行流经各个系统单元，得到净化后的径流再经过收集系统收集，然后排放到周围水体。这种并联式组合方式通常采用统一布水，水力负荷基本保持一致，这样有利于比较不同类型湿地的净化效果和特点。

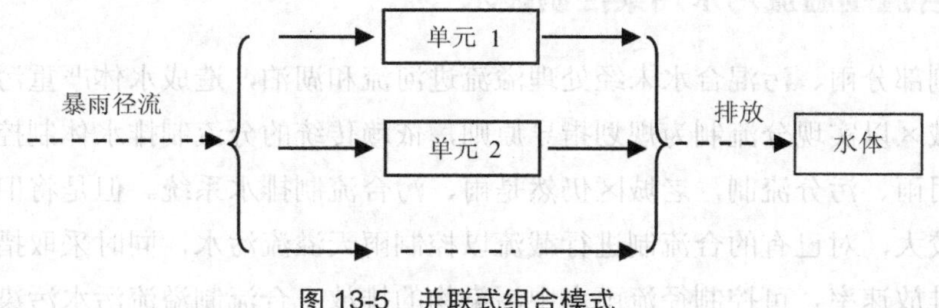

图 13-5　并联式组合模式

注：单元 1 和单元 2 表示系统的组成单元：塘或湿地。

（3）混合型组合模式

混合型组合模式通常是指控制系统从整体上采用串联式组合模式，而局部采用并联式组合模式，这两种组合模式同时并存，形式多样（图 13-6）。暴雨径流先经过串联系统处理，然后再经过并联式系统净化，最后排放到周围水体。这个并联式组合系统从整体上又属于串联式系统的一部分。一般来说，塘系统通常作为预处理系统，位于系统的前端，在系统末端则是湿地系统。

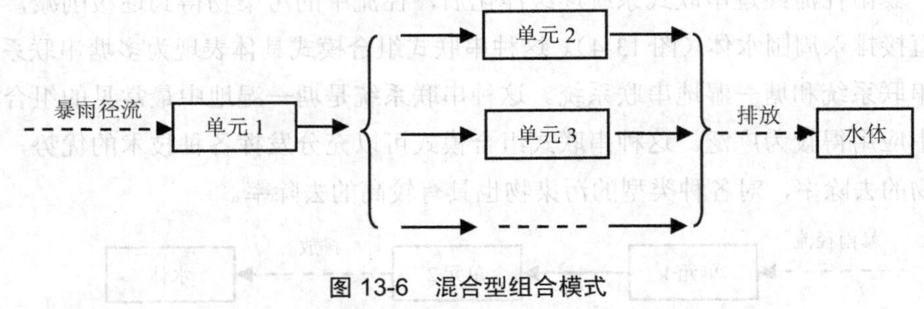

图 13-6　混合型组合模式

注：单元 1、单元 2 和单元 3 表示系统的组成单元：塘或湿地。

4．应用条件及其他

塘—湿地技术是目前国内外应用最为广泛的生态工程技术之一，主要应用于城市污水和面源污染的控制。这两种技术的应用区域非常广，不仅可以应用于乡村、小城镇、城市旅游区和城市公园、广场、绿地等土地资源相对丰富的区域，而且可以通过技术改进应用于城市中土地资源相对紧张的工业区、商业区和居民区等地域。在应用过程中，主要需要注意以下几个方面的条件：① 技术种类选择；② 技术组合模式选择；③ 基质材料选择；④ 植物种类选择；⑤ 经济成本分析；⑥ 系统堵塞等问题。

13.3.4　合流制溢流污水污染控制技术

合流制部分雨、污混合水未经处理溢流进河流和湖泊，造成水体严重污染。目前，我国多数城区以实现分流制为规划指导原则，依赖传统的分流制排水体制控制污染。新建城区采用雨、污分流制，老城区仍然是雨、污合流制排水系统。但是将旧合流制改分流制难度较大，对已有的合流制进行截流以控制雨天溢流污水，同时采取措施控制雨水排放量和排放速率，可控制径流雨水中污染物的排放。合流制溢流污水污染控制措施可分为源头控制、管道系统控制、贮存调蓄以及净化处理四类。

1．源头控制

源头控制是从水质、水量两个方面来减少进入合流管道系统的径流量，由于源头控制措施减少了进入管道系统的径流总量、峰流量、污染负荷，可减少溢流次数和溢流污水量，因此，下游处理构筑物的规模将大大减小。

对合流制溢流控制有利的径流源头控制措施主要有铺装渗透性地面，增加雨水就地渗透设施，加强固体废物管理，清扫街道，清洁雨水口，控制土壤流失等。

2．管道系统控制

径流进入管道系统后，管道系统的运行管理直接决定了合流制溢流的负荷，管路上的控制措施主要包括以下几个方面。

（1）选取合适的截流倍数

截流倍数是表示系统截流能力的一个重要参数，截流倍数指合流制系统中被截流的部分雨水量与晴天污水量的比值。目前，我国的设计规范中规定截流倍数为 1～5 倍，实际工程中为节省投资一般用 0.5～1.0 倍。我国的截流倍数值选用偏小，使得合流制排水系统雨天溢流量极大，受纳水体遭到严重污染的可能性增大。

（2）管道的冲洗

在旱季周期性地冲洗管道，将合流制管道内的沉积污染物输送到污水处理厂，可以减小溢流污染物排放量。冲洗可采用水力、机械或手动方式，使沉积物在水流冲刷作用下排出管道系统，尤其适用于坡度较小、污染物易沉积的管线。

（3）渗漏和渗入控制

由于管道的破损，管道内的污水会渗入地下，污染地下水；同时地表水位较高时，地下水会渗入管道系统，增大雨季溢流量。因此，应对管道进行必要的监测、维护，避免出现渗漏和渗入流量。

（4）管线的原位修复

在破损管道内壁衬有机壁面，修复管道的缺陷，减小管道粗糙度，增大过流能力，减少超载、回水现象的发生，减少污染物的沉淀积累。

3．贮存调蓄

（1）溢流截流池

在降水初期，小流量的雨、污水进入污水处理厂，当雨水流量增大时，部分雨、污混合水溢流进入贮存池，被贮存的这部分流量在管道排水能力恢复后返回污水处理厂，这样污水处理厂的在线流量减小，处理能力满足要求，避免含有大量污染物的溢流雨水直接排入水体。

图 13-7 是一种典型的溢流截留池，在国外应用较多。其工作过程：当流量较小时，合流水直接由下游合流制管道输送至污水处理厂，流量增大到一定量超过下游管道的输送能力时，合流水由溢流口中的分流装置进入截留池贮存。如果流量继续增大直至截留池装满，多余的合流水经由溢流口溢流，直接排放。

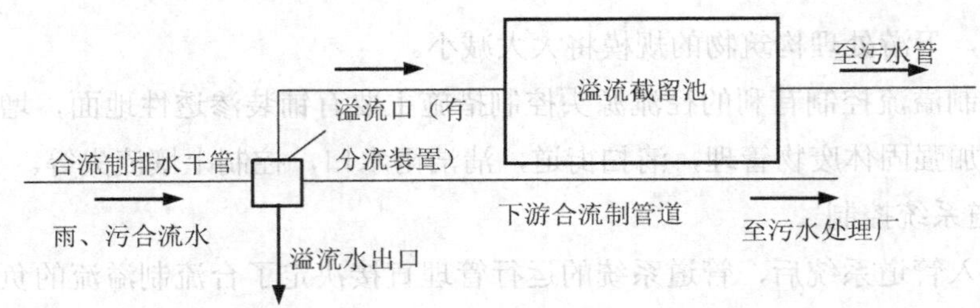

图 13-7　典型溢流截留池

（2）分流装置

分流装置在溢流截留贮存调蓄设施中非常重要，它对控制溢流的截留量起着决定性的作用。图 13-8 中的分流装置，控制着进入截留池的溢流量。将设置两个溢流堰，当流量超过下游合流管道的输送能力时，雨、污水溢流过较低的溢流堰，进入截留池。流量继续增大，雨、污水溢流过较高的溢流堰，直接排放。

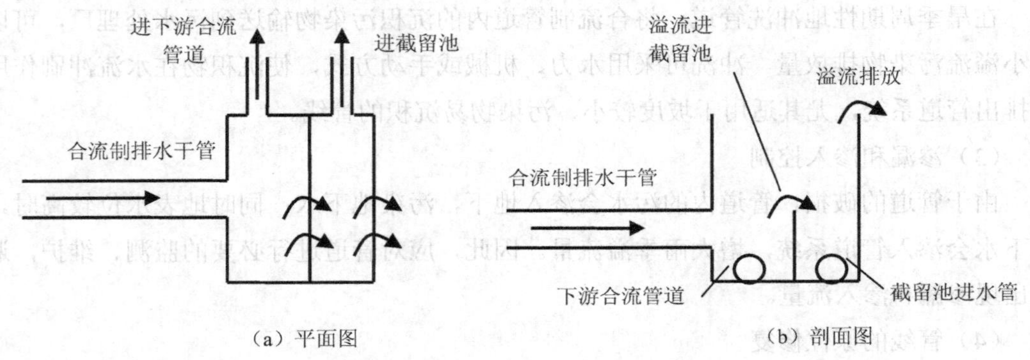

图 13-8　合流制雨水的分流装置

两个溢流堰的高度至关重要，较低溢流堰的高度根据下游合流管道的输送能力而定，较高溢流堰的高度则由截留池的截留体积来定。溢流堰也可设计成可调式，可调式溢流堰可根据实际情况随时调节高度，可以减少溢流历时和次数，从而减少对受纳水体的影响。

4．净化处理

合流制溢流污水污染控制技术用于减少排入水体的污染物负荷量，去除的物质包括可沉淀固体、漂浮物、细菌等。主要有以下几种设施。

（1）沉淀池

沉淀池是污水处理厂最常采用的一种设施，在合流制溢流处理（CSOs）中也被广泛使用。1998 年，德国约 40 000 个合流制溢流处理系统中，有 17 000 个建有沉淀池，沉淀池处理 SS 的效率为 55%～75%。为了减小沉淀池的体积，增大沉淀池的沉淀效果，混凝沉淀以及各种高效沉淀装置相继被开发。

（2）旋流分离器

旋流分离器是一种特殊的溢流污染控制装置，其实质是在溢流排放到水体之前的一种预处理装置，类似旋流沉砂池，但旋流分离器处理规模较小，只适用于管径较小的管道。

进水沿分离器外沿切线进入水力分离器，沿切线进水会在池子里形成旋涡现象，可降低混流程度，造成固液分离，有利于固体颗粒的沉降，减小池子容积。沉积下来的污泥聚集在分离器的中央位置，用水泵将沉积污泥及时输送到处理厂。沉淀后的上清液与未处理的合流制溢流相比，水质有所改善，SS 去除率为 36%～90%，COD 去除率为 15%～80%，可从出水口直接排放到水体中。

（3）消毒

溢流污水中含有病原性细菌、肠道病毒和蠕虫卵等病原体，是各类城市流行性疾病的潜在感染源。为了保护水体免受细菌、病原体的污染，应及时对合流制溢流进行消毒处理。合流制溢流消毒方式有氯消毒、臭氧消毒、紫外线消毒、电子束辐射消毒等。

13.4　城市面源污染的汇控制

13.4.1　岸边净化的生态混凝土技术

岸边净化的生态混凝土技术是指运用生态混凝土对水体堤岸进行加固，利用其护堤的同时，又可以对内源、外源污染进行有效消除。生态混凝土（eco-concrete），即大孔混凝土（porus concrete），是通过材料选择、采用特殊工艺制造出来的具有特殊结构与表面特性的混凝土，是适用于边坡防护与绿化的新材料，可分为环境友好型和生物相容型两类。环境友好型是指在生产和使用过程中可降低对环境负荷的混凝土；生物相容型是指能与动物、植物等生物和谐共存的混凝土。用于岸边净化的生态混凝土一般为生物相容型生态混凝土，通过由生物相容型生态混凝土坡岸营造出的植被缓冲带可以对面源输入污染物进行有效拦滤。同时，大量的微生物在其凹凸不平的表面或连续空隙内生息，又对污染物起到生物消除的作用。

1. 技术原理

岸边净化的生态混凝土可以采用混凝土砌块铺设以及现场浇筑的方式进行。生态混凝土岸坡的通用模式见图 13-9，它从结构上可分为水上生态混凝土和水下生态混凝土。水上生态混凝土是在掌握植被生物学特性、生长发育规律的基础上，在无沙大孔混凝土的“萨其玛”结构骨架中掺加充填腐殖土、种子、缓释肥料、酸性聚合物及保水剂等混合材料，有效地提高了混凝土的抗压强度；同时在砌块孔隙中充填腐殖土、种子、缓释肥料、保水剂等混合材料，并在混凝土表层采用植物纤维覆盖，创造适宜植物生长的环境，使水体岸边兼具防护、绿化及对面源污染拦滤、净化的功能。水下生态混凝土以其特殊的结构形式（多孔混凝土的连通孔或普通混凝土制作的预留孔）在靠近岸边的局部地区形成水流的滞缓、回流区，为水生动物、水生微生物提供较为良好的生存环境，并促进水体中污染物质的生物降解作用。

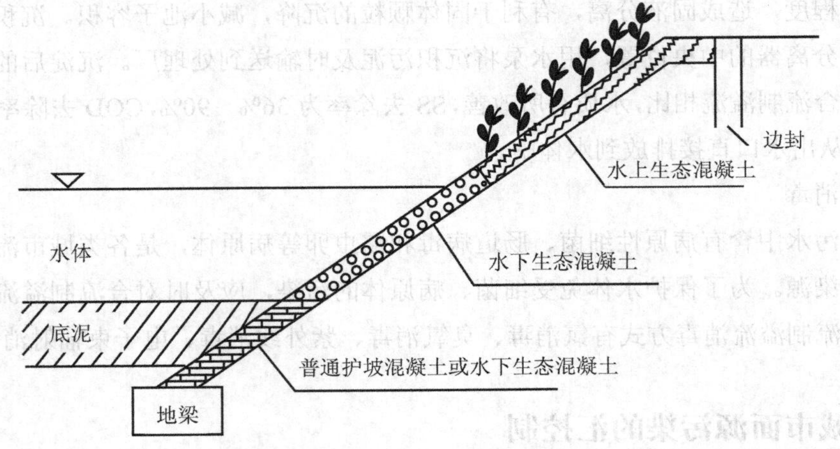

图 13-9 生态混凝土岸坡通用模式

水下生态混凝土本身具有的物理、化学性能及其上聚居的生物群落都可以对水质进行净化。混凝土内有大量的连通孔，在具有良好透水性的同时，也对径流/水中的污染物质有很好的吸附能力。混凝土组成材料中的水泥在水化过程中，以及混凝土浸泡在水中会不断地释放 $Ca(OH)_2$，可以对水体起到净化作用。生态混凝土外壁面和中心部的内壁面均有大量的好氧和厌氧细菌栖息，形成大量的生物膜。这些形成的生物膜和生态混凝土内部聚生的其他生物种群，如细菌、藻类、原生动物等可以有效去除水中的 N、COD 及其他有机污染物。

2. 控制效果

通过使用生态混凝土进行控制坡面暴雨径流污染的实验。多孔生态混凝土改变了雨水在坡面上的水文过程，阻延径流的产生，降低径流量的输出；其上的植物缓冲带又能对径流中的颗粒态污染物进行拦滤；还兼具植生、改善环境等效果。与植被覆盖良好的小区相比，生态混凝土对各种污染指标的控制效果没有明显差异，但其抗冲刷能力较强，更能适应城市护坡和护岸的需要。

3. 应用条件

生态混凝土具有一定的强度，可以满足坡面工程需要，同时具有植物生长适应性，促进自然水循环，可以满足城市景观生态化的需求。岸边净化的生态混凝土护堤技术可作为固沙、固土、固堤护岸的材料，及各种类型的水体滨岸。与普通混凝土浇筑相比，生态混凝土坡岸在透水性、稳定性、抗冲刷与流失性能、景观性以及改善自然环境能力等方面具有一定的优越性。

高陡岩质边坡由于其保水功能差，含有的活化养分少，土壤颗粒难以留存，而且坡面径流冲刷严重。在用生态混凝土作为护岸材料时，首先，做好边坡的支挡加固措施，如采用设置钢筋混凝土框格梁、锚杆等方式使其达到深层和浅层稳定。其次，植被混凝土的厚度应满足边坡防护强度、抗雨水冲刷能力和适应植物长期生长的要求。

13.4.2　控污型岸边带系统

控污型岸边带系统属于一种岸边缓冲带系统，是指邻近受纳水体，有一定宽度，在陆相边界具有岸边植被绿化缓冲带，在水相边界具有岸边湿地系统，在管理上与其他生态系统分割的地带。控污型岸边带系统因其对面源污染控制特有的效率和多重功能而被国内外广泛采用。在城市水环境保护实践中，合理设计和建设城市水体岸边带系统，并利用该系统进行城市面源污染控制是十分必要和有意义的。

1．技术原理

控污型岸边带系统（图13-10）对城市面源污染的净化机理主要包括对颗粒物等污染物的截获作用、对陆地径流的削减（促渗和贮存）、硝化反硝化脱氮、沉降和固定除磷、有机污染物的去除等。

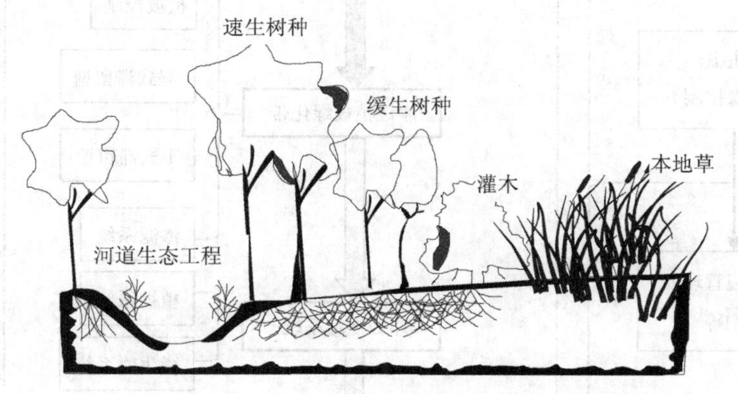

图13-10　控污型岸边带系统断面

在控污型岸边带系统中，进行有效的植被控制是十分必要和关键的。植被控制（vegetation control）是一种利用地表密植的植物对地表径流中的污染物进行截留的方法，它能够在径流输送过程中将污染物从径流中分离出来，使到达受纳水体的径流水质获得明显的改善，从而达到保护受纳水体的目的。

氮在岸边带内的截留机理主要是随泥沙沉降、反硝化作用、植物吸收。磷在岸边带内的截留机理主要是磷随泥沙的沉降及溶解态磷在土壤和植物残留物之间的交换。地表径流中的悬浮物的去除主要是在岸边带的最初一段距离内完成，悬浮物去除率的高低，取决于地表径流与植物及基质表层的接触程度。在植被绿化缓冲带中，悬浮物随水流沿地表面均匀而缓慢地沉降下来；此外，岸边湿地中的物理、化学和生物吸附作用都能够去除细小的悬浮颗粒物。但是当岸边带的泥沙颗粒物截留量超过其截留容量后，底部的泥沙在紊动作用下可重新悬浮，随水流出岸边带系统，这时会出现沟蚀现象，岸边带的作用将会大大减弱。

2．技术概况

控污型岸边带系统是城市水体的屏障，对于阻止来自陆地的污染物（泥沙和营养物质）的迁移有很好的作用。一个健康、较完整的控污型岸边带系统由岸边植被绿化带、岸边湿地系统组成，二者在空间上是前后串联的关系（图 13-11）。该系统一般由具有透水性的基质、适于在变动水文条件下生长的植物、水体、无脊椎或脊椎动物以及好氧或厌氧微生物种群等部分组成。岸边带系统在设计和构造上常常具有一定的地形起伏度，

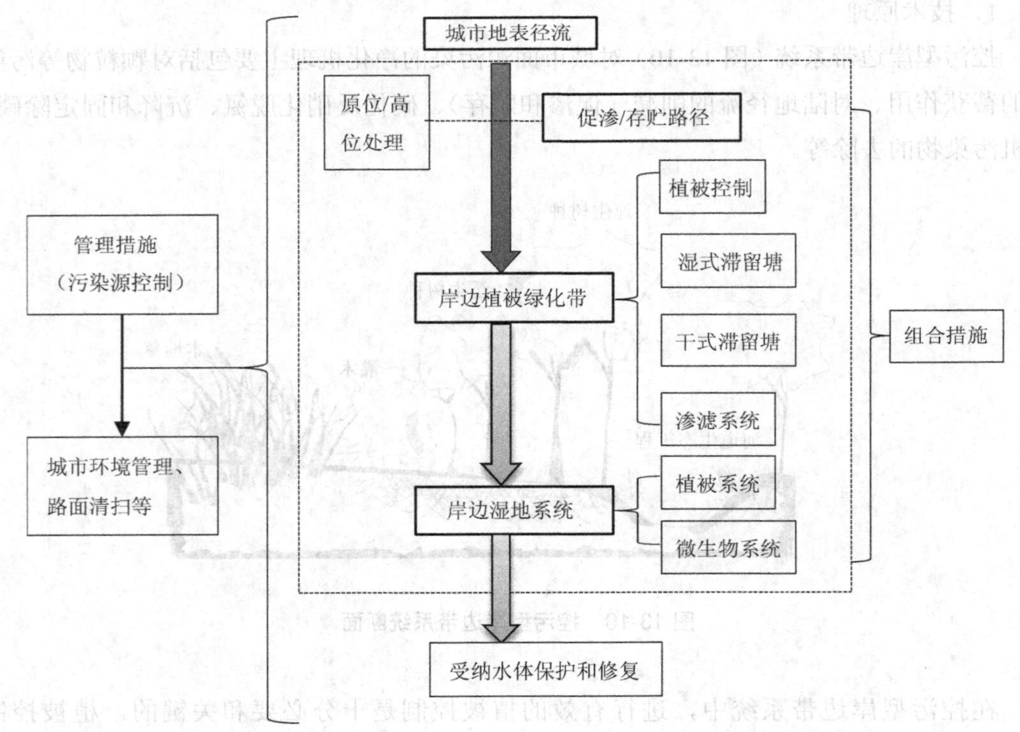

图 13-11 控污型岸边带系统的技术框架

有洼地、塘、植草滤渠、过滤小沟等洼陷结构，也有小山坡、矮土丘等地势相对较高的高地结构。系统中种植去污性能好、成活率高、抗水性强、生长周期长、管理维护简单、美观及具有经济价值的水生—湿生—陆生植物，在垂直空间上组成具有梯度的镶嵌体，从而形成一个独特的动物、植物生态系统，对降水径流进行收集处理。

3．控制效果

控污型岸边带系统的首要功能是能够减少污染源和河流、湖泊之间的直接连接，具备过滤截留地表径流和陆源污染物的功能，同时具有提高生物多样性、防浪固堤、为市民提供娱乐休憩场所等多重功能。控污型岸边带系统独特的物理和生物地球化学特性决定着陆地与水体间水量、养分的流动。污染物在从陆地向水体迁移的途径中，以地表径流、潜层渗流的方式通过缓冲带进入水体。

4．应用条件

控污型岸边带系统作为城市土地利用和受纳水体之间的缓冲带，是城市景观中的有机部分。该系统主要建设在城市地表径流潜在产生量较大、流域土壤侵蚀较严重的区域。在应用控污型岸边带系统，选用具体径流污染控制的措施时，常要考虑的因素有地形坡度、土壤、空间、气候水文、周边土地利用、土壤侵蚀、面积、造价、环境影响等。

此外，进入岸边带径流中悬浮物的去除并不代表流出岸边带的径流中就没有悬浮物。随着岸边带的长期运行，被截留的悬浮物在其中存在累积现象，有机物的不断累积会逐渐向岸边带出口移动，最终影响出水水质。因此，在进行岸边湿地设计和实施时，必须要考虑后期的维护和定期管理，防止沟蚀、绕流等不利情况出现。

参考文献

[1] 陈吉宁. 流域面源污染控制技术：以滇池流域为例[M]. 北京：中国环境科学出版社，2009.

[2] 彭春瑞. 农业面源污染防控理论与技术[M]. 北京：中国农业出版社，2013.

[3] 尹澄清. 城市面源污染的控制原理和技术[M]. 北京：中国建筑工业出版社，2009.

第 14 章　农业面源污染控制技术与工艺

14.1　农田水肥高效利用技术

农田作物生长发育和高产稳产离不开土壤、阳光、肥料和水，即使无土栽培种植的现代农业，也同样离不开水和肥。水和肥是影响作物产量与生态环境的重要因素。因此，水和肥的科学合理配置，对农田作物生长发育、高产稳产和品质提升起着至关重要的作用。但近年来，为了保证农作物的高产稳产，我国的氮肥施用量增加了 4 倍，但化肥利用率不到 40%。过量的施用化肥不仅容易造成作物倒伏，增加病虫害，使作物减产，还会随降水径流和灌溉淋失进入地表和地下水体，造成水体富营养化，威胁农村饮用水安全。基于以上事实，近些年国内外开展了许多水肥耦合灌溉条件下的水肥利用试验研究，提出了水分、养分限制条件下的作物生长模型，如 ORYZA 系列水稻模型，并且针对土壤特性等条件开展了水稻实地、实时施肥管理模式研究。如 Sharma 等（1999）发现间歇灌溉中高氮可大幅增加水分生产率和水稻产量；Behera 等（2009）研究了施肥水平与灌溉制度在作物水分利用率方面的耦合效应，提出了综合考虑水肥条件的亚热带半湿润灌区灌溉制度；王绍华等（2004）对水氮互作条件下氮肥吸收利用研究表明，水分胁迫增强时，减小氮肥施用量可促进水稻吸氮作用；彭世彰（2004）探讨了水稻控制灌溉模式及其环境多功能性；邵东国等（2010）对漳河灌区不同降水频率、施肥水平、灌溉方式和控制排水条件下的作物产量与稻田排水量进行了模拟计算，定量分析了水稻节水、省肥、高产、减排的临界条件，建立了水稻的水、氮生产函数，从而揭示了稻田水肥利用规律。

14.2　旱坡地面源污染物生态工程拦截技术

生态拦截工程技术是指采用生物技术、工程技术对氮、磷等营养物质进行拦截、吸附、沉积、转化及吸收利用，从而达到控制养分流失、实现养分再利用、减少流域水体污染负荷的目的。它被认为是一种低投资、低能耗、低处理成本的污水生态处理技术，在广大城镇和农村具有广阔的应用前景，目前被广泛用于苏州、无锡、常州等太湖沿岸的农业面源污染防治工作中。作为一种主要的土地资源，三峡库区由于过度垦殖、复种指数高与耕作管理粗放，成为库区水土流失和养分流失的主要发生地，因此有必要对其加强研究。结合前期研究成果，西南大学构建包括保护性耕作、条带生物植物篱、高分子调控剂、土地整理等在内的旱坡地面源污染物生态工程拦截体系，并以土壤水库、生物水库和工程水库的建设为基础，进行旱坡地水肥耦合高效利用技术研究。

14.2.1　坡度对旱坡地水、土、养分流失的影响

坡度作为地形因素中的重要方面，不仅影响土壤水分含量，还对土壤侵蚀过程有显著影响，从而影响土壤的养分流失过程。研究表明，随着坡度的变化，土壤土层承受的降水强度发生变化，同时坡面的水流特性和土壤的入渗能力也发生变化，从而改变了降水雨滴和表层土壤的接触角度，这些变化必然影响坡面径流量中氮、磷的运移过程，不同坡度下地表径流量与降水量、养分流失量均呈显著相关。

14.2.2　土地整理工程对旱坡地面源污染物的拦截技术

土地整理（land consolidation）是一项以增加有效耕地面积并提高耕地质量为中心，通过对未利用地、废弃地、中低产田和闲置地等实行田、水、路、林、村的综合整治开发，以改善农业生产条件、居住环境和生态环境的人为性活动。土地整理可以对破碎斑块进行重新配置，确保农村发展、提高土地利用有效性，同时还起到控制农村水土流失、保护自然环境等作用。土壤作为土地整理活动的实施载体，在土地整理过程中必然会产生一系列的变化。从生态学的角度来看，土地整理活动打破了原有的生态环境系统，并对原有系统进行重新构建。在此过程中，对土地整理区域及其背景区域的水资源、土壤、植被、大气、生物等环境要素及其生态过程产生诸多直接或间接、有利或有害的影响，其中，对土壤质量的改变尤为显著。张雯雯（2008）的研究结果表明，土地整理年限较长的地块在养分分布上虽表现出不均一的状况，但土壤质量较未整理及整理年限短的地块有明显提高。也有研究发现，不适当的土地整理方式、方法和技术措施，会导致农田生态系统稳定性下降，对农地生产力及土壤质量构成潜在的不良影响而引发土地退化。张野等（2008）、张正锋等（2007）在研究中指出，土地整理会造成土壤裸露、改变土壤养分循环效益，引起表土层土壤微生物数量以及土壤酶活性的改变等。因此，土地整理作为一项重要的人类活动，对土壤养分乃至土壤质量的影响越来越受到土壤学家的关注。

14.2.3 紫色新改土土壤快速增厚熟化改良技术

紫色新改土土壤快速增厚熟化改良技术是土地整理在三峡库区应用的技术实例，该改良技术对三峡库区移民合理、有效地利用库区自然资源，防止库区水土流失，生态环境恶化有重要的作用。现以三峡库区为例介绍此技术。

该技术的设计原理是利用紫色砂岩物理风化迅速的特点，结合工程措施和生物措施来实现三峡库区紫色新改土土壤快速增厚熟化，可总结归纳为“等高聚畦、畦沟相间、畦以利用为主、沟以培肥为主、隔年畦沟互换，在利用中培肥、在培肥中利用”。该方法目的在于提供一套三峡库区紫色新改土土壤快速增厚熟化改良技术，为三峡库区自然状态下紫色新改土土壤快速增厚熟化提供一套造价低廉的、易于掌握的技术。其优点是将紫色新改土的农业利用与培肥有机地结合在一起，不影响农民的正常生产，易学易懂，操作方便，成本低，真正实现了用地和养地的有机统一。

具体实施方式：

① 选择坡度小于 10°的水平岩层或向斜翼部的紫色新改土横坡（向）进行等高聚畦。

② 按每公顷 15 000 kg 的用量施入有机肥后，以 2 m 宽为一个单元按 1.3 m 和 0.7 m 进行开厢。

③ 将 0.7 m 宽田面的表层熟土 10～15 cm 聚在宽 1.3 m 厢面上，使其土层厚度达到 40～60 cm，熟土层达到 20～30 cm，形成畦面宽 1.3 m，沟宽 0.7 m 的布局形态。

④ 对沟实施深挖深啄或爆破改土，增加土层厚度，将粗大石块选出放在沟的两边，加速风化；在深挖深啄或爆破改土的同时，按每公顷 22 500～30 000 kg 对沟内增加有机肥（半腐熟秸秆等）；在沟内每隔 3 m 横向（垂直于沟的方向）筑 20 cm 高的土埂，拦蓄雨水，防止径流对沟的冲蚀。

⑤ 畦面实行免耕或少耕，结合秸秆覆盖（3 000 kg/hm^2），进行麦—玉—苕三熟种植，沟内种植养地作物（豆科作物、蔬菜、葡萄等）。

⑥ 每隔 2 年实行畦、沟互换。

14.3 水田生态系统拦截和消纳农业面源污染物关键技术

水田生态系统是环境友好、生态安全、可持续利用的生态系统，具有较高生产力和养分吸纳能力，同时水田独特的结构体系具有拦截流域水、土、养分流失的功能。本节在水田生态系统拦截和消纳农业面源污染物质的机理、途径、负荷研究的基础上，结合水田自然免耕技术，介绍了水田生态系统拦截和消纳农业面源污染物以及水田生态系统消纳农村生活污水与农业废弃物的关键技术。

14.3.1 水田生态系统的农业面源污染控制机理

水田作为环境友好、生态安全、可持续利用的生态系统，其面积约占全国粮食作物总面积的 28%。水田功能多种多样，可以直接为人们提供赖以生存的物质条件，还可以改善环境、调节生态。概括起来，可将水田的功能分为生产功能和生态功能两大类，前者是水田的直接功能，后者是水田的间接功能。

水田分布广，蓄水容积大。除直接保蓄接受的天然降水外，还可以接纳周围旱地的地表径流，起到了分散蓄水、保水保土的作用。水田一般所处的地势低平，多在低洼、冲沟、坡脚。种稻时一般要淹水，雨滴不会直接作用于上面而引起土粒分散，且没有或很少有像旱地那样的径流。因此，水田水土流失少，只存在轻微的隐匿侵蚀，但往往是接受沉积的土粒多于带走的土粒。水田四周的田埂，可以暂时容纳许多雨水，如果没有外来径流入田，就是一次降水 100～200 mm，水田也不至于向外跑水。这是一个非常有用的功能，它起到了减缓径流形成、阻止水流汇集、削减洪峰势力和滞洪消灾的作用。以四川省和重庆市水田面积计算，在夏季，如果一次降水 100 mm，333 万 hm^2 水田就可以蓄住 330 亿 m^3 水。

国内外研究结果表明，水田土壤作物养分天然供给量大于旱地土壤。据日本 15 个地区农业试验站研究，不施肥小区，水稻从氮肥以外的氮源中每公顷取走氮素 46.5～114 kg，平均 64.5 kg。据四川省农业科学院土壤肥料研究所长期定位试验，水田种稻不施肥，连作 3 年，水稻产量稳定在 4 132.5 kg/hm^2 以上，每年从土壤中取走氮（N）57 kg，磷（P_2O_5）21.75 kg，钾（K_2O）74.25 kg。水田的自肥功能主要源于水田中存在的各种各样固氮藻类。据研究，与水稻有关的非共生固氮微生物有肠杆菌、自生固氮菌等，其固氮潜力为 30.0～52.5 kg/hm^2。这些微生物可分为 3 组：第 1 组分布在水稻根际，属于异养型，在近根氧分压高的地方，为好气的自生固氮菌和肠杆菌，离根远一点的为梭状芽孢杆菌和去弧杆菌属；第 2 组分布在水层，是自养型的，包括鱼腥藻、念珠藻和胶须藻，它们都是好气的，需要光；第 3 组分布在水层下缺氧的地方，为光合细菌，是嫌气性的。这几类微生物分别生存于水层、根际和土体中，它们在水田中每年的固氮量达 52.5～75 kg/hm^2。如果水田养萍，则固氮能力更强，每年固氮量可达 350～600 kg/hm^2。据福建省农业科学院研究，萍在生长过程中不断地将其当天固氮总量的 23%排入水中，照此计算，1 hm^2 水田养萍，把全部萍都捞走，在水田中仍可累积纯氮 75 kg 左右，加上其他微生物固氮，其数量更为可观。国际水稻研究所研究指出，蓝绿藻繁殖旺盛的水田可增产稻谷 5%～15%。水田的自肥能力，使得水田的生产力经久不衰，具有投资少、效益高的优点。水田还能使本身具有的养分有效性增高，特别是磷；还能抑制有机物快速分解，减少养分消耗。

水田N、P流失途径有两种：降水引起的径流流失和农田排水流失。水田常年储水，土壤含水量处于饱和状态，田间持水量不仅包括土壤田间持水量，还包括水田允许水深（取决于水田排水堰高度）。当降水使水田的储水量大于田间持水量时产生径流，从而使N、P物质流失。由于降水和径流是随机的过程，往往难以控制，而农田排水可人为控制，且流量较小，因此，水田N、P流失主要是指径流流失。由于水稻生长的田间管理要求，水稻在不同的生长期内要求不同的水深，因此，水田在不同的生长期内持水量各不相同。

同时，水田一切功能的发挥都需要有温、光、气、热、水、土、肥等因素，大自然赋予温、光、气、热，人力不可逆，这些因素是相对稳定的；但水、土、肥靠管理者，也就是说，水田功能的大小，完全取决于人对它的利用方式和管理措施，利用合理、管理得当，水田的功能就大，反之则小。

14.3.2 水田自然免耕土壤养分的动态变化

水田自然免耕技术（稻田垄作免耕技术）是运用土壤肥力、生物热力学理论与生态农业系统理论创制的一种较为普遍适应各种水田生态类型的高产技术，该技术以起垄、浸润、免耕和连续植被为技术特点，统一稻麦生理需水和蓄水功能的需要，科学地解决了稻—鱼、稻—萍、稻—鸭和水—旱作物配套之间的矛盾，开辟了水田研究和立体利用的新途径。研究表明，水面自然免耕不仅可以快速提高土壤肥力和作物产量，还能保持水田生态功能。土壤养分是土壤肥力因素之一，其丰缺程度，直接影响作物的光肥平衡和生长发育。本节将研究水田自然免耕土壤养分的动态变化。

表14-1是自然免耕与淹水平作土壤的速效养分状况，电导率值均是在25℃条件下的测定值。速效钾，各种土壤中均是自然免耕高于淹水平作。而钾在土壤中很少吸附，随毛管上升水源源不断地输送到垄埂上，即使在水稻吸钾的高峰期，自然免耕土壤速效钾仍保持较高的浓度。因此，自然免耕提高了土壤供钾能力，有利于水稻生长。从碱解氮含量来看，自然免耕土壤大多低于淹水平作土壤，这与自然免耕土壤代谢势强、矿化量大似乎相矛盾。其实，土壤碱解氮的多少，主要受作物根系吸收能力的影响。自然免耕水稻根系发达，活力强，吸收了大量的有效氮，尤其在水稻生长发育高峰期，表现特别明显。土壤分析发现，自然免耕的水稻体内氮素含量显著高于淹水平作水稻，进一步证实了自然免耕水稻根系吸氮能力强的事实。如果大小春是连续免耕，自然免耕土壤的植株体内氮素含量不仅高，而且土壤中碱解氮也明显高于淹水平作（表14-2）。红棕紫泥和红紫泥田自然免耕后土壤速效磷明显增多，可以减少水稻坐蔸。其原因可能与自然免耕能大幅提高土壤磷、钾含量及其电导率值有关。自然免耕也能大幅提高土壤有效锌含量，所以需施锌肥防治坐蔸的地区，采用自然免耕后就可以少施或不施锌肥。

表 14-1　不同土壤的速效养分状况

土壤	处理	速效钾/（mg/kg）	碱解氮/（mg/kg）	速效磷/（mg/kg）	电导率/（μS/cm）
新冲积土	自然免耕	66.7	120.9	3.8	103.6
	淹水平作	57.5	133.9	4.3	176.1
灰棕紫泥（塝田）	自然免耕	73.0	118.3	2.3	82.9
	淹水平作	58.0	116.7	2.8	82.9
红棕紫泥	自然免耕	283.3	99.8	6.3	258.9
	淹水平作	240.1	108.3	4.8	186.4
红紫泥	自然免耕	81.0	124.6	4.8	145.0
	淹水平作	61.1	109.7	4.6	124.2
灰棕紫泥	自然免耕	111.6	113.8	2.8	145.0
	淹水平作	73.0	128.1	2.4	155.4

表 14-2　连续免耕土壤 TN 含量变化　单位：mg/L

日期	入水口	旱地	耕作 1	耕作 2	耕作 3	耕作 4	平作	出水口
5 月 12 日	0.73	0.61	0.38	0.12	0.05	0.31	0.15	0.35
5 月 23 日	0.55	0.93	0.53	0.22	0.25	0.33	0.35	0.28
5 月 30 日	0.53	0.45	0.33	0.09	0.15	0.40	1.05	0.25

因此，水田生态系统是生产力最高的土地利用类型之一，它可以高效地利用外源投入的养分。只要水肥管理措施得当，通过水循环从水田生态系统流失的 N、P 等养分一般都低于随雨水和灌溉水输入的养分量。因此，水田生态系统与其他人工湿地可以对营养物质起拦截和净化作用，可以有效地消纳农业面源污染物。

14.4　农村分散型生活污染、种植业废弃物污染负荷削减与资源化利用技术

农业废弃物（agricultural residue）是指在整个农业生产过程中被丢弃的有机类物质，主要包括农林生产过程中产生的植物残余类废弃物；牧、渔业生产过程中产生的动物类残余废弃物；农业加工过程中产生的加工类残余废弃物和农村城镇生活垃圾等。从总量和组成上看，农业废弃物主要包括农作物秸秆和畜禽废弃物。由于其数量大、品质差、危害多、难以利用以及现有条件的限制，容易造成环境污染问题，如引起水体富营养化、病原微生物污染、恶臭污染、土壤营养失衡、造成传染病的发生等。特别在农村基础设施较差的地区，农业废弃物不能得到有效的利用处理，使得进入环境的废弃物量大大增加，严重危害人民的生存和发展。农业废弃物中造成环境污染严重的有畜禽粪便和秸秆

等种植业废弃物。我国农村地区大多数畜禽实行分散养殖，由于没有畜禽粪尿利用处理配套设施，大量畜禽粪便随意堆积和流淌，严重污染环境。每年夏秋两季，农村有大量秸秆堆放在田间地头、路边树旁，得不到及时妥善处理，有些直接焚烧或抛弃于农田，造成农田秸秆面源污染。解决这些污染问题的有效方法是对农业废弃物资源化利用，主要有秸秆资源综合利用技术，分散型畜禽粪便沼气、堆肥处理技术以及分散型畜禽粪便的资源化利用技术。

14.4.1 分散型养殖畜禽粪便的沼气化处理技术

沼气是人类应对农业面源污染的相应措施之一。在循环农业中，沼气是核心，也是纽带。沼气循环农业对化肥施用、有机肥施用、农作物秸秆、畜禽养殖、农村生活污水、农村生活垃圾、农田侵蚀七个污染源的控制既有直接作用，也有间接作用；既有促进作用，也有抑制作用。

1．沼气对化肥污染源的影响

经沼气厌氧发酵的沼液和沼渣，含有丰富的植物营养成分 TN、TP 及有机质等，用以种子、叶面喷施、根施，可以增加农作物抗旱、抗冻和抗病虫害的能力。连续施用沼肥，可以提高土壤有机质的含量，改善团粒结构，并有利于恢复土壤微生物生态系统。试验表明，沼肥代替化肥施用于农田，不但可以增产，还可以减少由于大量施用化肥而带来的水体富营养化等一系列环境污染问题。

据推算，1 个 8～10 m^3 的户用沼气池，可年产 1.5～2.5 t 沼渣和 8～10 m^3 沼液，相当于年均产出有机质 4 400 kg、TN 27.95 kg、TP 12.6 kg，相当于 27.95 kg 氮肥与 12.6 kg 磷肥，可减少因施用化肥排出的 TN 2.81 kg、TP 0.5 kg。

2．沼气对有机肥污染源的影响

虽然沼渣、沼液是一种可以部分代替化肥的优质肥源，但也可能增加有机肥污染物排放负荷。1 个 8～10 m^3 的户用沼气池，可增加 COD 75.8 kg、BOD_5 37.93 kg、TN 0.28 kg、TP 0.13 kg。

3．沼气对农作物秸秆污染源的影响

秸秆直接发酵生产沼气或秸秆过腹生产沼气，减少秸秆污染物直接排放 COD、BOD_5、TN 和 TP。1 个 8～10 m^3 的户用沼气池，可年消纳作物秸秆 1.5 t，按平均每吨秸秆含有机碳 384.7 kg、TN 11.7 kg、TP 1.63 kg 计算，可减少因秸秆排出的 COD 60.83 kg、BOD_5 30.42 kg、TN 1.85 kg、TP 0.26 kg。

4．沼气对畜禽粪便污染源的影响

畜禽粪便是沼气发酵的最优良原料。1 个 8～10 m^3 的户用沼气池，在正常产气运行条件下每日可处理 5～7 头猪的粪便和尿污，可减少因畜禽粪便排出的 COD 159.64 kg、

BOD_5 131.94 kg、TN 27.04 kg、TP 10.19 kg。

5．沼气对农村生活污水污染源的影响

据调查，农村人均排放生活污水为 35.8～159.8 L/d，1 个 8～10 m^3 的户用沼气池，可处理 3～5 口之家的生活污水 126.87 t，可减少因生活污水排出的 COD 37.13 kg、BOD_5 17.55 kg、TN 5.60 kg、TP 0.57 kg。

6．沼气对农村生活垃圾污染源的影响

据调查，某地区农村人均排放生活垃圾为 0.67 kg/d。1 个 8～10 m^3 的户用沼气池，可处理 3～5 口之家的生活污水 126.87 t，可减少因生活垃圾排出的 COD 48.91 kg、BOD_5 4.89 kg、TN 0.98 kg、TP 0.20 kg。

7．沼气对农田土壤侵蚀污染源的影响

据测算，1 m^3 的沼气热值相当于 2.5 kg 左右的木材燃烧热值。一般地，一个 8～10 m^3 的户用沼气池若正常运行使用，年产沼气 450～600 m^3，可节省木柴 1 000～2 000 kg，相当于 0.13～0.2 hm^3 的林地年生长量，即一个沼气池可保护 0.13～0.2 hm^3 的林地免遭砍伐。因此，发展沼气发酵技术，可保护农田周边植被，减少水土流失。

14.4.2　分散型养殖畜禽粪便高效安全土地处理技术

畜禽粪便对土壤的作用具有双重性，主要取决于单位面积单位时间施用量的大小。利用好畜禽粪便，能够提高土壤肥力，实现养分的再循环，对于减少化学肥料的施用、保护生态环境、推动农业可持续发展具有十分重要的意义。

目前，我国还没有全国性的单位面积耕地土壤的畜禽粪便施用限量标准，只是在畜禽粪便还田限量上有少量报道，如上海市农业科学院提出上海市郊区农田畜禽粪便负荷量的标准，认为粮食作物水稻的畜禽粪便施用量为 22.5 t/（hm^2·a）左右，蔬菜作物的畜禽粪便适宜施用量约为 45.0 t/（hm^2·a）。因此，采用耕地畜禽粪便负荷量这一指标可以直接反映某地区耕地消纳畜禽粪便的能力，而单位面积耕地土壤的 N、P 养分负荷反映了畜禽粪便对于耕地土壤的污染风险。本研究适宜负荷量指作物能获得稳定高产时，单位面积单位时间内土壤能接纳畜禽粪便的最大负荷量。

土地处理技术作为一种自然生态处理方法，是利用土地及其中的微生物和植物根系对污染物的净化能力来处理污水或废水，同时利用其中的水分和肥分促进农作物生长。土地处理系统是常年性的污水处理工程，由废水的预处理设施、贮水湖、灌溉系统、地下排水系统等部分组成。其特点是能耗低，运行费用低，管理简便，可实现多种生态系统的组合，有利于废水的综合利用。

14.4.3 秸秆气化处理技术

随着农业经济的发展和农村生活水平的提高，一些农户也已经开始使用电饭锅做饭，使用煤气罐炒菜、烧水。这种燃料结构和用能方式的改进，为他们提供了更加方便、文明卫生而舒适的生活条件。但如果完全用电能、矿物能源解决8亿～9亿农民的生活需求，则会造成国力和环境的沉重负担。在我国，绝大多数居住在广大乡村和小城镇的农民，能源消耗量的80%以上主要是由直接燃烧生物质能产生的，在经济落后的偏远地区生物质能更是农村居民的主要能源。因此，开发研究高效的家用生物质气化炉，对消除污染，减少有害气体排放有重要意义。

家用秸秆气化炉以农作物秸秆、农林废弃物为主要气化原料，是面对居住在广大乡村和小城镇农民的新型环保节能产品。家用秸秆气化炉的使用成本不高，对农民来说，是一项继沼气技术后较值得推广的技术。该技术在改变农村传统炊事习惯，减少农民开支，提高农民生活质量等方面具有极大推广价值。

1．产品的基本原理

生物质秸秆气化炉的基本原理是采用生物质气化技术，将固态生物质原料在缺氧状况下高温热解反应转化成方便清洁的可燃气体，使较高分子量的有机碳氢化合物链断裂，变成低分子量的烃类、CO、H_2等。所发生的化学变化彻底改变了生物质原料的形态，使用更加方便，而且能量转换效率比固态生物质的直接燃烧有更大提高，有利于净化空气，保持生态平衡。

2．产品技术特点

① 连续燃烧不熄火，中途加料出灰不断气。

② 灶头合理配风加氧助燃，火焰热负荷提高2倍。

③ 改进燃气净化工艺，提高燃气的净化效果。

④ 能解决北方农村冬季取暖和供热水问题，提供了一种经济实惠的能源。

⑤ 产品燃烧的灰烬能制作活性炭，既能净化污水，又能吸附焦油，让焦油二次燃烧，解决二次污染，环保节能。

3．主要技术优势

①生物质秸秆原料在炉体内缺氧燃烧，产生的可燃气体经净化后由吸风机吸出并送去灶膛燃烧的燃气技术，解决了秸秆原料燃烧快、灰分重、易熄灭的难题。

② 生物质秸秆的一大特点是“低热值”，依托灶头合理配风加氧助燃技术，使气体热效率大于70%，火焰热值提高2倍，解决了生物质秸秆原料热值低的世界难题。

③ 生物质原料在炉体内缺氧条件下燃烧，产生的可燃气体经净化（气水分离器）后由吸风机形成负压吸出，经管道送去灶膛燃烧，保证了炉膛进料盖打开情况下加料产气

不熄火，连续燃烧不断气，从而解决了秸秆自身燃烧快、灰分多的难题。

④ 灶膛口合理配风加氧燃烧装置，提高了气体热效率，火焰燃烧热效率远高于家用天然气、石油液化气及沼气等。猛火炒菜、烧水及做饭速度提高 1/3 以上，解决了生物质气热值低的棘手问题。

⑤ 加大净化（气水分离器）容积，是普通净化器的 5 倍，加速气水分离，大大提高了天然气纯度，管道也不易被焦油及灰分等杂质堵塞。

⑥ 利用炉体余热将其夹层水加热流进暖气片，在电控中心控制下水泵适时运转，自动热循环供暖或淋浴，在北方农村冬季逐步取消对煤炭的依赖性。

⑦ 利用缺氧燃烧产生的炭灰作活性炭，将净化器排污口流出的焦油和水净化分离，再将吸附在炭灰内的焦油烧掉，使气化炉使用过程中无烟、无尘、无二次污染，达到环保目的。

14.4.4　农村生活垃圾分类收集、集中储存、定期清运

随着农村经济人口增加、畜禽养殖业和农业综合开发规模的不断扩大，农村生活垃圾不仅数量猛增，而且结构也发生了明显变化。未经处理的生活垃圾经雨水冲刷、太阳暴晒、污水横流等严重危害人类健康，而且垃圾中含有的重金属、有机物、细菌、病毒等随着雨水的冲刷流入江河湖海导致水体污染，进一步对水生生态系统产生不利影响。研究农村生活垃圾的处理处置方法，对农村人居环境、下游干流水质的改善均有重要作用。

农村生活垃圾分类收集、集中储存、定期清运示范技术方案的制订如下。

（1）垃圾桶的定制与分发

每户定期分发垃圾分类收集袋/桶，垃圾分为不可回收垃圾、可回收垃圾、有害垃圾，鼓励农户按要求分类收集，不同种类按颜色区别。

不可回收垃圾：在自然条件下易分解的垃圾，如果皮、菜皮、剩菜剩饭等。

可回收垃圾：如废纸、废塑料、废金属、废玻璃、废织物等。

有害垃圾：包括有毒的、易爆的、易燃的、具腐蚀性的，主要有废电池、过期药品、油漆、废水银温度计等，需特殊安全处理。

（2）修建垃圾分类收集池

分散农户分类收集的垃圾袋/桶不能长期堆放在农户家中，必须定期送往指定地点集中存放，因此，在农户相对集中的地方修建垃圾分类收集池非常必要。每个垃圾收集池按功能分为不可回收垃圾、可回收垃圾两部分，容积比例按照两种垃圾产生量估算。

（3）定期清运

垃圾收集池中的垃圾不能长时间堆放，否则蚊虫、苍蝇滋生将产生恶臭，垃圾中的重金属、有机物、细菌、病毒随着雨水的冲刷将流入水体，导致水污染。因此，垃圾收

集池中的垃圾必须定期清运。按照设计，每季度清运一次。

14.4.5 农村生活污染综合治理模式

随着农村生产生活方式的巨大变化，农村生活污染物成分越来越复杂，排放量超过了生态系统的自净能力，农村生活污染日益严重。要彻底解决农村生活污染问题，不能仅考虑污染治理的技术层面，更应该从源头上主动转变环境不友好的生产生活方式，全过程减少对环境的不良影响。农村生活污染控制可借鉴循环经济的理念，按照循环经济的"3R"原则，通过源头削减、过程利用和末端循环三个关键控制环节与措施，实现农村生活污染的综合治理。

1．源头削减

农村生活污染主要是生活垃圾、生活污水、农田固体废物。从源头上主动转变环境不友好的生产生活方式，能够有效降低污染物的种类和数量。农村生活污染物削减的源头要用全生命周期法来分析，相应的责任并非全在农村居民。做好村镇房屋建设规划，避免盲目建设拆迁，可有效减少灰渣垃圾。转变一次性生活用品的使用习惯，尤其是一次性塑料袋的使用，可有效减少白色污染。选用绿色环保替代产品，如使用环保电池能够减少有害垃圾的数量。杜绝盲目建设水冲式厕所，实施粪尿分离的旱厕或建设厌氧沼气池处理人（畜）粪便，不但减少生活污水的排放量，而且变废为宝，生产有机肥料，促进林果种植业的发展。源头削减的核心思想是根据当地的资源环境状况和经济发展水平，主动采取环境友好型的生产生活方式，形成经济发展和环境保护相互促进、良性循环的发展模式。

2．过程利用

研究发现，农村生活污染日益增多的重要原因是缺少多层次的物质梯级利用，越来越多的物质利用变为资源—产品—废弃物简单模式。究其原因主要有两条：一是为追求局部经济利益最大化的单一规模化农业生产模式减少了农村地区的物种数量，切断了农村生态系统的食物链，造成物质梯级利用阻碍；二是过多使用工业产品，造成物质梯级利用的障碍。例如，一个地区许多农户从事单一的林果种植业，因自己不生产粮食，传统的家畜、家禽养殖被放弃，生态位缺失，原本可被家畜、家禽过腹还田的厨余物、农田固体废物成为垃圾。因此，只有转变一切以经济利益为中心的思想，通过家庭适度规模养殖，重建生态系统的食物链，才能减少厨余物、农田固体废物造成的污染，减少对现代工业产品的依赖，降低因工业产品使用造成的物质梯级利用障碍。

3．末端循环

经过以上两个环节的削减和控制，仍然会有一些生活污染物存在，需要考虑末端循环利用。农村生活垃圾通过分类收集后，可实现减量化、资源化和无害化处理。生活垃圾中的灰渣垃圾集中收集存放，可作为农村简易道路的垫料或院落垫料。可再生垃圾通过分类回收可实现循环利用。厨余垃圾经过程利用后的剩余部分、人（畜）粪便、剩余的农田废弃物可堆肥还田。有害垃圾单独收集，以镇为单位经统一收集后由有资质的单位处理。生活污水主要是灰水，通过分散式处理后，能够达到《污水综合排放标准》（GB 8978—1996）一级标准，可作为庭院清洁用水和庭院种植用水，或者直接排放。

由上可知，源头削减、过程利用和末端循环三个污染控制环节相互关联，是一个系统工程。真正解决农村生活污染问题，需要人类认真反思现有的发展道路和生产生活方式，解决农村生活污染物质的循环利用障碍问题。以循环经济理念为指导，以污染物的循环利用为核心，设计该地区农村生活污染综合治理模式。

14.5　农业面源污染控制的人工湿地技术

人工湿地是 20 世纪 70 年代发展起来的一种污水处理技术，与传统的二级生化处理相比，人工湿地具有氮、磷去除能力强，处理效果好，操作简单，维护和运行费用低等优点。人工湿地按水流方式的不同主要分为地表流湿地、潜流湿地、垂直流湿地和潮汐流湿地四种类型，目前采用较多的是潜流人工湿地。

人工湿地中不同植物对湿地内污染物的去除效率是不同的，季节性植物和挺水植物比一年生植物和沉水植物具有更高的去除营养物的能力，国内有报道用木本植物作为人工湿地的主要植被且试验证明效果和芦苇接近（胡焕斌等，1997）。去除效率还与湿地内废水的性质、当地的气候土壤等性质有关。同时，为了达到一定的处理效果，流经湿地的污水必须有一定的水力停留时间，水力停留时间受湿地长度、宽度、植物、基底材料孔隙率、水深、床体坡度等因素的影响。湿地去除氮磷效率的变化很大，主要取决于湿地的特性、负荷速率和所涉及的营养物质。通常来说，湿地的去氮效率比去磷效率高，这主要是由于 N、P 循环过程存在较大的差异。湿地植物还对金属离子具有较强的生物富集作用，可以达到消除重金属污染的目的。

我国在“八五”攻关课题“滇池防护带农田径流污染控制工程技术研究”中，首次引进处理城市生活污水的人工湿地工程技术来处理农田径流废水，取得了十分满意的社会环境效益，为我国和发展中国家控制农业面源污染提供了参考价值。目前，我国在滇池、洱海等许多湖泊面源污染控制中拟采用人工湿地工程技术，人工湿地技术在农业面源污染修复方面极具潜力。

14.6 农业面源污染控制的前置库技术

20世纪50年代后期，前置库就开始被作为流域面源污染控制的有效技术进行开发研究，还开展了利用前置库治理水体富营养化的工作。目前，我国对于前置库技术的研究和利用还不多，在于桥水库富营养化的研究中，曾在入库河流入口段设置前置库，采取一定工程措施，调节来水在前置库区的滞留时间，使泥沙和吸附在泥沙上的污染物质在前置库沉降，取得了较好的效果，在滇池面源污染控制中前置库技术也得到应用。这种因地制宜的水污染治理措施——前置库对于控制面源污染，减少湖泊外源有机污染负荷，特别是去除入湖地表径流中的N和P安全有效，具有广泛的应用前景。

14.7 农业面源污染控制的缓冲带和水陆交错带技术

目前，有关农业面源污染的缓冲带或缓冲区技术主要有美国的植被过滤带（vegetated filter strips）、新西兰的水边休闲地（retirement of riparian zones）、英国的缓冲区（buffer wnes）和中国的多水塘等。许多研究已表明，缓冲区能有效地去除水中的N、P和有机污染物，其效率取决于污染物的运输机制。所谓缓冲区，就是指永久性植被区，通常包括树、草和湿地植物，宽度一般为5～100 m，大多数位于水体附近。这种缓冲区降低了潜在污染物与接纳水体之间的联系，并且提供了一个阻止污染物输入的生化和物理障碍带，逐渐成为控制农业面源污染最有效的方式之一。

研究结果表明，一个健康的水陆交错带可以对流经此带的水流及其所携带的营养物质起到截留和过滤作用，其功能相当于一个对物质具有选择性的半透膜。尹澄清等（2002）发现，我国的人工多水塘系统具有很强的截留来自农田的径流和非点源污染物的生态功能。另外，他们在白洋淀进行的野外试验结果表明，水陆交错带中的芦苇群落和群落间的小沟都能有效截留来自上游流域的污染物，被截留最多的是无机态正磷酸根态磷和铵态氮，这两者正是造成水体富营养化的主要因子。因此，充分利用这一资源，对于防治我国水体污染具有十分重要的意义。

14.8 农业面源污染控制的水土保持技术

农业面源污染主要是由地表径流而引起的，因而治理水土流失是解决水体污染的根本之策。换言之，所有控制水土流失的对策都可以治理水体污染问题。水土保持措施可从两个方面来探讨：一方面是使表土稳定化或以植被覆盖来减少雨滴对表土的冲击；另一方面是降低坡度，以渠道化手段分散径流或降低流速，以减弱径流的侵蚀力，并减少雨水在地面溢流的数量。围绕这两个方面，许多水土保持技术都在水体污染防治中发挥着重要作用。例如，我国发展起来的坡面生态工程对减少流域上游土壤侵蚀有明显效果；复合系统中空间上有林木、农作物等不同类型的组合，它对雨滴的打击、坡面地貌的发育、侵蚀泥沙和径流的运动有明显的有益作用；在适当区域构筑必要的拦水截沙引水槽拦沙坝、山塘等工程设施，以减少泥沙冲刷，可取得防治水体污染的良好效果；另外，还有农田免耕法、保护性耕作法、草地轮作制、梯田建设等高线耕作，以及我国目前在西部大开发中的退耕还林还草等水土保持措施等，也对水体污染的控制起到了重要作用。

14.9　农业面源污染控制的农业生态工程技术

农业生态工程是通过生态学原理，应用系统工程方法，将生态工程建设与治污工程并举，从根本上减少化肥、农药的投入，从而减少污染物的排放，达到治理与控制面源污染的目的。卞有生（2001）通过对湖泊面源污染的深入分析认为，在湖区及上游水源区开展农业生态工程建设，必将显著地改善地区的农业生产状况，减少生产过程中资源的消费，特别是减少化肥、农药的施用，也可极大程度地降低农业水体的污染。例如，我国江西省和四川省最近几年逐渐完善的“种植—养猪—沼气”生态模式，以种植业带动养猪业，以养猪业带动沼气工程，又以沼气工程促进种植业和养猪业的发展，最终是猪多肥（有机沼肥）多，肥多粮多，粮多钱多，如此往复循环，使生物能得到多层次的重复利用，显著降低了化肥的施用量，提高了养分的利用效率，达到综合治理水体污染的目的。同时，将膜控制释放技术用于农业，开发膜控制释放化肥、膜控制释放农药，也是控制农业面源污染的一条重要途径。

参考文献

[1] 尹澄清. 城市面源污染的控制原理和技术[M]. 北京：中国建筑工业出版社，2009.

[2] 彭春瑞. 农业面源污染防控理论与技术[M]. 北京：中国农业出版社，2013.

[3] 魏欣. 中国农业面源污染管控研究[D]. 杨凌：西北农林科技大学，2014.

[4] Sharma A R，Ghosh A . Submergence tolerance and yield performance of lowland rice as affected by agronomic management practices in eastern India[J]. Field Crops Research，1999，63（3）：187-198.

[5] Belder P，Bouman B A M，Spiertz J H J，et al. Crop performance，nitrogen and water use in flooded and aerobic rice[J]. Plant and Soil，2005，273（1-2）：167-182.

[6] Vogeler I，Rogasik J，Funder U，et al. Effect of tillage systems and P-fertilization on soil physical and

chemical properties，crop yield and nutrient uptake[J]. Soil & Tillage Research，2009，103（1）：137-143.

[7] Behera S K，Panda R K . Effect of fertilization and irrigation schedule on water and fertilizer solute transport for wheat crop in a sub-humid sub-tropical region[J]. Agriculture Ecosystems & Environment，2009，130（3）：141-155.

[8] 杨建昌，王志琴，朱庆森. 不同土壤水分状况下氮素营养对水稻产量的影响及其生理机制的研究[J]. 中国农业科学，1996，29（4）：59-67.

[9] 王绍华，曹卫星，丁艳锋，等. 水氮互作对水稻氮吸收与利用的影响[J]. 中国农业科学，2004，37（4）：497-501.

[10] 彭世彰，徐俊增，黄乾，等. 水稻控制灌溉模式及其环境多功能性[J]. 沈阳农业大学学报，2004，（Z1）：443-445.

[11] 单艳红，杨林章，颜廷梅，等. 水田土壤溶液磷氮的动态变化及潜在的环境影响[J]. 生态学报，2005，25（1）：115-121.

[12] 邵东国，孙春敏，王洪强，等. 稻田水肥资源高效利用与调控模拟[J]. 农业工程学报，2010，26（12）：72-78.

[13] 张雯雯. 土地整理区土壤质量时空变异研究[D]. 泰安：山东农业大学，2008.

[14] 叶艳妹，吴次芳. 土地整理对土壤性状的影响及其重建技术和工艺研究[J]. 浙江大学学报（农业与生命科学版），2002，28（3）：34-38.

[15] 张野，苏芳莉. 土地整理过程中的水土流失与防治对策[J]. 水土保持应用技术，2008（5）：31-32.

[16] 张正峰，赵伟. 农村居民点整理潜力内涵与评价指标体系[J]. 经济地理，2007，27（1）：137-140.

[17] 胡焕斌，周化民，王桂珍，等. 人工湿地处理矿山炸药污水[J]. 环境科学与技术，1997（3）：17-18.

[18] 尹澄清，毛战坡. 用生态工程技术控制农村非点源水污染[J]. 应用生态学报，2002，1（2）：229-232.

[19] 陈金林，潘根兴，张爱国，等. 林带对太湖地区农业非点源污染的控制[J]. 南京林业大学学报（自然科学版），2002，26（6）：17-20.

[20] 卞有生. 建设农业生态工程，治理与控制湖泊面源污染[J]. 中国工程科学，2001，3（5）：17-21.

[21] 谢德体. 三峡库区农业面源污染防控技术研究[M]. 北京：科学出版社，2014.

第 15 章　城市化与地下水补给的关系

城市化是指人口、土地利用和经济、文化模式由农村型转向城市型的过程，是当今世界各国发展的共同趋势。城市化对环境的影响日趋显著，尤其是水环境问题，已对全球构成威胁，成为城市建设和发展中最重要的制约因素。地下水因其诸多优于地表水之处而受到世界各地的广泛重视，许多城市以地下水作为部分、甚至唯一的供水水源，因此，地下水在城市发展中扮演着越来越重要的角色。揭示城市化与地下水各方面之间的相互影响规律，缓解城市化与地下水环境之间的矛盾，以实现其可持续发展，已成为全球性的重要研究课题。

城市区因强烈的人为活动及其特殊的地表结构，使其水循环和环境地质问题有别于其他地区。其中，地下水超采与水质恶化是当前最广泛、最严重的城市环境地质问题。城市化与地下水补给的关系研究，无论对研究城市水文循环、水资源供需平衡、地下水超采及防治地下水水质恶化，还是揭示两大地下水环境问题（地下水超采与水质恶化）之间的有机联系都具有重要意义。

15.1　城市化与地下水发展状况

15.1.1　城市化发展趋势

世界城市人口现以农村人口增长速度的 4 倍增长。改革开放以来，随着国民经济的快速增长和社会全面进步，我国城市化进程加快。截至 2000 年，城市数量已增加到 663 个，建制镇由 2 173 个增加到 20 312 个，城市人口由自然增长为主转向机械增长为主，即乡村剩余劳动力向城市转移。市镇总人口已增加到 4.56 亿人，占全国总人口的 36.09%。

当今城市化的一个特点是大城市区域以越来越大的趋势继续发展。特大城市（居民至少为 800 万人的城市）的数目从 1950 年的 2 个（纽约和伦敦）增长到 1995 年的 23 个，其中 17 个在发展中国家，我国有上海市、北京市和天津市。世界资源研究所研究指出，2015 年，特大城市数量预计将增长到 36 个，其中 23 个将在亚洲。

15.1.2 地下水发展现状

由于经济的快速增长、工业化和城市化，全国范围内普遍水短缺，地下水已是我国水资源的重要组成部分。地下水矿化度高适于饮用，是我国众多城镇生活、生产赖以生存的水源。我国20%～30%的工业和城市生活用水依赖地下水，我国的地下水总量为8 700亿 m^3，而可采量仅为200亿 m^3。1995年，我国77个大中城市的市区地下水开采量已高达81亿 m^3。

在沿海城市如大连市、青岛市、烟台市和北海市，最严重的问题是地下水枯竭，这些地方海水倒灌正在加剧。据估计，在多数亚洲国家，50%以上的家庭用水由地下水贮备供给，而这些国家大力发展的采矿业和制造业正是地下水的两大主要污染源。地下水，特别是城市地下水源污染比较严重，由于开发利用水资源不合理，特别是超量开采，许多城市的地下水水位出现了大面积的下降。

15.2 城市化与地下水补给的相互影响

15.2.1 地下水对城市供水的重要性

地下水水质一般较好，或仅需稍予处理就可使用，故在许多发展中国家大量用于城市和农村供水。此外，地下水广泛分布于世界各地；只要有一定数量的降水通过土壤层渗透到有足够孔隙性和渗透性以贮存和传输水的下伏岩石，地下水就产生了。对于城市供水（要求的水量通常非常充足）来说，这些岩石或含水层一般需要具有强大的孔隙性和渗透性以满足高的城市用水需求。最重要的含水层大致可分为松散沉积和固结含水层。松散沉积中的含水层通常具有相当大的孔隙度，供应了一些世界最大城市的用水；尽管一些火山岩地带有能形成地下水有效来源的熔岩和凝灰岩岩系，但最重要的固结沉积含水层是石灰岩和砂岩。这些含水层，尤其裂隙发育时，可具有较强的渗透性和相当大的供水能力。

了解地表水系统与地下水系统之间的区别非常重要。在地表水系统，水的更新周期为数周、最多数月；而对地下水系统来说，则相对长得多。这是因为，水通常要经过很多年的时间通过土壤和包气带达到含水层饱水带；甚至需要更长的时间（数十年或上百年）才能流入供水井。在一些较深的冲积盆地中，地下水年龄可能达数千年甚至上万年。这些时标是含水层重要性的一个指示标志（说明水为天然贮存），也是地下水被广泛用于城市供水的原因之一。水从地表到含水层饱水带的缓慢运动也造成许多污染物的稀释，其稀释程度随污染物类型和污染过程的不同变化很大。

许多城市以地下水作为部分甚至唯一供水水源，这些城市中很多是由于能够获得水质好的地下水，在那里地表水源或者非常缺乏，或者水质较差。即使在那些靠地表水源进行管道供水的城市，由于很大比例的私用供水量取自地下水，地下水仍具有相当大的意义。

15.2.2　人类城市化建设对地下水位的影响

城市地下水是国内外许多学者的关注重点，城市地下水对城市的社会经济发展都起着至关重要的作用。河流、湖泊多被人为引流，砌筑堤坝，北方地区甚至铺设防渗湖底，人为限制了地下水与地面积水的相互补给。另外，修建大型地下建筑的人工降水与生活、工业生产抽取地下水进一步降低了地下水位，地下建筑的修建也阻隔了地下水的天然流动。因此，城市地下水环境受到很多外部因素的干扰。

1．城市化建设对地下水补给的影响

城市化引起的土地利用方式的改变破坏了传统的自然水循环过程，减少了含水层的垂向补给，同时也减少了蒸发量，而且城市给排水管网渗漏也增加了地下水补给量。Kwdoh 等（2000）研究了城市化对东京郊区地下水循环的影响，结果表明城市化导致入渗补给量有很大的降低，城市化过程严重影响了区域地下水循环。

在城市地区，由于对城市补给的研究经验少，而且城市的地下水补给来源相对于农村地区来说较复杂，所以对城市地区地下水补给的估计与其他地区有很大差异，如直接入渗会因为城市大面积的不透水区域大量减少。更重要的是，不透水地面面积的增加也大幅减少了蒸发量，间接增加了地下水量。

因此，对城市中人为因素干扰下的城市地下水补给量进行预算非常困难。

2．城市施工建设对地下水水位的影响

城市地下水利用开采及城市设施建设地下水排放会引起地下水位下降，导致区域或者更大范围的地面沉降。城市化后期，城市的生产职能弱化，工业开采地下水和城市建设排水减少，也会导致地下水水位回到原来的水平。

大型地下建筑主要包括高层建筑物的地下部分、地下交通系统（地铁等）、地下供排水系统等，其对地下水的影响主要包括建造期内影响和建成后影响两个方面。建造期内对地下水的影响是临时的，地下水位可通过地表水或回灌补给逐渐恢复原来水平；建造后运营期的影响则是永久的，地下结构对地下水环境的影响，使地下水流场发生一定程度的改变，另外，污水管道的反向渗漏也会导致地下水质污染。

（1）地下工程施工期对地下水水位的影响

大型地下工程作为庞大的地下结构，基坑开挖深入潜水面以下。在饱和土体中施工，这样大面积、长时间的基坑降水会有大量的地下水从含水层中排出，在一定范围内降低了地下水水位，局部改变了地下水的径流使地下水形成降落漏斗，这也在一定程度上减少了地下水的水量。

(2) 地下工程建成运营后对地下水水位的影响

地下结构内衬施作完毕后，地下工程的防排水可归结为限制排放型和全防水型。限制排放型是指在干旱季节，水位线有继续下降的趋势，但当排水量较小，而地下水补给充沛时可忽略排水对地下水的影响。全防水型是最理想的防排水类型，其对周围地下水水位不产生影响。地下工程建成后使原有地层变为完全不透水区，将改变地下水流动方向，使地下水流场发生永久的改变。

15.2.3 人类城市化建设对地下水水质的影响

随着人类社会的高度发展，人类对自然环境的干预也日益加强。从某种程度上说，在当今许多地区的地下水水质形成过程中，人类活动的影响超过了自然环境的作用。

1. 工业生产对地下水水质的影响

工业生产，一方面耗费了大量的水资源，另一方面又排出大量废气、废水和废渣直接或间接地导致许多地区地下水水质的恶化。

工业废气中含有大量的二氧化硫，工业废气的排放很容易形成酸雨，酸雨不仅使地表水体酸化，同时也导致土壤和浅层地下水酸化，酸化的水可增强对岩石中金属和金属矿化物的溶解力，从而使地下水中金属元素含量大大增加，进而造成地下水水质污染。

工业废渣，除产品生产过程中留下的各种废弃物质、矿山废渣及尾气外，还包括有毒（害）的产品、原料及燃料的堆放及泄漏物质。这些场所的有毒（害）成分可直接或间接在雨水淋滤后下渗到含水层中，使地下水遭受污染。

2. 人类城市生活对地下水水质的影响

随着城市人口的不断增加，城市生活产生的垃圾及积存的数量越来越多，未经无毒化处理的生活垃圾经雨水淋滤后产生的垃圾淋滤出液，常常含有多种有机、无机、有毒有害成分，如合成洗涤剂、去污剂等高分子有机化合物，放射性物质、病原体、细菌和病毒等。它们对地表水、地下水和包气带土层都具有强烈的污染作用。另外，现在许多经过化学处理的复杂物质不易腐烂、不易溶解、不易被土壤吸收，因此对生态环境、潜水及人体健康几乎造成了永久的危害。

15.3 城市化对地下水补给影响的案例

15.3.1 城市化对地下水补给影响 —— 以石家庄为例

1．地下水在石家庄市供水中的作用及其开发利用

地下水是石家庄平原区工农业及生活用水的主要供水源，也是石家庄市长期以来几乎唯一的城市供水水源。目前，石家庄市区约 120 万人口全部采用集中统一供水，集中供水由市自来水公司的 6 个地下水水厂和一个表面水水厂实现，截至 1997 年年底，7 个水厂的供水总量达 6.614×10^9 m^3/a，其中地下水约占供水总量的 86.2%。正在规划与实施的跨流域“南水北调”工程计划调配给石家庄市的总水量为 9.36×10^9 m^3/a，向总干渠两侧的 7 个县、区供水。以上可见，地下水在石家庄市城市供水中起着举足轻重的作用，即便在“南水北调”工程实施后，石家庄市区仍然是以地下水作为主要供水水源。

石家庄市位于滹沱河冲洪积扇中上部，属山前倾斜平原水文地质区。地下水主要贮存于第四系松散岩层孔隙中，其含水层可划分为 4 组，第Ⅰ、Ⅱ含水层组为浅层地下水，属潜水或微承压水，是目前该区的主要开采层。长期超采与时空上的开采集中导致水位区域性下降，在一些集中开采区形成了大规模的水位降落漏斗。尤其在石家庄市区，形成了区内最大的水位降落漏斗。该漏斗属工业开采型漏斗，自 1965 年开始形成漏斗的雏形；漏斗中心水位平均每年下降 1.32 m，漏斗面积平均每年扩大 4.83 km^2。但地表水厂的投入运行，将对石家庄市水位降落漏斗的相对稳定起到积极作用。

2．城市化影响下地下水补给的变化

通常认为，城市化降低了对地下水的渗透补给。这主要是考虑城市铺装区、建筑物及公路等集水区渗透性较差。对于石家庄市地下水补给量的变化趋势，大致存在两种观点：一种认为，多年来地下水补给量大致相当；另一种认为，地下水补给量呈逐年递减之势。

为了揭示城市化对地下水补给的实际影响，在《河北平原水资源与环境地质勘查评价报告（石家庄典型区）》（以下简称《典型区报告》）的基础上做了进一步探讨。该报告中采用了地下水位动态法和综合补给量法对地下水补给量进行了计算。本次计算时间为 1973—1995 年，计算范围包括石家庄市区（含郊区）、正定县、藁城市、栾城县及鹿泉市的平原区，其面积分别为 254 km^2、601 km^2、813 km^2、397 km^2、264 km^2，总计 2 329 km^2；计算深度为第四系主要富水带 —— 浅层水（目前地下水主要开采层）。地下水位动态法是根据水均衡原理及地下水补、径、排条件建立计算模型的，其计算结果见表 15-1。由表 15-1 可以看出，石家庄市区的单位面积年均补给量高居所有行政区之

首，而离市区最近的鹿泉市、正定县分列二、三位，明显反映出城市化对地下水补给量的积极影响。另外，市区地下水补给量基本呈逐年递增之势，也进一步说明了城市化的控制作用。从全区来看，以上规律不明显，1980 年以后呈相反趋势，即地下水补给量逐年降低，这是因为全区地下水补给量除侧向补给外，大气降水影响比较大，而在市区各补给项中居第二的渠（排污渠）灌渗漏补给则退居第三（表 15-2），其城市化的影响减小。城市化对市区和全区地下水补给量的影响作用，从石家庄地质环境监测报告中的资料统计也可得到，其进一步说明城市化引起地下水补给量的增加。

从表 15-1 中可以看出，因城市化发展而产生的新补给源对城市区地下水补给产生的影响，表中两种计算方法的比较表明，在市区除 1973—1975 年外，动态补给量法明显高于综合补给量法；在全区规律性不明显，二者交替上升，这主要是由于综合补给量法没有考虑城市区地下水的新补给源。

表 15-1　计算区地下水动态法补给量计算结果及其与综合补给量的差值

时段/年	$Q_{动态}$						$Q_{动态}-Q_{综合}$	
	石家庄市	正定县	栾城县	鹿泉县	藁城市	全区	石家庄市	全区
1973—1975	104.9	45.1	38.6	99.2	46.3	57.1	−5.1	−2.3
1976—1980	145.2	52.6	41.8	99.3	32.7	63.5	9.7	−0.1
1981—1985	132.5	40.9	40.1	98.8	35.5	57.8	12.2	6.9
1986—1990	143.7	51.0	27.6	98.2	31.4	55.6	7.1	0.6
1991—1995	150.1	42.1	29.7	98.8	26.1	52.6	8.4	−0.7
1973—1995	137.9	48.4	35.3	98.8	36.0	57.3	−2.3	1.1

注：$Q_{动态}$为地下水动态法补给量；$Q_{综合}$为地下水综合补给量；原始资料来源于《典型区报告》。

3．城市化对地下水补给的影响机理分析

地下水补给量在城市化影响下的时空变化研究充分证明，城市化不仅不会减少地下水补给，反而导致地下水补给量的增加（图 15-1）。城市化引起地下水补给量增加的机理如下。

（1）地下水开采引起补给增量的诱发机理

从表面上看，城市由于大量的铺装区、建筑物及公路等，使渗透补给地下水的可能性大大减小。然而，城区地下水补给与其他地区不同。除大气降水外，侧向补给、渠灌回归、井灌回归和渠灌田间补给都是重要补给来源；并且侧向补给量和渠灌回归补给量位居前两位（表 15-2）。此外，距市区较近、城市化水平较高的鹿泉市和正定县的侧向补给量所占比例相对较高，分别为 70.0%和 49.1%；而藁城市的地下水补给中大气降水入渗所占比例最高（35.6%），其次为渠灌回归（30.8%），侧向补给仅列为第三（19.6%），反映出较低的城市化水平。以上可见，城市化导致地下水开采量增加，从而对周围井场产生大规模袭夺，使侧向补给成为地下水补给最主要的方式。另外，由于经过市区的石津渠、东明渠和西明渠等水利工程的防渗措施较差，在地下水开采影响下增加了对地下水的补给，诱发产生了地下水补给增量。

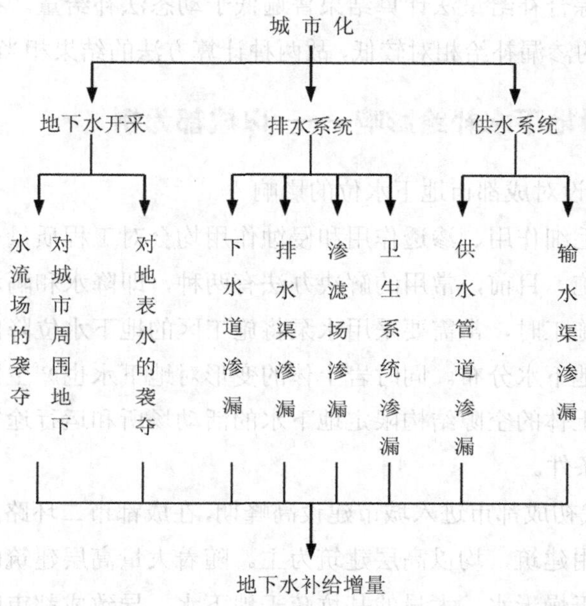

图 15-1　城市化影响下地下水补给增量的诱发机理

表 15-2　1973—1995 年计算区补给项占总补给量的百分比　　单位：%

补给项	石家庄市	正定县	栾城区	鹿泉市	藁城市	全区
降水入渗	9.4	25.5	35.7	11.5	35.6	21.6
井灌回归	2.9	8.8	15.1	2.7	14.0	7.7
渠灌回归	18.4	16.5	16.6	11.7	30.8	19.0
渠灌田间	0.2	0.2	3.4	4.1	—	1.3
侧向补给	69.1	49.1	29.1	70.0	19.6	50.4
合计/$\times10^4$ m^3/a	32 905.2	29 886.7	13 001.7	27 818.9	27 267.1	130 879.6

注：原始资料来源于《典型区报告》。

（2）新补给源的引入渗漏机理

随着城市化进程的加快，供水量和排污量也在增加，供水干线、下水道和输水—排水（污）渠等所产生的渗漏量成为城区地下水补给不可忽视的组成部分。另外，渗滤坑、公共卫生系统以及公路排水渗滤场等也对地下水补给产生影响。通过典型年调查，石家庄城市污水排放量约占城市用水量的 75%，其中东明渠、西明渠排放量最大（约占总排放量的 80%，由市政管道、明渠分别汇集于东明渠和西明渠，通过总退水渠排入胶河），其次为石津渠排放和渗坑排放。表 15-2 反映出综合补给量法计算仅考虑大气降水入渗、侧向补给、渠灌回归、井灌回归和渠灌田间五项补给，对不可忽略的新补给源的渗漏补给则没有考虑；故综合补给量法计算结果普遍低于动态法补给量。在全区范围内，因城市化产生新补给源的渗漏补给相对较低，故两种计算方法的结果相当，其规律性不明显。

15.3.2 城市化对地下水补给影响 —— 以成都为例

1．城市集中建设对成都市地下水位的影响

由于地下水的毛细作用、渗透作用和侵蚀作用均会对工程质量有一定影响，所以必须在施工中采取措施。目前，常用的解决办法有两种，即降水和隔水。降水对地下水的影响较大。在地下施工时，常需要采用水泵将施工区的地下水位降低，以疏干工作面，改变了施工周围的地下水分布。同时岩土体的变形对地下水也产生影响。岩土体是地下水渗流的介质，岩土体的空隙结构限定地下水的活动场所和运行途径，控制着地下水的补给、径流和排泄条件。

20 世纪 90 年代初成都市进入城市建设高峰期，在成都市二环路周边及二环路内城修建了大批民用、商用建筑，均以高层建筑为主。随着大量高层建筑的修建，在建筑施工期间为保持工作面干燥无水，大量的基坑疏干地下水，导致成都市区地下水位大面积下降。成都市城市化进程高峰出现在 1993—1995 年，城市集中修建大批大型高层建筑，施工周期较长，大范围施工降水造成 1995 年成都市地下水位与 1991 年成都市地下水位相比以下降型为主。同时大量地下工程的修建起到一定阻水作用，使地下水流线发生改变。

20 世纪 90 年代末期，二环路范围内城市基础建设工程减少，仅局部有小规模的建设，地下水所受干扰减小，地下水位在 1995—2000 年趋于稳定。由于地表环境已发生改变，原始地形地貌已不复存，市区内 80%以上已被城市建筑物所覆盖。地表入渗条件无法恢复到 1990 年，导致 1995—2000 年城市地下水位变化分区以平稳型为主。

2．城市局部建设对地下水位的影响

城市建设过程中，施工区降水是指强行降低地下水位至施工底面以下，使得施工在地下水位以上进行，以消除地下水对工程的负面影响。城市建设中局部建设施工导致的降水对成都市整体地下水水位埋深变化影响不大，但对施工区及其周边局部地区地下水水位变化影响较明显。监测孔 J1291 位于成都市一环路东五段莲花小学内，1996—1997 年莲花小学修建校舍，施工期间基坑降水导致监测孔地下水水位不随丰水期、枯水期呈周期性变化，始终保持在施工安全生产水位。而成都市金牛区金牛乡清江三组在 1996—1997 年没有大型施工建设，监测孔周边地表环境没有太多人为改变，使得此地监测孔

W0601 仍保持无干扰条件下的周期性变化（表 15-3）。

表 15-3　监测孔 J1291 与 W0601 地下水埋深对比

年份	J1291		W0601	
	枯水期	丰水期	枯水期	丰水期
1990	2.12	0.76	1.83	0.37
1991	1.97	0.51	1.84	0.63
1992	1.87	0.76	1.89	0.58
1993	1.87	0.65	2.56	0.49
1994	2.10	0.86	2.10	0.60
1995	2.42	1.09	2.17	0.87
1996	5.86	3.03	2.67	0.70
1997	5.40	2.54	2.37	0.53
1998	2.16	0.84	2.68	0.40
1999	2.11	0.94	—	—
2000	2.61	0.97	2.70	0.52

3．地下水水质的影响因素

（1）工业污染对地下水水质的影响

工业废水中的污染物种类繁多，这些未经处理或处理不充分的废弃固体、污水排入河流，对水体直接造成污染；被雨水淋滤后，污染物质还可造成地下水污染；工业废气（硫氧化物、氮氧化物等气体）向大气排放，可形成酸雨造成水体污染和水质恶化。

成都市区是四川省发展最为迅速、工业规模最大的地区之一，平原地区工业最为发达、集中。但平原区地表水体众多、地下水与地表水水力连续紧密，所以地下水在工业集中区极易被工业污染水体污染。成都市目前区内大、中、小企业有数千家，工业“三废”排放量大且集中，有害物质多而复杂。据地表水调查资料，市区内府河、南河、沙河在进入市区前水质较好，所含有毒害物质少而低，经市区至南部三瓦窑后，地表水中物质组分抬升数倍。据成都市统计年鉴，工业“三废”排放尚未处理量所占比例较大对地表水产生一定影响。而成都市区内主要展布第四系松散砂砾堆积层，上部覆盖层较薄，其渗透性较强，地下水与地表水具有强烈的互补关系，导致局部地段地下水中氨氮、亚硝态氮、硝态氮及重金属值普遍偏高。

（2）城市生活对地下水水质的影响

城市（尤其是大城市）地域狭小，集雨面积小，人口密度大，生产活动和取水集中，容易出现资源型缺水；城市排污集中，对水环境破坏力大，又容易出现水质型缺水。随着城市化进程的不断加快，城市缺水日益严重，加大了地下水开采量，导致地下水超采，引发相应的水文地质和生态问题。

城市居民生活污水中所含污染物包括有机物、无机物、微生物等。对成都市区内观测，耗氧量（COD）超标。耗氧量表明有机物含量，证明市区地下水在人为干扰下明显有被污染迹象。区中心人口密度较大，地区由于人为污染造成氨氮（NH_3-N）超标率变化较大，总体呈上升趋势。水环境恶化，一方面降低了水资源的质量；另一方面，原本可以被利用的水资源失去了利用价值，造成“污染型缺水”，使成都地区地下水综合质量有明显变差趋势。

（3）交通旅游对地下水水质的影响

成都市区内旅游业发达，各类景点、游客众多，每天产生的旅游垃圾数量较大，如果处理不到位，将对市区水环境造成不良后果。

这些因素对地下水水质的影响并不存在规模化及规律化，只是在某段时间由于对污染物质的处理不当，造成该段时间地下水水质的突变。

15.4 城市地下水资源的可持续利用对策

城市地下水资源可持续利用的核心是既能满足当代城市社会、经济发展和人类生活的需求，又能满足人类后代各方面的需要，在不损害人类当代乃至后代各方面利益的前提下合理开发和利用城市地下水资源。对于这方面的工作，国内外学者均已提出了很多建设性意见和方法。

1. 普及城市地下水资源知识，建立资源可持续利用的群众基础

要对广大市民进行地下水资源科学知识的普及，让他们懂得地下水资源并非“取之不尽、用之不竭”，懂得地下水与地面环境之间及地下水内部的天然动态平衡关系，让广大市民自觉主动地参与到城市地下水资源的可持续利用上来。

2. 加强城市地下水资源的管理

在加强地下水科学研究的同时，重点转向依法管理、科学监测管理和地下水、地表水多目标协调管理，逐步建立和完善地下水资源可持续利用的有关法规，做到依法管理。在管理的可操作性上，目前多数国家主要是水价调控、控制“三废”污染排放量以保护水质、采用工程措施治理污染等末端治理。

3. 加强城市规划中的地下水资源规划

在城市规划中，应该加强地质规划特别是地下水资源规划。随着城市化的进程，地下水资源最终将成为城市供水的主要水源，因此，加强地下水资源的勘查和规划将成为城市规划的基础和必需。

参考文献

[1] 于开宁. 城市化对地下水补给的影响——以石家庄为例[J]. 地球学报，2001，22（2）：175-178.

[2] 李跃林，肖文明，张云. 城市化及其地下水质量与人体健康关系[J]. 城市环境与城市生态，2004（1）：43-46.

[3] 世界资源研究所. 世界资源报告 1998—1999[M]. 北京：中国环境科学出版社，1999.

[4] 刘尚仁. 地下水资源与环境[M]. 广州：中山大学出版社，1999.

[5] 张曦. 城市化进程对地下水系统的影响[D]. 成都：成都理工大学，2009.

[6] 于开宁，娄华君，郭振中，等. 城市化诱发地下水补给增量的机理分析[J]. 资源科学，2004（2）：68-73.

[7] 于开宁，Morris B L. 城市化对地下水流系统的影响[J]. 华北地质矿产杂志，1999（2）：199-203.

[8] 谈树成，薛传东，赵筱青，等. 城市化进程中地下水资源的可持续利用分析[J]. 中国人口·资源与环境，2001（S1）：9-10.

[9] Bonomi T，Cavallin A，Cerutti P，et al. Groundwater contamination risk assessment：initial methodology for highly developed areas. Case study in the Province of Milan（Italy）[J]. Terra Nova，1994，6（2）：195-201.

[10] Kim Y Y，Lee K K，Sung I . Urbanization and the groundwater budget，metropolitan Seoul area，Korea[J]. Hydrogeology Journal，2001，9（4）：401-412.

第四部分

河流与湖库污染控制技术

第 16 章　河流与湖库污染控制技术的基本理论概述

由于经济的迅速发展，我国的环境污染形势严峻，其中河流与湖库的污染也很严重。目前已经研究出了一些针对河流与湖库污染的治理方法，但在治理污染前应对污染的基本理论有所了解。本章将从河流与湖库的污染现状开始介绍，了解河流与湖库的生态系统和自净作用，再来分析污染的产生和治理原则。

16.1　河流与湖库污染现状

由于污水排放量逐年增加，而污水处理能力和污水排放量不匹配，再加上河流管制问题，河流与湖库的水体受到了不同程度的污染。

生态环境部 2021 年中国环境状况公报显示：长江、黄河、珠江、松花江、淮河、海河、辽河七大流域和浙闽片河流、西北诸河、西南诸河主要江河监测的 3 117 个国考断面中，Ⅰ～Ⅲ类水质断面占 87.0%，比 2020 年上升 2.1 个百分点；劣Ⅴ类水质断面占 0.9%，比 2020 年下降 0.8 个百分点。主要污染指标为化学需氧量、高锰酸盐指数和总磷。长江流域、西北诸河、西南诸河、浙闽片河流和珠江流域水质为优，黄河流域、辽河流域和淮河流域水质良好，海河流域和松花江流域为轻度污染。

湖泊（水库）总体状况：2021 年，开展水质监测的 210 个重要湖泊（水库）中，Ⅰ～Ⅲ类水质湖泊（水库）占 72.9%，比 2020 年下降 0.9 个百分点；劣Ⅴ类水质湖泊（水库）占 5.2%，与 2020 年持平。主要污染指标为总磷、化学需氧量和高锰酸盐指数。开展营养状态监测的 209 个重要湖泊（水库）中，贫营养状态湖泊（水库）占 10.5%，比 2020 年上升 5.2 个百分点；中营养状态湖泊（水库）占 62.2%，比 2020 年下降 5.1 个百分点；轻度富营养状态湖泊（水库）占 23.0%，比 2020 年下降 0.1 个百分点；中度富营养状态湖泊（水库）占 4.3%，与 2020 年持平。

2021 年，污染物排放量持续下降，生态环境质量明显改善，生态系统稳定性不断增强，生态安全屏障持续巩固，减污降碳协同增效，经济社会发展全面绿色转型大力推进，生态环境风险有效防范化解，核与辐射安全得到切实保障，生态环境领域国家治理体系和治理能力现代化加快推进，美丽中国建设迈出坚实步伐。

16.2 河流与湖库的生态系统和自净作用

16.2.1 河流与湖库生态系统的基本特征

我们在此探讨的河流与湖库的水生态系统是淡水生态系统，其中，河流属于动水环境，而湖泊（水库）属于静水环境。河流能不断地输入营养物和排出废弃物，因此比湖库水环境的生产力高出很多倍。

1. 河流生态系统

（1）构成

河流包括河槽与其中流动的水流两部分。河流属流水型生态系统，是陆地与水体的联系纽带，在生物圈中起着重要的作用。河流生态结构如图 16-1 所示。

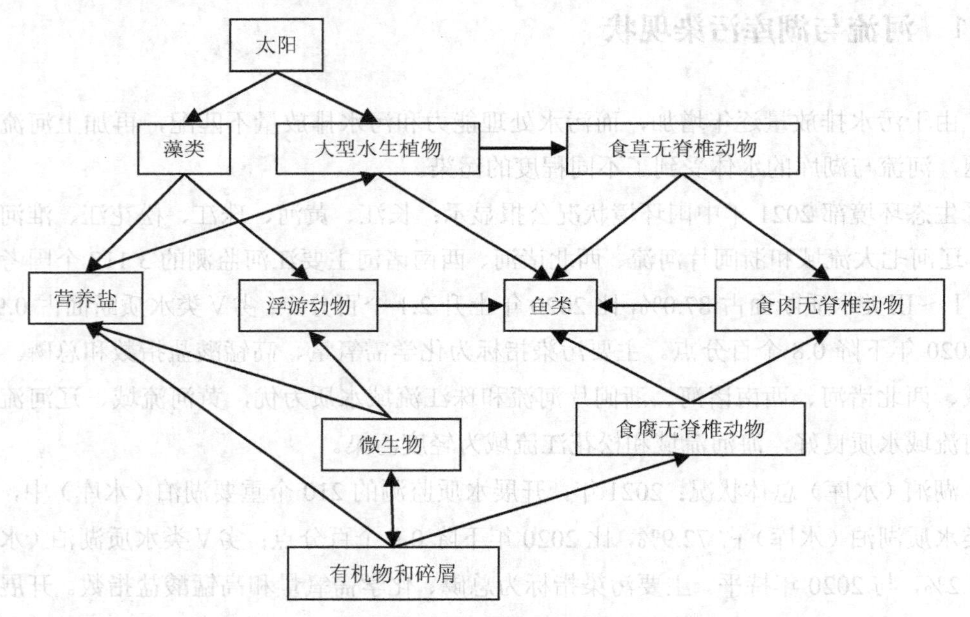

图 16-1 河流生态系统结构

大型水生植物分为浮游类和根生类，最常见的是水草类，其他主要植物是苔藓、地衣和地钱，能渗透缠绕在河床石头裂缝之间，适合流水环境。微型植物最常见的是藻类，可以生长于任何适合的地方，如附着在河床石头等介质上，或桥墩、船舶外体等地方。动物主要包括软体动物、蠕虫、水生微型动物等无脊椎动物以及鱼类等脊椎动物，主要以原生动物、腐生细菌和腐生物质为食。细菌和真菌生长在河流的任何地方，包括水流、河床底泥、石头和植被表面等，在河流中起分解者的作用，维持自然生态循环。河岸生态是河流生态的重要组成部分。河岸植被能够阻截雨滴溅蚀，减少径流沟蚀，提高地表水渗透效率和固定土壤的作用，从而减少水土流失，包括乔木、灌丛、草被和森林等。

（2）基本特征

① 纵向成带：河流因为是纵向流动的，所以很多特征表现为纵向成带特性。一支水系从上游到河口，水温和某些化学成分会发生明显的变化，进而影响生物群落结构。但由于城市河流长度有限，这些变化都不太显著。

② 生物大多具有适应急流环境的形态结构：在城市河流中，流速在年际内变化较大，汛期雨水多，上游来水量也较大，故水流较急。河流生物群落中的一些生物种类为适应这种生存环境形成了自身的形态结构上的特点。

③ 相互制约关系复杂：城市河流生态系统受城市陆地生态系统的制约，受城市内陆的气候及人为干扰影响。与此同时，河流将城市生态系统中制造的多余废物等输送到城市之外，所以它也影响着城市周围的生态系统。

④ 自净能力强，受干扰后恢复速度较快：一般河流生态系统具有流动性大、水体更新较快的特点，所以其自净能力较强，在一定限度内，一旦污染源被切断，系统恢复迅速。

2．湖库生态系统

湖泊水库具有十分复杂的生态系统，一般将这个生态系统划分为三个不同类型的区域：湖滨带、浮游区和底栖区，各自拥有不同类型的生物群落。

（1）湖滨带

湖滨带通常生长着大量的草类植物，又称“草床”，是湖泊与陆地交接区域。从功能上来说，湖滨带可以有效截留地表径流中泥沙等悬浮物，吸收其中营养物质，减少其对湖泊（水库）水体的影响；另外，湖滨带植物可以为各种动物提供良好的栖息地和大量食物，促进生态良性循环。但是过度繁殖的湖滨带植物会产生大量有机物，随水体进入湖泊（水库）后影响水质，甚至加剧湖泊富营养化程度。

（2）浮游区

浮游区是湖泊（水库）水域主体，在浮游区生长着多种水生高等植物，包括沉水植物、浮水植物和挺水植物三类。水生高等植物在生长过程中能够将一部分溶解性、悬浮性和沉积性的营养物质吸收固定在植物体内，通过定期收割移出水体之外，在一定程度上降低了水体富营养化水平。植物还能通过与藻类竞争营养、遮挡光线能量抑制藻类的繁殖生长速度。但如果任由水生高等植物自由生长、堆积和腐烂，将导致湖泊（水库）的沼泽化。

（3）底栖区

在底栖区，生活着丰富的底栖动物和微生物，它们起着分解作用，将湖滨带或浮游区产生的各种有机物重新分解，使之变为动植物能够重新吸收的营养元素等，然后扩散传质至表水层或有光层。湖泊（水库）"食物链"结构如图 16-2 所示。

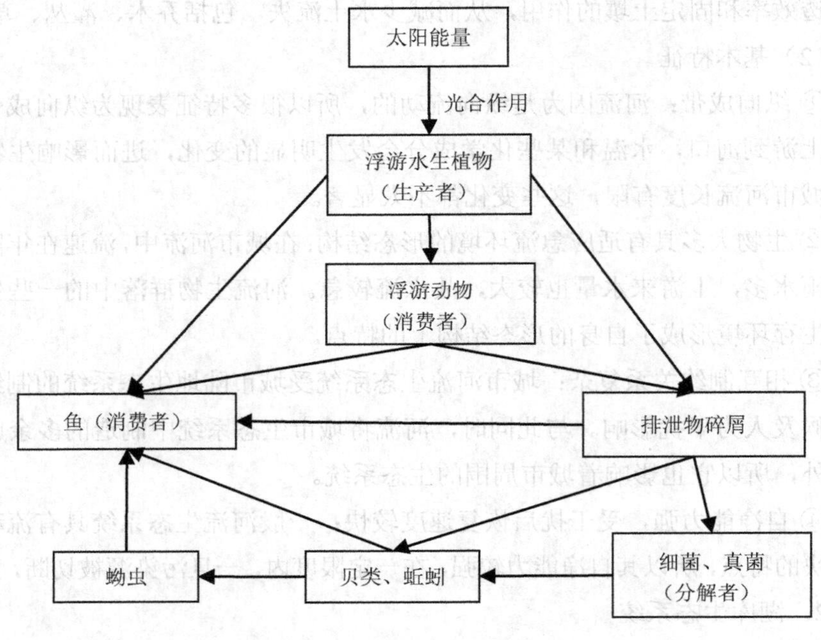

图 16-2 湖泊（水库）"食物链"结构

湖泊有独特的发展过程，从产生到衰亡，经过一系列发展阶段，最后由水域生态系统变为陆地生态系统。在整个演变过程中，湖泊经历了由贫营养阶段、富营养阶段、水中草本阶段、低地沼泽阶段直到森林顶级群落的渐变。但在城市生态系统中，大量人为因素大大缩短了每个阶段的转变时间。湖泊的许多生态功能与其形态特性有关，受许多因素制约。

水库虽然是人工形成的水域，但在生态特征上具有与湖泊基本一致的特点。

16.2.2 河流与湖库的自净作用

1. 河流的自净作用

污染物进入河流后，在水体的物理、化学和生物作用下，其中各种污染成分不断地被稀释、扩散、分解或沉淀，水中溶解性污染物浓度下降，最后又恢复到污染前的水平，这一过程称为水体的自净。污染物进入河流后，自净过程就开始出现。自净机理具体如下。

（1）物理净化作用

污水或污染物排于水体之后，可沉淀固体逐渐沉至水底形成底泥，悬浮胶体和溶解性污染物则因混合、扩散、稀释而逐渐降低在水中的浓度。

（2）化学净化作用

污染物质由于氧化、还原、分解等作用而使河水中的污染物质浓度降低的过程。水体中通过多种化学或物理化学作用能去除水中的污染物。

（3）生物净化作用

由于水中生物活动，尤其是水中微生物对有机物的氧化分解作用而引起的污染物质浓度降低的过程称为生物净化作用。

2．湖库的自净作用

湖泊（水库）一般都处于低洼地方，入湖库河道及沟渠可以携带流进地区的各种工业废水和居民生活污水，周围的农田残留农药和其他污染物质都会进入湖库。加上湖库的水基本处于静止或流动缓慢的状态，流入的污水不易在其中进行混合、稀释和扩散。因此湖库污染具有污染物来源与种类复杂、局部污染严重的特点。

湖库的自净作用和其他水体的自净作用基本相同，也是经过物理、化学和生物净化作用，不同的是湖库的自净作用要弱于河流的自净作用。

16.3　污染的产生与治理原则

16.3.1　污染的产生及作用机制

污染物进入生态系统后，污染物与污染物之间、污染物与环境之间相互作用，被生物分解和吸收后，随食物链流动，进而产生各种复杂的生态效应。由于污染物的种类不同，生态系统中生物个体千差万别，所以生态效应的发生及机理也多种多样。

1．物理机制

伴随着放射性蜕变等许多物理过程，生态系统中某些因子的物理性质发生改变，从而影响生态系统的稳定性。比如，热电厂向水体排放冷却水使水体温度升高。热污染使水体温度升高，并且进一步加快水生生态系统中的各种化学反应速率，导致水中有毒物质的毒性作用加大。水温升高还会降低水生生物的繁殖率，使饱和溶解氧浓度下降。

2．化学机制

主要是指化学污染物质与生态系统中的无机环境各要素之间发生化学作用，导致污染物的存在形式不断发生变化，污染物对生物的毒性及产生的生态效应也随之不断改变。例如当土壤中所含重金属形态不同时，这些化合物本身性质的差异和土壤交互作用的不同，使得它们产生不同的生态效应，如亚砷酸盐的毒性明显高于砷酸盐。

3．生物学机制

指污染物进入生物体以后，对生物体的生长、新陈代谢、生理生化过程所产生的各种影响，如对植物的细胞发育、组织分化以及植物体的吸收机能、光合作用、呼吸作用、反应酶的活性与组成、次生物质代谢等一系列过程的影响。

4．综合机制

污染物进入生态系统产生污染生态效应往往综合了多种物理、化学和生物学的过程，并且经常是多种污染物共同作用，形成复合污染效应。比如，光化学烟雾是由 NO_x 和碳氢化合物造成的复合污染。复合污染生态效应发生的形式与作用机制多种多样，主要包括以下几种性质的相互作用。

① 协同效应：一种或两种以上的污染物的毒性效应和危害因为另一种污染物的存在而增加的现象。比如异丙醇对肝脏的毒害效应，在与四氯化碳同时作用时，对肝脏的毒害效应增强。

② 加和效应：两种或两种以上的污染物共同作用时，产生的毒性为其单独作用时毒性的总和。

③ 拮抗效应：生态系统中的污染物因另一种污染物的存在而对生态系统的毒性效应减小的现象。主要是由它们在有机体内相互之间的化学反应、蛋白质活性基因对不同元素络合能力的差异等原因引起的。

④ 竞争效应：两种或多种污染物同时从外界进入生态系统，一种污染物与另一种污染物发生竞争，而使另一种污染物进入生态系统的数量和概率减少的现象；或者是指外来的污染物和环境中原有的污染物竞争吸附点或结合点的现象。

⑤ 保护效应：生态系统中存在的一种污染物对另一种污染物具有掩盖作用，进而改变这些化学污染物的生物学毒性，减少与生态系统组分相接触的现象。

⑥ 抑制效应：生态系统中的一种污染物对另一种污染物的作用，使某种污染物的生物活性下降，不容易对生态系统生命组分产生危害的现象。

16.3.2 污染治理的原则

1．生态学原则

根据本原则将河流视为一个生态系统，外来污染源（如受纳的污水、上游来水携带等）、内在污染源（底泥中污染物的释放等）是引起水体污染的元凶，污染物进入河流生态系统后，可在物理学作用下稀释扩散；通过化学作用被酸碱中和、氧化还原；在生物学作用下被分解者（细菌等）氧化分解，N、P 被生产者（水生植物、藻类等）吸收，分解者和生产者又可通过食物链被消费者（如浮游动物、水生动物等）摄食，以完成物质的循环迁移和转化。我们所采取的各种治理措施必然与各项生态学原理相吻合。

2．工程学原则

工程学原则是将极其复杂的污染综合治理系统视为一个由相互作用和相互依赖的各

部分结合而成的有机整体，以此来考虑污染的治理。在治理过程中应注意：

（1）系统的整体性原则

污染综合治理工程是一项由诸多工程措施集合而成的系统工程，既要做到减污、截污和污水处理，又涉及生物的投放、布置和恢复，还要运用人工设计提供的治理条件来强化这一过程。因此，各种治理措施必须精密考虑、系统实施。

（2）结构的有序性原则

污染综合治理的每项子工程都是相对独立的，各个子工程间都有一定关联性，因此，在实施治理过程中要有一定的次序，应把截污、控污放在前面，把治理放在后面。在生态恢复过程中，也应把清淤放在前面，把治水放在其后。

（3）功能综合性原则

污染综合治理作为一个完整的系统，其总体功能是衡量系统效应的关键。例如，在藻菌共生的氧化塘处理系统，菌藻之间互惠共生，其对水体的净化功效就不是简单叠加关系，而是要取得“1+1＞2”的净化效果。

3．社会学原则

河流与湖库的治理作为一项人为参与的大型系统工程，必然与政府的领导、环境意识的教育、公众的参与和法律法规的完善产生联系。形成污染治理的行政—经济—科技—管理—法制“五位一体”的管理机制，确保人类生产、生活用水安全，实现水资源的循环利用，为社会、为国家提供更多优质的水生态产品。

参考文献

[1]　陈吉宁. 流域面源污染控制技术：以滇池流域为例[M]. 北京：中国环境科学出版社，2009.

[2]　金相灿. 城市河流污染控制理论与生态修复技术[M]. 北京：科学出版社，2015.

[3]　张玉清，张蕴华，张景霞. 河流功能区水污染物容量总量控制的原理和方法[J]. 环境科学，1998（S1）：23-35.

第 17 章　河流污染控制技术

河流污染是区域人口、经济、社会发展到一定阶段后造成的结果，人类活动和干预会对污染造成正负两方面的影响。河流污染综合治理是借鉴天然水体的自净原理，以人为的手段，控制进入水体的污染物质，以人工的措施强化净化过程，最终恢复到原先洁净的生态系统良性循环的状态。下面将会介绍一些河流污染控制技术。

17.1　点源与面源污染控制与治理措施

点源污染是指有固定排放点的污染源，对于河流而言，城市生活污水和工业废水都是河流的点源污染源。治理河流点源污染的最有效手段是截留污染源，建设污水处理厂，这是削减污废水排放负荷、治理污染河流的关键性措施。本章将重点介绍点源污染治理中存在的主要问题和因地制宜的处理新技术。

17.1.1　点源污染治理中存在的主要问题

由于各地的污染情况、经济水平等相差很大，选择点源污染治理技术时应从当地的技术条件等出发，因地制宜地选择合理实用的工艺。目前，很多地方在点源污染治理方面都或多或少存在一些问题，归纳起来，主要表现在以下几个方面。

① 对城市污水的水质估计不准确，选择的污水处理工艺和处理程度与原水水质不相适应，造成污水处理厂运行困难；

② 已建成的污水处理厂一般不具备脱氮除磷功能，不能达到新的污水排放标准的要求；

③ 工业区域产生的工业废水水质因产业结构、生产工艺等调整而发生很大变化，或因执行新的排放标准，致使原处理厂的出水无法达标；

④ 村镇的排水系统污水收集率很低，污水处理率更低，而这些区域大部分处于河流上游或中游地区，严重影响了河流的水环境质量；

⑤ 污水厂污泥的处理处置问题尚未得到有效解决，易造成二次污染。

17.1.2　点源污染治理技术的选择原则

点源污染的治理技术多种多样，选择处理工艺时必须结合原水水质、处理要求、投资运行及二次污染等问题，结合当地的具体情况，由专业人员进行多次经济技术评价论证之后才能确定。选择确定点源污染治理技术时应遵循的原则有：

① 依据受纳水体的环境容量确定排放标准和处理工艺；

② 准确预计污水水质，根据水质合理选择处理工艺；

③ 根据当时当地的经济实力选择处理工艺；

④ 因地制宜，根据当地的自然条件和收集系统现状确定处理工艺。

在村镇等收集系统不完善的分散地区，点源污染治理技术选择应因地制宜、推行实用治理技术，分期、分批地削减污染负荷，使村镇的点源污染基本得到控制。选择村镇污水处理工艺时应遵循的原则包括：

① 治理技术应能使污水达到减少污染，出水达到法定的治理目标；

② 选用费用低廉、设备简单、管理简便、运行稳定的处理技术；

③ 电耗低，减少使用化学试剂；

④ 设备尽可能少，占地小，利用当地技术和管理水平能正常运行；

⑤ 充分利用当地自然条件，如利用天然荒地、洼地和废墟等进行治理；

⑥ 向生态化治理的方向发展。

17.1.3　因地制宜的点源污染控制技术

下面介绍一些点源污染治理方法，可结合实际情况进行选用。

1. 厌氧水解—高负荷生物滤池和蚯蚓生态滤池组合

厌氧水解—高负荷生物滤池和蚯蚓生态滤池组合无论在工程造价还是运行费用方面都明显优于传统活性污泥法、二段曝气法、厌氧水解—活性污泥法等常用的二级处理工艺。从我国的实际国情考虑，该组合工艺在我国目前经济基础薄弱的中小城镇具有巨大的应用潜力。表 17-1 列举了几种污水处理工艺在某一相同处理规模时的技术经济比较。

表 17-1　污水处理工艺技术经济指标比较

项目	传统活性污泥	SBR 活性污泥法	氧化沟污泥法	AB 活性污泥法	厌氧活性污泥	厌氧水解—高负荷生物滤池
工程建设费用/（元/m^3）	1 192	1 100	1 013	1 012	937	900
工程费用相对比例/%	100	92.3	85	84.9	78.6	75.5

项目	传统活性污泥	SBR 活性污泥法	氧化沟污泥法	AB 活性污泥法	厌氧活性污泥	厌氧水解—高负荷生物滤池
处理电耗/（$kW\cdot h/m^3$）	0.263	0.247	0.290	0.224	0.184	0.126
单位电耗相对比例/%	100	94	110	85	70	48

对组合工艺各构筑物分别介绍如下。

（1）消化池

消化池是在同一构筑物中完成污水沉淀和污泥消化。污泥经过厌氧消化可以用作农肥。该构筑物无机械部件、操作管理方便，特别适合村镇污水的初级处理。

（2）厌氧水解—高负荷生物滤池

该技术以消化池取代传统的初沉池作为预处理工艺。厌氧水解—高负荷生物滤池处理系统集初沉池、曝气池、污泥回流设施以及供氧设施等于一体，保留了传统型生物滤池高负荷、高效率的长处，通过采用具有高孔隙率、高附着面积和高二次布水性能的新型塑料模块填料，取消了滤池出水回流系统，从而大幅提高处理效率，同时降低建设投资和运行能耗。其运行管理简便，且能承受较强的冲击负荷，尤其适用于我国中小城镇的污水处理厂。

厌氧生物处理的反应过程一般经历水解酸化阶段（第一阶段）和产甲烷阶段（第二阶段）。水解酸化阶段由水解酸化细菌将废水中溶解性大分子有机物分解成较高级的脂肪酸、甘油、醇类、二氧化碳、氢等，同时将不溶性有机物分解成可溶性小分子有机物。中试结果表明处理城镇污水时，厌氧水解—高负荷生物滤池处理系统在厌氧酸化池停留时间为 4 h，生物滤池水力负荷为 30 m^3/（$m^2\cdot d$），COD_{Cr} 去除率达 75%～85%，BOD_5 去除率达 85%～95%，SS 去除率达 85%～95%。处理后出水的 COD_{Cr} 浓度达 55～95 mg/L，BOD_5 浓度达 15～30 mg/L，SS 浓度达 4～28 mg/L，上述各项指标均可满足城市污水二级生物处理排放标准的要求。

另外，由于厌氧水解池本身具有一定的污泥分解能力，排泥量较少，厌氧水解—高负荷生物滤池处理系统的污泥产率远低于普通活性污泥法。生物滤池中的生物膜具有一定的厌氧分解功能，因此其剩余污泥的产率也低于活性污泥法。厌氧水解—高负荷生物滤池处理工艺的资源消耗、二次污染物量及其环境影响远小于其他二级生物处理工艺，具有绿色污水处理技术的性能。

（3）蚯蚓生态滤池

作为一种新型清洁环保技术，蚯蚓滤池是生态技术在城镇污水处理工艺中的成功运用。通过生态系统的合理设计和运行，减少剩余污泥等二次污染物。近年来，该工艺已在法国、智利和中国上海成功地进行了中试和生产性规模的应用。

蚯蚓生态滤池的处理功能基于滤池中形成的蚯蚓—微生物生态系统。微生物以污水中的胶体和溶解性有机物为食料来生存繁殖，并在载体或填料颗粒表面形成生物膜。该系统中的蚯蚓则主要以污水中的悬浮物和微生物作为食料。蚯蚓在觅食过程中上下钻动，对填料起疏松作用，使填料层保持较好的通气条件，有利于污染物的降解和避免出现厌氧条件。通过生态系统的食物网关系，污水中含有的有机物被微生物和蚯蚓有效利用，使水质得以净化。该生态滤池产生的剩余污泥量较少。滤床中少量增殖的蚯蚓可作为农牧业的饲料，其产生的蚯蚓粪中含有丰富的有机物和矿物质，又可作为微生物的食料或作为高效农肥和土壤改良剂。

处理结果表明，生态滤池具有优异的 BOD_5 和 SS 去除功能。在水力负荷为 10 $m^3/(m^2·d)$ 条件下，滤池的 COD_{Cr} 去除率可达 83%～88%，BOD_5 的去除率达 90%～95%，SS 去除率达 85%～92%。同时，由于蚯蚓和一些兼性微生物在促进含氮有机物的硝化、反硝化中起了重要作用，除氮效果明显优于普通活性污泥法，氨氮去除率比普通活性污泥法高 2～3 倍，出水浓度为 5～20 mg/L，可以满足国家的排放标准。

可见，厌氧水解—高负荷生物滤池和蚯蚓生态滤池组合在一起，将能够提高组合的处理能力，并进一步提高出水水质。

2．人工湿地处理系统

人工湿地是目前国际上较通用的适宜中小城镇污水处理的新技术，其最大的特点是以太阳能为初始能源，通过在塘中种植特定的水生植物，形成人工生态系统，在太阳能的推动下，通过生态系统中的物质迁移、转化和能量流动，将进入塘中的有机污染物进行降解和转化，实现生活污水处理资源化。但人工湿地占地面积较大，且其处理效果受水量、有机物、氮、磷等负荷的直接影响，如果负荷超过允许的范围，将直接污染地下水和河流等地表水体，破坏周边环境。

3．氧化塘处理技术

为了减小人工湿地的占地面积，可利用氧化塘先去除部分污染物，然后利用人工湿地进行进一步处理。其工艺流程如图 17-1 所示。

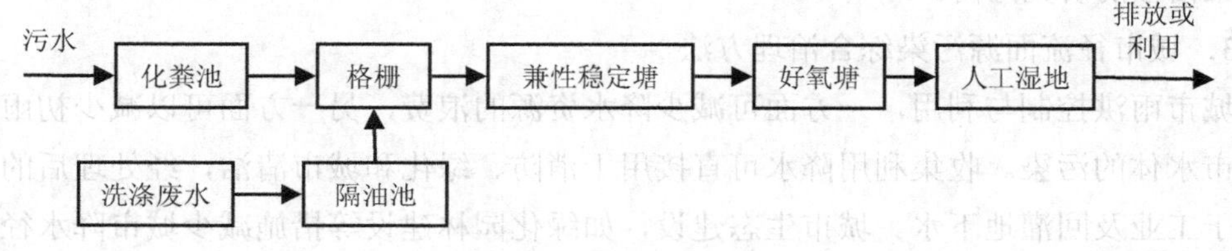

图 17-1　氧化塘—人工湿地工艺流程

氧化塘系统由兼性塘和好氧塘串联组成，兼性塘适宜处理 BOD_5 在 100～300 mg/L 的污水，表面负荷一般为 15～25 kg/（$hm^2 \cdot d$），水力停留时间为 15～20 d。污水经兼性塘处理后，BOD_5 约在 90 mg/L，可满足好氧塘的进水水质要求，经好氧塘内微生物及藻类的作用，出水可接近上海市综合排放标准二级排放要求。

17.1.4 面源污染治理措施

面源污染是随着地表径流（包括农田、农村、集镇和城市地区）将污染物质带入水体，与降水地表径流密切相关，是自然与人类活动综合作用产生的。在前面章节已经对面源污染有了深入的阐述，下面就结合河流的特点谈谈一些面源治理措施。

1. 滨岸缓冲带控制技术

滨岸缓冲带（riparian buffer zone）是插在面源污染和受纳水体之间，主要通过土壤—植被系统和湿地处理系统的方式，削减流入水体的面源污染负荷。其实质是在受纳水体的滨岸地带建立生态隔离带，以减缓和减轻对受纳水体的污染压力。它不仅能有效防止过量施用的化肥流入和渗入水系，还能分解、吸收渗出和流出的有机肥料，分解和阻滞农药、除草剂的污染，防止水土流失和河道堵塞。这种方式的基本原理是通过人工重建的方式，修复被农业过度开发的生态系统，恢复自然生态系统的自我维持和可持续发展能力。

2. 污染物质的生态系统控制技术

农业面源污染物质大部分随降水径流进入水体，在进入水体前，通过建立生态拦截系统，有效阻断流水中的 N、P 等污染物进入水环境，是控制农业面源污染物的重要手段。国内在太湖地区采用生态拦截型沟渠系统，它主要由工程部分和植物部分组成，能减缓流速，促进流水携带颗粒物质的沉淀，有利于构建植物对沟壁、水体和沟底中逸出养分的立体式吸收和拦截，从而实现对农业排出营养盐的控制。对面源污染实行系统控制，实施面源污染的“源头减量—前置阻断—循环利用—生态修复”技术体系，采取系统控制与区域治理相结合的模式，从而达到全类型、全过程、全流域的控制，是我国农业面源污染治理的研究方向。

3. 城市径流面源污染综合治理方法

城市雨洪控制与利用，一方面可减少降水资源的浪费，另一方面可以减少初雨径流对城市水体的污染。收集利用降水可直接用于消防、绿化和城市清洁，经处理后的水还可用于工业及回灌地下水。城市生态建设，如绿化园林建设等措施减少城市降水径流污染，一方面可尽快引排暴雨防止局部泛洪，另一方面还有足够时间存留降水以改善水质。在工程措施上，可以结合生态工程建设，通过管、塘、池配套设施建设，河湖岸边水生植物合理利用等措施，对不同区域采用降水收集、降水净化回用以及减少侵蚀作用等措施减少污染强度，从而达到保护水体的目的。

17.2　河流曝气复氧技术

17.2.1　河流曝气复氧技术概述

1．河流曝气复氧技术简介

溶解氧在河水自净过程中起着非常重要的作用，水体的自净能力与复氧能力直接相关。河水中的溶解氧主要来源于大气复氧和水生植物的光合作用，其中大气复氧是河流水体溶解氧的主要来源之一。大气复氧是指空气中的氧溶于水中的气—液相传质、扩散过程。水体的溶解氧主要消耗在有机物的好氧生化降解、氨氮的硝化、还原性物质的氧化、水生生物和植物生长等过程中。如果总耗氧量大于复氧量，水体的溶解氧将会逐渐下降至消耗殆尽，使河流水体处于无氧状态，有机物的分解就从好氧分解转为厌氧分解，水生态系统遭到严重破坏。因此，河水中溶解氧的含量是反映水体污染状态的一个重要指标。

曝气复氧对消除水体黑臭的良好效果已被实验室试验与河流曝气中试所证实，其原理是进入水体的溶解氧与黑臭物质（如 H_2S、FeS 等还原性物质）之间发生了氧化还原反应。由于黑臭物质的耗氧量是化学需氧量（COD_{Cr}）的一部分，这部分物质的去除亦可降低水体的化学需氧量。至于曝气复氧可以提高水体的溶解氧则是显而易见的。因此，向处于缺氧（或厌氧）状态的水体进行曝气复氧可以补充水体中过量消耗的溶解氧、增强水体的自净能力，改善水质。对于长期处于缺氧（或厌氧）黑臭状态的河流，要使其水生态系统恢复到正常状态一般需要一个长期的过程，水体曝气复氧有助于加快这个过程。

河流曝气复氧具有良好的效果，投资与运行成本相对较低，因而成为一些发达地区（如美国、德国）以及中等发达地区（如韩国、中国香港）在中小型污染河流乃至港湾和湖泊等地表水体污染治理中经常采用的方法。

2．河流曝气复氧技术的适用范围

根据国内外大量的曝气复氧工程实践，河流曝气技术一般应用于以下两种情况：第一种是在污水截流管道和污水处理厂建成之前，为解决河流水体的严重有机污染和黑臭问题而进行人工充氧，是一种过渡性措施，如德国莱茵河支流 Emscher 河的人工充氧。第二种是在已经治理过的河流中设立人工曝气装置作为应对突发性河流污染的应急措施，如英国泰晤士河的移动式充氧平台（曝气船）。突发性河流污染是指连续降水时城市合流制排水系统溢流，或工业企业因发生突发性事故排放废水进入河流造成的污染。此外，夏季水温较高，有机物降解速率和耗氧速率加快，也可能造成水体的缺氧或溶解氧降低。

以上两种情况发生后，进行河流人工复氧是恢复河流生态环境和增强河流自净能力的有效措施。

17.2.2 河流曝气复氧技术原理

河流曝气复氧技术原理主要涉及水体的耗氧过程，水体中污染物质的降解通常需要耗氧，根据耗氧物质性质的区分，水体可呈现下述四阶段的耗氧过程。

第一阶段：还原性物质耗氧阶段。

还原性物质耗氧阶段是严重污染（黑臭）水体特有的耗氧阶段。在此阶段中，溶解氧被水体中的还原性无机物（如 H_2S、FeS 等）以及一些极易被氧化的有机物（如有机物厌氧发酵后产生的甲硫醇、低级有机酸等）所消耗进而以很快的速度下降。阶段反应为氧化—还原反应：

$$S^{2-}+2O_2 \longrightarrow SO_4^{2-} \tag{17-1}$$

$$4Fe^{2+}+O_2 \longrightarrow 4Fe(OH)_3\downarrow+8H^+ \tag{17-2}$$

$$NH_4^++2O_2 \longrightarrow NO_3^-+H_2O+2H^+ \tag{17-3}$$

$$5CH_4+8O_2 \longrightarrow 2\left(CH_2O\right)+3CO_2+8H_2O \tag{17-4}$$

第二阶段：$CBOD_I$ 耗氧阶段。

水中有机物质的分解是分两个阶段进行的。第一阶段为碳氧化阶段，第二阶段为硝化阶段。碳氧化阶段所消耗的氧化量称为碳化生化需氧量（CBOD），硝化阶段所消耗的氧化量称为硝化生化需氧量（NBOD）。

在许多河流中，CBOD 耗氧可分为两阶段，第一阶段为溶解态和胶体态易降解有机物耗氧（$CBOD_I$），第二阶段为固态和难降解有机物耗氧（$CBOD_{II}$）。根据微生物增长与耗氧量之间的关系，$CBOD_I$ 阶段耗氧分别对应微生物加速生长期、减速生长期与静止生长期三个时期。

第三阶段：NBOD 耗氧阶段。

NBOD 耗氧阶段是硝化菌通过有氧呼吸将氨态氮转化为硝酸盐的过程。NBOD 耗氧阶段的起始时间、阶段历时与 COD_{Cr}、NH_3-N 浓度有密切关系。NBOD 耗氧阶段分别对应硝化菌生长抑制期、加速生长期、减速生长期与静止生长期四个时期。

一般认为硝化过程包括两个阶段反应。第一阶段是在亚硝化菌作用下氨氮转化为亚硝酸盐氮，第二阶段是硝化菌将亚硝酸盐氮转化为硝酸盐氮。硝化总反应式为

$$NH_4^++2O_2 \longrightarrow NO_3^-+H_2O+2H^+ \tag{17-5}$$

化学计量上，每完全氧化 1 g 氨氮需耗氧 4.57 g（生化计量系数）。由于存在细胞增殖，一些研究者建议上述反应的生化计量系数为 4.33 g。

第四阶段：$CBOD_{II}$ 耗氧阶段。

$CBOD_{II}$ 耗氧阶段中，可能存在两类有机物质的耗氧：① 固态有机物的生物降解耗氧；② 难降解有机物的生物降解耗氧。

与 $CBOD_{I}$ 耗氧阶段相似，$CBOD_{II}$ 耗氧分别对应微生物加速生长期、减速生长期与静止生长期三个时期。

应当指出的是，图 17-2 中四个耗氧阶段的划分只是为了突出阶段主要耗氧物质，实际上，四个耗氧阶段之间并没有明显的分界线，还原性物质耗氧阶段和 $CBOD_{I}$ 阶段的生长抑制期在时间坐标上可能是重叠的；$CBOD_{I}$ 阶段的静止生长期，甚至减速生长期的一部分可能与 NBOD 阶段的生长抑制期重叠；而 NBOD 阶段的后期则可能与 $CBOD_{II}$ 阶段重叠。

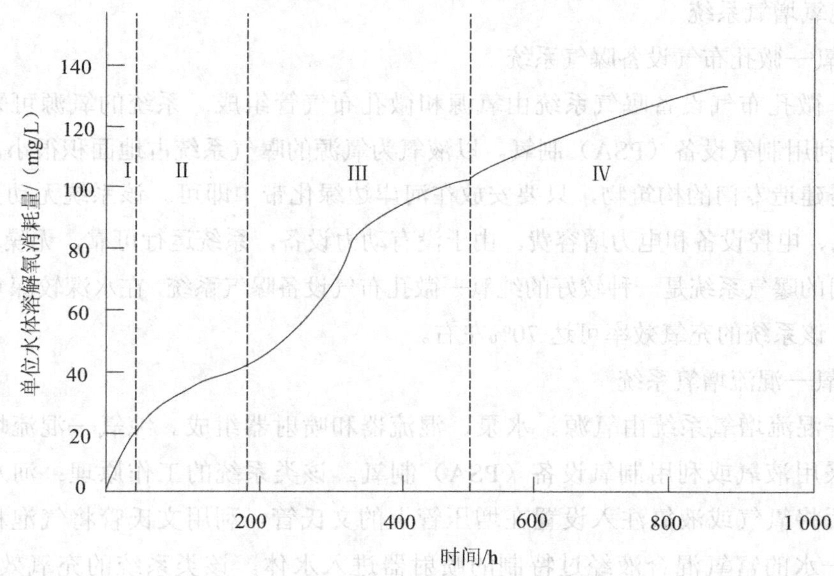

I —还原性物质耗氧阶段；II —$CBOD_{I}$ 耗氧阶段；III—NBOD 耗氧阶段；IV—$CBOD_{II}$ 耗氧阶段

图 17-2 水体耗氧四阶段

17.2.3 河流曝气复氧技术设备选型

1．充氧设备综述

现有的河流充氧设备种类很多。从设备所使用的氧源来看，可分为纯氧曝气系统和空气曝气系统。从设备工作原理来看，常用的河流曝气设备可分为鼓风机—微孔布气管曝气系统、纯氧增氧系统、叶轮吸气推流式曝气器、水下射流曝气器。

（1）鼓风机—微孔布气管曝气系统

由鼓风机和布气管组成的鼓风曝气系统被广泛应用于城市生活污水与工业废水的好

氧生化处理工艺中（如活性污泥法的供氧系统等）。近年来，氧转移效率较高的微孔布气管被广泛应用，使该供氧方法的充氧效率得到较大提高。根据一些国外公司的产品介绍，微孔管的氧转移效率可达25%～35%（水深5 m）。

鼓风机—微孔布气管曝气系统的主要缺点：安置在河底的布气管对航运有一定影响，尤其是在低潮位时影响较大；布气管安装工程量较大，水平定位施工精度要求较高，布气管损坏后维修较困难；潮汐河流水位变化较大，选择鼓风机须满足高水位时的风压，导致在低水位曝气时动力效率较低。同时，鼓风机房占地面积大、运行噪声较大，可能对沿岸居民生活带来影响，因此，鼓风机—微孔布气管曝气系统宜用于郊区不通航河流。

（2）纯氧增氧系统

1）纯氧—微孔布气设备曝气系统

纯氧—微孔布气设备曝气系统由氧源和微孔布气管组成。系统的氧源可采用液氧（LOX）或利用制氧设备（PSA）制氧。以液氧为氧源的曝气系统占地面积很小，可露天放置，不需建造专门的构筑物，只要安放在河岸边绿化带中即可。该系统无动力装置，省去了供电、电控设备和电力增容费。由于没有动力设备，系统运行可靠，无噪声。德国Messer公司的曝气系统是一种较好的纯氧—微孔布气设备曝气系统，在水深较深（＞5 m）的河流中，该系统的充氧效率可达70%左右。

2）纯氧—混流增氧系统

纯氧—混流增氧系统由氧源、水泵、混流器和喷射器组成。纯氧—混流增氧系统的氧源可采用液氧或利用制氧设备（PSA）制氧。该类系统的工作原理：河水经水泵抽吸加压后将氧气或液氧注入设置在增压管上的文氏管，利用文氏管将气泡粉碎和溶解，氧气—水的富氧混合液经过特制的喷射器进入水体。该类系统的充氧效率较高，在3.5 m水深时即可达到70%左右。较典型的纯氧—混流增氧系统有德国Messer公司的Biox增氧系统，英国BOC公司的Vitox增氧系统，美国Praxair公司的Mixflo、ISO增氧系统。

（3）叶轮吸气推流式曝气器

叶轮吸气推流式曝气器是河流、湖泊人工充氧中较广泛使用的充氧设备之一。该类设备一般由电动机、传动轴、进气通道与叶轮等部件组成。根据叶轮吸气推流式曝气器的叶轮形状、位置、数量（单叶或复叶）、进气通道位置，可分为轴向流液下曝气器与复叶推流式曝气器。轴向流液下曝气器的工作原理：通过在水下高速旋转的叶轮在进气通道中形成负压，空气通过进气孔进入水中，叶轮形成的水平流将空气转化为细微、均匀的气泡。这类曝气器有美国的Aire-O_2系列与Tornado系列、日本的Sparotor系列等。复叶推流式曝气器采用了螺旋桨和叶背、叶前两个离心轮三者组成的复叶式结构，通过复叶在泵体内的高速旋转，在叶背、叶前中心区产生较强的负压，从而将空气通过主导气管和辅助导气管吸入，同时在螺旋桨进水的环形面上形成高速螺旋状运动的水，产生局部高压，将气和水充分混合和乳化。气—水乳化液通过导流器以 360° 方向辐射至水体。

叶轮吸气推流式曝气器安装、维修简便，操作灵活；设备安装在河道内，除了电控设备外，基本不占地；另外由于设备漂浮在水面，设备运行受水位影响较小。但叶轮吸气推流式曝气器有以下缺点：叶轮易被堵塞缠绕，影响充氧效率；在水深较浅的河流中使用时易将底泥搅起；运行时可能会在水面上形成一些泡沫，影响环境美观。

（4）水下射流曝气器

水下射流曝气器的工作原理：用潜水泵将水吸入增压后从泵体高速推出，同时利用设置在出水导管上的水射器将空气吸入，气—水混合液经水力混合切割后进入水体。水下射流曝气设备安装较方便，基本不占地，运行噪声较叶轮吸气推流式曝气器小。水下射流曝气器的充氧动力效率一般为 1.0~1.2 kgO_2/（kW·h）。但是如果水泵被堵塞或出现其他故障时，须将设备吊出水面进行维修，与叶轮吸气推流式曝气器相比，维修较麻烦。

2. 充氧设备的选择

搭载充氧设备的移动式水上平台机动灵活，可以对河流、湖泊局部的突发性污染在较短的时间内进行干预，但单位充氧量的建设成本和运行成本较高。移动式水上充氧平台可以具有动力推进装置，也可借助其他船只将平台移往需要充氧的水域进行短时期的定点工作。根据国外的成功经验，对河流突发性污染宜采用具有动力推进装置的充氧平台——曝气船。充氧能力大于 1 t O_2/d 的大中型曝气船一般采用纯氧作为氧源，其纯氧来源可用液氧或 PSA 制氧。

曝气船是一种移动式的水上充氧平台，选择曝气船充氧设备时应同时考虑充氧效率、工程河道情况、曝气船的航运及操作性能等因素。由于曝气船在河流中移动，依靠布气管的充氧技术显然不适用。叶轮吸气推流式曝气器可用于曝气船（如 Pelican 多功能曝气船），兼顾推进与充氧两个功能，但充氧能力有限。考虑到充氧设备与船舶结合的可能性及充氧效率等因素，纯氧—混流增氧系统是较合适的曝气船充氧装置。目前国外曝气船使用的充氧设备类型中纯氧—混流增氧系统占主导地位。

固定式充氧站的优点是单位充氧量的建设成本和运行成本较低，缺点是对排放时间、地点与排放水质均不确定的污染源的反应能力差，适合于具有固定污染源的河流。固定式充氧站宜设置在主要污染源下游附近，其充氧能力以及相互之间的间距应根据模型计算结果确定。固定式充氧站的充氧设备选择应结合工程河流的水文、使用功能等特点确定。

17.3 河流化学絮凝处理技术

17.3.1 化学絮凝处理技术概述

1. 化学絮凝处理技术的发展与应用

（1）化学絮凝处理技术

化学絮凝处理技术是一种通过投加化学药剂（一般为混凝剂）去除水体中污染物，从而改善水质的污水处理技术。随着水体污染的形势日趋严峻，对严重污染的水体，如黑臭水体的治理，化学絮凝处理技术的快速和高效越来越显示出其优越性。

（2）化学絮凝处理技术在污染河水治理中的研究与应用

化学絮凝处理技术多用于城市污水处理。对污染程度较轻的水源地水体的（预）处理，一般较多考虑采用生物法；化学絮凝技术处理则侧重污染程度较重的水体，尤其是黑臭水体。

王曙光等（2001）采用聚合氯化铁（PFC）为絮凝剂，对深圳市的龙岗河、观兰河、燕川河、大茅河水体进行了强化一级处理的试验研究。试验结果表明，在最优 pH 条件下（pH 为 8），当 PFC 投加量为 50 mg/L 时，观兰河（原水 COD_{Cr} 为 48.0 mg/L）的 COD_{Cr} 去除率达 70%及以上，SS 去除率达 91%，TP 的去除率达 95%，TN 的去除率达 41%；大茅河（原水 COD_{Cr} 为 84.0 mg/L）的 COD_{Cr} 去除率达 50%及以上，SS 去除率达 78%，TP 的去除率达 96.5%，TN 的去除率达 41.6%。对重金属也有一定的去除效果。处理后水质接近或达到地面水水质标准。

（3）化学絮凝处理技术在污染河水治理中的应用分类

化学絮凝技术应用于污染水体的方式有两种：第一种是直接将药剂投加到水体中改善水质；第二种是将河水用泵提升至建于岸边的永久（或临时）构筑物中，投加药剂使之发生絮凝沉淀，出水回流至河道，从而达到净化水体的目的。前者直接将药剂投加到水体中，发挥作用比较快，但是有一定的局限性，因此一般作为临时措施使用。例如，将铝盐絮凝剂投加到污染水体中，生成的大量氢氧化铝与水体中的悬浮物、胶体以及磷等物质发生絮凝、吸附反应，最终通过沉淀去除。过量的氢氧化铝覆盖在底泥表面，可以随时吸附任何从底泥中释放的磷，从而阻止磷释放入水体中（钝化）。通过这种途径，内源性的磷可以在较长的时期内（如几年）得到抑制，从而抑制河流（或湖泊）的富营养化。这种应用方式的优点是简便易行、见效快、费用低。但其最大的缺点是容易受水体环境变化（如 pH 改变）的影响。另外，在选择絮凝剂时应考虑其对水体中的生物有无毒害。第二种应用方式实质上就是污染河水的化学强化一级处理。它需要在岸边的适当位置建造一套永久性或临时性的用于污染河水化学絮凝处理的构筑物。根据水体的水文情况，还需确定是否需要建造辅助构筑物，如闸或坝。因此，需要的工程投资较大，还需要配备一定数量的运行管理人员。由于该装置是按常规的污水处理站运行的，其处理效果较第一种方式要高而且稳定，可以定量考核。

在污染河水治理的工程实践中具体采用哪种方式，应该根据河道水文条件、污染特征、周边污染源状况，结合水体排放标准及资金情况选用。本章重点介绍化学絮凝处理技术的第二种应用方式。

2．水中杂质的形态和性质

天然水源、受污染水源或工业废水中均含有各种各样的杂质，包括无机物、有机物以及活的生物体等。从混凝角度而言，往往把这些物质按尺寸大小分成悬浮物、胶体和溶解物三类：粒径小于 1 nm 的为溶解物，粒径在 1～100 nm 的为胶体，粒径大于 1 μm 的为悬浮物。这种划分的界限并不是绝对分明的，例如，粒径在 100 nm 至 1 μm 的物质，其物理化学性质介于胶体和悬浮物之间，某些细小的悬浮物也具有一些胶体特性。混凝的对象主要是胶体以及接近胶体的细小悬浮物。粗大的悬浮物无须经过混凝处理即可通过自然沉淀从水中分离出去。另外，除了少数砷、氟、汞及磷等以外，溶解物一般不能用混凝法去除。

17.3.2　混凝基本原理和影响因素

1．混凝的基本原理

混凝是指通过某种方法（如投加化学药剂）使水中胶体粒子和微小悬浮物聚集的过程，是水和废水处理工艺中的一种单元操作。凝聚和絮凝总称为混凝。凝聚主要是指胶体脱稳并生成微小聚集体的过程，絮凝主要是指脱稳的胶体或微小悬浮物聚结成大的絮凝体的过程。

2．混凝效果的影响因素

影响混凝效果的因素比较复杂，其中包括混凝剂种类及投加量、水质、水力条件、水温等因素。

17.3.3　河流化学混凝处理的工程设计

1．工程设计前期工作

设计前期的准备工作，实际是调查研究。前期工作准备充分与否直接影响设计的进度和质量。前期工作主要有河流基本情况调查和水质水量的确定。

（1）河流基本情况调查

对任何一个水体污染的治理工程，都需要对工程所在地进行科学调查，主要目的是确定水体污染程度，包括污染区大小、位置、污染特征、形成历史、污染变化趋势和程度等。调查内容有污染源范围和类型、水体污染特征、水文特征和岸边实际情况等。

（2）水质水量的确定

污染河流的水质水量是设计的主要依据，是影响工程技术经济效果的重要因素。一般而言，水质通过测量即可确定，但工程的水量需要视河流水量的大小、水质改善的目标和时间要求而确定。例如，对于小流量河流（包括自然形成的小河道、人工开挖的小区或公园内的景观河道等）的治理工程，其水量一般可直接通过河水的流量确定；而对于流量较大的河流，可将工程水量确定为一个较小的规模，然后通过水体的循环流动，逐步实现水体的改善。

2．处理工艺的设计

污染河水的化学絮凝处理工程一般位于河道一侧附近的岸上，工程需要占用一定的土地面积。河水经取水口由泵提升，依次经过沉砂池、混合—絮凝反应池、沉淀池等构筑物进行处理，出水就近排放入河道。该工艺的主体构筑物是混合—反应池，因此混合—反应池的正确设计对工艺目标的最终实现至关重要。此外，絮凝剂的选择也是实现工艺目标的一个重要因素。

（1）混合—反应池的设计

混合—反应池由混合池和反应池组成。混合池在设计时要求能将投加的混凝剂迅速、均匀地与水混合，使其发生水解和缩聚反应。由于混凝剂水解、缩聚反应及微絮体形成速度很快，因此混合的时间不必过长，以免形成的微絮体因长时间的搅拌而破坏。混合的方式为机械混合，一般采用桨板式机械搅拌机进行混合。根据研究结果，混合池的反应时间宜在 1 min 左右，一般不超过 2 min，其 Gt 值应为 20 000～100 000。除了采用混合池进行混凝剂的快速混合外，混凝剂的混合方式还可以采用管道混合或水泵混合，在这种情况下不设混合池，推荐管道混合器混合和机械搅拌两种。

反应池在设计时要求能使水流具有适宜的紊动性，以便微絮体进一步碰撞聚集，形成尺寸较大的絮体。根据研究结果，混合池的反应时间宜在 10～20 min，其 Gt 值应为 10 000～25 000。混凝剂的絮凝反应可以采用机械搅拌、水力搅拌或空气搅拌，推荐机械搅拌和水力搅拌两种。在此工艺中不宜采用空气搅拌是因为如果操作不当，这种搅拌方式更容易使混凝反应形成的絮体黏上气泡，从而影响絮体的沉降性能。

（2）混凝剂的选择

不同地区河道的污染程度不同，而同一地区的河道，由于周边污染源的不同，其水质也会有一定的差异。而水质对混凝剂的混凝效果有很大影响，因此，在采用化学絮凝技术处理污染河水时，应根据水质的不同选用适当的混凝剂。最佳混凝剂可以根据经验和已有的工程实践，或者通过实验室试验确定。

（3）常规的工艺流程

污染河水化学絮凝处理工程一般采用的工艺流程如图 17-3 所示。

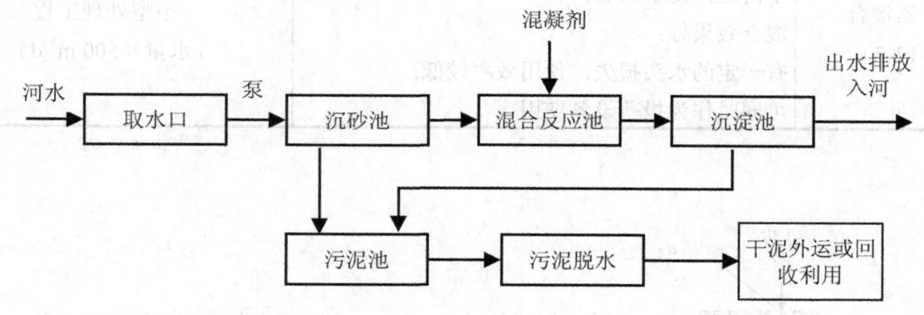

图 17-3 化学絮凝处理工艺流程

3．装置与设备

污染河水化学絮凝处理中可以选用的混合设备和装置有许多种，按照混合方式可分为管式混合、混合池混合、水泵混合、机械混合几大类。在污染河水处理工程中，较常用的混合装置见表 17-2。

表 17-2 污染河水处理中可以选用的混合装置

名称	优缺点	适用条件
固定混合器（又称静态混合器）（图 17-4）	制作简单，有定形产品； 不占地，易于安装； 混合效果好； 水头损失较大	中小型处理工程 （水量＜1 000 m^3/d）
涡流混合池（槽） （图 17-5）	混合效果较好； 小水量时可以同时完成混合与反应两个过程，水量较大时单独作为混合装置使用； 易于设备化； 水头损失较小	大中型处理工程 （水量 2 000～3 000 m^3/d）； 作为混合与反应装置使用时，适用水量＜1 500 m^3/d
机械搅拌混合池 （槽） （图 17-6）	混合效果好； 可以设备化，也可以用混凝土浇筑； 水头损失小； 有一定的动力消耗，需定期维修保养	适用于各种规模
穿孔板混合	宜与混凝沉淀池结合设计； 混凝效果一般； 有一定的水头损失； 常与其他混合装置（如固定混合器）配合使用	大中型处理工程 （水量 1 000～30 000 m^3/d）
折板式混合	宜与混凝沉淀池结合设计； 混合效果一般； 有一定的水头损失； 常与其他混合装置（如固定混合器）配合使用	大中型处理工程 （水量 1 000～30 000 m^3/d）

名称	优缺点	适用条件
水射器混合（图 17-7）	制作简单，有定形产品； 不占地，易于安装； 混合效果好； 有一定的水头损失，使用效率较低； 可同时作为投药设备使用	小型处理工程（水量＜500 m³/d）

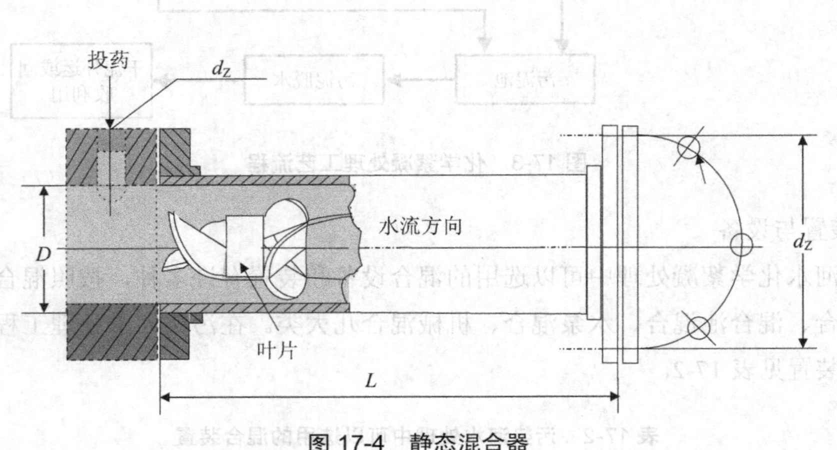

图 17-4 静态混合器

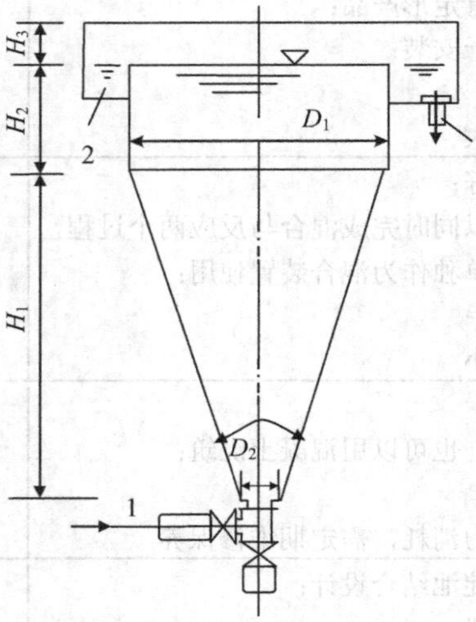

1—进水管；2—进水渠；3—出水管

图 17-5 涡流混合池

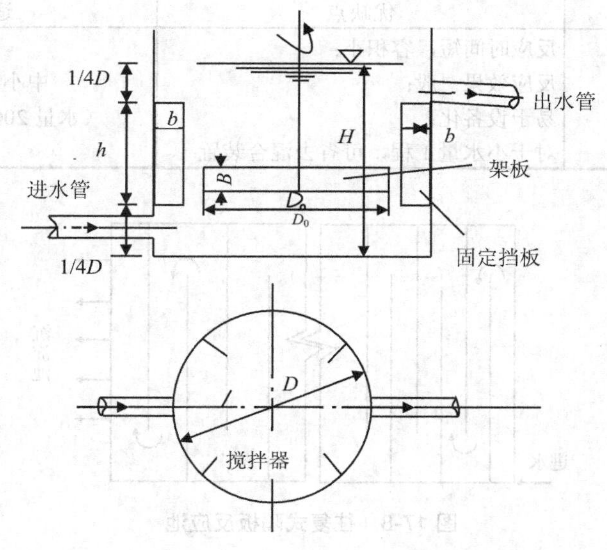

图 17-6　机械搅拌混合池

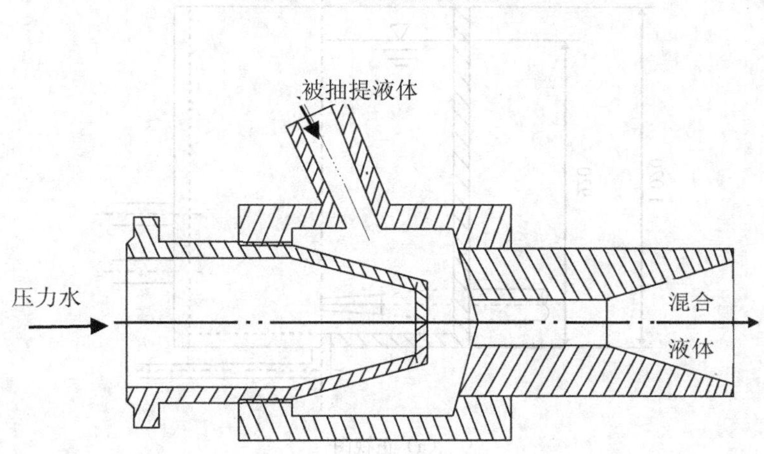

图 17-7　水射器

污染河水处理中可以选用的反应设备形式如表 17-3 所示。

表 17-3　污染河水处理中可以选用的反应设备形式

名称	优缺点	适用条件
往复式隔板反应池（图 17-8）	反应效果好； 管理维护简单； 常采用钢筋混凝土建造	水量变化不大的各种规模
旋流式反应池（图 17-9）	反应效果一般； 水头损失较小； 制作简单，易于管理	中小型处理工程（水量 200～3 000 m^3/d）

名称	优缺点	适用条件
涡流式反应池（槽）	反应时间短，容积小； 反应效果一般； 易于设备化； 对于小水量工程，可省去混合装置	中小型处理工程 （水量 200～3 000 m^3/d）

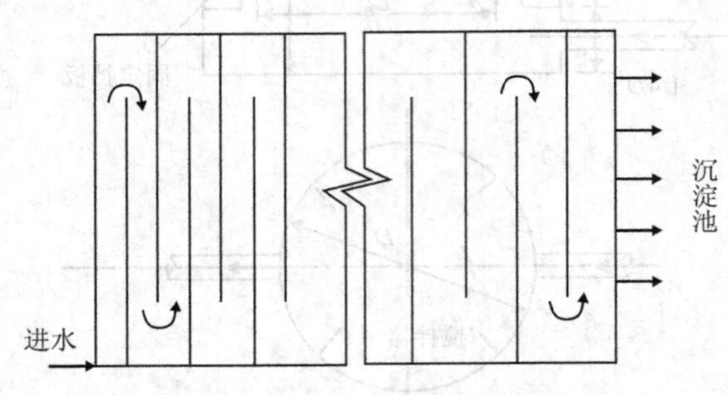

图 17-8 往复式隔板反应池

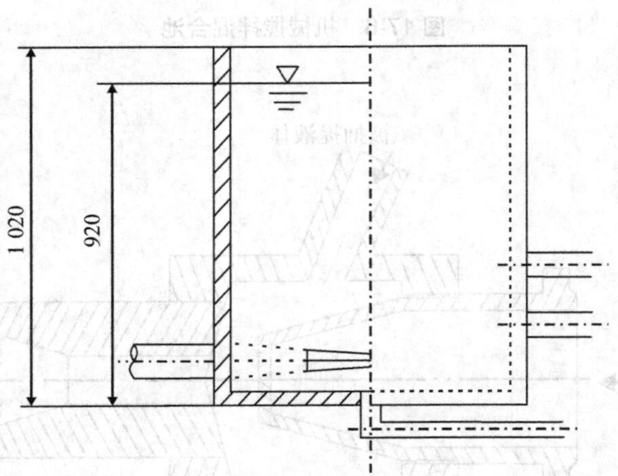

（a）正视图

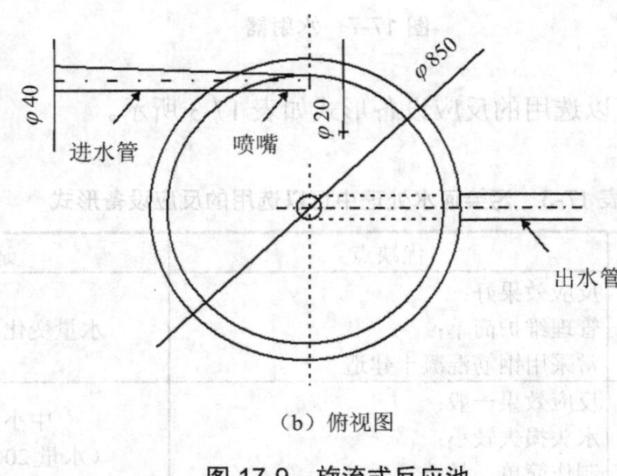

（b）俯视图

图 17-9 旋流式反应池

17.4 河流的生态恢复

17.4.1 河流生态恢复的原则与程序

1. 河流生态恢复的内容

生态恢复（ecological restoration）是指通过人为的调控，使受损害的生态系统恢复到受干扰前的自然状况，恢复其合理的内部结构、高效的系统功能和协调的内在关系。

河流生态系统本身具有较强的自净和恢复能力，另外通过消除人为的干扰压力，采用积极有序的调控方式和措施，在大多数情况下，受损害的河流生态系统可以得到恢复和重建。一般而言，河流生态恢复包括以下三个方面的内容。

（1）恢复河流环境

河流生态恢复要求重建或恢复已经退化的河流环境状况。河流从上游到下游，从河床到河岸，依赖地质地貌、水文气象等自然环境条件的变化，是河流生态系统发展的基础。

人工的干扰，如河流水质的恶化、河流两岸土地开垦造成的水土流失、河道整修造成的河道沟渠化、湿地开沟排干造成湿地消失、河流岸线调整等，都改变了河流生态系统的基础条件，带来生物栖息地退化、河流流态变化、河道淤积等问题。在生态修复设计中，恢复河流的形态、结构和自然特征是恢复计划成功的重点之一。

（2）恢复生态系统的结构和功能

河流生态系统的结构包括群落组成、营养结构、空间结构和季节结构，在恢复计划中应该综合考虑。通过结构恢复，生态系统可以恢复许多基本功能，如物种迁移、生物生产、能量流动和营养物循环，对外界影响的抵抗和适应能力也逐步增强，生态系统可以自我调节和持续发展。

结构的恢复不能完全替代功能的恢复，例如，河流滨岸带的结构恢复，可以维护河岸的稳定，减少陆源污染物的进入。但是，生物多样性功能恢复的前提是新恢复的滨岸带植物种类能长期适应当地环境、能为本地生物种群提供必要的栖息地。河流生态系统的恢复应该以最大的社会、经济和生态效益为目标，以恢复生态系统的功能为关键。其中，功能的恢复是生态恢复的主要目标。

（3）维护和改善流域范围的景观

河流生态恢复计划不仅针对河流本身，而应该考虑流域的影响和变化。局部的生态恢复无法改变流域的生态系统退化，所以河流生态恢复不能仅针对河流水体退化最严重或最敏感的部分，而应建立全流域的恢复计划。全流域的恢复活动可能会暂时对部分区域的恢复造成某些不利影响，但总体上更加有利。例如，新疆黑河、塔里木河干流下游的荒漠化，主要是由上游人类活动对自然水文系统的干扰造成的。流域性的水利调整有利于整个地区的生态恢复和可持续发展，但可能会降低部分区域的生态适宜程度。对流域的相关因素及其发展趋势的分析，是河流生态恢复计划制订的重要依据。

2．河流生态恢复的原则

对河流生态恢复的分析，必须明确河流的生态恢复要求基于遵循自然规律，主要应遵循以下原则。

（1）河流生态系统的完整性

对河流生态恢复的研究，首要原则是其完整性。河流生态系统的完整性是保证河流能够正常运行的首要前提，只有保证其完整性，才能获得连通性、稳定性等前提原则。河流生态系统的完整性主要包括三个方面：河流流域的完整性、河流横断面的完整性以及河流系统的整体性。

（2）河流生态系统的稳定性

河流生态系统的稳定性主要包括河流景观构成的稳定、河流生态系统结构与功能的稳定及河流流量的稳定。河流景观构成的稳定是多利用绿色植物，配合适当的硬质材料，达到河流、河岸及河岸边农田的和谐共生。河流流量的稳定，指的是河流流量在其本身可以容纳的一个流量值，旱季时，河水不能太少，涝季时，河水不能太多而影响河岸。

（3）河流生态恢复的连通性

在系统、整体和可持续发展的前提下，以河流整体生态系统的功能和结构为基础，从生态整体性及水土资源开发为出发点，结合城市规划、景观设计和水利工程，为人民创造一个安全、舒适的环境。

（4）河流功能的多样性与主导支配性

河流具有重要的生态功能，宜人的风景格局，多种多样的景观结构，变化多端的水体，使得其功能根据具体环境具有多样化的特点。这也就造成了不同环境下的河流，其主导支配性存在差异。因此，在进行具体河流的规划设计时，针对特定的地段及其特殊过程，制定独特的恢复生态途径。河流的主导支配性，指向了河流规划设计的方向和目标。

3．河流生态恢复的一般程序

（1）明确河流的基本状况

河流生态恢复需要了解河流现状、退化前的生态环境及变化的趋势，这些特征都受制于流域的综合影响，流域的状况常常限制了生态恢复的潜在能力。了解河流及流域的基本状况是制订生态恢复计划的第一步。

（2）诊断河流生态系统退化的原因

通过对河流、流域现状的分析，全面诊断河流退化的关键因素，是制定河流生态恢复措施的关键。河流退化的诊断包括分析生态系统的物质循环与能量流动，诊断与辨识退化的主导因子、过程、类型、阶段与强度。如果生态系统的退化仍在继续，必须首先找出退化原因，并采取必要的控制和补救手段。

（3）确定恢复目标和评价标准

河流生态恢复的目标对工程实施有直接的指导作用。在确定目标时，应对各种选择方案作出评价，从中选定最适宜的目标。生态恢复的目标不仅要具备生态上的可行性，还要得到有效的支持和公众的理解。

通过选择参照区，可以将河流生态恢复的目标具体化。参照区是指结构、功能与规划的恢复区退化之前情况相类似的那些区域。根据参照区的生态特点，建立生态恢复的指标体系和评估标准。指标体系应易于度量，并随恢复的阶段、恢复的地域条件差异而变化，可以有效评价恢复的效果，并随时校正恢复中的偏离和错误，引导恢复工作向既定目标发展。

（4）制订生态恢复计划

生态恢复计划包括恢复区域的状况、恢复目标及其依据、阶段目标及技术手段、目标达到的保障措施等。河流的生态恢复是复杂的系统工程，要应用许多的工程技术，包括水利工程、生态工程等，需要根据情况制订详细的恢复计划。恢复计划必须包括恢复后的维护计划，保障恢复工程的可持续作用。

（5）生态恢复过程的监控和调整

每条河流的环境状况、流域环境甚至生态恢复采用的技术都具有特殊性，并不断发生变化。因此，应根据情况对生态恢复计划的实施情况、根据恢复目标的指标体系，对河流恢复的效果进行监控，并及时调整恢复工程。

（6）生态恢复成果的维护

对于已经恢复的河流生态系统，需要提供必要的维护，包括提供人工水源、植物生长管理，或者对因高潮位受损的河道的常年维修。长期维护河流生态系统的关键是将经常性维护减小到最低限度，充分利用生态系统自身的稳定性和协调能力，减少对人力和财力的依赖。

17.4.2　河流生态群落的恢复

水体污染得到控制、水质得到改善以后，河流生物群落的恢复相对比较容易，可以自然恢复或进行简单的人工辅助，必要时采用人工重建，如放养微生物、构建人工湿地和水生植被等措施。

1．微生物修复

河流中污染物的降解主要依靠微生物的降解作用，当河流污染严重而又缺乏有效微生物作用时，可通过投加微生物以促进有机物降解。适合于河流净化的微生物主要有硝化细菌、有机污染物高效降解菌和光合细菌。用于河流修复的微生物应符合以下条件：不含病原菌等有害微生物，不对其他生物产生危害，能适应河流的环境特点。

2．水生植被修复

各类漂浮植物、浮叶植物、挺水植物和沉水植物等水生植被的恢复和重建可有效消耗水体营养盐类，避免单一优势种的过度滋生。水生植物在其生长期间可有效吸收并富集河水底质中的营养盐，起着营养泵或营养库的作用，合理构建并维持水生植物生物量，可转移出氮、磷等营养盐，保持水体净化能力。

人工辅助水生植被的作用包括：

① 适当降低水位，使更多光照可以到达河底；

② 改善水质，提高河水透明度，防止食草动物和鱼类的过度破坏；

③ 改善底质条件，保持河底表层有足够的植物所需营养物质。

17.4.3 河流滨岸带的生态恢复

17.4.3.1 河流滨岸带

1．滨岸带的结构

河流的滨岸带，是指河流高低水位之间的河床及高水位之上直至河水影响完全消失为止的地带。滨岸带包括非永久被水淹没的河床及其周围新生的或残余的洪泛平原，具有纵向（上游—下游）、横向（河床—泛滥平原）、垂直方向（河川径流—地下水）和时间变化（如河岸形态变化及河岸生物群落演替）四个方向的变化。滨岸带蕴藏着丰富的野生动植物资源、地表和地下水资源、气候资源，还具有休闲、娱乐和观光旅游作用，也是良好的农、林、牧、渔业生产基地。

2．滨岸带的生态特点

（1）滨岸带环境条件多变

滨岸带是陆地生态系统和水域生态系统之间一个重要的生态交错带，具有明显的边缘效应。营养物质和有毒物质在环境梯度、地形和水文学过程的作用下穿过滨岸带，从流域进入河流水体。因此，滨岸带是河流的保护屏障，也是河流的重要组成部分。此外，河流滨岸带的植被和土壤特性明显，周边环境多变，人类干扰频繁。

（2）滨岸带结构复杂

滨岸带是陆地生态系统和水生态系统的交错区，环境条件独特、生态过程复杂、植被梯度明显，并常常经受各种干扰，边界不易确定。

在河流生态系统中，河岸植被的组成和结构具有一定的规律，一般中等大小河流的河岸植被多样性最高。

（3）滨岸带的功能完善

生态系统层次功能全面。由于滨岸带经常遭受干扰，水分充沛，光照充足，微小地形复杂，生物多样性丰富。河溪生态系统的养分和能量，除来自河水中粗大木质物以外，其主要来源是河岸植被。河岸植被及相邻森林每年都向河水中输入大量的枯枝、落叶、果实和溶解的养分等漂移的有机物质，成为河溪中异养生物（如菌类）食物和能量的主要来源，直接控制河溪生态系统的生产力。

17.4.3.2　滨岸带生态恢复工程设计

滨岸带恢复与重建过程是人为或自然因素破坏过程的逆向演替，人工重建只是加速这一逆向演替过程，而要实现这一重建过程，首先必须认识滨岸带退化生态过程及其影响因素。

1．河流滨岸带生态恢复的规律

河流滨岸带的生态恢复遵循以下四条规律：

① 系统越大，维持的生物多样性越高；

② 重建河段的滨岸带与毗邻生态系统的联系越密切，越有利于生物多样性的建设；

③ 重建的滨岸带生态系统类型与毗邻的生态系统相似或相同，有利于生态恢复；

④ 残余的、零星的滨岸带生态系统恢复能力弱，对自然和人为活动的影响较为敏感。

2．河流滨岸带生态恢复的主要内容

根据不同的社会、经济、文化与生活需要，人们往往会对不同地理位置、不同类型、不同功能的滨岸带指定不同水平的生态恢复目标。滨岸带的生态恢复应该完成以下基本的恢复内容：

① 建立过渡带结构；

② 实现地表基底的稳定性；

③ 恢复滨岸带的生态环境及栖息于其间的动物群落；

④ 保持滨岸带尽可能高的多样性；

⑤ 减少或控制环境污染；

⑥ 增加视觉和美学享受。

3．滨岸带生态恢复的设计

滨岸带生态恢复设计的主要内容包括物理基底设计、生物种群选择、生物群落结构设计、节律匹配设计和景观结构设计。其中，滨岸带生态恢复中河岸植被的设计是最重要的工作。

（1）物理基底设计

滨岸带的物理基底（地质、地形、地貌）状态，可以为生态恢复提供最基本的条件。这种改造包括基底稳定性设计和地形、地貌的改造。滨岸带的物理基底改造必须满足水利防洪等多方面的要求。

（2）生物种群选择

选择适宜的生物种群是建立高效、和谐的生态系统的关键，恢复的植物种群应满足以下条件：

① 根系发达，根蘖萌芽力强，生长快，覆盖或郁闭性好，能在短期内起到水土保持的作用。

② 抗逆性强，适生性广，适合本地的乡土气候或有较强的地理环境适应性，耐旱、耐湿、耐寒、耐热、耐贫瘠。成活率高，有较强的抗逆病虫害能力。

③ 自我繁殖和更新能力强，或繁殖容易，管理简便。

④ 具有截留固氮、固土保水和吸湿改土功能。

⑤ 有一定的利用价值和经济效益，易于大众接受。

⑥ 尽量选择本地种。

（3）生物群落结构设计

生物群落的结构是生态恢复的关键因素之一。生物群落结构设计的主要内容有各种群落组成的比例和数量、种群的平面布局、生物群落的垂直结构等。生物群落结构设计的基本原理：生物的互利共生原理、生态位原理、生物群落的环境功能原理等。

群落结构中，乔、灌、草的合理配置及设计是核心技术，必须考虑以下几点。

1）合理的密度

要依树种、草种不同确定合理的种植密度，喜光、速生、干直的乔木树种宜稀植，如杉、柏等。喜阴湿、生长缓慢、干形不直的树种宜密植，如马尾松、栎等。一般种植林木，株距 1～2 m，行距 2～4 m。

2）多层次配置

依据地形、岩土组成、土壤水分状况及侵蚀强度等情况进行合理配置。主要依靠优势生活型植物种类，按不同生活型的乔、灌、草植物，建立起植被与生态环境水分条件之间的群落生态关系。

3）树种的多样性和混合配置

选择适宜的混交树种和混交模式很关键，有阴性和阳性树种混交，针、阔叶树种混交和乔、灌木树种混交等不同类型。混交方式有株间混交、行间混交、带状混交等。草本植物多在边缘地带配置。

（4）节律匹配设计

在滨岸带生态恢复的种群选择和群落结构设计的过程中，可以充分利用生态位，合理和充分利用环境资源，实现不同生物机能节律与环境节律的合理配合。

（5）景观结构设计

河流生态恢复设计中必须考虑景观结构要素，通过对原有景观要素的优化组合，新的景观成分的引入，调整或构造新的景观格局，创造出优于原有景观的生态环境效益和社会经济效益，形成新的高效、和谐的人工—自然景观。

17.5 河流的综合调水

水环境保护已经成为全社会关注的热点。污染治理的根本措施是污染源的治理，但是很难清除河流全部的污染源，综合调水是河流污染治理的重要辅助措施。通过综合调水，对河网水流进行科学调度，尽量提高水体流动能力，是改善河流水质的一项有效的工程措施。这是新时期治水的新思路。

河网水流调度不同于水资源调度，前者主要解决平原河网地区的水质污染和汛期排涝问题，后者主要解决水资源再分配问题。利用已有水利设施，合理调活河网水体，可对改善水环境质量、提高水体自净能力发挥较大作用。

1．河网水流调度的基本条件

在不受潮汐影响且无人为干扰的平原河网地区，水流的流向一般是固定的，从支流流向干流。受潮汐影响的地区，水流通常往复流动，涨潮和落潮时的流向正好相反，在这些河流中，如果有污染物纳入，常会形成一定规模的污水团，影响河流水质。

对平原河网地区实施水流调度主要是改变或控制水流的流向和流量（潮汐河流控制净泄量），达到“以动治静，以清释污，以丰补枯，改善水质”的目的。实现区域河网水流调度，必须具备三个先决条件：一是比较完善的泵闸系统，通过泵闸的开启与关闭，完成水流的调度；二是比较丰富的水量资源，满足水流内、外循环的要求；三是河流上游、下游能人工控制到一定的水位差。对于潮汐河流，可通过河口闸门启闭形成闸内外的水位差，有利于水流调度，且运行成本较低。当然，通过河口泵站的引排水也可实现水流调度的目的，但运行成本较高。

目前，多数流域河网均有完善的水利基础设施，有大量的泵闸系统，这为河网水流调度提供了有利条件。在沿江地区可以引江水改善水环境。在缺乏引水水源的地区，可以尽量利用泄洪弃水、灌溉排水以及河网蓄水来改善河网水质。

2．河网水流调度的原则

河网水流调度主要是利用完善的泵闸系统和丰富的水量资源，在保证满足防汛、抗旱、航运等水利功能的前提下，改善平原河网地区的水体污染和汛期排涝等问题。在实施河网水流调度时，必须坚持以下几条原则。

（1）保护和改善饮用水水源地水质优先原则

在制订和实施河网水流调度方案时，应体现保护和改善饮用水水源地水质优先原则，应做到：① 优先制订并实施保护和改善饮用水水源地水质的河网水流调度方案；② 污染水体不得向饮用水水源地流动，以免影响水源地水质；③ 在制订区、县级水源地水质改善调水方案时，不得影响集中式饮用水水源地的水质。

（2）防止污染源扩散原则

利用河网水流调度可防止水体因人为干扰出现水流不畅或静止状态而导致的水体污染加重，水体使用功能下降等问题。在对河网实施水流调度时，应做到：① 调水水源水质优于流动调活水体的水质，同一条河流水流必须从相对清洁河段向相对污染河段流动；② 受纳水体的水质不能出现明显恶化而影响水体使用功能。

（3）充分利用现有水利设施原则

完善的水利设施对调活水体、改善水质能起到事半功倍的作用。在利用水利设施调活水体过程中，应做到：① 为改善水环境质量，充分发挥现有水利设施的作用，科学合理地调活水体；② 正常情况下不需要调控的闸门，应保持敞开，使水流处于自然流动状态。

（4）防汛与水环境保护并重原则

水利设施的建设和运行必须同时发挥防汛、水环境保护、航运、抗旱等功能，不能顾此失彼。在实施河网水流调度时，要正确处理好水体的各种功能，应做到：① 在制订和实施河网水流调度方案时，避免水质改善与防汛、抗旱、航运之间的矛盾，合理控制调水水位；② 在防汛特殊时期，闸门调度应优先服从防汛要求；③ 在正常情况下，闸门调度应优先考虑水环境保护和水质改善。

3. 流向和流量的控制

控制流向和流量是实施河网水流调度，改善调水水体水质的关键。

为改善河网地区一定区域范围内河流的水质而实施的综合调度，流向要依照下列原则进行控制。

① 有外来清水水源保证的前提下，流向的控制要最大限度地增加调水流经的河道，提高区域内河道的清污比和水流流速，改善河网的水动力条件。

② 没有外来清水水源时，要因地制宜，通过河网内部泵闸的开启与关闭控制水流流向，控制污染物进入主要河道，并保证河道内污染物及时排出。

③ 静态河网、动态水体、科学调度。科学、合理地调度泵闸系统，充分利用水资源，尽量使水体流动起来。

上海苏州河综合调水工程是较典型的实例。该工程通过控制吴淞路桥闸的启闭（涨闭落启），将苏州河由潮汐往复流变成单向流，同时控制苏州河上下游支流水闸的启闭，增加上游清洁水来水量，减少严重污染支流的入流量，从而达到改善下游水质的目的，在苏州河综合调水工程中主要依靠调控吴淞路桥闸及沿线支流闸门启闭进行调水，其运行成本相对较低。

如表 17-4 所示，除 DO 以外的主要水质指标均有较大幅度的改善。

表 17-4 调水前后苏州河北新泾与浙江路桥断面水质比较

水质指标	北新泾断面			浙江路桥断面		
	1998 年第二季度平均值	第一阶段调水平衡期	第二阶段调水平衡期	1998 年第二季度平均值	第一阶段调水平衡期	第二阶段调水平衡期
COD_{Cr}	51.5	25.7	32.8	84.8	33	34.7
BOD_5	11.2	7.7	8.6	18.4	9.6	9.1
NH_3-N	14.13	8.1	4.15	7.53	9.41	4.45
DO	0.48	0.77	0.34	0.85	0.50	0.37

17.6 河流底泥疏浚与处置

河流中沉积物与悬浮物是众多污染物在环境中迁移转化的载体、归宿和蓄积库。沉积物又称底泥，城市河流的底泥由于历年排放的污染物大量聚集，已成为内污染源。在污染源控制达到一定程度后，底泥的污染将会突出表现出来，成为与水质变化密切相关的问题。即使是发达国家在水质改善方面相当成功，对河流底泥的污染控制也不容乐观。

17.6.1 基本理论概述

1．底泥的组成

尽管各种不同水体的底泥在组成上会因地理环境条件变化、沉积物的来源不同而存在差异，但是从总体上分析，根据底泥的形成类型和组分的化学及矿物特征，底泥主要由四大部分组成，即火成岩和变质岩的风化残留物、低温和水成矿物、有机成分和流动相。河流中各类污染物在底泥中有着复杂的赋存形态、分布及迁移转化过程，这一现象的根本原因在于底泥中包含大量的自然胶体，如黏土矿物、有机质、活性金属水合氧化物和二氧化硅等。

（1）火成岩和变质岩的风化残留物

在风化过程中，不同矿物受物理、化学和生物作用的影响程度不同，一些矿物在较短的时间内就被彻底地破坏了，而另一些矿物受到的影响很小。比如，高温矿物在风化条件下一般相对稳定，这类物质进入水体后沉积于水底，成为河流底泥的一部分。从环境学意义上看，这部分主要以沉积物的残渣形态出现，表面电荷少，吸附能力弱，化学活性差，比较稳定。

（2）低温和水成矿物

低温和水成矿物是河流底泥比较重要的组成部分，包括黏土矿物、氧化物和氢氧化物等自然胶体。低温和水成矿物主要包括以下六大部分：①黏土矿物；②氧化物和氢氧化物；③碳酸盐；④磷酸盐；⑤硫化物；⑥硫酸盐和卤化物。

上述各部分是金属和磷等污染物分布与存在形态研究中不可缺少的内容。

（3）有机成分

河道底泥含有复杂多样的有机成分。在环境学的研究中，人们比较关注的是那些对重金属、有机化合物等污染物发生重要影响的有机胶体和组分，主要有以下七类：①氨基化合物；②碳水化合物；③类脂化合物；④杂环化合物；⑤酚类、醌及相关化合物；⑥碳氢化合物、沥青及衍生物；⑦微小生物。

（4）流动相

流动相（mobile phases）是底泥的重要组成部分，它主要包括底泥中的水、气体和油类。水是固相物质在物理化学风化过程中的主要媒介，是污染物以溶解态和颗粒态在沉积物中进行交换和传输的载体，是使大量矿物质（如黏土和氢氧化物）达到结构平衡所必需的物质。

2．底泥中的生物相

（1）微生物

由于沉积物表面聚积了丰富的营养物质，因此生存着大量的微生物，对各类污染物质、生物代谢产物和生物体残骸进行分解、还原和矿化作用。在好氧条件下，存在大量的好氧菌，芽孢杆菌（*Bacillus*）是沉积物中的常见菌。在厌氧条件下，厌氧菌成为沉积物中的重要成员，包括反硝化活性的假单胞菌（*Pseudomonas*）。在沉积物中，专性厌氧菌占据重要的地位，包括梭菌（*Clostridium*）、产甲烷菌（*Methanogenium*）和产 H_2S 的脱硫弧菌（*Desulfovibrio*）等。

（2）底栖无脊椎动物

底栖无脊椎动物包括原生动物、线虫、蛭类、甲壳动物、软体动物和水生昆虫等。其中，有些动物始终生活在沉积物中，有些则交替生活在沉积物与水体之间。动物在沉积物中频繁活动，能够引起孔隙水流动、底泥颗粒翻动和物质的迁移转化，底栖动物这种对水体水质具有较大影响的行为称为生物扰动作用。

（3）水生植物

水生植物包括底栖藻类和水生维管束植物，主要分布和附着于沉积物表层。水生植物与沉积物之间通过根系相互作用。水生植物不仅可以为微生物等其他不同类型的生物群落提供庇护所，增加生物多样性；还可以利用和吸收沉积物中大量的营养元素和微量元素。但水生植物死亡后，也会向水体中释放大量营养物质。

3. 底泥的耗氧和污染物释放

（1）底泥的化学变化

河流沉积物是各种污染物质及其相互作用的载体，沉积物各组分之间、沉积物与污染物之间、不同污染物之间以及沉积物与水界面之间等在各种生命和非生命因素的影响下，始终处于一个动态的过程中，如吸附-解吸作用、沉淀-溶解作用、络合-解络作用、离子交换作用、氧化还原作用，还有生物降解和生物富集等。

（2）底泥耗氧速率

底泥耗氧速率（SOD），亦称底泥耗氧量或底泥需氧量，是指由水底沉积物氧化和生物呼吸作用引起的上层水体溶解氧的消耗速率，一般以单位表面积底泥在单位时间内消耗的溶解氧量表示［mg/（m^2·d）］。底泥作为河流内在的污染源，对水体溶解氧的消耗有显著的影响。在某些河流中，SOD 可能会占系统总耗氧速率的 50%以上。

SOD 的测定方法可以概括为两大类：实验室测定法和现场测定法。这两种方法的基本原理相同，即取一定表面积的底泥封闭于测定容器内，上覆已知体积含有充分溶解氧的水，通过测定容器内溶解氧随时间的浓度变化（间歇式）或测定容器进出水的 DO（连续式）来计算水体 SOD。

（3）底泥中重金属的释放

河流中的悬浮颗粒物质在重金属的物理迁移、化学形态和生物学归宿方面起着主要作用。重金属的迁移转化过程中的重要介质是水、底泥和生物体，水通常是基本介质，底泥往往是重金属的最初富集地。河流底泥由于种种原因产生的再悬浮过程，水环境化学条件的变化而引起的重金属的溶解和重新缔合作用，生物体的直接吸取及生物的扰动等都会导致底泥与上覆水之间重新建立平衡，延长底泥中重金属污染物的生物有效性时间周期。另外，悬浮颗粒沉积后发生的老化效应和其他成矿作用也会引起重金属污染物在河流底泥和上覆水不同成分之间的再分配。

许多研究表明，重金属浓度比较高时，金属的沉淀和溶解作用显得十分重要；相反，在浓度比较低时，吸附作用则是金属污染物由液相转为固相的重要途径。而金属污染物在水环境中的溶解态浓度往往很低，因此，研究重金属的吸附作用是十分重要的。

被沉积物吸附的金属离子会因可交换离子的加入、水化学性质的改变、水体 pH 的变化等原因而释放出来，从而造成水体的二次污染。重金属从沉积物中释放的机制主要涉及三个方面：①溶解作用；②离子交换作用；③解吸作用。

17.6.2 河流底泥的治理技术

底泥的污染归根结底是对水体的污染和底栖生物的危害，如果能消除其对水体和底栖生物的污染，则能有效降低污染底泥的环境影响。因此，底泥污染的控制既可采用固定的方法阻止污染物在生态系统中的迁移，也可采用各种处理方法降低或消除污染物的毒性。

底泥的治理有以下几种方法：①原位固定；②原位处理；③异位固定；④异位处理。原位固定或处理是底泥不疏浚而直接采用固化或生物降解等手段来消除底泥的污染；异位处理或固定则是将底泥疏浚后再行处理，消除其对水体的危害。

原位固定主要有原位掩蔽技术、原位处理技术（主要指原位生物降解处理）。目前对底泥多是进行异位处理，即疏浚，疏浚后再进行固化填埋或物理、化学、生物处理。

1. 物理修复

物理修复是借助工程技术措施，消除底泥污染的方法，主要有疏浚、引水、填砂掩蔽等措施。

（1）疏浚

当底泥中污染物的浓度过高，被认为具有对人类及水生生态系统的潜在危害时，要考虑进行环境疏浚。

1）疏浚前后污染物的监测、分析及评价

运用海洋测绘学方法、科学成像技术和离散数学模型，利用计算机能方便快捷地监测底泥污染物的时空分布和粒径特征，从而能更快捷准确地制订最佳疏浚方案以及疏浚后进行监测评价。

2）疏浚技术的研究

疏浚技术是疏浚效果好坏的关键，主要集中在发展轻质疏浚机械，配合科学的疏浚方式，使疏浚过程对水体的扰动达到最小。从最早的人工挖泥到现在的精确水下吸泥，疏浚过程对环境的影响已越来越小。

3）疏浚污泥的最终处置

对疏浚污泥进行的最终处置，常用的方法有固化填埋和农用。对污染较重的疏浚污泥，必须采取物化、生物方法进行处理。常用的有颗粒分离、生物降解、化学提取等。由于重金属和有机物性质上的差异，其处理方法也不同。如果二者同时大量存在，一般需先将其分离，再分别进行处理。

采用调整 pH 或还原的方法，能将底泥中的重金属固定，有效防止疏浚污泥中重金属的迁移；也可用黏土、有机物等来吸附重金属，或者用酸或微生物将重金属溶出，再集中处理。底泥中有机物的处理有热处理、微生物降解、浮选、湿式氧化、溶剂萃取等技术。利用臭氧曝气能有效地去除底泥中的 COD，并能显著抑制氮、磷的溶出，还能降低硫化物的生成。用 TiO_2 作催化剂，模拟太阳光，能有效地降解 PCBs。湿式氧化、热处理、溶剂萃取等对有机物的处理也有明显效果。生物处理能使 PAHs、矿物油大幅降低。

4）底泥处置技术展望

疏浚污泥以其量大、污染物成分复杂、含水率高而难以处置。目前，国内多采用农田施用和填埋处理，污泥的利用价值低，处理不彻底，极易造成二次污染。也有采用物化或生物处理方法加强对疏浚污泥的处理力度，先使其达到无害化，然后用作建筑材料或路基材料以代替黏土。这种方法一方面可节省黏土的用量，减少对土地资源的破坏；另一方面又充分利用了污泥，减少了处置费用，节约用地，一举多得。而且建筑材料需求量大，完全有可能大量消纳疏浚污泥，将疏浚污泥变废为宝。不过这种技术还没有大规模运作的例子。

（2）掩蔽

掩蔽是在污染的底泥上放置一层或多层覆盖物，使污染底泥与水体隔离，防止底泥污染物向水体迁移。采用的覆盖物主要有未污染的底泥、沙、砾石或一些复杂的人造地基材料等。掩蔽作为底泥的一种原位修复技术，效果明显，常常与疏浚同时使用，如疏掉上层淤泥后，在上面盖一层沙，以防止下层底泥的再悬浮和污染物进一步释放。

掩蔽存在的问题是工程量大，需要大量的清洁泥沙，来源困难。同时掩蔽会增加底泥的量，使水体库容变小，因此更适用于深海底泥修复。

2．生物修复

生物修复是利用生物体，主要是微生物来降解环境污染物，消除或降低其毒性的过程。它是传统生物处理方法的延伸，其新颖之处在于它治理的对象是较大面积的污染。既可在原位进行生物修复，也可以对疏浚污泥进行生物处理。

（1）原位生物处理

对有机污染的底泥，最理想的办法是不疏浚，让微生物在原地直接分解污染物。这样可以节省大量疏浚费用，同时能减少疏浚带来的环境干扰。原位处理需要外加具有高效降解作用的微生物和营养物，有时还需外加电子受体或供氧剂。虽然经过纯培养，发现有些微生物能较大程度地分解 PAHs、PCBs 等有机物，但要制成在原位能活跃分解有机物的产品，目前的效果还不理想。

（2）异位生物降解

对有机污染严重的疏浚底泥进行处理，首选的方法是生物降解。从简单的烃类到复杂的 PCBs、PAHs 及联苯等，运用生物降解都有较多的报道。目前面临的问题是底泥中的有机物水溶性低，而普遍认为微生物只能利用液相中的有机物，不能利用固相中的有机物，因而底泥中有机物的生物可利用性差，降解速度慢。

17.6.3　污染底泥的疏浚

1. 环境疏浚工程

环境疏浚（environmental dredging）是近年来新兴的行业，是以清除及处理水体中污染沉积物为主要任务的环境工程和传统疏浚工程相互交叉的边缘工程技术。环境疏浚的目的主要是通过污染底泥的疏浚去除底泥所含的污染物，清除污染水体的内源，减少底泥污染物向水体的释放。它既要考虑疏浚工程实施中技术上的可行性及经济上的合理性，更需满足环境保护的要求。环境疏浚方案内容有：① 污染底泥分布及总量调查：包括底泥沉积特征、分布规律、理化性质、总量测算及污染底泥量测算等。② 疏浚工程：包括疏浚范围及规模，疏浚作业区的划分及工程量，疏浚方式及机械配置，工作制度及工期等。③ 堆放及处置工程：包括堆放底泥分类及堆放量，堆放场地选择、设计，处置工艺及综合利用方案。④ 辅助工程：包括供水工程、供电工程、土建工程、生活福利设施等。⑤ 投资估算及财务分析：包括投资估算、资金筹措、财务评价、工程效益分析等。⑥ 项目实施组织机构及工程进度：包括工程实施组织机构，工程进度安排。

2. 污染底泥疏浚工艺流程

将底泥从水下疏浚后输送到岸上，有管道输送和驳船输送两种方式。管道输送工作连续，生产效率高，当含泥率低时可长距离输送，输泥距离超过挖泥船排距时，还可加设接力泵站（船）。采用管道输送泥浆并加设接力泵站（船）的污染底泥疏浚工艺流程见图 17-10。驳船为间断输送，将挖掘的泥装入驳船，运到岸边，再用抓斗或泵将泥排出，此种运泥方式工序繁杂，生产效率较低，一般用于含泥量高或输送距离较长的场合。

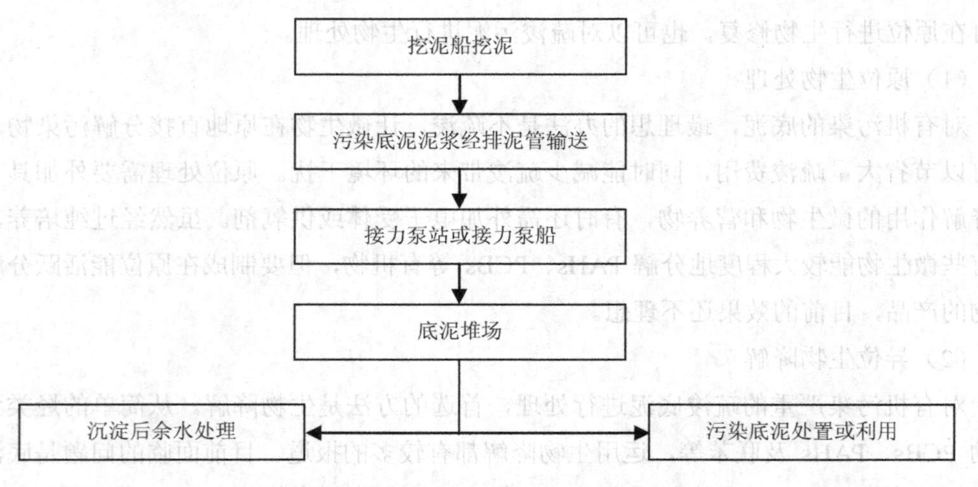

图 17-10　污染底泥疏浚工艺流程

绞吸式挖泥船能够将挖掘、输送、排出等疏浚工序一次完成，在施工中连续作业，它通过船上离心式泥泵的作用，产生一定真空，把挖掘的泥浆经吸泥管吸入、提升，再通过船上输泥管排到岸边堆泥场或底泥处理场，是一种效率较高的疏浚工艺。

17.6.4　疏浚底泥的处置

疏浚的污染底泥在淋溶及浸出条件下，其中所含重金属和氮、磷及有机污染物等可能扩散转移到环境中，必须予以妥善处置。处置的一般原则如下：

① 选择适宜的污染底泥堆存场地，在与城市总体规划一致的条件下，尽量选择地下水位低、土层吸附性能好的地带作为堆场场址；

② 对污染物和重金属含量相对较低的污染底泥，可按一般吹填方式作业，并对堆场采取一定的防渗措施；

③ 对污染物和重金属含量高的污染底泥，堆放地点应尽量离开水体，并加强污染防范措施。

底泥疏浚异位处置是目前应用最为广泛的污染底泥综合治理技术，其主要技术单元和流程见图 17-11。

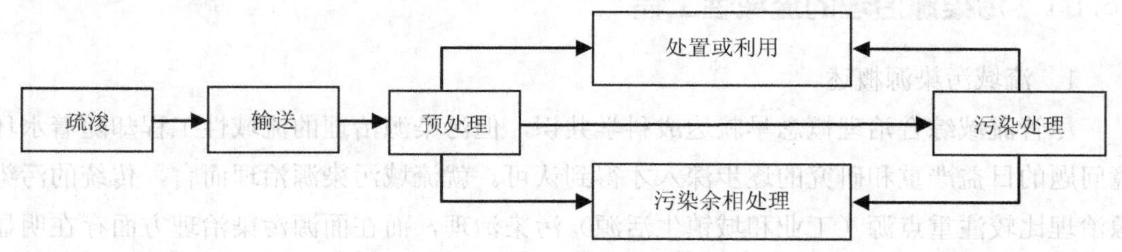

图 17-11　污染底泥异位位置流程

底泥的处置与活性污泥的处置方法与原理基本都相同，详细的处置工艺可以参考“污泥的处置”章节。

参考文献

[1]　河流生态修复技术研讨会. 河流生态修复技术研讨会论文集[M]. 北京：中国水利电力出版社，2005.

[2]　宋东辉. 生态环境水利工程应用技术[M]. 北京：中国水利水电出版社，2013.

[3]　王曙光，栾兆坤，宫小燕，等. CEPT 技术处理污染河水的研究[J]. 中国给水排水，2001，17（4）：16-18.

[4]　张锡辉. 水环境修复工程学原理与应用[M]. 北京：化学工业出版社，2002.

[5]　张玉清，张蕴华，张景霞. 河流功能区水污染物容量总量控制的原理和方法[J]. 环境科学，1998（S1）：23-35.

第 18 章　湖库污染控制技术

我国是一个湖泊众多的国家，不仅有大大小小的天然湖泊，也有分布在各地的人工湖泊（水库）。湖库的污染治理是一个庞大的系统工程，涉及湖库周围的各个生产生活方面。下面将从几个角度介绍湖库污染的治理方法。

18.1　污染源治理的流域工程体系构建

18.1.1　污染源治理的流域性工程

1．流域污染源概述

尽管流域综合治理概念早就达成科学共识，但污染源治理的流域性工程却随着水环境问题的日益严重和研究的逐步深入才得到认可。就流域污染源治理而言，传统的污染源治理比较注重点源（工业和城镇生活源）污染治理，而在面源污染治理方面存在明显不足。另外，国际上浅水湖泊富营养化治理的经验表明，即使将流域的外源污染排放降到历史最低点，湖泊富营养化问题依然突出，其原因与浅水湖泊底泥所造成的内源污染有关，动力作用导致底泥悬浮，影响底泥中营养盐的释放，也影响水下光照和初级生产力。目前的水质标准正逐步从单一的物理化学指标向与生物和生态相结合的综合指标转变。因此，传统的点源污染治理存在严重的局限性，已无法适应和满足当今流域污染源治理的新发展和新要求。

鉴于上述问题，需要转变思路，采用以流域思想为基础的研究方法，分析和协调污染源系统各组成因素间的关系，综合考虑与水质有关的自然、技术、社会、经济诸方面的关系，对排污行为在时间、空间上进行合理的安排，从而达到预防环境问题发生的目的，构建污染源治理流域工程体系。

2．流域污染源类别

湖泊富营养化及水质污染控制应遵循流域污染源控制的技术路线，治理与控制入湖污染物排放源及湖内污染源是湖泊水环境治理和保护的关键措施之一，按照流域污染源治理的困难程度，可将污染源分为可控源与不可控源，不可控源主要是大气干湿沉降等，可控源分为若干小类（图 18-1）。

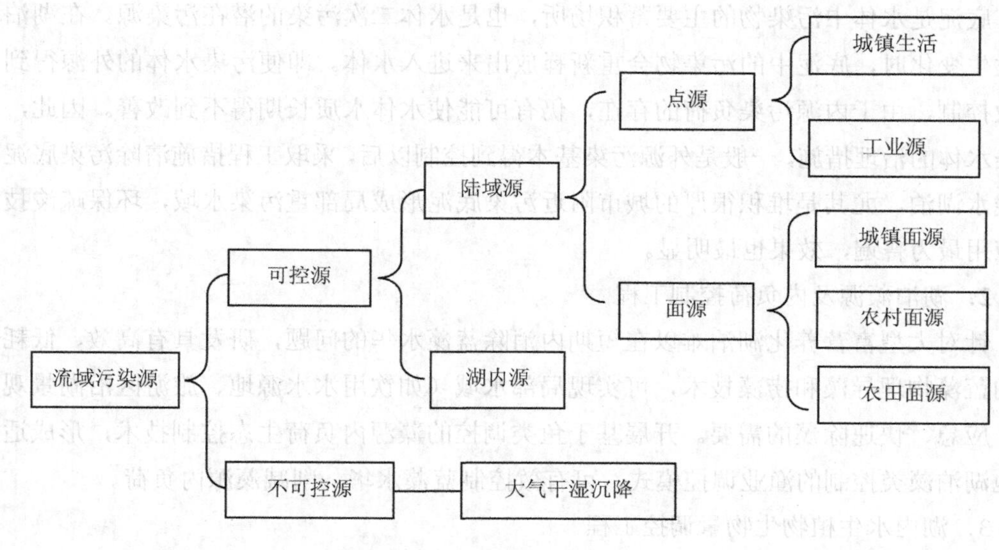

图 18-1　流域污染源分类

点源主要是指通过排放口或管道排放污染物的污染源，它的量可以直接测定或者定量化，包括工业废水、城镇生活污水、污水处理厂与固体废物处理场的出水以及流域其他固体排放源。

面源主要是指点源污染以外的污染源，它没有固定的发生源，污染物的运动时间和空间都有不确定性和不连续性，污染物的性质和污染负荷受气候、地形、地貌、土壤、植被以及人为活动等因素的综合影响。就湖泊富营养化而言，陆地面源主要包括城镇地表径流、农牧区地表径流、林区地表径流、矿区地表径流等。

18.1.2　湖泊内源与内负荷控制工程

湖泊内源污染主要包括湖内底泥污染、养殖污染、旅游污染、船舶污染等与湖泊水体直接接触，不经过输移等中间过程而直接进入湖泊（水体）的污染源。湖泊内负荷是指在湖泊富营养化进程中，藻类过度生长，水生植物大量消亡，生态系统稳定性下降，水体生物和理化等性质改变，促进湖体内源性营养物的释放和无效态营养物向有效态转化等过程产生的湖泊污染负荷。也就是在湖泊生态系统退化过程中，由泥源内负荷、藻源内负荷和水体内负荷之间复杂的迁移转化过程和正反馈机制所形成的负荷。

所以，对湖泊内源与“内负荷”的控制需要对湖泊底泥、水体及水生态等因素进行系统考虑。湖泊内源与内负荷控制主要包括泥源污染及内负荷控制、藻源污染及内负荷控制、水生植物控制、湖内养殖污染源、旅游污染源及船舶等水面污染源控制。

1．湖泊泥源及内负荷控制工程

底泥是水体中污染物的主要蓄积场所，也是水体二次污染的潜在污染源。在湖泊环境发生变化时，底泥中的污染物会重新释放出来进入水体。即便污染水体的外源得到了有效控制，由于内源污染负荷的存在，仍有可能使水体水质长期得不到改善。因此，对污染水体的治理措施，一般是外源污染基本得到控制以后，采取工程措施清除污染底泥。对浅水湖泊，尤其是堆积很厚的城市附近污染底泥形成局部重污染水域，环保疏浚技术的应用最为普遍，效果也最明显。

2．湖泊藻源及内负荷控制工程

针对大型富营养化湖泊难以在短期内消除蓝藻水华的问题，研发具有高效、低耗特点的蓝藻物理导藻和捞藻技术，可实现局部水域（如饮用水水源地、旅游区沿湖景观区等）应急、快速除藻的需要。开展基于鱼类调控的藻源内负荷生态控制技术，形成适合当地湖泊藻类控制的渔业调控模式，可有效控制蓝藻水华，削减藻源内负荷。

3．湖内水生植物生物量调控工程

水生植物生长过程中大量吸收水体和沉积物中的营养盐，尤其是氮、磷元素，会大大缓解水体富营养化进程，因此在湖泊富营养化治理工程中恢复水生植物被认为是可取且有效的手段。但吸收了大量的营养盐的植物体在死亡后面临死亡分解的过程，生长过程中吸收的营养盐又会在这一过程中被释放出来。一般水生植物的生长和死亡以及之后的分解阶段会有明显的季节规律，因此从生长阶段的吸收至死亡后的释放，是具有时空特性的营养盐库的积累和释放过程，而不是简单的营养转移。因此，必须对湖泊内水生植物进行维护管理，在秋季植物收获时期，要对水生植物进行适当收割，调控水生植物生物量，以增加湖泊污染物输出量。

4．湖内养殖污染控制工程

湖泊围网养殖污染主要来自剩余饵料和养殖物（如鱼类）的排泄物。饵料是湖内养殖中的主要污染源，选择理想的饵料是网箱养殖污染控制最重要的环节。饵料需不易溶解，利用率高，沉降率低，另外，饵料还必须干净、漂浮性好，易被鱼类摄取，提高饵料系数。在湖内养殖中，网箱养鱼的污染尤为突出，应该予以严格控制，鱼种应选择单位水体经济效益高的种类，减少养殖水面面积；选择易接受颗粒性饵料的种类，减少人工饵料在湖内的累积。

综上所述，根据湖泊的水功能要求及水环境状况确定适当的养殖水域，选择合适的鱼种，限制合理的养殖密度，投放适量的难溶性饵料，加强网箱养鱼的管理是网箱养鱼污染控制的关键与核心。

5. 湖内旅游污染控制工程

环湖及湖内岛上旅游污染的控制方案一般可参照城镇污染物控制方案，故本节的湖内旅游污染主要是指湖内旅游、客轮等的污染，湖内旅游污染控制系统包括污染源、收集系统、储存系统、运输系统、处理系统。

6. 湖内船舶污染控制工程

船舶污染是指湖泊内除旅游船只外，以运输、渔业等为主要功能的机动船舶对湖泊水环境的污染。污染物主要包括船上人员的生活污水和固体废物、船舶运行过程中产生的含油污水以及散漏的运送物资等。其控制系统包括含油污染源、收集系统、储存系统、处理系统。其中含油污水可根据相关实测指标以及处理成本、排放标准等选择处理方法，如焚烧法、分离—聚结法等。

18.1.3 “不可控源”的管理

“不可控源”一般是指非人为因素产生的污染物，主要包括大气的干、湿沉降（降水、降尘）带来的污染。对于大多数湖泊来说，这一过程都不是主要污染源，但是大量、频繁的大气沉降也会引起湖泊污染物的明显升高。由于这一类型的污染源不容易控制，所以属于“不可控源”。这部分污染物的构成及量主要受以下两种因素的影响：①降尘、降水量；②大气质量状况。

由于这种“不可控源”污染物的直接来源是大气，因此所有影响大气环境质量的自然活动和人类活动都会产生间接影响。例如，大气沉降中的氨氮前体是大气中的氨气，主要来源于农业活动和工业废气的排放；大气沉降中的硝氮前体是大气中的 NO_x，主要来源于汽车尾气、核电厂。

因此，对这种“不可控源”的管理主要是控制大气污染物的来源，可以考虑从以下几个方面开展工作：①减少产生大气污染的工业排放；②减少农业氨肥的施用量；③倡导绿色交通，减少汽车尾气；④控制水上运输量，改善运输方式；⑤加强对流域内大气干、湿沉降的监控预警。

18.2 低污染水处理和净化

18.2.1 低污染水的概念与类型

在湖泊流域入湖的地表径流中，有一部分入湖水，其水质受到一定污染，但主要水质指标又优于污水处理厂二级处理出水，因此不能送入污水处理厂进行处理，但相对于湖泊而言，它又是污染源，不处理直接入湖又不能满足湖泊水质保护的要求，我们称这部分污染物 N、P、COD_{Cr} 浓度相对较低的入湖水为“低污染水”。关于云南洱海和玉溪抚仙湖等多个湖泊的低污染水方面的调查和研究表明，湖泊流域低污染水一般包括污水处理厂达标（二级、一级 B、一级 A）排放水、城镇地表径流、农业区径流（含村落地表径流）三种主要类型。

1．污水处理厂达标排放水

目前我国实行的环境标准城镇污水处理厂达标排放出水与地表水环境质量标准有较大差距，《城镇污水处理厂污染物排放标准》中一级 A 标准的 N、P 浓度值分别是地表水水质Ⅴ类标准（湖库）的 7.5 倍和 1.25 倍。城镇污水处理厂排水水质与地表水水质对比见表 18-1。按现行排放标准，城镇污水处理厂达标排放尾水中 TN 对于湖泊而言仍属污染源。即使点源全部得到控制，由于污水处理厂尾水仍为低污染水，湖库、河流地表水水质达标率仅为 42%～65%。

表 18-1　城镇污水处理厂排水水质与地表水水质对比　　单位：mg/L

标准	TN	TP	COD_{Cr}
污水处理厂一级 A 标准	15	0.5	50
污水处理厂一级 B 标准	20	1	60
地表水水质Ⅴ类标准	2.0	0.24	40

2．城镇地表径流

城镇地表径流污染主要来源于冲刷地表垃圾和尘埃物质等的降水，城镇地表径流中主要携带悬浮物、有机物、氮、磷以及重金属和 POPs 等污染物。据研究，美国城市雨水径流中 TP 平均浓度达 0.6 mg/L。我国研究结果显示，北京市城市地表路面径流中污染物的平均浓度为 TP 0.457 mg/L、TN 12.35 mg/L、COD_{Cr} 116.24 mg/L、SS 388.05 mg/L；上海市地表径流污染物的平均浓度为 SS 251 mg/L、TP 0.57 mg/L，均高于地表水水质Ⅴ类标准。城镇地表径流中 SS、重金属及碳氢化合物的浓度与未经处理的城市污水基本相同，因此城镇地表径流是影响河流湖泊水环境质量的重要因素之一。

3．农业区径流

农业区径流是指农田排水带来的污染。受过量施用化肥、施肥结构不合理等因素的影响，农田土壤中的氮、磷含量和农田氮、磷的流失量不断增加，对水环境的威胁日益增加。在美国，农田径流是全国 64%受污染河流和 57%受污染湖泊的主要污染源。农田流失氮、磷通过农田排水沟渠进入受纳水体，农田径流水质变化范围较大，但其浓度往往大于地表水水质Ⅴ类标准。农田地表径流氮、磷流失是导致地表水体富营养化的主要原因之一，因此农田径流排水也是湖泊流域低污染水的一种重要类型。

18.2.2　低污染水特征与治理

1．低污染水特征

湖泊流域低污染水具有类型多、水量大、水质区域差异性显著的特征，且其对湖泊富营养化的影响也呈现复杂的地域及季节性变化特点。

2．低污染水治理的重要性

流域低污染水治理是流域系统控源中的重要环节，是在产业结构调整控污减排、污染源工程治理达标排放的基础上，通过生态处理与有效净化，进一步减少污染物入湖量，以实现系统、有效控源的关键和最后的环节。

通过低污染水治理，可使达标排放尾水 TN 由 6 mg/L 降至 1 mg/L，可有效缩小排水与地表水水质的差距，达到低污染水净化的作用。

通过低污染水治理单元，即湖库、湿地、塘坝、生态河道等的修复与净化作用，形成逐级削减的低污染水处理与净化体系，促进流域自然生态的恢复，因此，低污染水治理对流域完整生态系统的修复有重要促进作用。

3．低污染水治理难点

（1）净化效率低与处理成本高

一方面，低污染水较一般污水浓度低得多，若采用传统的污水处理技术，则处理效率较低；另一方面，低污染水水量大，若按传统污水处理技术进行处理，削减单位的氮、磷负荷成本较高，经济上往往难以承受。此外，低污染水来源复杂，水质水量变化大，传统的针对水质水量较稳定的污水处理设施难以满足低污染水处理的要求。

（2）有效收集低污染水难度大

流域低污染水来源广，包括扣除初期雨水的城镇地表径流与农业区地表径流（含村落地表径流和农田地表径流）、污水处理厂排水等，其产生方式、入湖途径复杂，且多种类型的低污染水混合后收集难度大。若按照现有的规范与标准采用常规收集系统，收集线路很长，成本很高，收集效果较差。

（3）低污染水量与污染负荷量估算困难

低污染水的产生量及污染负荷量计算涉及因素较多，目前尚无统一的计算方法，每种类型的低污染水污染源的影响因素差异明显，如农田径流水量受土地利用类型、作物种植、农田灌溉等因素的影响，也受地形地貌、种植习惯、灌溉方法等的影响。因此，如何从流域层面分析低污染水的水量及污染负荷量是一大难点。

（4）亟待构建全流域低污染水净化完整体系

不同流域低污染水受水系特征、地形地貌、污染源特点等的影响，其低污染水的时空分布不同，且对河流、湖泊水体污染的影响程度也不同。对不同流域低污染水入湖途径与入湖规律需单独进行系统的分析。

如何根据不同湖泊低污染水特征统筹考虑流域低污染水水量与分布及输移特征，构建全流域低污染水净化体系，是当前低污染水治理中的技术难点。

18.2.3 低污染水治理的关键技术

18.2.3.1 关键技术

1. 缓冲带生态构建与低污染水净化技术

湖泊缓冲带是湖滨带外围（湖泊最高水位线以上）的陆向辐射带，它具有环境功能、生态功能、景观功能，可以拦截污染物和泥沙、过滤和改善过流水质，是湖滨带外围的重要保护圈层。

针对缓冲带土地利用类型、低污染水分布、水质水量变化，研究低污染水净化技术的优化组合、不同工艺对污染负荷削减功能的互补性，可形成区域低污染水拦截、储存、净化、回用一体的缓冲带复合型低污染水生态净化成套技术。

（1）多塘—湿地—经济水生植物调蓄、净化、回用集成技术

利用缓冲带现有鱼塘、湿地，进行生态改造，结合人工湿地建设，形成具有调蓄作用的多塘湿地系统，同时在物种选择上筛选适宜的经济水生植物物种，研究具有调蓄、节水、净化、经济效益等综合效果的整装集成技术。

（2）村落面源强化净化—景观水回用集成技术

开展村落面源污染拦截，低污染水强化净化，处理后作为景观用水的整装集成技术研究，研究村落面源污染的水量波动和水质浓度变化，筛选适宜的强化净化成套技术，与新农村建设相结合，探索低污染水强化处理后作为景观用水的可行性。

（3）种植结构调整—强化净化—全自然生态系统修复集成技术

针对高产农业区，统筹农业产业结构调整、低污染水净化、缓冲带生态系统结构稳定性，开展种植结构调整，集成绿色农业经济发展技术、农田退水强化净化、全自然生态系统修复的成套集成技术。

（4）条带状或垄沟状下凹式绿地修复集成技术

下凹式形态的地表结构具有显著的环境、生态效应，可以补充地下水资源，延长地面汇流时间，削减地表径流，增加土壤入渗水量，改善区域生态水文环境等，修建下凹深度为 0.1～0.3 m、面积比例为 10%～30%的下凹式结构，可以基本削减 3 年一遇的、设计暴雨重现期 1 h 降水产生的地表径流，并且下凹形态的绿地系统对氮、磷等污染物的平均去除率可达 40%～50%。

（5）入湖河流或沟渠低污染水净化集成技术

重点解决湖滨区漫流的初期雨水直接入湖的问题，可以在缓冲带内有条件的区域，适度利用缓冲带的净化功能，分流配水，降低部分沟渠及河流低污染水的入湖污染负荷。通过分流配水、沉淀池、配水沟等措施，其内种植乔、灌、草等植物，形成具有强净化效果的生态型河口区缓冲带，利用沟渠入湖口周边缓冲带范围内植被和土壤对污染物的拦截、净化功能，实现低污染水的净化。

2．前置库净化技术

前置库净化技术主要应用于水库或湖泊上游的天然或人工库塘等，它能拦截通过地表径流进入湖泊或水库的污染物，通过物理沉降、化学沉降、化学转化以及生物吸收、吸附和转化等综合过程使径流中污染物得到净化，如磷、氮和泥沙等，其工艺流程见图 18-2。

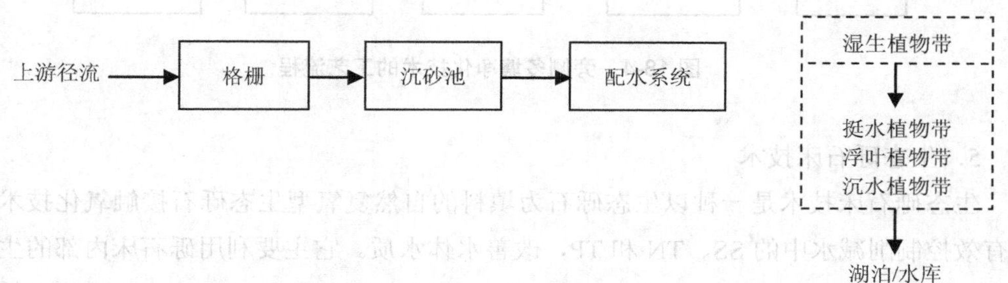

图 18-2　前置库净化技术的典型工艺流程

3．生态沟渠技术

生态沟渠技术主要应用于农灌沟渠的改造，尤其适用于小型灌渠的生态改造，可对农灌回水进行处理，其工艺流程如图 18-3 所示。它主要是利用物理沉淀与生物净化去除污染物的一种低污染水处理技术，采用格栅—沉砂系统—生态沟渠处理系统组合的处理工艺。农灌回水进入经改造的生态沟渠，由植物、土壤和微生物对污染物进行分解、吸收，净化后的出水排入自然水体。生态沟渠技术适宜低污染水的净化处理，可以充分利用纵横交错的农田沟渠网，不需要单独占用土地。生态沟渠对农业面源污染氮、磷削减率达 40%以上。

图 18-3　生态沟渠技术的工艺流程

4．旁侧多塘净化技术

旁侧多塘净化技术主要利用河流周边的自然塘或人工塘对河水进行净化。多塘系统是利用具有不同生态功能的塘处理来水，其原理与自然水域的自净机理相似，利用塘中细菌、藻类、浮游动物、鱼类等形成多条食物链，构成相互依存、相互制约的复杂生态体系。

水中的有机物通过微生物的代谢活动而被降解，从而达到水质净化的目的。其中微生物代谢活动所需要的氧由塘表面复氧以及藻类光合作用提供，也可通过人工曝气供氧。按塘内充氧状况和微生物优势群体，将稳定塘分为好氧塘、兼性塘、厌氧塘和曝气塘。由于使用环境不同，多塘系统的组成也有所不同，旁侧多塘净化技术的工艺流程如图18-4所示。

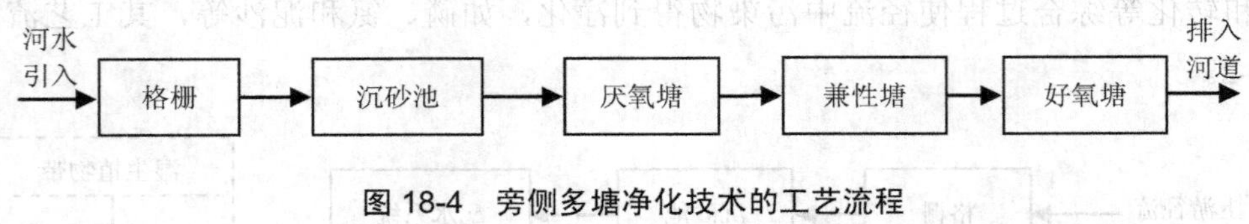

图 18-4 旁侧多塘净化技术的工艺流程

5．生态砾石床技术

生态砾石床技术是一种以生态砾石为填料的自然复氧型生态砾石接触氧化技术，可以有效控制削减水中的SS、TN和TP，改善水体水质。它主要利用砾石床内部的生态砾石、厌/好氧微生物、微小动物等产生的沉淀、物化吸附、氧化吸附等作用对其内的SS、TN和TP进行去除。生态砾石床技术主要用于对河水水质的异位净化，适用于河流低污染水的净化。

6．浅层曝气技术

浅层曝气技术可应用于河流、水库及湖泊等水体，尤其适用于有渔业养殖的水库库区。浅层曝气设备能够大面积地、持续性地让水体内部产生垂直方向的对流，使上下水层相互交换，有效地给水体充氧曝气、净化水质，同时还能达到消除藻华的目的。太阳能浅层曝气机的主要技术特点有：①使用清洁能源——太阳能；②不排出二氧化碳，有益于环境；③螺旋桨式搅拌，使水能形成上下及放射状的流动，起到更有效的搅拌作用；④设备小型轻量，移动方便，便于维修。

7．河流生态堤岸技术

（1）河流自然生态堤岸

自然生态堤岸是将河流堤岸保持或恢复到其原有自然状态的一种工艺。河流的堤岸部分是水陆交错的过渡地带，具有显著的边缘效应，这里有活跃的物质、养分和能量的流动，为多种生物提供栖息地；同时为河流提供相对稳定、友好的滨岸环境，具有良好的过滤地表径流、改善水质的综合功能。

（2）河流生态混凝土堤岸

生态混凝土由特殊级配的集料和胶结材料制成，其力学性能在满足工程使用要求的同时，具有蜂窝状的结构、多孔且连续的特点及良好的透水性和透气性，植物能在其中生长。生态混凝土护坡是适宜河流岸坡生态修复与重建的一种新型绿色环保技术，集水土保持、生态修复、水质净化于一体。生态混凝土堤岸是采用孔隙率为 15%~30%的多孔混凝土建设护坡的一种堤岸形式，生态混凝土的多孔结构和巨大的比表面积使其表面适宜富集微生物及生长绿色植物，为岸边植物提供相应的生存空间，同时为微生物提供栖息附着场所。通过植物生长吸收水体中的 N、P 污染物，削减水体中营养物质。

根据堤岸坡度、土质和水利条件的不同，可选用现场连续铺装型、预制砌块拼装型、预制球连接组装型等组装方式，也可采用三者相结合的方式。

8．入湖河流河口修复技术

改造后的河口湿地将成为河流入湖处河湖水系的交错带或过渡带，与湖泊生态系统形成一个整体，使湖泊不易受到外界的冲击。同时，湿地具有多种生态功能与作用，包括交错带内生物或非生物因素以及相邻生态系统的相互作用，对交错带内能量流动和物质循环的调节，在景观斑块的变化或稳定性中均起到十分重要的作用。

入湖河流河口湿地修复可根据河口地区基底现状、水深等条件，因地制宜地培植多种浮叶植物、沉水植物等，并使其与周边生态环境协调一致，通过人工保育和自然演变，逐渐使其向自然湿地过渡，最终形成湖滨生态系统的一部分。

9．生态透水植被带恢复技术

（1）地下净化处理系统

地下净化处理系统是对近湖村落产生的低污染水进行净化处理的主要设施，可进一步削减 N、P 等污染物浓度。地下净化处理系统结构简单，仅需在缓冲带内开挖净化用沟槽，在槽内填充碎石、生态砾石或腐殖土等填料，对通过的地表径流污染进行深度处理。在净化过程中，水与污染物分离，水被渗滤后排入湖中，污染物通过物理化学吸附作用被截留在土壤中，由土壤中的微生物降解，一部分被分解为无机 C、N 留在土壤中，一部分变成 N_2 和 CO_2 逸散在空气中，P 则主要被土壤物理化学吸附，截留在土壤中，被净化系统上部的植被单元的植物吸收利用。

（2）下凹式绿地

下凹式绿地通过一定的结构形态配置能蓄渗部分或全部雨水，达到暂存、缓存雨水的作用，对地表径流进行净化和过滤。同时，下凹式绿地可将大量固体污染物沉积在绿地内，其中的有机污染物经土壤微生物作用，转变成植物的营养物质，增加土壤的肥力。

在不影响周边水环境质量的前提下，尽量将绿地设计为下凹式绿地，将屋面、道路等各种铺装表面形成的雨水径流汇集到绿地中进行蓄渗，以增大雨水入渗量。下凹式绿地下凹深度一般为 5～25 cm。

（3）生态拦截带

生态拦截带是通过恢复灌草系统的建设拦截雨水携带的污染物，悬浮颗粒物、N、P 等营养元素渗透到土壤，被植物根系吸收利用，起到控制与治理污染带外面源污染的作用。生态拦截带适用于渗透性低的黏土或亚黏土，地面最佳坡度为 2%～5%。

10．路面促渗技术

路面促渗主要是指各种人工铺设的透水性地面，如多孔嵌草砖、渗透性多孔沥青、生态混凝土路面等，利用增强地面的雨水渗透能力来减少降水径流的形成，同时对雨水起到一定的过滤净化作用。路面渗透对雨水预处理要求相对较低，技术简单，便于管理。草皮砖、多孔沥青或生态混凝土地面是目前常用的路面促渗技术。

草皮砖是带有各种形状空隙的混凝土块，开孔率可达 20%～30%，因在空隙中可种植草类而得名，多用于城区各类停车场、生活小区及道路边。草皮砖地面因有草类植物生长，能更有效地净化雨水径流及调节大气温度和湿度，对重金属（如铅、锌、铬等）也有一定的去除效果。

18.2.3.2 技术选用原则与组合

1．设计原则

设计原则：①净化功能优先原则；②与现有地形地貌相结合原则；③景观优美原则；④技术优化组合原则。

2．技术运用方案

低污染水净化技术工艺较多，针对不同的低污染水类型、地形地貌、外围污染情况，选择合适的工艺技术进行单独和组合运用。

（1）技术应用条件

各种技术工艺都具有一定的截留净化能力，但都具有一定的应用条件限制。低污染水净化技术的应用条件对比见表 18-2。

表 18-2 低污染水净化技术的应用条件对比

工艺技术	适用条件	主要来水途径
缓冲带生态构建技术	湖岸或河岸有一定宽度可利用地带	地表漫流来水
前置库技术	水库或湖泊的上游存在天然或人工库塘	地表径流与上游来水
旁侧多塘技术	水体周边存在自然或人工塘	河流来水或沟渠来水
生态沟渠技术	新建农田水渠或改造已有水渠	农田径流排水

工艺技术	适用条件	主要来水途径
下凹式绿地技术	大面积平缓区域	地表径流
生态拦截带技术	大面积平缓区域	地表径流
生态塘技术	水塘、低洼地	地表径流、沟渠来水
路面促渗技术	景观道路、广场等硬质地面	雨水

（2）平面布局

不同技术工艺中，生态塘、路面促渗技术对地形和来水都有较强的针对性，但是碎石床、下凹式绿地、生态拦截带的适用条件较广，因此这三种技术在空间布局上较少受到地形地貌的限制，具有一定的随机性。

为更好地优化生态碎石床、下凹式绿地和生态拦截带这三种技术，在优先考虑各自适用条件的基础上，还需考虑空间布局的合理性。平面布局可采取带状和棋盘状两种形式（图 18-5）。

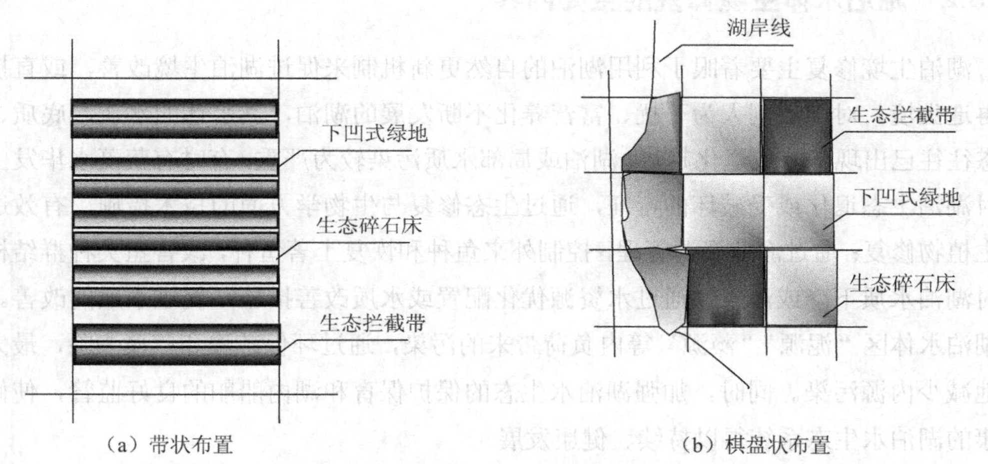

图 18-5 低污染水净化技术平面布局

18.3 湖泊水体生境修复与水质改善

18.3.1 湖泊水体生境及其组成要素

1．湖泊水体生境概念

具体生物个体或群体生活区域的环境与生物影响下的次生环境统称为生境。生境是生态学中环境的概念，也可称为栖息地，包括生物个体、种群和群落所必需的生存条件和其他对生物起作用的生态因素。它是生物赖以生存、繁衍的空间和环境，是由生物和非生物因子综合形成的，描述一个生物群落的生境时，通常包括非生物的环境。

湖泊是一个生态系统，它为多种动植物提供了生活的场所。湖泊水体生境是指湖泊生物所生活栖居的环境，包括水、沉积物、地形及其他相关生物等因子。

2．湖泊水体生境要素

① C、N、P 等生源要素：主要指标有总氮（TN）、氨氮（NH_4^+-N）、总磷（TP）、生化需氧量（BOD_5）、化学需氧量（COD_{Cr}）。

② 生物要素：主要指标有浮游植物生物量、浮游动物生物量、底栖动物生物量、水生植物生物量、物种多样性、浮游植物叶绿素 a（Chla）和细菌总数。

③ 理化因子：透明度（SD）、溶解氧（DU）、光照、水温等。

④ 水文要素：风浪、水位。

这些要素都能从各个方面反映水体环境的质量。

18.3.2 湖泊水体生境修复的主要内容

湖泊生境修复主要着眼于利用湖泊的自然更新机制来促进湖泊生境改善，或直接模拟再造生境。对于受到人为干扰、富营养化不断发展的湖泊，其水体的水质、底质、水生态往往已出现下降或退化趋势，湖泊或局部水质污染较为严重，有时有蓝藻水华发生。针对湖泊生态退化或受破坏的特征，通过生态修复与生物学方面的技术措施，有效进行水生植物修复；通过渔业资源管理，控制外来鱼种和恢复土著鱼种，改善鱼类种群结构。针对湖泊水质下降或污染，通过水资源优化配置或水质改善措施，促进水质的改善。针对湖泊水体区“泥源”“藻源”等内负荷带来的污染，通过环保疏浚和蓝藻去除，最大限度地减少内源污染。同时，加强湖泊水生态的保护保育和湖内船舶的良好监管，使修复健康的湖泊水生态系统得以持续、健康发展。

18.3.2.1 水生态修复与保护

进行湖泊生态恢复，首先要了解湖泊生态系统，在此基础上，开展湖岸带物理环境的修复、水生植被组建与群落优化、生物控制与修复、生物多样性恢复等相关综合技术措施。

生态系统特征研究包括以下八个方面：

① 湖泊生态系统结构、功能及不同干扰条件下生态系统的受损过程驱动因素及其环境响应机制。

② 生态系统的稳定性、生物多样性、系统抗逆性、生产力、营养物循环、恢复力与可持续性研究。

③ 不同干扰条件下生态系统的受损过程及其响应机制研究，生物种群重新定居过程及环境响应机制、物种生存生长与竞争机制。

④ 水生植物种子库动态及种子库自然条件下萌发的环境要求、植物对环境的适应。

⑤ 微生物在恢复生态中的作用机理。

⑥ 生态系统动态变化、发展机理与演替规律研究。

⑦ 生态系统退化诊断及其恢复的评价指标体系研究。

⑧ 生态系统退化过程的动态监测、模拟、预测及预警研究。

18.3.2.2 湖内水质改善

1．湖泊生物修复技术

生物修复通常是指在自然和人工控制条件下，通过微生物生命代谢活动来减少污染环境中的有毒有害物的浓度，从而使污染环境能够部分或完全地恢复到初始状态的过程。常用的生物修复技术方法有投菌法、生物培养法、固定化细菌技术等。用微生物等来治理污染水体的处理效果明显优于物理、化学的方法，而且费用低，二次污染少，生物修复技术已日益成为研究的热点之一。

（1）用有效微生物修复

对于有效微生物（EM），国内外学者颇有争议，有正、负两方面的报道。李雪梅等在华南植物园重度富营养化的人工湖（1 000 m^2）进行了投加多糖 EM 制剂试验，1998 年 4—6 月均匀投加了 60 个固定了高浓度 EM 的“泥球”，总投放浓度为 187 mg/L，两个半月后，湖水透明度从原来的 0.09 m 提高到 0.48 m，提高了 433%；此后停止投菌 45 d，透明度回落到 0.3 m。透明度提高的原因在于 EM 抑制了水体藻类的生长，水体叶绿素下降了 96.5%，总氮下降了 60.2%。停止投菌后尽管各项指标有所反弹，但未再见藻类水华发生。从这个案例可知，EM 治理湖泊富营养化是有效的。

（2）用微生物菌剂修复

美国 Alken-Murry 公司研究开发了 Clear-Flo 系列菌剂的产品，专门用于湖泊和池塘生物清淤、养殖水体净化、河流修复及污泥去除。1992 年，美国某水渠使用 Clear-Flo 1200，3 个月后，NH_4^+从 0.02 mg/L 降为 0.001 mg/L，COD 降低了 84%，BOD 降低了 74%，无毒性检出。1993 年，用 Clear-Flo 7018、Clear-Flo 1200 和 Clear-Flo 7000 净化中国昆明的一条河流，这条河悬浮有机废弃物负荷很高，臭气熏天，富营养化严重。治理后，NH_4^+ 和 H_2S 降低，污泥被分解，溶解氧增加。1997 年，美国马里兰州盖瑟斯堡的一个湖，用补充了添加剂 C 的 Clear-Flo 1200，阻止了丝状蓝绿藻的滋生。

（3）利用固定化细菌治理富营养化湖泊水体

太湖五里湖中桥水厂使用增殖细胞技术固定化氮循环细菌群净化湖水的结果表明，

富营养化湖水经固定化氮循环细菌群 SBR 工艺净化后，总氮下降 75%，氨氮下降 91.5%，COD 下降 75%，出水水质得到明显改善。固定化氮循环细菌技术（INCB）在贵阳红枫湖物理生态工程（PEEN）实验区的除氮、抑菌效果的结果表明，应用 PEEN-INCB 技术使红枫湖试验区总氮、非离子氨和亚硝酸盐氮平均分别降低 0.568 mg/L、0.015 mg/L 和 0.019 mg/L。工程后排入红枫湖的非离子氨均小于 0.02 mg/L，NO_2^--N≤0.1 mg/L，16 个月内无一次超标，而工程前的超标率达 39%。与其他湖区相比，PEEN-INCB 治理工程区域各主要指标下降 4%～40%。

2．水资源优化配置

湖泊水资源紧缺严重制约流域社会经济的发展，使其发展模式不可持续，同时由于水量无法得到保证，影响湖泊水体流动更新，造成水生动植物生长环境恶化，湖泊自净能力降低，大量污染物入湖不能得到相应的稀释、分解和净化，严重影响湖泊水质。

对于水资源紧缺的湖泊，可根据其周边地区水资源分布情况，通过水资源优化配置来解决缺水问题，同时保证湖泊水位稳定，维持有利于水生动植物生长繁衍的水体生境，提高湖泊自净能力，改善水质，控制湖泊富营养化趋势。

18.3.2.3 湖泊内负荷控制

湖泊内负荷控制是针对湖泊水体区“泥源”“藻源”等湖内的污染源，通过疏挖底泥和去除蓝藻等方式，最大限度地减少内源污染，促进水体生境改善。

1．底泥污染控制技术

湖泊底泥污染控制技术主要有原位处理技术和异地处理技术两类。原位处理技术是将污染底泥留在原处，采取措施阻止底泥污染物进入水体，即切断内污染源的污染途径；异位处理技术是将污染底泥挖掘出来运输到其他地方后再进行处理，即将水体的内污染源转移走。原位处理技术主要包括原位覆盖技术与原位钝化技术，异地处理技术主要有污染底泥环保疏浚技术。

（1）污染底泥环保疏浚技术

1）技术特点

环保疏浚技术是国际上开展湖泊（水库）底泥污染治理研究应用最早的技术，也是最为有效、应用广泛、成熟的污染底泥控制技术之一。该技术的核心内容是利用专用疏挖设备有效清除湖泊水库的污染底泥，并通过管道将污染底泥输送至堆场进行安全处置。与单纯地疏通航道、增加水体容积的工程疏浚不同，环保疏浚以精确清除严重污染底泥层、创造湖泊生态修复条件为目标，所疏挖污染底泥厚度一般小于 1 m，施工时污染层的超挖深度精确控制在 10 cm 范围内，在施工过程中采取环保措施尽量避免颗粒物扩散及再悬浮，污染底泥输送至堆场后根据底泥污染特征进行不同的处置。

2）环保疏浚工艺

环保疏浚技术包括疏挖范围及规模的确定、疏浚作业区的划分及工程量计算、污染底泥存放堆场选址、疏挖设备选配、疏挖施工工艺流程确定、堆场围埝及泄水口设计等。疏浚时一般采用绞吸式挖泥船，该船将挖掘、输送、排出等疏浚工序一次完成，它通过船上离心式泥泵的作用产生一定真空将挖掘的泥浆经吸泥管吸入、提升，再通过船上输泥管排到岸边堆场，是一种效率较高的疏浚工艺。

（2）原位覆盖技术

1）技术特点

原位覆盖技术又称封闭、掩蔽或帽封技术，其技术核心是利用较好阻隔作用的材质覆盖于污染底泥上，将底泥中的污染物与上覆水分隔，降低底泥中污染物向水体释放的能力。覆盖技术具有以下功能：①增加污染物与水体间的接触距离，将污染底泥与上层水体物理性阻隔开；②稳固污染底泥，防止其再悬浮或迁移；③通过覆盖层中有机颗粒的吸附作用，削减污染底泥中进入上层水体的污染物。

2）覆盖材质及厚度

覆盖技术中覆盖材质的选择十分关键，一般来说，覆盖材质需安全、不产生二次污染、廉价易获得、施工操作便捷及对污染物的覆盖有效。原位覆盖的厚度与覆盖材质、污染物类型及环境因子相关，但一般都为 0.3～1.5 m。以清洁泥沙为覆盖物时，若底泥中污染物以营养盐为主，覆盖层厚度通常为 20～30 cm；污染物以 PAHs 或 PCBs 为主时，最小覆盖层厚度一般需要 50 cm 以上。

（3）原位钝化技术

1）技术特点

污染底泥原位钝化技术的核心是利用对污染物具有钝化作用的人工或自然物质，使底泥中污染物惰性化，并相对稳定于底泥，大大减少底泥中污染物向水体释放的趋势，达到有效截断内源污染的目的。该技术主要功能：①加入的钝化剂在沉降过程中能捕捉水体中的 P 与颗粒物，从而使水体中污染物得到较好的去除；②钝化层形成后可有效吸附并持留底泥中释放的 P，从而有效减少由底泥释放进入上覆水中的污染物量；③钝化层的形成可有效压实浮泥层，减少底泥的悬浮。

2）钝化剂种类及加药量

原位钝化技术中钝化剂的选择十分关键，应考虑钝化剂的安全性、不产生二次污染，能有效钝化污染物，经济上可行且操作便捷。目前国际上常用的钝化剂有铝盐、铁盐和钙盐。铝盐是应用最广泛、最早的钝化剂。铁盐和钙盐通过与 P 结合形成难溶沉淀来达到钝化 P 的目的，这两种盐对水体安全无毒，但其钝化效果受水体 pH 和氧化还原状态的影响。通常铝盐作为底泥钝化剂的投药量为 10～30 mg/L，考虑到对水体中生物的不良影响，建议最大的铝盐用量为 26 mg/L，一般根据湖泊碱度的不同，需要加入一定量的缓冲剂如铝酸钠、碳酸钠等。铁盐与钙盐的应用较铝盐少。

2. 除藻技术

（1）物理法

物理法主要包括机械或人工打捞、黏土絮凝和遮光技术等方法。物理法直接清除水体中的藻类，不会产生二次污染，但是由于需要昂贵的费用，该方法只局限于小水体或大水体的局部水域。

1）机械除藻

通过机械方法清除水华蓝藻，对控制蓝藻污染可以起到较为重要的作用，但是如果在水华暴发前期加大机械清除蓝藻量，可对控制后期水华暴发起更明显的作用。

2）黏土除藻

黏土由多种矿物质及杂质组成，来源充足，天然无毒，使用方便。在淡水除藻中，虽然可以絮凝沉降水华，但该技术多作为一种应急处理措施，目前对黏土进行改性使得黏土除藻在淡水湖泊中的应用取得了较好的效果。

3）遮光技术

主要是通过在湖面覆盖部分遮光板，控制全湖藻类增殖。采用塑料浮板遮光，覆盖面积为水面的 50%～60%。遮光一个月左右微胞藻属消失，湖水明澈透底，COD 下降 50%，pH 下降，溶解氧保持在 4 mg/L 以上。

（2）化学法

控制藻菌最行之有效的办法就是使用杀菌灭藻剂，但化学除藻法既不科学也不经济，它将不可避免地造成环境污染或破坏生态平衡。除藻剂的化学成分均为易溶性的铜化合物，或者螯合铜类物质，这类化合物对鱼类、水草等水生生物产生一定程度的伤害甚至导致其死亡，并且有致癌作用，还会产生一些不可预测的不良后遗症。因此，化学除藻是一种短期行为或是一种权宜之计。

（3）生物法

对藻类进行生物控制是指在较短的时间内大量削减藻细胞的数目或防止藻类的暴发性增长。目前，应用生物控藻的技术主要有以下几个方面。

1）以藻制藻

通常选择水网藻，隶属绿藻门，体长可达 2 m，鲜黄绿色，由于其生长繁殖快、吸收肥料能力强等特点而与藻类竞争水体的营养盐，从而抑制藻类水华的发生。研究表明，水网藻对水体氨氮、总氮和总磷的去除率均在 70%以上。

2）微生物絮凝剂除藻

利用微生物本身或产生的多肽、酯类、糖蛋白、黏多糖、纤维素和核酸等作絮凝剂，可以对包括藻类在内的大多数微生物产生絮凝作用，并且操作简便，对环境无二次污染。另外，水体恢复功能菌（RB）、利水剂、AEM 菌、光合细菌（PSB）等都有较好的除藻作用。在滇池草海约 800 m 围栏水域的现场试验中，PSB 净水剂对藻量去除率在 90%以上，平均透明度从 0.3 m 增加到 1.06 m。

3）生物控制试剂

潜在的生物控制试剂包括病毒、细菌、真菌、放线菌和原生动物等，主要通过这些生物对藻类的裂解或摄食来达到控制藻类的目的。例如，寄生在蓝藻个体或群体的病毒能够裂解蓝藻，这类病毒主要为肌病毒科（Myoviridae）、长尾病毒科（Styloviridae）和短尾病毒科（Podoviridae）。而细菌、真菌和放线菌这类生物控制试剂主要是通过释放酶或胞外的抗生素作用于蓝藻，从而达到裂解藻类的目的。此外，一些原生动物种类（如变形虫、纤毛虫和鞭毛虫等）能够直接摄食蓝藻。

4）高等植物克制藻类

植物之间存在对环境生长因子（光、肥、水等）的竞争和向环境释放化学物质对其他植物产生影响的相生相克的两种相互作用，如荸荠属水草、水葫芦、水花生、水浮莲、满江红、紫萍和西洋菜以及凤眼莲等，对蓝藻、绿藻和衣藻有一定的抑制效应。

5）鱼类控藻

滤食性鱼类和杂食性鱼类能够直接滤食藻类，从而达到控藻的目的。基于武汉东湖蓝藻水华消失的实践和原位围隔试验，促成了非经典生物操纵理论的提出。该理论强调了滤食性鱼类鲢、鳙对蓝藻的直接摄食导致蓝藻的下降。以太湖梅梁湾约 1 km 的围栏水域为例，估算在蓝藻水华暴发高峰时期（8 月）对藻类的控制效果，网中的鲢、鳙对微囊藻生物量的控制达 3%，并可大幅降低水体中的藻毒素含量（＞50%）。

18.3.2.4　湖泊水生态系统管理

1．生态系统保护保育措施

生物多样性保育：对湖泊整体生物多样性的现状进行本底性的调查研究；重视生物多样性三个层次：遗传多样性、物种多样性和群落多样性的保护；在人力、财力尚不充分的条件下，可着重保护物种多样性与群落多样性。

生物学完整性保育：对湖泊进行细致的分区、分带、分级，制定严格的标准和详细的区划；研究并确定生物群落类型特别是功能类型；针对不同类型结合当地的自然地理和人文社会状况制定并执行各类型生物群落的保育措施。

2. 水量和水交换管理

评估水流方向和流场变更对水生态稳定状态的短、中、长期影响，制订优化方案；研究闸释地下水、地下渗透对湖泊水量平衡的影响，制订优化方案。

3. 水质和水化学管理

水质和水化学管理包括：规范不合理的人类活动，如船舶的管理、及时清除湖内垃圾与废弃物等；制定管理办法，按属地管理的原则，建立乡规民约和入湖污染控制责任制，使沿湖环境卫生和人湖河道的管理工作落到实处；加大对沿湖渔民的宣传教育，摒弃不科学、不环保的捕鱼方式；加大湖泊保护宣传力度，提高全民环境意识；建立健全奖惩制度和举报有奖制度，充分发挥人民群众和新闻媒体的舆论监督作用。

18.4 库区污染控制技术

库区，就是指水库内最高蓄水位的水面所覆盖的区域。而水库是指在山沟或河流的狭口处建造拦河坝形成的人工湖泊。水库给人类的生产生活提供了很多有利之处，如防洪、蓄水灌溉、供水、发电等。但它是人类通过改变大自然原本状态而实现的，必然会导致一些弊端，比如水质与生态环境都会产生变化。

以我国最大的库区——三峡库区为例，三峡成库后，库内的河流水情发生了根本性的转变。尽管多数河流仍保持狭长的河流态势，但在回水段由于水流速明显减小，成为名副其实的人工湖泊。水色变清，营养盐富集，在水温、阳光合适的春天、初夏、初秋，一些次级河流的回水段出现藻类“疯长”的水华现象，给库区水质和生态环境带来巨大的隐患。因此，防治库区次级河流回水段富营养化工作就显得十分必要。

18.4.1 库区污染防治指导思想和原则

根据库区次级河流富营养化特点，库区次级河流富营养化防治应遵循以下的指导思想和原则。

1. 污染源排污控制与生态修复相结合

河流沿岸的排污，特别是流域自然生态破坏、水土流失带来的径流污染是库区次级河流回水段出现富营养化的重要原因。因此，在控制点源排污的同时，应重视流域和河流两岸的生态恢复工程，减少水土流失带来的径流污染。

2. 以减少或消除外源性 N、P 输入为重点

N、P 等营养物质是藻类生长和繁殖的必备条件之一，减少或消除外源性的 N、P 营养物进入库区水体，就能从根本上防止富营养化的发生。

3．对集中式饮用水水源地实行重点保护，严防污染事故发生

藻类暴发及其他突发性污染事故对集中式饮用水水源地的冲击最大，因此，在排泄总量控制、水质监测、事故预警方面要给予特别重视。

4．走综合防治道路

库区次级河流富营养化是多因素共同作用的结果。因此，防治不能采用单一的方法，必须走控源与生态修复相结合、治理措施与管理相结合、点源治理与面源治理相结合的综合防治道路。

5．依靠科技进步，强化法制管理和科学管理

库区次级河流的水环境保护是一项系统工程，应从河流水质现状和使用功能出发，采用经济实用、科技含量高、治理效果好的新方法。同时提出一系列法律法规和管理措施，健全水环境管理体系，维护库区水环境安全。

18.4.2 库区次级河流污染控制工程

国内外有关专家和研究人员经过不断探索和研究，研发了一系列流域水环境生态修复和生态工程技术。结合库区次级河流地域特点和污染特性，从外源营养物污染控制和资源持续利用的角度，认为水污染生态治理工程是库区次级河流流域生态调控修复的较佳选择之一。

1．人工湿地技术

国内外工程实例证明，人工湿地耐污及水力负荷强，抗冲击负荷性能好，效果稳定，处理污水能耗低，维护管理简单，具有相当的脱氮除磷能力，并能形成多样性的生境。但由于人工湿地系统所需要的土地面积相对较大，一般只能用于次级河流流域中用地相对不受限制的地方，以及流域内城镇污水处理厂尾水的深度处理。人工湿地技术对小流量及间歇排放的污水处理以及建设次级河流河口区域生态缓冲带等尤为适宜。

2．人工生态浮岛或浮床

人工生态浮岛技术是一种非常有效的水体 N、P 污染防治技术，在国内外具有许多成功应用的实例，与其他污水生态治理技术相比，在工程造价占地、营养盐去除效果、生物生态多样性、人造景观以及经济效益等方面优势明显，是一种用于库区次级河流水体富营养化防治的生态工程技术，适用于河流中 N、P 浓度高且水流流速平缓的中小河道。

3．生态稳定塘

稳定塘是一种半人工的生态系统，其主要功能是滞留污染径流，循环利用水体中的营养物质，使污水中的污染物质得到分级转化、降解和利用。生态稳定塘占地面积较大，且人为调节环境因子的能力有限，但生态稳定塘建造成本低、操作管理简便，能去除大部分 C、N 和 P 等营养物质。因此，生态稳定塘可以作为库区污染营养盐去除的有效工

程技术。

4．生态沟净化技术

生态沟技术对营养物质的去除主要通过土壤的浸润毛细作用，吸附、过滤、沉淀作用以及生物降解与土壤中生长的植物摄取作用，实现污水高效治理及营养物去除的目的。同时，沟中沙石填料构成的滤床也可对污水中颗粒杂物进行过滤治理。经生态沟后处理的农村生活污水，还可以直接排入农田灌溉，实现污水的资源化利用。

参考文献

[1] 李雪梅，杨中艺，简曙光，等. 有效微生物群控制富营养化湖泊蓝藻的效应[J]. 中山大学学报，2000，39（1）：81-85.

[2] 李正魁，濮培民. 固定化增殖氮循环细菌群 SBR 法净化富营养化湖水[J]. 核技术，2001，24（8）：674-679.

[3] 宋东辉. 生态环境水利工程应用技术[M]. 北京：中国水利水电出版社，2013.

[4] 王浩. 湖泊流域水环境污染治理的创新思路与关键对策研究[M]. 北京：科学出版社，2010.

[5] 张锡辉. 水环境修复工程学原理与应用[M]. 北京：化学工业出版社，2002.

第五部分

剩余污泥的处理与处置

第 19 章　生活污水处理厂污泥的种类和特点

随着我国城市化率不断提高，污水处理设施不断增加，城市污泥产量也急剧上升。污泥问题已经成为城市发展中的新难题，污泥出路迫在眉睫，部分地区甚至出现“污泥围城”的现象。因此我们必须寻找污泥的资源化和减量化的方法。

19.1　城市污水污泥的来源与分类

19.1.1　污水污泥的来源

工业废水处理产生的污泥随相应的处理工艺变化很大。有关污水污泥在污水处理过程中的来源见表 19-1。

表 19-1　城市污水处理厂的污泥来源

污泥类型	来源	污泥特性
栅渣	格栅	包括粒径足以在格栅上去除的各种有机或无机物，有机物料的数量在不同的污水处理厂和不同季节有所不同；栅渣量为 $3.5\sim80\ cm^3/m^3$，平均约为 $20\ cm^3/m^3$，主要受污水水质影响
无机固体颗粒	沉淀池	无机固体颗粒的量约为 $30\ cm^3/m^3$，这些固体颗粒中也可能含有有机物，特别是油脂，其数量的多少取决于沉砂池的设计和运行情况
初次沉淀污泥	初次沉淀池	由初次沉淀池排除的初次沉淀污泥通常为灰色糊状物，其成分取决于原污水的成分，产量取决于污水水质与初沉池的运行情况，干污泥量与进水中的SS和沉淀效率有关，湿污泥量除与SS和沉淀效率有关外，还直接取决于排泥浓度
剩余活性污泥	二次沉淀池	传统活性污泥工艺等生物处理系统中排放的剩余污泥，其中含有生物体和化学试剂，产生量取决于污水处理所采用的生物处理工艺
化学污泥	化学沉淀池	混凝沉淀工艺中形成的污泥，其性质取决于采用的混凝剂种类，数量则由原污水中的悬浮物量和投加的药剂量决定
浮渣	初次沉淀池或二次沉淀池	主要来自初次沉淀池和二次沉淀池，其成分较复杂，一般可能含有油脂、植物和矿物油、动物脂肪、菜叶、毛发、纸和棉织品等，浮渣的数量约为 $8\ g/m^3$

注：引自《城市污泥处理与利用》。

19.1.2 污水污泥的分类

城市污水处理厂污泥可按不同的分类准则分类，其中常见的有以下几种。

1．按污水的来源特性分类

① 生活污水污泥：生活污水处理过程中产生的污泥。生活污水污泥中有机物含量一般相对较高，重金属等污染物的浓度相对较低。

② 工业废水污泥：工业废水处理过程中产生的污泥。工业废水污泥的特性受工业性质的影响较大，其中含有的有机物及各种污染物成分变化较大。

2．按污水的成分和某些性质分类

① 有机污泥：有机污泥主要含有机物，典型的有机污泥是剩余活性污泥，如活性污泥和生物膜、厌氧消化处理后的消化污泥等。有机污泥的特点是呈絮凝体状态、污泥颗粒细小、含水率高、不易下沉；但稳定性差、容易腐败和产生恶臭。有机污泥常含有丰富的氮、磷等养分，流动性好，便于管道输送。

② 无机污泥：无机污泥主要含无机物，如废水利用石灰中和沉淀、混凝沉淀和化学沉淀的沉淀物等，主要成分是金属化合物。这种污泥密度大，固相颗粒大，易于沉淀、压密和脱水，含水率低，流动性差，污泥稳定不腐化。

③ 亲水性污泥：主要由亲水性物质构成，往往不易浓缩和脱水。

④ 疏水性污泥：主要由疏水性物质构成，浓缩和脱水性能较好。

3．按污泥的不同来源分类

① 栅渣：污水中可用筛网或格栅截留的悬浮物质、纤维制品、动植物残片、木屑果壳、纸张、毛发等物质被称为栅渣。

② 沉砂池沉渣：沉渣是废水中含有的泥沙、煤屑炉渣等，它们以无机物质为主，但颗粒表面多黏附着有机物质，容易沉淀，可用沉砂池沉淀去除。

③ 浮渣：浮渣是不能被格栅清除而漂浮于初次沉淀池表面的物质，其相对密度小于1，如动植物油、蜡、表面活性剂泡沫和塑料制品等。二次沉淀池表面也会有浮渣，它们主要源于池底局部沉淀物或排泥不当，池底积泥时间过长，厌氧消化后随气体（CO_2、CH_4等）上浮至池面而成。

④ 初沉污泥：初次沉淀池中沉淀的物质称为初沉污泥。初沉污泥以有机物为主（约占总干重的65%）、易腐烂发臭、极不稳定、色呈灰黑、胶状结构、亲水性、相对密度约为1.02，需经稳定化处理。

⑤ 剩余活性污泥：污水经活性污泥法处理后，沉淀在二次沉淀池中的物质称为活性污泥，其中排放的部分称为剩余活性污泥。剩余活性污泥以有机物为主（60%～70%），相对密度为1.004～1.008，不易脱水。

⑥ 腐殖污泥：污水经生物膜法处理后，沉淀在二次沉淀池中的物质称为腐殖污泥。腐殖污泥主要含有衰老的生物膜与残渣，有机成分占 60%左右（占干固体重量）、相对密度约为 1.025、呈褐色絮状、不稳定易腐化。

⑦ 化学污泥：用化学沉淀法处理污水后产生的沉淀物称为化学污泥或化学沉渣。例如，用混凝沉淀法去除污水中的磷；投加石灰中和酸性污水产生的沉渣均称为化学污泥或化学沉渣。

19.2　城市污水处理厂污泥成分与特性

污水污泥的来源和形成过程十分复杂，不同来源的污泥，其物理、化学和微生物学特性存在差异，正确地了解污泥的各种性质是选择合适的污泥处理方法和处理工艺的基础。

19.2.1　污泥物理性质

1．污泥含水（固）率

污泥的含水率一般都很大，相对密度接近 1。可采用如下公式计算：

$$P_W = \frac{W}{W+S} \times 100\% \tag{19-1}$$

式中，P_W——污泥含水率，%；

W——污泥中水分量，g；

S——污泥中总固体质量，g。

污泥的含固率可用如下公式计算：

$$P_S = \frac{S}{W+S} \times 100\% = 100\% - P_W \tag{19-2}$$

式中，P_S——污泥含固率，%。

代表性污泥的含水率见表 19-2。

表 19-2　代表性污泥的含水率

名称	含水率/%	名称	含水率/%
栅渣	80	浮渣	95～97
沉渣	60	生物滴滤池污泥	—
腐殖污泥	96～98	慢速滤池	93
初次沉淀污泥	95～97	快速滤池	97

名称	含水率/%	名称	含水率/%
混凝污泥	93	厌氧消化污泥	—
活性污泥	—	初次沉淀污泥	85～90
空气曝气	98～99	活性污泥	90～94
纯氧曝气	96～98	—	—

注：引自《污泥资源化技术》。

2．污泥密度

（1）污泥相对密度

污泥的密度是指单位体积污泥的质量，其数值通常以污泥相对密度，即污泥质量与同体积水的质量之比来表示。污泥相对密度的计算公式为

$$\gamma = \frac{100\gamma_s}{P_W \cdot \gamma_s + (100 - P_W)} \tag{19-3}$$

式中，γ—— 污泥相对密度；

P_W—— 污泥含水率，%；

γ_s—— 污泥干固体相对密度。

（2）污泥干固体相对密度

污泥干固体包含有机物和无机物。污泥干固体相对密度与其中的有机物和无机物比例有关，这两者的比例不同，则污泥干固体相对密度也不同。若以 p_V、γ_V 分别表示污泥干固体中挥发性固体（有机物）所占比例和相对密度；以 γ_f 表示灰分（无机物）的相对密度，污泥干固体相对密度可用如下公式表示：

$$\frac{100}{\gamma_S} = \frac{p_V}{\gamma_V} + \frac{100 - p_V}{\gamma_f}$$

$$\gamma_S = \frac{100\gamma_f \cdot \gamma_V}{100\gamma_V + p_V(\gamma_f - \gamma_V)} \tag{19-4}$$

3．污泥体积

污泥的体积为污泥中水的体积与固体体积两者之和，即

$$V = \frac{W}{\rho_W} + \frac{S}{\rho_S} \tag{19-5}$$

式中，V—— 污泥体积，cm^3；

ρ_W—— 污泥中水的密度，g/cm^3；

ρ_S—— 污泥中干固体密度，g/cm^3。

4．污泥脱水性能

污泥比阻（r）常用来衡量污泥的脱水性能，它反映了水分通过污泥颗粒所形成的泥

饼时，所受阻力的大小。其物理意义：单位质量的污泥在一定压力下过滤时，单位过滤面积上的阻力即单位过滤面积上滤饼单位干重所具有的阻力，单位为 m/kg。

污泥比阻公式是从过滤基本方程式——卡门（Carman）公式得出的。表 19-3 列出了不同污泥的比阻和压缩系数。

表 19-3　不同污泥的比阻和压缩系数

污泥类型	比阻/（$\times10^{12}$ m/kg）	压缩系数	备注
初沉污泥	4.7	0.54	均属生活污水污泥
消化污泥	13～14	0.64～0.74	
活性污泥	29	0.81	
调节的初沉污泥	0.031	1.0	
调节的消化污泥	0.1	1.2	

注：引自《污泥处置》。

毛细吸水时间（CST）也是鉴定污泥脱水性能的一个指标，毛细吸水时间越大，污泥的脱水性能越差，反之脱水性能越好。

5．污泥传输性

液体污泥的物理性质与水极为相近，很容易通过离心沉淀、皮碗泵、谐振器、膜式泵、活塞和其他类型的传送方式输送。

液体污泥（大约 6%的总固体）通常是牛顿流体，即在层流状态下，压力的减少与速度和黏度成比例。液体在极限速度时（一般为 1.2～2.0 m/s），流态会变成紊流。在抽送液体污泥时，其压力下降比抽送水大 25%。在紊流状态时，其压力损失可能是水的 2～4 倍。

6．污泥储存性

为适应污泥产生率的变化，应充分考虑污泥储存和污泥处理设备不工作时（周末或停产时等）的堆放问题。

短时间的液体污泥储存可以在沉淀和浓缩池内完成；长时间的污泥储存需要在好氧和厌氧消化池内完成，特别是要储存在隔离储存池或地下储存池内。隔离储存池的储存能力通常是几小时至几天的污泥储备量，而地下污泥池可以储存几年的液体污泥。

7．污泥燃料热值

污泥中含有有机物质，因此污泥具有燃料价值。由于污泥的含水率因生产与处理状态不同有较大差异，故其热值一般均以干基（d）或干燥无灰基（daf）形式给出。表 19-4 是各类污泥的燃烧热值。污水污泥的物理特性见表 19-5。

表 19-4 各类污泥燃烧热值

污泥种类		燃烧热值（以干泥计）/（kJ/kg）
初次沉淀污泥	生污泥	15 000～18 000
	消化污泥	7 200
初次沉淀污泥与腐殖污泥混合	生污泥	14 000
	消化污泥	6 700～8 100
初次沉淀污泥与活性污泥混合	生污泥	17 000
	消化污泥	7 400
生污泥		14 900～15 200

表 19-5 污水污泥物理特性

污泥（包括固体）	特性
栅渣	含水量一般为 80%，容量约为 0.96 t/m^3
无机固体颗粒	密度较大，沉降速度较快。也可能含有有机物，特别是油脂，其数量的多少取决于沉砂池的设计和运行情况。含水率一般为 60%，容重约为 1.5 t/m^3
浮渣	成分复杂，可能含有油脂、植物和矿物油、动物脂肪、菜叶、毛发、纸和棉织品、烟头等。容重一般为 0.95 t/m^3 左右
初沉污泥	通常为灰色糊状物，多数情况下有难闻的气味，如果沉淀池运行良好，则初沉污泥很容易消化。初沉污泥的含水量为 92%～98%，典型值为 95%，污泥固体密度为 1.4 t/m^3，污泥容重为 1.02 t/m^3
化学沉淀污泥	一般颜色较深，如果污泥中含有大量的铁，也可能呈红色，化学沉淀污泥的臭味比普通的初沉污泥要轻
活性污泥	褐色的絮状物。颜色较深表明污泥可能近于腐殖化；颜色较淡表明可能曝气不足。在设施运行良好的条件下，没有特别的气味，活性污泥很容易消化，含水率一般为 99%～99.5%，固体密度为 1.35～1.45 t/m^3，容重为 1.005 t/m^3
生物滤池污泥	带有褐色。新鲜的污泥没有令人讨厌的气味，能够迅速消化，含水率为 97%～99%，典型值为 98.5%。污泥固体密度为 1.45 t/m^3，污泥容重为 1.025 t/m^3
好氧消化污泥	褐色至深褐色，外观为絮状。常有陈腐的气味，易脱水。污泥含水率当为剩余活性污泥时为 97.5%～99.25%，典型值为 98.75%；当为初沉污泥时为 93%～97.5%，典型值为 96.5%；当为初沉污泥和剩余活性污泥的混合污泥时为 96%～98.5%，典型值为 97.5%
厌氧消化污泥	深褐色至黑色，并含有大量的气体。消化良好时，其气味较轻。污泥含水率当为初沉污泥时为 90%～95%，典型值为 93%；当为初沉污泥和剩余活性污泥的混合污泥时为 93%～97.5%，典型值为 96.5%

19.2.2 污泥化学性质

1．污泥基本理化特性

城市污水处理厂污泥的基本理化成分如表 19-6 所示。由表 19-6 可知，城市污水处理厂污泥是以有机物为主，有一定的反应活性，理化特性随处理状况的变化而变化。

表 19-6 城市污水处理厂污泥基本理化成分

项目	初次沉淀污泥	剩余活性污泥	厌氧消化污泥
pH	5.0～8.0	6.5～8.0	6.5～7.5
干固体总量/%	3.0～8.0	0.5～1.0	5.0～10.0
挥发性固体总量（以干重计）/%	60～90	60～80	30～60
固体颗粒密度/（g/cm^3）	1.3～1.5	1.2～1.4	1.3～1.6
容重/（g/cm^3）	1.02～1.03	1.000～1.005	1.03～1.04
BOD_5/VS	0.5～1.1	—	—
COD/VS	1.2～1.6	2.0～3.0	—
碱度（以 $CaCO_3$ 计）/（mg/L）	500～1 500	200～500	2 500～3 500

注：引自《城市污泥处理与利用》。

2．污泥化学构成

污泥的来源和处理方法很大程度上决定着它们的化学组成。污泥的化学构成包含植物营养元素、无机营养物质、有机物质、微量营养物质和污染物质等。

（1）植物营养元素

污泥中含有植物生长所必需的常量营养元素和微量营养元素，其中氮、磷和钾在污泥的资源化利用方面起着非常重要的作用。不同污泥含有的植物养分含量情况见表 19-7。

表 19-7 不同类型污泥植物养分含量 单位：%

污泥类型	总氮（TN）	磷（P_2O_5）	钾（K）	腐殖质	有机质	灰分
初沉污泥	2.0～3.4	1.0～3.0	0.1～0.3	33	30～60	50～75
剩余活性污泥	2.8～3.1	1.0～2.0	0.11～0.80	47	—	—
生物滤池污泥	3.5～7.2	3.3～5.0	0.2～0.4	41	60～70	30～40

（2）无机营养物质

除了经石灰处理的污泥以外（如石灰稳定处理），污泥一般都含有少量的钙、镁（0.3%～2%，干重）和硫（0.6%～1.5%，干重）。

（3）有机物质

污泥中含有的有机物组成见表 19-8。

表 19-8 污泥中有机物组成

有机物种类	初次沉淀污泥	二次沉淀污泥	厌氧消化污泥
有机物含量/%	60～90	60～80	—
纤维素含量（占干重）/%	8～15	5～10	30～60

有机物种类	初次沉淀污泥	二次沉淀污泥	厌氧消化污泥
半纤维素含量（占干重）/%	2～4	—	8～15
木质素含量（占干重）/%	3～7	—	—
油脂和脂肪含量（占干重）/%	6～35	5～12	5～20
蛋白质（占干重）/%	20～30	32～41	15～20
碳氮比	（9.4～10.0）：1	（4.6～5.0）：1	—

污泥中含有的有机物质可以对土壤的物理性质起到很大的影响，如土壤的肥效、腐殖质的形成、孔隙率和持水性等。污泥中含有可供生物利用的有机成分，包括纤维素、脂肪、硫和磷化合物等多糖物质，这些物质有利于土壤腐殖质的形成。

（4）微量营养物质

污泥中包含的微量营养物质，如铁、锌、铜、镁、硼、钼（作为氮固定作用）、钠和氯等，都是植物生长所少量需要的，但它们对微生物的生长同样重要。

（5）污染物质

污泥含有的有机化合物和无机化合物过量存在会严重影响动植物的生长及人类健康。无机污染物包括砷、镉、铬、铜、铅、汞、钼、镍、硒和锌 10 种重金属。

3．污泥生化性质

大多数污水处理工艺将污水中的致病微生物去除后，将其转移到污泥中。污泥中包含多种微生物群体，可以分为细菌、放线菌、病毒、寄生虫、原生动物、轮虫和真菌。这些微生物中相当一部分是致病的。污泥处理的一个主要目的就是去除致病微生物，使其达到合格标准。

初沉污泥、二沉污泥和混合污泥中细菌和病毒的种类及浓度如表 19-9 所示。

表 19-9　初沉污泥、二沉污泥和混合污泥中细菌和病毒的种类及浓度

污泥类型	总大肠杆菌	粪大肠杆菌	粪链球杆菌	噬菌体	沙门氏菌	青绿色假单胞菌	肠道病毒
初沉污泥	1.0×10^6～1.2×10^8	1.0×10^6～2.0×10^7	8.9×10^5	1.3×10^5 PFU[1]	4.1×10^2	2.8×10^3	3.9×10^2 PFU[1]
							1～10^3 $TCID_{50}$[4]/mL
							1.2～580 PFU[1]
							0.002～0.004 MPN[2]
							2～1 600 PFU[1] /mL
							5.7 IU[3]
							6.9～1 400 PFU[1]
二沉污泥	8.0×10^6～7.0×10^8	8.0×10^6～7.0×10^8	1.7×10^6	—	8.8×10^2	1.1×10^4	3.2×10^2 PFU[1]
							3.4～49 PFU[1]
							0.015～0.026 MPN[2]

污泥类型	总大肠杆菌	粪大肠杆菌	粪链球杆菌	噬菌体	沙门氏菌	青绿色假单胞菌	肠道病毒
混合污泥	3.8×10^7～1.1×10^9	1.1×10^5～1.9×10^6	（1.6～3.7）$\times10^6$	—	7～290	3.3×10^3～4.4×10^5	3.6×10^2 $TCID_{50}$④

① PFU：菌落形成个数（organismsplagueformingunit）。PFU值取自不同国家的污水处理厂。

② MPN：最大可能个数（mostprobablenumber）。

③ IU：菌体单位（infectiousunit）。

④ $TCID_{50}$：植物50%折减量（50%tissuecultureinfectivedose）。

注：引自《城市污泥处理与利用》。

未处理的污泥施用到农田会将微生物和病毒的污染传播给庄稼作物以及地表和地下水。污水处理厂、污泥处理设施、污泥堆肥、污泥土地填埋和污泥土地利用等如果操作不当，都可能产生大气和工农业产品的致病体污染，因此，污泥资源化利用和处置之前的有效处理对防止致病体带来疾病是十分重要的。

参考文献

[1] 高廷耀，顾国维. 水污染控制工程. 第4版下册[M]. 北京：高等教育出版社，2015.

[2] 张自杰. 排水工程. 第5版下册[M]. 北京：中国建筑工业出版社，2015.

[3] 潘涛，田刚. 废水处理工程技术手册[M]. 北京：化学工业出版社，2010.

[4] 蒋展鹏. 环境工程学. 第3版[M]. 北京：高等教育出版社，2013.

[5] 徐强. 污泥处理处置新技术、新工艺、新设备[M]. 北京：化学工业出版社，2011.

[6] 周少奇. 城市污泥处理处置与资源化[M]. 广州：华南理工大学出版社，2002.

[7] 张辰. 污泥处理处置技术与工程实例[M]. 北京：化学工业出版社，2006.

[8] 何品晶. 城市污泥处理与应用[M]. 北京：科学出版社，2003.

[9] 赵庆祥. 污泥资源化技术[M]. 北京：化学工业出版社，2002.

[10] 金儒霖，刘永龄. 污泥处置[M]. 北京：中国建筑工业出版社，1982.

第 20 章　工业废水处理厂污泥的种类和特点

由于工业废水本身的性质多变，相应的处理工艺变化很大，因此不同种类的工业废水经处理后产生的污泥种类可能差别很大。我们将工业废水处理厂的污泥分为三类，即无机污泥、普通污泥、危险废物。

20.1　无机污泥

无机污泥主要含无机物，如废水利用石灰中和沉淀、混凝沉淀和化学沉淀的沉淀物等，主要成分是金属化合物（包括重金属化合物）。这种污泥密度大、固相颗粒大，易于沉淀、压密和脱水，颗粒持水能力差，含水率低，流动性差，污泥稳定不腐化，但是可能出现重金属离子再溶出。

20.2　普通污泥

工业废水所产生的普通污泥与城市生活污水所产生的污泥相似，在废水的处理中起着重要的作用。

1．普通污泥的组成

普通污泥的组成可分为四部分：有活性的微生物（Ma），微生物自身氧化残留物（Me），吸附在活性污泥上不能被微生物所降解的有机物（Mi），无机悬浮固体（Mii）。有活性的微生物主要由细菌、真菌组成，通常以菌胶团的形式存在，呈游离状态的较少。

在显微镜下观察这些褐色的絮状污泥，可以见到大量的细菌、真菌、原生动物和后生动物等多种微生物群体，它们组成了一个生态系统。这些微生物群体（主要是细菌）以污水中的有机物为食进行代谢和繁殖，降低了污水中有机物的含量，同时通过生物絮凝和吸附，去除污水中呈悬浮或胶体状态的其他物质。

2．普通污泥性状

普通污泥是粒径在 200～1 000 μm 的类似矾花状不定形的絮凝体，具有良好的凝聚沉降性能。絮凝体通常具有 20～100 cm^2/mL 的较大表面积，在其内部或周围附着或匍匐着微型动物，在曝气池混合液进入二沉池后，生物絮体能有效地从污水中分离出来。

20.3　危险废物

根据《固体废物污染环境防治法》的有关规定，具有腐蚀性、易燃性、反应性或者感染性等一种或几种危险特性的需列入《国家危险废物名录》。由于部分工业废水含有危险物质，使得处理后所生成的污泥含有危险废物，根据《国家危险废物名录》摘录的一些属于危险废物的污泥主要如表 20-1 所示。

表 20-1　属于国家危险废物的污泥

废物类别	行业来源	废物代码	危险废物	危险特性
HW02 医药废物	兽用药品制造	275-001-02	使用砷或有机砷化合物生产兽药过程中产生的废水处理污泥	T
HW04 农药废物	农药制造	263-006-04	乙烯基双二硫代氨基甲酸及其盐类生产过程中产生的废水处理污泥	T
		263-011-04	农药生产过程中产生的废水处理污泥	T
HW05 木材防腐剂废物	木材加工	201-001-05	使用五氯酚进行木材防腐过程中产生的废水处理污泥	T
		201-002-05	使用杂酚油进行木材防腐过程中产生的废水处理污泥	T
		201-003-05	使用含砷、铬等无机防腐剂进行木材防腐过程中产生的废水处理污泥	T
	专用化学产品制造	266-002-05	木材防腐化学品生产过程中产生的废水处理污泥	T
HW06 废有机溶剂与含有机溶剂废物	非特定行业	900-409-06	900-401-06 中所列废物再生处理过程中产生的废水处理污泥（不包括废水生化处理污泥）	T
		900-410-06	900-402-06 和 900-404-06 中所列废物再生处理过程中产生的废水处理污泥（不包括废水生化处理污泥）	T
HW07 热处理含氰废物	金属表面处理及热处理加工	336-002-07	使用氰化物进行金属热处理产生的淬火废水处理污泥	T

废物类别	行业来源	废物代码	危险废物	危险特性
HW08 废矿物油与含矿物油废物	精炼石油产品制造	251-002-08	石油初炼过程储存设施、油—水—固态物质分离器、积水槽、沟渠及其他输送管道、污水池、雨水收集管道产生的污泥	T/I
		251-003-08	石油炼制过程中隔油池产生的含油污泥，以及汽油提炼工艺废水和冷却废水处理污泥（不包括废水生化处理污泥）	T
		251-006-08	石油炼制换热器管束清洗过程中产生的含油污泥	T
	非特定行业	900-210-08	油/水分离设施产生的废油、油泥及废水处理产生的浮渣和污泥（不包括废水生化处理污泥）	T/I
		900-222-08	石油炼制废水气浮、隔油、絮凝沉淀等处理过程中产生的浮油和污泥	T
HW11 精（蒸）馏残渣	炼焦	252-010-11	炼焦及煤焦油加工利用过程中产生的废水处理污泥（不包括废水生化处理污泥）	T
	燃气生产和供应业	450-002-11	煤气生产过程中产生的废水处理污泥（不包括废水生化处理污泥）	T
HW12 染料、涂料废物	涂料、油墨、颜料及类似产品制造	264-002-12	铬黄和铬橙颜料生产过程中产生的废水处理污泥	T
		264-003-12	钼酸橙颜料生产过程中产生的废水处理污泥	T
		264-004-12	锌黄颜料生产过程中产生的废水处理污泥	T
		264-005-12	铬绿颜料生产过程中产生的废水处理污泥	T
		264-006-12	氧化铬绿颜料生产过程中产生的废水处理污泥	T
		264-008-12	铁蓝颜料生产过程中产生的废水处理污泥	T
		264-009-12	使用含铬、铅的稳定剂配制油墨过程中，设备清洗产生的洗涤废液和废水处理污泥	T
		264-012-12	其他油墨、染料、颜料、油漆、真漆、罩光漆生产过程中产生的废水处理污泥，废吸附剂	T

废物类别	行业来源	废物代码	危险废物	危险特性
HW13 有机树脂类废物	合成材料制造	265-104-13	树脂、乳胶、增塑剂、胶水/胶合剂生产过程中产生的废水处理污泥（不包括废水生化处理污泥）	T
HW15 爆炸性废物	炸药、火工及焰火产品制造	267-001-15	炸药生产和加工过程中产生的废水处理污泥	R
		267-003-15	生产、配制和装填铅基起爆药剂过程中产生的废水处理污泥	T/R
		267-004-15	三硝基苯（TNT）生产过程中产生的粉红水、红水，以及废水处理污泥	R
HW16 感光材料废物	专用化学产品制造	266-006-16	显（定）影剂、正负胶片、像纸、感光材料生产过程中产生的残渣及废水处理污泥	T
HW17 表面处理废物	金属表面处理及热处理加工	336-007-17	使用氯化亚锡进行敏化产生的废渣和废水处理污泥	T
		336-051-17	使用氯化锌、氯化铵进行敏化处理产生的废渣和废水处理污泥	T
		336-052-17	使用锌和电镀化学品进行镀锌产生的废槽液、槽渣和废水处理污泥	T
		336-053-17	使用镉和电镀化学品进行镀镉产生的废槽液、槽渣和废水处理污泥	T
		336-054-17	使用镍和电镀化学品进行镀镍产生的废槽液、槽渣和废水处理污泥	T
		336-055-17	使用镀镍液进行镀镍产生的废槽液、槽渣和废水处理污泥	T
		336-056-17	使用硝酸银、碱、甲醛进行敷金属法镀银产生的废槽液、槽渣和废水处理污泥	T
		336-057-17	使用金和电镀化学品进行镀金产生的废槽液、槽渣和废水处理污泥	T
		336-058-17	使用镀铜液进行化学镀铜产生的废槽液、槽渣和废水处理污泥	T
		336-059-17	使用钯和锡盐进行活化处理产生的废渣和废水处理污泥	T
		336-060-17	使用铬和电镀化学品进行镀黑铬产生的废槽液、槽渣和废水处理污泥	T

废物类别	行业来源	废物代码	危险废物	危险特性
HW17 表面处理废物	金属表面处理及热处理加工	336-061-17	使用高锰酸钾进行钻孔除胶处理产生的废渣和废水处理污泥	T
		336-062-17	使用铜和电镀化学品进行镀铜产生的废槽液、槽渣和废水处理污泥	T
		336-063-17	其他电镀工艺产生的槽液、槽渣和废水处理污泥	T
		336-064-17	金属和塑料表面酸（碱）洗、除油、除锈、洗涤、磷化、出光、化抛工艺产生的废腐蚀液、废洗涤液、废槽液、槽渣和废水处理污泥	T/C
		336-066-17	镀层剥除过程中产生的废液、槽渣及废水处理污泥	T
		336-067-17	使用含重铬酸盐的胶体、有机溶剂、黏合剂进行漩流式抗蚀涂布产生的废渣及废水处理污泥	T
		336-068-17	使用铬化合物进行抗蚀层化学硬化产生的废渣及废水处理污泥	T
		336-069-17	使用铬酸镀铬产生的废槽液、槽渣和废水处理污泥	T
		336-101-17	使用铬酸进行塑料表面粗化产生的废槽液、槽渣和废水处理污泥	T
HW18 焚烧处置残渣	环境治理业	772-003-18	危险废物焚烧、热解等处置过程产生的底渣、飞灰和废水处理污泥	T
HW20 含铍废物	基础化学原料制造	261-040-20	铍及其化合物生产过程中产生的熔渣、集（除）尘装置收集的粉尘和废水处理污泥	T
HW21 含铬废物	毛皮鞣制及制品加工	193-001-21	使用铬鞣剂进行铬鞣、复鞣工艺产生的废水处理污泥	T
	基础化学原料制造	261-044-21	铬铁矿生产铬盐过程中产生的废水处理污泥	T
	金属表面处理及热处理加工	336-100-21	使用铬酸进行阳极氧化产生的废槽渣、槽液及废水处理污泥	T
	电子元件制造	397-002-21	使用铬酸进行钻孔除胶处理产生的废渣和废水处理污泥	T

注："T"指毒性，"C"指腐蚀性，"/"分隔的多个危险特性代码，表示该种危险废物具有所列代码所代表的一种或多种危险特性。

第 21 章　剩余污泥的处理

作为污水处理的副产物，生活污水和工业废水在处理过程中所产生的污泥成分十分复杂，它是由多种微生物形成的菌胶团及其吸附的有机物和无机物组成的集合体。除含有大量的水分外，还含有难降解的有机物、重金属和盐类以及少量的病原微生物和寄生虫卵等，其中一些有毒、有害物质会对环境产生负面影响，必须进行妥善处理，以免造成二次污染。如何将产量大、成分复杂的污泥进行科学处理，已成为我国乃至世界广泛关注的课题之一。

21.1　污泥处理处置的一般原则

城市污水处理厂污泥处理与处置必须遵循减量化、稳定化、无害化、资源化的处置原则，同时通过技术开发对污泥综合利用，取得良好的经济效益和环保效益。

1．减量化

污泥减量化通常分为质量减少和过程减量，质量减少主要是通过稳定和焚烧，污泥体积减小主要是通过污泥浓缩和脱水。城市污水处理厂的污泥减量化就是通过采用过程减量化的方法减小污泥体积，以降低污泥处理及最终处置的费用。

2．稳定化

污泥稳定化是降解污泥中的有机物质，杀灭污泥中的细菌、病原体，消除臭味，使污泥中的各种成分处于相对稳定状态的一个过程。需要采用生物好氧或厌氧消化工艺，或添加化学药剂等方法，使污泥中的有机组分转化成稳定的最终产物。

3．无害化

污泥无害化处理的目的是采用适当的工程技术去除、分解或者固定污泥中的有毒、有害物质（如有机有害物质、重金属）及消毒杀菌，使处理后的污泥在最终处置中不会对环境造成危害。

4．资源化

资源化是指在处理污泥的同时，回收其中的氮、磷、钾等有用物质或回收能源，达到变害为利、综合利用、保护环境的目的。污泥的特点和性质决定了污泥的根本出路是资源化，其特征是环境效益高、生产成本低、生产效益高、能耗低。

21.2 剩余污泥的处理技术

剩余污泥（excess activated sludge）是指活性污泥系统中从二次沉淀池（或沉淀区）排出的活性污泥。在生化处理过程中，活性污泥微生物利用污水中的有机物质生长繁殖，为维持反应器生物量平衡，排出多余的微生物，故产生剩余污泥。

剩余污泥的处理是指污泥经单元工艺组合处理，达到"减量化、稳定化、无害化"目的的全过程。污泥处理的主要目的是减少污泥量并使其稳定，便于污泥的运输和最终处置。污泥的处理技术主要有污泥浓缩、稳定、调理和脱水等。

21.2.1 污泥浓缩

污泥浓缩的主要目的在于减少污泥体积，以便后续单元的操作。城市污水污泥含水率很高，一般为 99.2%～99.8%，体积庞大，对污泥的处理、利用及输送都造成困难，故必先进行浓缩。当污泥的含水率由 99%降至 96%时，体积可缩小到原来的 1/4，但仍可保持其流动性，运输方便，大大降低运输及后续处理的费用。

污泥中水分的存在形式有三种。

① 游离水：存在于污泥颗粒间隙中的水，称为间隙水或游离水，约占污泥水分的 70%。这部分水一般借助外力可以与污泥分离。

② 毛细水：存在于污泥颗粒间的毛细管中，称为毛细水，约占污泥水分的 20%。也有可能用物理方法分离出来。

③ 内部水：黏附于污泥颗粒表面的附着水和存在于其内部（包括生物细胞内）的内部水，约占污泥中水分的 10%。只有干化才能分离，但也并不能完全分离。

通常，污泥浓缩只能去除部分游离水。污泥浓缩的操作方式有间歇式和连续式两种，间歇式适用于污泥量较小的场合，而连续式适用于污泥量较大的场合。浓缩方法有重力浓缩、气浮浓缩和离心浓缩，其中重力浓缩应用最广。

21.2.1.1 重力浓缩

1. 重力浓缩的基本原理

重力浓缩是污泥在重力场的作用下自然沉降的分离方式，不需要外加能量，是一种最节能的污泥浓缩方法。重力浓缩沉降可以分为四种形态：自由沉降、絮凝沉降、区域沉降和压缩沉降。

2. 重力浓缩池的形式

重力浓缩构筑物称为重力浓缩池。根据运行方式的不同，可分为连续式重力浓缩池和间歇式重力浓缩池两种。前者主要用于大中型污水处理厂，后者用于小型处理厂或工业企业的污水处理厂。

（1）连续式重力浓缩池

连续式重力浓缩池形同辐射式沉淀池，可分为有刮泥机与污泥搅动装置、不带刮泥机以及多层浓缩池（带刮泥机）三种。

有刮泥机与搅动装置的连续式重力浓缩池，池底坡度一般为 1/100～1/12。污泥在水下的自然坡度角为 1/20，依靠刮泥机将污泥刮集到池子中心，然后用排泥管排出。在刮泥机上设有竖向栅条，随同刮泥机一起缓慢转动，搅拌浓缩污泥。刮泥机传动方式为电动机→两级蜗轮减速箱→滚轮→刮泥机桁架。图 21-1 为有刮泥机及搅动栅的连续式浓缩池。

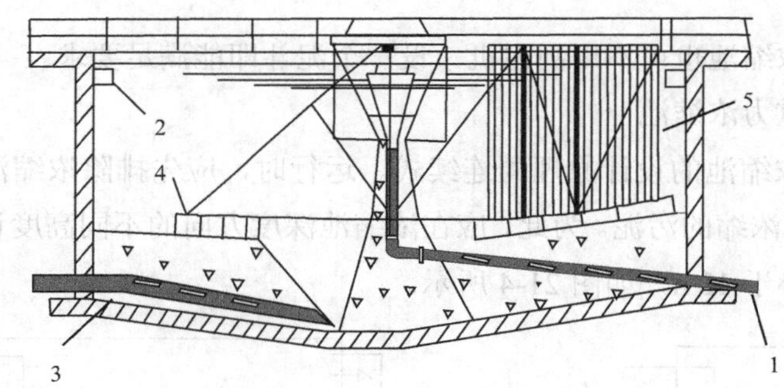

1—中心进水管；2—上清液溢流堰；3—底泥排除管；4—刮泥机；5—搅动栅

图 21-1　有刮泥机及搅动栅的连续式重力浓缩池

当用地受到限制时，可考虑采用多层辐射式浓缩池，见图 21-2。

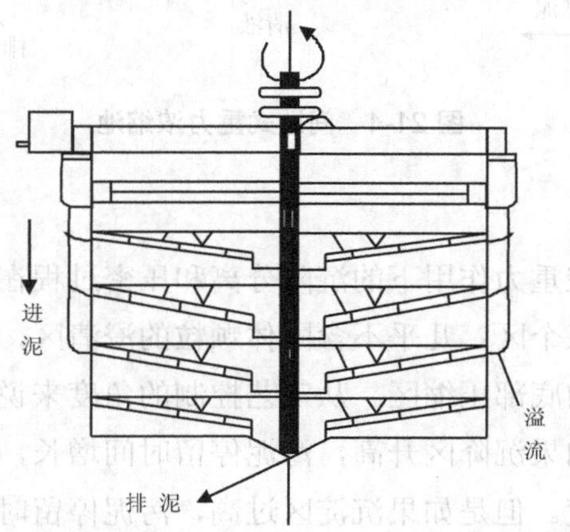

图 21-2　多层辐射式浓缩池

如不用刮泥机，可采用多斗式浓缩池，依靠重力排泥，斗的锥角应保持55°以上，因此池深较大。但是由于锥体属于三向压缩，有利于污泥浓缩过程的进行，不用刮泥机的多斗连续式浓缩池如图21-3所示。

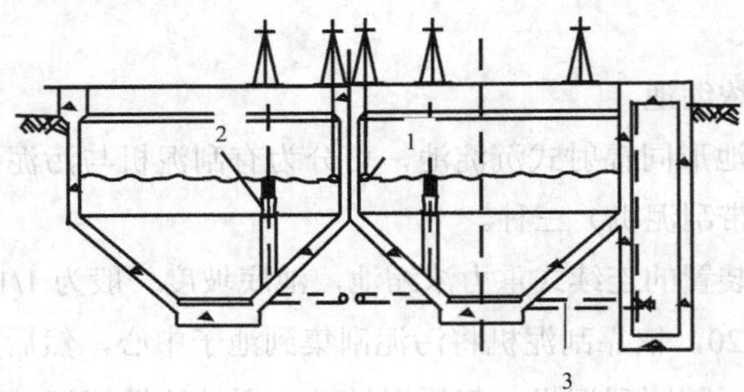

1—进泥；2—上清液排除管；3—排泥

图21-3 多斗连续式浓缩池

小型连续式浓缩池也可不用刮泥机，设一个泥斗即能满足要求。

（2）间歇式重力浓缩池

间歇式重力浓缩池的设计原理同连续式。运行时，应先排除浓缩池中的上清液，增大池容，再投入待浓缩的污泥。为此，应在浓缩池深度方向的不同高度设上清液排除管，浓缩时间一般不小于12 h，如图21-4所示。

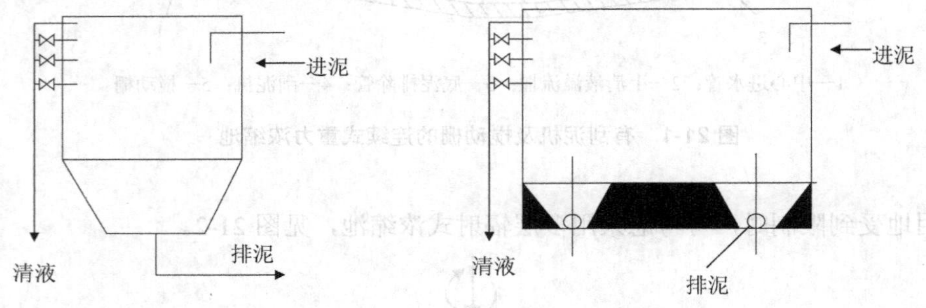

图21-4 间歇式重力浓缩池

3．工艺控制

重力浓缩是使污泥在重力作用下的沉降分离和压密过程在同一系统内同时进行的过程。浓缩池内的状态分三个区：几乎不含固体颗粒的澄清区，污泥进行沉淀的沉降区，沉降污泥承受压密作用的底部压缩区。从工艺控制的角度来说，沉降区与水面保持合适的距离具有重要意义。如果沉降区升高，污泥停留时间增长，压密作用增大，污泥浓度提高便能提高沉淀区高度。但是如果沉淀区过高，污泥停留时间过长，则污泥易腐败而上浮，使溢流水水质恶化。反之，如果沉淀区过低，则达不到处理的要求。

（1）污泥投配量控制

污泥种类和浓缩池确定后，污泥投配量存在一个最佳控制范围。污泥投配量超过浓缩池的浓缩能力时，会导致上清液固体浓度太高，排泥浓度太低，浓缩效果差；污泥投配量太低时，处理量降低，浓缩池得不到充分利用，还易导致污泥上浮，影响浓缩过程。

浓缩池的污泥投配量可由式（21-1）计算：

$$Q_f = \frac{q_s A}{C_f} \tag{21-1}$$

式中，Q_f —— 污泥投配量，m^3/d；

C_f —— 进泥浓度，kg/m^3；

A —— 浓缩池的表面积，m^2；

q_s —— 固体表面积负荷，kg/（m^2·d）。

固体表面负荷大小与污泥种类、浓缩池结构和温度有关。初沉污泥的浓缩性能较好，其固体表面负荷 q_s 一般可控制在 90～150 kg/（m^2·d）范围内；活性污泥的浓缩性能差，q_s 一般为 10～30 kg/（m^2·d）。常见的形式是初沉污泥与活性污泥混合后进行重力浓缩，其 q_s 取决于两种污泥的比例，国内常控制在 60～70 kg/（m^2·d）。

污泥的浓缩效果与水力学条件有关，由污泥负荷确定的污泥投配量还应当用水力学停留时间进行核算。水力学停留时间可用式（21-2）计算：

$$T = \frac{V}{Q_f} = \frac{AH}{Q_f} \tag{21-2}$$

式中，T —— 水力学停留时间，d；

H —— 浓缩池的有效水深（通常指直墙的深度），m；

V —— 浓缩池的体积，m^3。

水力停留时间一般控制在 12～30 h 范围内，温度低时，停留时间长一些；温度高时，水力停留时间则短些，以防止污泥上浮。

（2）浓缩效果的测定

浓缩池运行过程中，应经常对浓缩效果进行测定，并及时予以调节，确保浓缩池正常运行。浓缩效果通常可用浓缩污泥的浓度、固体回收率和分离率三个指标来评价。测定浓缩固体量对流入固体量之比，即固体回收率，是评价浓缩效果好坏的重要工艺参数之一。固体回收率 η 可用式（21-3）表示：

$$\eta = \frac{Q_u C_u}{Q_f C_f} \times 100\% = \frac{Q_f C_f - Q_0 C_0}{Q_f C_f} \times 100\% \tag{21-3}$$

式中，η —— 固体回收率，%；

C_u —— 浓缩污泥浓度，kg/m^3；

Q_u —— 浓缩污泥量，m^3/d；

Q_0 —— 溢流水量，m^3/d；

C_0 —— 溢流水污泥浓度，kg/m^3。

一般来说，正常运行的浓缩池，固体回收率 η 在 90%～95%范围内，浓缩初沉污泥时 η 应大于 90%；浓缩初沉污泥和活性污泥混合污泥时 η 应大于 85%。

分离率是指浓缩池上清液溢流量占流入污泥量的百分比，可用式（21-4）表示：

$$F=\frac{Q_0}{Q_f}\times 100\% \tag{21-4}$$

式中，F —— 分离率，%。

（3）搅拌速度和排泥控制

搅拌机的转数要兼顾集泥效果和安装在尺耙上部支架所产生的搅拌效果，其最佳转数的确定一般在运行实践中摸索出最佳控制的范围。

21.2.1.2 气浮浓缩

重力浓缩法适合于固体密度较大的重质污泥（如初沉池排除的污泥或其他以无机固体为主的工业污泥），对于相对密度接近 1 的轻质污泥（如活性污泥）或含有气泡的污泥（如消化污泥）效果不佳，在此情况下，可采用气浮浓缩。

1．气浮浓缩的基本原理

气浮法是固—液或液—液分离的一种方法。它是通过某种方法产生大量的微气泡，使其与废水中密度接近水的固体或液体污染物微粒黏附，形成密度小于水的气浮体，在浮力的作用下上浮至水面形成浮渣，进行固—液或液—液的分离。气浮的关键在于产生微气泡，并使其稳定地附着在污泥絮体上产生上浮作用。这是因为在一定温度下，空气在水中的溶解度与空气受到的压力成正比，即服从亨利定律。当压力恢复到常压或减压的状态后，所溶空气即变成微细气泡从液体中释放，大量微气泡附着在污泥颗粒周围可使颗粒相对密度减少而被强制上浮，达到浓缩的目的。

气浮法按微气泡产生的方式来划分，可分为四种形式，即加压溶气气浮法、真空气浮法、电解气浮法和分散空气气浮法。在污泥处理中，压力溶气气浮工艺已广泛应用于剩余活性污泥浓缩中。

2．气浮浓缩池的装置

气浮浓缩装置（图 21-5）主要由三部分组成，即压力溶气系统、溶气释放系统及气浮分离系统。压力溶气系统包括水泵、空压机、压力溶气罐以及其他附属设备，其中压力溶气罐是影响溶气效果的关键设备。溶气释放设备一般由溶气释放器（或穿孔管减压阀）及溶气水管路组成，其中溶气释放器的功能是将压力溶气水通过消能、减压，使溶入水中的气体以微气泡的形式释放出来，并能迅速又均匀地附着在污泥絮体上。

气浮分离系统一般分为三种类型，即平流式、竖流式及综合式。

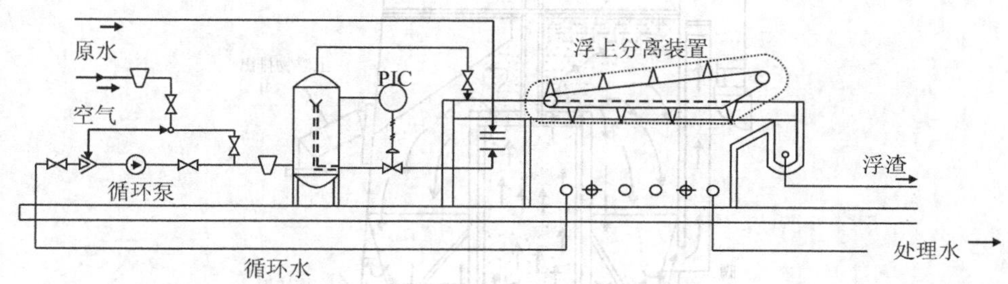

图 21-5　气浮浓缩装置

平流式加压气浮浓缩池（图 21-6）在一端设置进水室，污泥和加压溶气水在这里混合，从加压溶气水中释放出来的微气泡附着在污泥絮体上，然后从上方以平流方式流入分离池，在分离池中固体与澄清液分离。用刮泥机将上浮到表面的浮渣刮送至浮渣室，澄清液则通过底部的集水管汇集，越过溢流堰，经处理水管排出，污泥则在分离池中沉淀集于污泥斗排出。

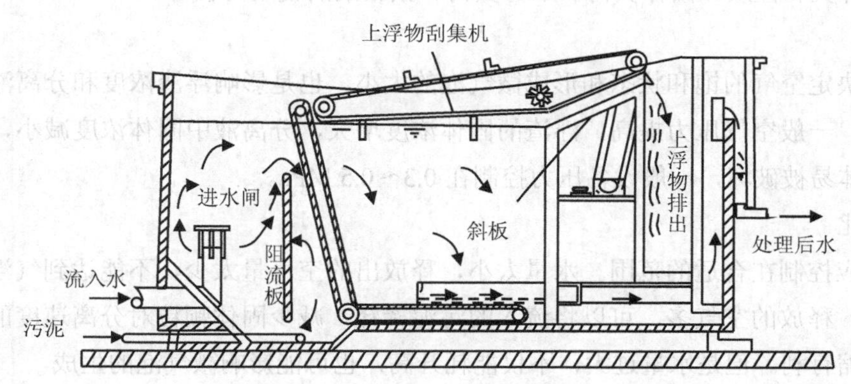

图 21-6　平流式加压气浮浓缩池

竖流式加压气浮浓缩池（图 21-7）在圆形或方形槽的中间设置圆形进泥室，以衰减流入的污泥悬浮液所具有的能量，并起到均化作用。加压溶气水同时进入，释放出的微气泡附着在污泥絮体上后，污泥絮体上浮，由刮泥板将浮渣收集排出，未上浮而沉淀下来的污泥，依靠旋转耙收集从排泥管排出。

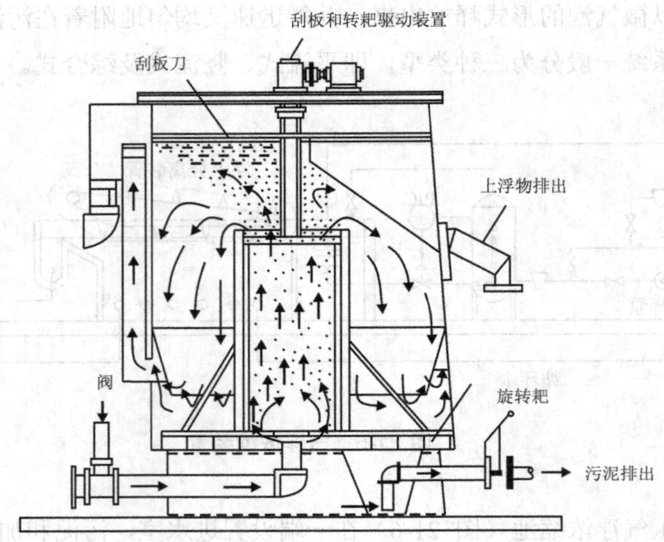

图 21-7 竖流式加压气浮浓缩池

3．工艺控制

影响气浮浓缩的因素很多，主要包括压力、循环比、流入污泥浓度、停留时间、气固比、污泥的种类和性质、固体负荷和水力负荷、絮凝剂的使用与否等。

（1）压力

空气压力决定空气的饱和状态和形成微气泡的大小，也是影响浮渣浓度和分离液水质的重要因素。一般空气压力提高，浮渣的固体浓度增大，分离液中固体浓度减小，但压力过高絮凝体易被破坏，一般设备压力控制在 0.3～0.5 MPa。

（2）循环比

循环水量应控制在合适的范围。水量太小，释放出的空气量太少，不能达到气浮效果；水量增加，释放的空气多，可以将流入的污泥稀释，减少固体颗粒对分离速度的干涉效应，对浓缩有利。但是水量过大，不仅能耗升高，也可能影响微气泡的生成。

（3）气固比

气固比是指气浮池中析出的空气量 A 与流入的固体量 S 之比，可用式（21-5）确定：

$$\frac{A}{S}=\frac{S_a(fP-1)Q_r}{Q_0C_0/1000} \tag{21-5}$$

式中，A —— 析出空气量，kg/h；

S —— 流入固体量，kg/h；

S_a —— 标准状态下空气在水中的溶解度，kg/m^3；

f —— 回流加压水的空气饱和度，%，一般为 50%～80%；

P——溶气罐中的绝对压力，Pa；

Q_r——回流水流量，m^3/h；

Q_0——流入的污泥量，m^3/h；

C_0——污泥浓度，mg/L。

气固比的大小主要根据污泥的性质确定，活性污泥浓缩时 A/S 的适宜范围为 0.01～0.05，一般为 0.02。对于活性污泥而言，A/S 达到 0.02 以上时，上清液中 SS 浓度比较低，浮渣浓度高而且稳定。但在对纸浆废水回收纤维时，上清液中 SS 浓度比较高且不稳定，浓缩过程比活性污泥困难。

（4）固体负荷与水力负荷

固体负荷是设计气浮池表面积的重要参数，一般固体负荷越高，浓缩污泥的浓度越低。压力、循环比、气固比和固体负荷确定后，还应调节水力负荷。水力负荷太高，易使上清液中固体浓度升高。对活性污泥一般应控制在 120 $m^3/(m^2 \cdot d)$ 以内。添加絮凝剂、选择合适的停留时间都能使气浮浓缩效果得到提高。

21.2.1.3　离心浓缩

利用离心力分离悬浮液中杂质的方法称为离心分离法。污水做高速旋转时，由于悬浮固体和水的质量不同，所受的离心力也不同，质量大的悬浮固体被抛向外侧，质量小的水被推向内侧，这样悬浮固体和水从各自出口排除从而使污水得到处理。由于离心力远大于重力或浮力，分离速度快，浓缩效果好。

21.2.1.4　浓缩工艺比较

污水处理厂污泥浓缩工艺比较见表 21-1，表 21-2 给出了各种浓缩方法的优缺点。从表中可见，初沉污泥用重力浓缩最为经济；对于活性污泥，离心浓缩所得的污泥含固率最高，但从效率和运行费用来看，气浮浓缩法较佳。重力浓缩法储存污泥能力高，操作简单，是目前及今后最常用的污泥减容手段之一。

表 21-1　不同浓缩工艺的比较

浓缩方法	污泥类型	浓缩后含固率/%	比能耗	
			kW·h/t（干固体）	kW·h/t（脱除水）
重力浓缩	初沉污泥	5～10	1.75	0.20
	剩余活性污泥	2～3	8.81	0.09
气浮浓缩	剩余活性污泥	3～5	1.31	2.18
离心浓缩	剩余活性污泥	8～9	2.01	2.29

表 21-2 各种浓缩工艺的优缺点

浓缩方法	缺点	优点
离心浓缩法	离心机要求专用，电耗大，必须进行隔声处理，对工作人员要求高	占地少，处理能力很高；几乎没有臭气问题
气浮浓缩法	土地需要量比离心法多，运行费用比重力浓缩高，污泥储存能力小	比重力浓缩的泥水分离效果好，浓缩后的污泥含水率低；比重力浓缩所需占地少，臭气问题小；可使沙粒不混于浓缩污泥中，能去除油脂
重力浓缩法	浓缩效果差，浓缩后污泥非常稀薄；所需土地面积大，且会产生臭气问题；对某些污泥工作不稳定	储存污泥的能力强、操作要求不高，运行费用低

常用的重力浓缩池由于污泥在重力浓缩池停留时间长，一般大于 12 h，浓缩池中形成厌氧环境，富磷污泥在浓缩中释磷现象严重，一般只适合没有脱氮除磷要求的污水处理厂。有脱氮除磷要求的污水处理厂应采用机械浓缩。

21.2.2 污泥稳定

城镇污水及各种有机污水处理过程中产生的污泥都含有大量有机物，如果将这种污泥投放到自然界，其中的有机物在微生物的作用下，会继续腐化分解，对环境造成各种危害，所以我们需要采用措施降低其有机物含量或使其暂时不产生分解，通常这个过程称为污泥稳定。

污泥稳定的方法有生物法和化学法。生物稳定就是在人工条件下加速微生物对污泥中有机物的分解，使之变成稳定或不易被生物降解的有机物的过程；化学稳定是向污泥中投加化学药剂杀死微生物，或改变污泥的环境使微生物难以生存，从而使污泥中的有机物在短期内不致腐败的过程。

21.2.2.1 污泥的生物稳定

1．污泥的厌氧消化

（1）厌氧消化的基本原理

污泥厌氧消化是一个极其复杂的过程。1979 年，伯力特（Bryant）等根据微生物种群，提出的厌氧消化三阶段理论，也是当前较为公认的理论模式。

三阶段消化的第一阶段，在水解与发酵细菌的作用下，由复杂的有机物、油脂、木质素、蛋白质和纤维素组成的活性污泥被分解成有机酸、酒精、氨和二氧化碳；第二阶段是在产氢、产乙酸菌的作用下，前一阶段产物被分解成氢、二氧化碳和低分子量的有机酸。第三阶段是通过两类生理上不同的产甲烷菌的作用，一类把氢和二氧化碳转化成甲烷，另一类使对乙酸脱羟产生甲烷。在厌氧消化的过程中由乙酸形成的 CH_4 约占总量的2/3，由 CO_2 还原形成的 CH_4 约占总量的1/3。

产氢产乙酸细菌在厌氧消化中具有极为重要的作用，它和水解与发酵细菌及产甲烷细菌之间存在共生关系，起到了联系作用，且不断地提供大量的 H_2，作为产甲烷细菌的能源以及还原 CO_2 生成 CH_4 的电子供体。

（2）厌氧生物学原理

参与第一阶段的微生物包括细菌、原生动物和真菌，统称水解与发酵细菌，大多数为专性厌氧菌，也有不少兼性厌氧菌。根据其代谢功能可分为以下几类：① 纤维素分解菌；② 碳水化合物分解菌；③ 蛋白质分解菌；④ 脂肪分解菌。参与厌氧消化第三阶段代谢的菌种称为产甲烷菌（*Methanogens*），是产甲烷阶段的主要细菌，属于严格的厌氧菌，主要代谢产物是甲烷。据报道，目前已得到确证的产甲烷菌有14种19个菌株，分属于3个目、4个科、7个属。

（3）厌氧消化工艺

厌氧消化工艺种类很多，在实际工程中常用的厌氧消化工艺有以下四种。

1）常规中温厌氧消化

脱水污泥不经预热直接进入间歇运行的消化罐内，消化罐内通常不设置搅拌装置而是利用产生的沼气搅拌污泥。由于搅拌作用不充分，罐内的污泥分为四个区域：浮渣层、悬浮层、活性层及稳定固体层。稳定后的污泥由罐底部周期性地排出，上层和中层的污泥则在每次进料时一并排出，直接或经预处理后折回到污水处理设施中。全池温度不均匀，影响消化与产气量，消化时间需 30～60 d。由于此种消化的混合效果差，消化罐只有约50%的容积得到有效利用，因此仅适用于小型的污水处理厂。

2）高负荷消化

高负荷厌氧消化是在研究证实可以人工控制消化池内环境条件后发展起来的。高负荷消化池的特征：具有加热和搅拌装置，进料速度稳定，污泥消化前需经浓缩处理。通过合理的设计和操作，整个消化池的大部分区域可保持较一致的条件，从而使消化池体积减小，消化过程的稳定性也得到了改善。高负荷消化池不存在分层现象，全池都处于活跃的消化状态，消化时间为10～15 d。

高负荷消化池既可用于中温消化过程，也用于高温消化过程。大部分消化池在中温范围操作，需要的热能少，且过程稳定性更好；如果存在难消化的固体或油脂含量高，则采用高温消化可能更为有利。在高温范围内操作可提高消化速率，减少消化池体积，且增加了病原微生物的杀灭率，但该工艺稳定性较差，控制较困难。

3）两级厌氧消化

因污泥中温消化有机物的分解程度为 45%～55%，熟污泥排入干化场后，将继续分解，产生的污泥气逸入大气，既污染环境又损失热量。例如，新鲜污泥由16℃升温至33℃，每立方米污泥耗热 17×10^3 kcal/h，排入干化场后，此热量全部浪费。此外，消化池如采用蒸汽直接加热会使熟污泥含水率提高，另外有机物的分解和搅拌也会提高熟污泥含水率，这些都将增加污泥干化场或机械脱水设备的负荷。鉴于上述原因，可将消化池一分为二，污泥先在第一消化池中消化到一定程度后，再转入第二消化池，以便利用余热进一步分解有机物。

4）中温/高温两相厌氧消化（APAD）

两相消化即按厌氧消化的原理，使消化过程的两个阶段分别在两个消化池内进行，即水解和酸化阶段在一个池中进行，甲烷转化阶段在另一个池中进行。中温/高温两相厌氧消化的特点是在污泥中温厌氧消化前设置高温厌氧消化阶段。污泥预热温度为50～60℃，前置高温段污泥停留时间为1～3 d，后续厌氧中温消化时间可从20 d左右减少至12 d左右，总停留时间为15 d左右，这种工艺不仅增加了总有机物的去除率和产气率，还可完全杀灭污泥中的病原菌。

2．污泥的好氧消化

（1）污泥好氧消化的基本原理

污泥好氧消化是在不投加其他底物的条件下，对污泥进行较长时间的曝气，使污泥中微生物处于内源呼吸阶段进行自身氧化，并以此来获得能量。在此过程中，细胞物质中可生物降解的组分被逐渐氧化成 CO_2、H_2O 和 NH_3，NH_3 再进一步被氧化成硝酸盐。污泥好氧消化的机制，取决于所处理污泥类型。

对于初沉污泥来说，其中的有机物必须通过生物酶的作用而转化成可被微生物降解利用的溶解性物质，作为微生物所需的能量和养料。随着有机物氧化的继续，底物供应受到限制，微生物进入衰亡期，耗氧率也随之下降。当供应的底物耗尽时，将迫使微生物依靠内部贮存的物质作为能源，于是微生物进入内源代谢和内源呼吸阶段。

对于二沉污泥来说，其好氧消化过程可看作活性污泥法的延伸。底质与微生物之比相当低，并很少发生细胞合成。主要的反应是氧化作用，通过细胞溶解和自身氧化呼吸使细胞组分破坏。微生物的细胞壁由多糖类物质组成，具有相当强的耐分解能力，虽然好氧消化法排出物中仍有挥发性悬浮固体存在，但这一残留挥发部分是很稳定的，对此后的污泥处理或土壤处置不会产生影响。

（2）好氧消化的工艺

1）传统污泥好氧消化工艺

传统污泥好氧消化工艺主要是通过曝气使微生物在进入内源呼吸期后进行自身氧化，从而使污泥减量。传统污泥好氧消化工艺设计、运行简单，易于操作，基建费用低。传统好氧消化池的构造及设备与传统活性污泥法相似，但污泥停留时间很长。

2）缺氧/好氧污泥消化工艺

缺氧/好氧污泥消化工艺是在传统污泥好氧消化工艺的前端加一段缺氧区，利用污泥在该段发生反硝化反应时产生的碱度来补偿硝化反应中所消耗的碱度，所以此工艺不必另行投碱就可使 pH 保持在 7 左右。另外，在缺氧/好氧污泥消化工艺中 NO_3-N 替代 O_2 做最终电子受体，使得耗氧量比传统污泥好氧消化工艺大约减少了 18%。

3）污泥高温好氧消化工艺

污泥高温好氧消化工艺的进泥首先要经过浓缩，才能产生足够的热量进行消化。同时，反应器要采用封闭式（加盖），其外壁需采取隔热措施以减少热损失。另外，采用高效氧转移设备以减少蒸发热损失，有时甚至采用纯氧曝气，可使反应器温度达到 45～65℃，甚至在冬季外界温度为−10℃、进泥温度为 0℃的情况下也不需要外加热源。污泥高温好氧消化工艺的反应器内温度较高有以下优势：抑制了硝化反应的发生（硝化菌生长受到抑制），因此其 pH 可保持在 7.2～8.0，同污泥高温好氧消化工艺相比，既节省了化学药剂费又可节省 30%的需氧量；有机物的代谢速率较快、去除率高；污泥停留时间短，一般为 5～6 d；NH_3-N 浓度较高，故对病原菌灭活效果好。

4）两段高温好氧/中温厌氧消化工艺

两段高温好氧/中温厌氧消化工艺是以高温好氧消化工艺作为中温厌氧消化的预处理工艺，并结合了两种消化工艺的优点，在提高污泥消化能力及对病原菌去除能力的同时还可回收生物能。该工艺将快速产酸反应阶段和较慢的产甲烷反应阶段分离在两个不同反应器内进行，有效地提高了两段的反应速率。同时，可利用好氧高温消化产生的热来维持中温厌氧消化的温度，进一步减少了能源费用。

21.2.2.2 污泥的化学稳定

化学稳定的方法有石灰稳定法、氯稳定法和臭氧稳定法。

1．石灰稳定法

向污泥中投加石灰，使污泥的 pH 提高到 11～11.5，在 15℃下接触 4 h，能杀死全部大肠杆菌及沙门氏伤寒杆菌，但对钩虫、阿米巴孢囊的杀伤力较差。经石灰稳定后的污泥比阻减小，泥饼的含水率降低。但石灰中的钙可与水中的 CO_2 和磷酸盐反应，形成碳酸钙和磷酸钙的沉淀，使得污泥量增大。

2．氯稳定法

氯能杀死各种致病微生物，有较长期的稳定性。但氯化过程中会产生各种氯代有机物（如氯胺等），造成二次污染。大规模的氯稳定法应用较少，但当污泥量少且可能含有大量的致病微生物时，如医院污水处理产生的污泥，采用氯稳定法仍为一种安全有效的方法。

3．臭氧稳定法

臭氧稳定法是近年来国外研究较多的污泥稳定法，与氯相比，臭氧不仅能杀灭细菌，而且对病毒的灭活也十分有效。经臭氧处理后，污泥处于好氧状态无异味，是目前污泥稳定最安全有效的方法。该法的缺点是臭氧发生器的效率较低，建设及运营费用均较高。

21.2.3 污泥的调理与脱水

21.2.3.1 污泥的调理

污泥调理，即在污泥脱水前通过化学或物理作用改善污泥脱水性能的操作。通过调理可改变污泥的网织结构，减小污泥的乳性，降低污泥比阻，改善污泥脱水性能。

1．化学调理

化学调理是向污泥中投加各种絮凝剂，使污泥中的细小颗粒形成大的絮体并释放吸附水，从而提高污泥的脱水性能。调理所使用的药剂分为无机调理剂（铁盐、铝盐和石灰等）和有机调理剂（聚丙烯酰胺等）。无机调理剂价格低廉，但会增加污泥的干固量，调理效果受污泥的 pH 影响较大；有机调理剂则与之相反。综合应用 2～3 种絮凝剂混合投配或顺序投配能提高效能。

2．物理调理

物理调理有加热、冷冻、添加惰性助滤剂和淘洗等方法。例如，污泥经过 160～200℃和 1～1.5 MPa 的高温加热和高压处理后，不但可破坏胶体结构，提高脱水性能，还能彻底杀灭细菌，解决卫生问题，但缺点是气味大、设备易腐蚀。污泥经反复冷冻后能破坏污泥中的固体与结合水的联系，提高过滤能力。人工冷冻成本较高，自然冷冻法则受气候条件的影响，故均很少采用。向污泥中投加无机助滤剂，可在滤饼中形成孔隙粗大的骨架，从而形成较大的絮体，减小污泥过滤比阻，常用的无机助滤剂有污泥焚化时的灰烬、飞灰、锯末等。淘洗（也称水力调理）是较常用的方法。淘洗的原理是利用处理过的污水与污泥混合，然后再澄清分离，以此冲洗和稀释原污泥中的高碱度，带走细小固体。

21.2.3.2 污泥的脱水

1．机械脱水

（1）加压过滤脱水

为了增加过滤的推动力，利用多种液压泵或空压机形成 4～8 MPa 压力，将压力释加到污泥上进行过滤的方式称为加压过滤脱水。加压过滤脱水的优点：过滤效率高，特别是对过滤困难的物料更加明显；脱水滤饼固体含量高；滤液中固体浓度低；节省调质剂；滤饼的剥离简单方便。因此，近年来广泛用于污泥脱水。加压过滤脱水通常采用的方式有板框压滤机和带式压滤机。

（2）真空过滤脱水

真空过滤是利用抽真空的方法造成过滤介质两侧的压力差，从而形成脱水推动力进行污泥脱水。其特点是运行平稳、可自动连续生产。其主要缺点是附属设备较多、工序较复杂、运行费用高。近年来，由于更加有效的脱水设备的出现，真空过滤脱水技术的应用日趋减少。真空过滤也可用于处理来自石灰软化水过程的石灰污泥。

（3）离心脱水

污泥离心脱水设备一般采用转筒机械装置。污泥的离心脱水是利用污泥颗粒与水的密度不同，在相同的离心力下产生不同的离心加速度，从而导致污泥固液分离，实现脱水的目的。离心设备的优点是结构紧凑、附属设备少、臭味小、可长期自动连续运行等，缺点是噪声大、脱水后污泥含水率较高、污泥中沙砾易磨损设备。

2．电渗透脱水

带电颗粒在电场中运动，或由带电颗粒运动产生电场统称为动电现象。在电场作用下，带电颗粒向相反电极做定向移动，即液相不动而颗粒运动称为电泳；在电场作用下，带电颗粒固定，分散介质做定向移动称为电渗透。

在电场作用下，带电的颗粒向某一电极运动，而符号相反的离子带着液体介质一起向另一电极运动，发生电渗透而脱水。图 21-8 是电渗透脱水模型。

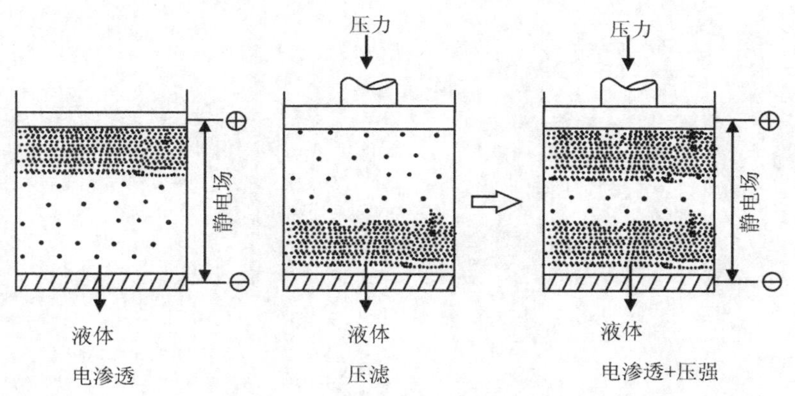

图 21-8 电渗透脱水模型

3．自然脱水

（1）传统干化床

干化床脱水比机械脱水需要更大的地表面积，一般来说，干化床脱水劳动强度较大，易受天气条件影响，它们通常是敞开式的，因此难以控制臭味。在干化床最初的几个小时运行过程中，液体被去除的基本机理是重力脱水，依次通过带有排水渠的砂床、路床及安装在干化床下面的排水系统。过滤水一般直接返回到处理厂的头部与进水混合，进行处理。最终的固体浓度取决于天气条件和污泥在床内停留时间。干化床最终固体浓度可高达 80%。

（2）真空干化床

真空干化床能够使自由水被更快地去除（相对于重力脱水）。液态污泥由污泥泵输送到沟槽的表面，在支撑体系的下面使用真空系统强化重力脱水。如果真空干化床建在室外，真空脱水后还可以继续蒸发脱水。在把污泥排入真空干化床之前，一般需进行聚合物调质，这样有利于快速脱水。

（3）袋装脱水

对于污水处理量小于 1 000 m^3/d 的小型污水处理厂而言，采用袋装脱水系统进行污泥脱水是经济有效的。袋装脱水系统属于重力脱水，没有移动部件。聚合物调质后被泵入重力充实区，袋装脱水过程首先将污泥分配到各个袋装室，然后把污泥填入聚丙烯塑料编织袋进行脱水，过滤水被收集在袋子下方的盘状容器内，并返回处理厂前部。

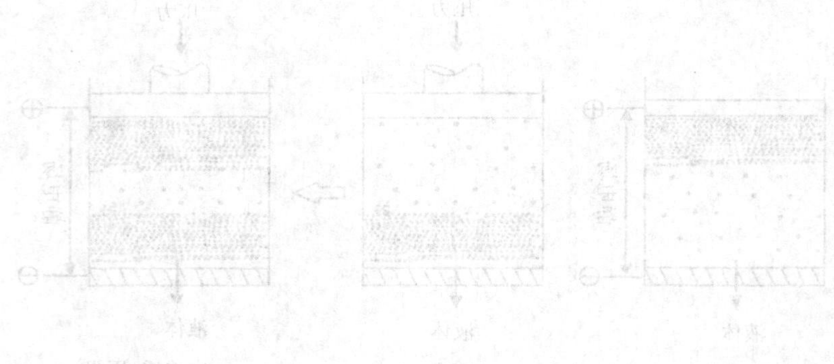

第 22 章　污泥的处置

污泥的处置主要解决污泥的最终归属问题，是污泥污染末端控制环节，指最终处理或安全处置。我国常用的污泥处置方式有填埋、焚烧、土地利用等方式。污泥填埋处置方法简单，但因其需要占用大量土地而受到限制。污泥焚烧可以有效地减少污泥的体积，并产生热量以供利用，但污泥焚烧过程中可能会产生二氧化硫、二噁英等污染物而造成二次污染。污泥土地利用是一种经济的处置方式，能够充分利用污泥中的氮、磷、钾等植物养分，但污泥中的污染物也可能进入土壤，通过食物链富集威胁人体健康，存在一定的风险。

22.1　卫生填埋

污泥填埋处置主要可以分为两类：一是在专门填埋污水污泥的填埋场进行填埋处置；二是可以和生活垃圾一起在城市固体废物填埋厂进行填埋。

卫生填埋操作相对简单，投资费用较小，处理费用较低，适应性强，但是其侵占土地严重，如果防渗技术不够将导致潜在的土壤污染和地下水污染。由于渗滤液对地下水的潜在污染和城市用地的减少等，对处理技术标准要求越来越高（如德国从 2000 年起要求填埋污泥的有机物含量小于 5%），许多国家和地区甚至坚决反对新建填埋场，近年来污泥填埋处置所占比例越来越小。

22.2　污泥农用

污泥农用投资少、能耗低、运行费用低，其中有机部分可转化为土壤改良剂成分，因此污泥土地利用被认为是最有发展潜力的一种处置方式。这种处置方式是把污泥应用于农田、菜地、果园及严重扰动的土地修复与重建等。科学合理的土地利用，可减少污泥带来的负面效应。林地和市政绿化的利用是一条很有发展前途的利用方式，因为它不易造成食物链的污染。污泥还可以用于严重扰动的土地，如矿场土地、垃圾填埋场、地表严重破坏区等需要复垦的土地。这些污泥利用方式减少了污泥对人类生活的潜在威胁，既处置了污泥又恢复了生态环境。

22.3 污泥焚烧

污泥焚烧是指利用焚烧炉使污泥完全矿化为少量灰烬的处置方式，包括单独焚烧以及与工业窑炉的协同焚烧。以焚烧为核心的处理方法是最彻底的污泥处理方法，它能够使有机物全部碳化，杀死病原体，可最大限度地减少污泥体积，1 t 干污泥焚烧后仅产出 0.36 t 灰渣。焚烧处理主要可分为两大类：① 将脱水污泥直接用焚烧炉焚烧；② 将脱水污泥先干化再焚烧。一般当污泥不符合卫生要求，有毒物质含量高，不能作为农副业利用时，或污泥自身的燃烧热值高，可利用燃烧发电时，可考虑采用污泥焚烧。

与其他方法相比，焚烧法有以下几个突出的优点：① 极大地减少了污泥的体积和重量，焚烧灰可改良土壤、筑路、制砖和陶瓷等；② 污泥处理速度快，不需长期储存；③ 污泥可就地焚烧，不需长距离运输；④ 可以回收能量用于发电和供热。焚烧法存在的弊端有：① 焚烧需要消耗大量的能源；② 焚烧装置和设备复杂，建设运行费用较高；③ 燃烧时会产生大量二氧化硫、二噁英等有害物质，容易造成二次污染；④ 燃烧时浪费了大量的营养物质。

22.4 污泥堆肥

堆肥化是在一定控制条件（如温度、湿度、通风、C/N 比、调理剂、膨胀剂等）下，将含有肥料成分的有机物废料与其他物质混合堆积，在微生物作用下，经过发酵腐熟、微生物分解等步骤，将有机物分解和转化成较为稳定的腐殖质的过程。经堆肥化过程得到的产品也叫堆肥。污泥堆肥是一种无害化、减量化、稳定化的污泥综合处理技术。污泥经堆肥这一过程，可以杀灭其中的病原菌、寄生虫卵和病毒，同时提高污泥的肥效。堆肥按照堆制过程对氧气的需求程度不同可分为好氧堆肥和厌氧堆肥。好氧堆肥一般堆制温度较高、堆肥周期较短，而厌氧堆肥堆制温度较低，工艺简单，堆肥周期较长。现代堆肥工艺一般采用好氧堆肥。

22.5 海洋倾倒

海洋倾倒操作简单，对于沿海城市来说其处理费用较低，但是污泥海洋倾倒对海洋生态环境影响较大。美国于 1988 年已经禁止污泥海洋倾倒，并于 1991 年全面加以禁止；

日本对污泥的海洋投弃做了严格的规定；我国政府于1994年初接受了三项国际协议，承诺于1994年2月20日起不在海上处置工业废物和污水污泥。1998年年底，欧共体城市废水处理法令（91/271/EC）禁止其成员国向海洋倾倒污泥。

22.6 污泥其他处置方式

1．污泥制沥青

沥青混合物的黏度、耐久性和稳定性的提高需要向其中添加细集料。试验研究表明加入污泥灰的沥青混合物，其各方面性能与传统材料制成的混合物相同。

2．污泥制砖

污泥制砖的方法有两种。一种是用干化污泥直接制砖，另一种是用污泥灰渣制砖。用干化污泥直接制砖时，应对污泥的成分作适当调整，使其成分与制砖黏土的化学成分相当。

3．污泥制生化纤维板

污泥制生化纤维板主要是利用活性污泥中所含粗蛋白（有机物）与球蛋白（酶）能溶解于水及稀酸、稀碱、中性盐的水溶液这一性质，在碱性条件下加热干燥、加压后发生蛋白质的变性作用，从而制成活性污泥树脂（又称蛋白胶），使之与漂白、脱脂处理的废纤维压制成板材。其品质优于国家三级硬质纤维板的标准。

4．污泥制混凝土

污泥焚烧灰可以作为混凝土的细填料，代替部分水泥和细砂。研究表明污泥灰可替代高达30%的混凝土的细填料，具有较高的经济价值。

5．污泥制陶粒

陶粒是由黏土、泥质岩石、粉煤灰或煤矸石等作为主要原料，经加工、烧熔而成的粒装陶质物。污泥制成的陶粒质轻、高强、隔热、保温、耐久，节能效果显著，可广泛应用于建筑领域。

6．污泥制生态水泥

利用城市污水处理厂产生的脱水污泥为原料制造水泥，其在稳固性、膨胀密度、固化时间方面有更好的表现。这种类型的水泥的原材料约60%为废料，水泥烧成温度为1 000～1 200℃，因燃料用量和二氧化碳的排放量较低，所以该水泥被称为“环保水泥”。